普通高等学校“十三五”规划教材

设备管理
故障诊断与维修

主　编　王振成
副主编　张　震　王　欣
　　　　周　爽　李自建

重庆大学出版社

内容提要

本书是普通高等学校“十三五”规划教材，主要介绍通用机电设备和现代数控设备管理、故障诊断与维修、状态监测的理论与应用技术。全书共12章，分为基础理论和应用技术两大部分。基础部分内容包括设备管理学、设备前期管理、应用管理、维修管理、信息管理、资料及档案管理理论和方法，设备故障诊断学和诊断方法；应用技术部分包括机电设备、液压设备和数控系统的一般维修技术与数控机床的状态监测技术。全书重点介绍了机械、电气、液压和数控设备的日常管理、故障诊断和维修技术。每章最后配有复习思考题，供学生课后复习训练之用。

本书可作为高等院校本科机械、机电类专业教材，也可供从事机电工程的技术人员参考。

图书在版编目(CIP)数据

设备管理故障诊断与维修 / 王振成主编. -- 重庆：重庆大学出版社，2020.1
ISBN 978-7-5689-1602-8

Ⅰ. ①设… Ⅱ. ①王… Ⅲ. ①机电设备—故障诊断—高等学校—教材②机电设备—维修—高等学校—教材 Ⅳ. ①TM07

中国版本图书馆 CIP 数据核字(2019)第215397号

设备管理故障诊断与维修

主　编　王振成
副主编　张　震　王　欣
周　爽　李自建
策划编辑：曾显跃　鲁　黎
责任编辑：曾显跃　　版式设计：曾显跃
责任校对：万清菊　　责任印制：张　策

*

重庆大学出版社出版发行
出版人：饶帮华
社址：重庆市沙坪坝区大学城西路21号
邮编：401331
电话：(023)88617190　88617185(中小学)
传真：(023)88617186　88617166
网址：http://www.cqup.com.cn
邮箱：fxk@cqup.com.cn (营销中心)
全国新华书店经销
重庆升光电力印务有限公司印刷

*

开本：787mm×1092mm　1/16　印张：19.75　字数：508千
2020年1月第1版　2020年1月第1次印刷
印数：1—3 000
ISBN 978-7-5689-1602-8　定价：49.80元

前言

中国的经济发展已走向了现代化工业的快车道,2018 年 GDP 已达 90.03 万亿元(人民币),居世界第二。《中国制造 2025》提出,坚持"创新驱动、质量为先、绿色发展、结构优化、人才为本"的基本方针。坚持"市场主导、政府引导,立足当前、着眼长远,整体推进、重点突破,自主发展、开放合作"的基本原则。通过"三步走"实现制造强国的战略目标:第一步,到 2025 年迈入制造强国行列;第二步,到 2035 年中国制造业整体达到世界制造强国阵营中等水平;第三步,到新中国成立一百年时,综合实力进入世界制造强国前列。2016 年 4 月 6 日国务院常务会议上通过了《装备制造业标准化和质量提升规划》,要求对接《中国制造 2025》。在这个从工业大国向工业强国迈进的过程中,现代机电设备和数控技术是工业发展的重要基石。高科技、现代化工业的发展,升级和换代了大量的高精度、机电高度融合或结合的先进机电一体化设备,尤其是数控技术的广泛应用与人工智能的逐步推广,极大地提高了生产效率、产品精度和质量。但是,鉴于我国原有经济基础和生产力水平的制约,掌握现代化机电设备和数控机床的管理、故障诊断、维修技术和运行状态监测的人才严重短缺,特别是具有数控技术、人工智能和高精尖机电一体化系统设备管理、故障诊断与维修的高级人才极为紧缺,这已成为全社会普遍关注的热点问题。而培养应用型、高素质、技术和技能型的高级专业人才,则是高等教育责无旁贷的任务。

基于此,我们编纂了本教材。本书以高素质、技术和技能型的高级专业人才培养和岗位需求出发,内容的选择、体系的构造与衔接、理论与技术和技能的量与度,适用于教学的需要,力求理论简洁实用,以经验、新技术和新技能型知识为主干、新故障诊断技术和仪器设备应用并举,图文并茂,突出重点,分散难点,由浅入深,循序渐进,通俗易懂,达到举一反三、融会贯通、易懂易会、便于掌握和操作,体现了高等教育专业教学特色。

全书共分 12 章,由王振成教授、高级工程师担任主编并负责全书体系构建和统稿。参与本书编写的有:王振成(绪论、第 1 章和第 6 章),张震(第 10 章、第 11 章和第 12 章),王欣(第 2 章、第 3 章和第 4 章),周爽 (第 5 章、第 7 章),李自建(第 8 章、第 9 章)。全书由郑州市“十大科技女杰”“十大科技巾帼”、机电工程专家刘爱荣教授担任主审,并提出了很多宝贵的建设性建议和意见,在此深表谢意。

本书配有全书 PPT 课件,课后复习思考题及参考答案,并附有配套 A、B 试卷与标准答案,供读者训练和自测使用。上述配套资料可从重庆大学出版社官网下载或向出版社索取。

本书在编写过程中得到了吴耀宇教授、李九宏教授、孙建延副教授、张璐讲师和刘瑞礼高级工程师等各位专家的大力支持,对在描图绘图、表格制作、稿件整理、实验数据的提供与分析,以及搜集机电设备管理、故障诊断、维修经验与经验数据的整理与验证分析等多方面给予的大力协助表示衷心感谢! 同时,在编写过程中参考了许多专家编纂的教材和专著,在此一并表示衷心感谢!

由于编者水平有限,书中仍难免有不妥之处,恳请专家和读者批评指正。

编　者

2019 年 9 月

目录

绪　论

(1)设备管理发展简史

根据社会经济发展的需要,机器设备随着科学技术的发展而不断变革、进步。不同时代的机器设备各有其特点和运转规律。一方面,机器设备是由人发明制造的;另一方面,机器设备又是由人来操作使用的。使用机器设备,必须遵循机器本身的运转规律。不同时代的机器设备其管理要求是不同的,设备管理也是随着机器设备的生产和发展而不断演变的。

与企业管理的发展历程相适应,各国设备管理的发展,大致经历了三个主要阶段。

1)事后维修阶段

所谓事后维修,是指机器设备在生产过程中发生故障或损坏之后才进行修理。

工业革命之前,生产是以手工业为主,生产规模小,技术水平低,使用的设备和工具比较简单,谈不上设备的维修与管理。

18 世纪后期,机器生产在各行各业中逐渐得到推广与应用。随着企业采用机器生产的规模不断扩大,机器设备的技术日益复杂,维修机器的难度与消耗的费用也日渐增加,再由操作工人兼做修理工作已难以适应。于是,出现了维修工作逐步分离出来的局面,形成了专职的设备维修人员。在这个阶段,设备管理与维修已经开始受到重视,成为生产管理工作中的一项内容,但工作范围很窄,主要是事后修理机器,因此称为“事后维修阶段”。

2)预防性定期修理阶段

自 20 世纪以来,科学技术不断进步,工业生产不断发展,设备的技术水平不断提高,企业管理进入了科学管理阶段。由于机器设备发生故障或损坏而停机修理而引起生产中断,从而打乱生产计划安排和劳动定额的完成,使企业的生产活动不能正常进行,带来很大的经济损失。特别是在钢铁、化工、石油、汽车制造等作业连续性很强的行业里,设备突发故障造成的经济损失更为严重,继续采用事后维修成了发展生产的障碍。于是,进入了为防止意外故障而预先安排修理,以减少停机损失的“预防性定期修理”的新阶段。由于这种修理安排在故障发生之前,是可以计划的,所以也称为计划预修。

在这个阶段,形成了两大设备维修体系:一个是苏联的“计划预修制”,并在东欧地区和我国得到广泛应用;另一个是美国的“预防维修制”,这种制度在西欧、北美地区和日本得到推广。

3)综合管理阶段

无论是苏联的计划预修制,还是美国的预防维修制,都仅局限于设备维修与维修管理的

范围。这种管理体制已经不能适应现代设备与现代企业管理发展的要求,其局限性主要表现在以下四个方面:

①传统的设备管理只重视设备后半生的管理,不重视设备全过程的管理。设备的一生(全过程)包括规划(研究)、设计、制造、安装调试、使用、维修、改造、报废等诸多环节。设备的维护修理只是一种后天性的保养、维护工作。而设备设计、制造阶段存在的缺陷和弱点(如故障多、可靠性低、维修不便、影响人身安全、污染环境等)则是先天性的、固有的,单靠维护修理无法解决,必须要从设计、制造阶段抓起。

传统的设备管理还存在设计制造阶段(由设备研制单位管理)与使用阶段(由使用单位管理)信息不畅通,彼此脱节的弊病,这给设备后半生管理带来了许多障碍和困难。

②传统的设备管理只管技术,不重视设备的经济管理和组织管理。设备一生的运动过程,存在两种形态:一种是实物形态的运动过程,包括设备的设计、制造、安装、使用、维修、改造、报废等;另一种是价值形态的运动过程,包括设备的初始投资、折旧、维修费用、能耗费用、改造投资、收益以及设备一生的经济效益分析等。两种形态的运动形成两种性质的管理,即技术管理与经济管理。同时,这两种管理也要求取得两个方面的成果,即:一方面要求保持设备良好的技术状态,不断改善和提高设备的技术素质;另一方面要求节约设备的各项投资和费用支出,取得最好的经济效益。传统的设备管理重视设备的技术性能、技术指标的要求与检查,忽视设备经济效益、经济指标的评价与考核,这往往导致投入设备的费用高而收益差。

组织管理是实现设备技术管理目标和经济管理目标的前提和保证。如果没有坚强有力的组织管理来协调有关部门参与设备管理,调动操作人员、维修人员、各级设备管理人员和技术人员的积极性,即使使用了先进的设备,也难以充分发挥效用,达到预期的经济效果。

③传统的设备管理重视专业部门的管理,忽视有关部门的协调配合。设备管理工作涉及设备的选型、采购、安装、使用、维修、改造、报废等许多环节,在企业里这些工作常常是由不同的业务部门分管。比如,设备选型由工艺技术部门负责,设备采购由物资供应部门负责,安装调试由基建部门负责,设备使用由生产车间管理,设备维修由设备部门负责,设备改造由技改部门管理,等等。传统的设备管理只重视由设备部门负责开展的维护、修理工作,忽视对有关部门的统筹协调和分工配合,出了问题互相扯皮、推诿,得不到及时处理,不能有效地服务于企业的生产经营目标。

④传统的设备管理重视维修专业人员的作用,忽视广大职工的积极参与,设备管理工作内容丰富,涉及企业的许多部门和广大职工,绝非仅限于维护修理。就设备维修而言,也不是仅靠专业修理人员、管理人员的努力就能完全搞好的。传统的设备管理单纯强调专业设备管理队伍的作用,不注意激励、调动企业广大职工,特别是操作人员参与设备管理的积极性,甚至可能形成设备使用操作人员与维修人员之间的隔阂、对立,不利于全面、深入地做好设备管理工作。

现代科学技术和现代管理科学的成就,为现代设备管理的发展创造了良好的条件。20世纪60年代后期,一些工业发达国家为适应现代设备发展的要求,消除传统设备管理的弊端,提出了对设备实行综合管理的新思想、新观念,设备管理新的阶段从此开始了。

(2)机电设备故障诊断与维修的意义

自21世纪开始,我国进入了全面建设小康社会的重要历史阶段,这是我国国民经济的又一个新的、高速发展时期。早在“十一五”计划中,作为国民经济重要支柱产业的装备制造业的发展被放在了重要位置,成为重点、优先发展的产业。

机电设备是制造业的重要装备,是企业生产的重要前提和物质基础。马克思曾经说过:“劳动生产率不仅取决于劳动者的技艺,而且也取决于他的工具的完善程度。”我国也有“工欲善其事,必先利其器”的古语。从这些至理名言蕴涵的深刻哲理中,可以得到这样的启示:在装备现代化设备的企业中,要做到“利好器”,才能“善好事”,本固而枝荣。

以当前风行的工厂资产管理(PAM)为例,它由三个部分组成:PAM = CDT(故障诊断) + QDT(质量诊断) + MST(维修决策)。PAM 的组成充分反映了设备状态监测与故障诊断技术在企业生产经营活动中的地位,因此,搞好设备管理与维修工作对企业具有十分重要的意义。

设备管理与维修工作是一项系统工程,故障诊断是实施这一工程的重要手段之一。这项工作的好坏是反映一个企业的经营、管理水平、经济效益高低的重要标志。它几乎涉及企业生产活动的各个方面,与企业的生产发展和经营目标密切相关。搞好设备管理与维修工作是提高产品质量、降低物质消耗、实现安全生产、增进企业经济效益的重要保证。设备的管理与维修做得好,就能使设备经常处于良好的技术状态,不发生故障或少发生故障,确保生产秩序的正常进行,从而保证产品产量。质量指标的完成离不开及时维修设备,只有这样才可以减少故障停机时间,减少跑、冒、滴、漏造成的能源、资源浪费,节省维修费用,减少环境污染,利用诊断手段早期发现设备故障,还可以有效地避免设备事故和由此引起的人身安全事故。

(3)企业设备现代化对故障诊断与维修工作的新要求

近年来,在我国机械制造企业中,现代化制造装备的数量越来越多,特别是以数控机床为代表的高自动化、高集成化、高效率化设备的广泛应用,使企业从生产方式到管理理念等各个方面发生了脱胎换骨的变化,从而也带来了设备维修技术与方式的革命。现代化制造装备综合应用了光、机、电和人工智能等先进技术,在生产过程中运用计算机及各种仪器实现了生产参数的自动测量、采集和控制,普遍具有较高的自动化程度。因此,从某种意义上讲,现代化加工设备对操作人员的技能要求降低了,而对维修工作却提出了更新、更高的要求。其原因在于:一是因为这些设备发生故障后,对生产的影响很大,给企业造成的经济损失较大,因而对设备故障要求早发现、早处理,尽量避免设备的故障停机,要达到这个要求,仅仅依靠传统的维修技术是不可能做到的,因此,就要在设备管理与维修工作中采用新技术,而故障诊断就是保障这一目标实现的重要手段之一。二是由于现代化设备综合应用了多种新技术,因此设备维修工作的内容也由单一的机械、电气维修转向了复杂的机、电、液、气等一体化维修,这就要求维修人员的技术要全面,业务素质要高,不但要懂得机械、液压、气动等系统的维修知识,而且还需掌握电气系统的维修技术;不但能通过自己的维修经验排除设备故障,而且要善于从书本上、从实践上、从他人的经验中获取知识提高水平。

经过多年的发展,我国机械设备维修技术取得了长足的进步,在修复工艺、故障诊断等方面取得了一些成果,为维修技术持续、快速、健康地发展奠定了技术基础。新的维修技术层出不穷,如表面复合技术、高接技术、高红外技术、液压新技术、虚拟技术、网络技术、绿色维修技术以及人工智能等已应用于设备故障诊断与维修中。但是,我国目前对状态监测与故障诊断的研究和应用还不够广泛、深入,维修保障的综合化、信息化水平仍然较低,维修性的设计与验证技术还很不成熟,软件密集型机械设备的故障与修复机理、腐蚀与防护机理等基础问题的研究也才刚刚起步,维修技术发展仍然面临巨大的挑战,其整体水平与我国现代化建设的需求还存在相当大的差距。特别是在高性能、高技术含量的数控装备的故障诊断与维修方面差距更大,在企业中,数控装备故障停机后,因本企业维修技术力量薄弱不能维修,而等待设备制造厂商前来维修的现象较为普遍。

(4)故障诊断与维修技术的新发展

故障诊断技术是设备维修方式不断发展的产物。维修方式的发展阶段可以概述为:从事后维修逐步发展到定时的预防维修,再从预防维修发展到有计划地定期检查以及按检查发现的问题安排近期的预防性计划修理。维修方式的最新发展是预测维修,即通过对设备状态进行检测,获得相关的设备状态信息,根据这些信息判断出隐患发生的时间、部位和形式,从而在故障发生前对设备进行维修,以消除故障隐患,做到防患于未然。显而易见,预测维修方式特别适合于高自动化、高技术及结构复杂的现代化设备,它可以有效地减少设备的停机时间,从而实现以最低的维修投入和最小的经济损失获取最大的效益。

实现预测维修的核心技术是设备故障诊断技术。目前,诊断技术在与信息有关的检测功能发展上,包括六个方面:

①状态监测功能;

②精密诊断功能;

③便携和遥控点检功能;

④过渡状态监测功能;

⑤质量及性能监测功能;

⑥控制装置的监测功能。

另外,电动机、电器诊断技术与仪器的研究将受到更多的重视,以改变过去在该方面投入较少的局面,设备的无损检测方式也将在今后有所突破。

1)故障诊断技术的新发展

目前设备故障诊断与维修领域的最新理论认为,设备故障诊断技术应在下述五个方面进一步转变观念:

①以现场经验为基础诊断方法

应更加重视现场设备简易诊断方式的应用,应根据现场工作经验尽可能多地制订简易诊断标准。

②设备精密诊断技术向多变量参数综合监测分析方向发展

鉴于现代生产企业对故障停机时间的要求越来越严格,为进一步提高故障诊断的准确性,设备精密诊断技术开始向多变量参数综合监测分析方向发展。例如,对于轴承旋转的振动监测,采用多变量综合分析时,对一个测点要测三个方向(水平、垂直和纵向),过去由此造成的数据量增大,劣化趋势管理图中趋势曲线的互相重叠等问题,解决起来比较困难,现在可以充分利用现代化技术的各项成果来解决它。如采用神经网络、遗传算法或主分量分析法等处理复杂的数据。

③人工智能应用于设备故障诊断

人工智能(Artificial Intelligence,简称AI)是计算机学科中研究、设计和应用计算机去模仿和执行各种拟人任务的一个分支。目前,人工智能最活跃的研究领域主要有:自然语言理解、机器人、自动智能程序设计、人工神经网络以及专家系统等。其中,专家系统是其最成功、实用性最强的一个领域。

专家系统是一类包含知识和推理的智能计算机程序。设备故障诊断专家系统是将人类在设备故障诊断方面的多位专家具有的知识、经验、推理与技能综合后编制成的计算机程序。它利用计算机系统帮助人们分析解决只能用语言描述、思维推理的复杂问题，扩展了计算机系统原有的工作范围，使计算机系统有了思维能力，能够与决策者进行“对话”，并应用推理方式提供决策建议。专家系统还能通过不断学习、提高，丰富其知识库，提高故障诊断的准确率。

④设备诊断应向更广更深的领域发展

当前，设备诊断除包括故障、过程和质量诊断外，国外还盛行设备的效率诊断。以通用水泵为例，水泵的寿命一般为 10 年，在此 10 年的费用中，能源消耗费用约占 95%，维修费用占 4%，购置费用占 1%。由此可见，要降低生产成本必须抓 95% 的能耗成本，方法就是及时进行设备效率诊断。水泵效率诊断的基本思想是：测量液体的压力、温度，进行效率计算分析，确保水泵以最高效率运行。具体做法是：通过水泵上的压力表、温度计、电动机功率计等仪表，将测量到的动态数据输出到一台泵效分析仪进行集成，并在微机上将结果显示出来。通过对水泵效率进行监测，及时对其进行必要的维修调整，保证其一直以最高效率运行。在水泵的全部工作期中，一般可降低 10% 的能耗，其节约价值相当于 2 倍的维修费用。

⑤远程诊断是诊断技术的发展趋势

远程诊断可以实现远隔万里的设备制造厂商与设备用户之间的信息交流，从而实现设备故障诊断。远程诊断可进行数据和图像的传输，不仅可以目视，还可以作计算机图像处理。这样就可以提高故障诊断的效率和准确性，有效地减少设备故障停机时间。

2）维修技术与方式的新发展

先进的维修技术是以现代维修理论为指导，以信息技术、仿真技术和材料技术等为支撑，保持和恢复机械设备良好技术状态，最大限度地发挥其效能的综合性工程技术。它移植了“并行工程”等理论，深化了“以可靠性为中心的维修”理论，并且基于信息、网络等技术的发展，提出适用于满足分散性和机动性越来越强的“精确保障”“敏捷保障”等维修保障新理论。未来维修技术和方式的发展，将主要呈现出以下特点和趋势。

①预测维修广泛应用

美国宇航局（NASA）的相关研究表明，设备的故障概率曲线为六种，其中第六种适用于一些复杂的设备，如发电机、汽轮机、液压气动设备及大量的通用设备，而该类设备故障概率曲线表明，在整个工作期内设备的随机故障是恒定不变的，这说明对大多数设备采用以时间为基础的维修（TBM）是无效的。日本的研究还发现，设备每维修一次，故障率都会相应升高，在维修后一周之内发生故障的设备占 60%，此后故障率虽有所下降，但在一个月后又开始上升，总计可达 80% 左右。从这个意义上来讲，以时间为基础的维修对相当一部分设备来说不仅无益，反而有害。对于结构复杂、故障发生随机性很强的现代化设备，就更不宜采用以时间为基础的维修方式。因此，随着企业中现代化设备的迅速增加，要大力倡导预测维修方式。

②大力发展基于风险的维修

在美国一些企业中，倡导“最好的维修就是不要维修”。因此，他们推出了基于风险的维修方式（RBM），这种维修方式是与设备故障率及损失费用相关联的。作为风险维修应考虑三个权重因子，它们分别是偶发率 O、严重度 S 及可测性 D，合成为 $\mathrm{RBM}=S\cdot O\cdot D$，其中每个分项各有其相关参数及计算方法。基于风险的维修实践同样表明：严重的故障并不多见，而一般不严重的故障却经常发生。在 RBM 中有两个指标，即安全因数（safety factor）和安全指数(safety index)来反映这一情况。

③基于绿色制造的设备维修技术发展越来越受到重视

目前,造成全球环境污染的排放物有70%以上来自制造业,它们每年产生55亿t无害废物和7亿t有害废物,人类生存环境面临日益增长的机电产品废弃物压力及资源日益缺乏问题。譬如,截止到2017年底,北京市淘汰老旧汽车100万辆,仅2017年就淘汰44.7万辆。机电产品日益增长的报废品数量,使人们进一步认识到机电产品维修方式变革的必要性和重要性,因此,支持可持续发展的再造工程(Re-engineering)技术和能够减少机电产品废弃物对环境污染的绿色维修(green maintenance)技术应运而生,已成为21世纪机电设备维修技术的发展方向。

基于绿色制造的设备维修技术以最少的资源消耗保持、恢复、延长和改善设备的功能,实现材料利用的高效率,减少材料和能源消耗,从而提升经济运行质量和效益。一般说来,通过维修恢复一种产品的性能所消耗的劳动量和物质资源,仅是制造同一产品的几分之一甚至十几分之一,这种消耗的减少就意味着对环境污染的减少,有利于社会的持续发展。

基于绿色制造的维修技术包括故障诊断技术、表面工程技术、再制造工程、清洁维修工艺等,另外,还包括面向绿色维修的产品设计和材料的绿色特性选择等。

④信息技术的带动作用更加突出

信息技术以其广泛的渗透性、功能的整合性、效能的倍增性,在维修的作业、管理、训练、指导等诸多方面都有着非常广泛的应用。已经衍生了全部资源可视化、虚拟维修、远程维修、交互式电子技术手册等技术,促进了传统监测与诊断技术进步,产生了基于虚拟仪器的监测与诊断等新仪器及系统,推动了维修决策支持系统的智能化发展,提高了从各种完全不同的、分布极为分散的系统和数据库中检索信息的能力,加速了维修信息系统与维修保障等系统的融合。

⑤多学科综合交叉发展趋势明显

维修技术是一门典型的综合性工程技术,其发展和创新越来越依赖于多学科的综合、渗透和交叉。如故障诊断系统已经逐步发展成为一个复杂的综合体,其中包含了模式识别技术、形象思维技术、可视化技术、建模技术、并行推理技术和数据压缩等技术。这些技术的综合有效地改善了故障诊断系统的推理、并发处理、信息综合和知识集成的能力,推动故障诊断技术向着信息化、网络化、智能化和集成化的方向发展。

第 1 章 设备管理的基本理论

1.1 设备及设备管理的一般概念

1.1.1 设备的定义

设备是企业固定资产的主要组成部分,是企业生产中能供长期使用并在使用中基本保持其实物形态的物质资料的总称。它是企业进行活动的物质技术基础,是企业生产效能的决定因素之一。

当代设备的技术进步突飞猛进,朝着大型化、集成化、连续化、高速化、精密化、自动化、流程化、计算机化、超小型化、技术集密化的方向不断提高,从而推动了社会生产力的不断发展。

1.1.2 设备管理的一般概念

(1)设备管理是一项系统工程

根据设备管理现代化的概念,设备管理是一项系统工程,是对设备的一生全过程综合管理。它包括从设备的技术开发、编制规划、研究、方案论证、定型、设计、制造、安装、调试(试运行)、使用、维修、改造、更新直至报废的全过程,也就是设备一生的管理。因此,设备管理是以设备的一生为出发点,将该系统的人力、物力、财力和资源、信息能力等,通过计划、组织、指挥、协调、控制,实施对设备的高效管理,最终达到设备寿命周期最长、费用最经济、综合效率最高的目的。

当设备产出一定时,周期设备投入费用越少,设备综合效率就越高。当设备投入一定时,周期设备产出越大,设备综合效率也越高。

如前所述,设备的一生管理基本上可分为两大部分:前期管理和后期管理。在我国,传统的设备管理体制长期以来是分割的,设备的前期管理由规划设计部门和制造厂完成,设备的后期管理由使用单位实施。这种管理体制,制造与使用脱节,约束机制很小,反馈速度缓慢,产品市场化步伐难以迈开,从而制约了设备一生效能的发挥与其不断创新、提高。在当前社会主义市场经济不断发展的过程中,树立设备一生管理的全局观念,加强设备一生的全过程的综合管理,努力消除制造与使用脱节的弊端,无疑是提高设备综合效率的关键因素之一。

(2)设备管理在企业管理中的地位和作用

①设备是企业进行生产活动的物质技术基础。随着科技不断进步和生产的不断发展,企业利用设备体系进行生产活动,生产过程大型化、高参数化、机械化、自动化、计算机化是现代企业的重要特征,先进的生产设备多数是机电一体化,集光电技术、气动技术、计算机技术和激光技术为一体而制成的。

②由于生产过程设备的技术性能和自动化程度越来越高,企业生产已逐步转向由人操纵自动化控制设备、由控制设备操纵机器设备直接来完成,逐步完成由操作的技术含量逐渐下降而维修的技术含量却逐步提升的转化。

③生产活动的目的是不断提高劳动生产率,提高经济效益,即以最少投入获得最大产出,实现最高的设备综合效率。而随着科技发展,自动化程度日益提高,现代化企业生产主体已日渐由生产操作人员方面转向设备管理维修方面。作为影响企业的产量、质量、成本、安全环保等因素,设备的突出作用已显得尤为重要。因此,设备管理已成为企业管理的重要部分,管理也是生产力。

④设备在企业中的地位和作用:一方面,由设备本身决定;另一方面,由设备管理决定。没有科学的设备管理,再好的设备也不能发挥好的作用。而前期不太好的设备交由生产企业使用后,经过科学的管理,逐步实现设备完善化,对设备实施精心维修,逐步进行技术改造,进行设备更新,也完全可以使设备安全、稳定、经济运行,达到高的综合效率。因此,加强科学的设备管理,是确保设备正常运行的重要保证,是提高设备质量的重要保证,是提高经济效益的保证,也就是管理出效率、管理出效益之所在。

1.2 设备现代化管理的基本内容

设备现代化管理是一个发展的、动态的、宏观的概念,在不同的发展时期有不同的目标和要求,但同时又是相对稳定的,它是当时世界公认的先进水平,为大多数国家所认同,但各国又都有其特色。它是运用现代先进科技和先进管理方法,对设备实行全过程管理的系统工程。

设备现代化管理的基本内容主要体现在以下十个方面:

(1)管理思想现代化

树立系统管理观念,建立对设备一生的全系统、全过程、全员综合管理的思想;建立管理是生产力的思想。树立市场、经营、竞争、效益的观念;树立信息的观念;树立以人为本的观念,充分调动员工的积极性和创造性。

(2)管理目标现代化

追求设备寿命周期最经济、综合效率最高,努力使设备一生各阶段的投入最低、产出最高。

(3)管理方针现代化

管理方针现代化以安全为基础,坚持“安全第一”的方针,消灭人身事故,使设备事故降低为零。努力做到安全性、可靠性、维修性与经济性相统一。

(4)管理组织现代化

努力做到设备管理的组织机构、管理体制、劳动组织以及管理机制现代化。要以管理有效为原则,实现管理层次减少,管理职能下放,管理重心下移,实现组织结构扁平化。

(5)管理制度现代化

推行设备一生的全过程管理,推动制造与使用的结合。实行设备使用全过程的全员管理与社会大系统维修管理相结合,推进设备一生全过程管理。

(6)管理标准现代化

实行企业管理标准化作业,建立完善的以技术标准为主体,包括管理标准和工作标准的企业标准化体系。建立健全安全保证体系。建立完善的质量管理、质量保证和质量监督体系,建立完善的环境保护体系。

(7)管理方法现代化

管理方法现代化主要运用系统工程、可靠性维修工程、价值工程,以及目标管理、全员维修、网络技术、决策技术、ABC 管理法和技术经济分析等方法,将定性分析与定量计算相结合,实施综合管理。

(8)管理手段现代化

采用电子计算机管理、设备状态监测、设备故障诊断技术,实施设备倾向性管理和设备动态管理,做到设备受控。

(9)管理人才现代化

培养一批掌握现代化管理理论、方法、手段和技能,勇于探索,敢于创新的现代化人才队伍,这是实施现代化管理的根本所在。

(10)管理措施现代化

建立完善的信息和反馈系统,实施设备管理体系的 P(计划)D(实施)C(检查)A(改进)循环,不断提高设备管理水平。

1.3　设备维修管理方式的演变

工业发展从手工业直至机械化、电气化、电子化,随着科技发展和设备现代化水平的提高,维修管理方式也在不断革新和发展。尽管设备维修管理有许多学派,有许多理论,也有不同的看法,但从设备管理发展史来看,它还是有一定规律性的。维修管理方式主要包括两种基本方式:事后维修和预防维修。

1.3.1　事后维修

事后维修(或称故障维修)是指设备发生故障或性能下降到合格水平以下的非计划性维修。自18世纪60年代第一次产业革命(以蒸汽机为代表)工业化生产开始以后,设备维修主要是采取事后维修。这是一种比较原始的维修方式,一般是操作人员兼顾维修并凭经验进行,设备不坏不修,坏了就修,也称为“兼修”方式。它的特点是设备比较简单,科技水平和人员素质要求不高,设备管理意识薄弱,维修处于从属地位。

在现代设备管理要求下,事后维修在以下两方面仍然存在:

①维修策略中对生产影响极小的非重点设备,有多余配置的设备或从经营(费用)上采用其他维修方式不经济的设备,可以实行事后维修;

②突发事故,设备强迫停用,实行故障维修。

1.3.2 预防维修

从19世纪后期(1870年第二次产业革命以电力应用为代表)开始,重工业系统逐步形成,发展到流水线生产,逐步实现机械化操作。从20世纪40年代起的第三次产业革命(以原子能、空间技术、电子计算机技术为代表)开始,科技突飞猛进,设备逐步实现自动化,相应的设备维修管理也逐步推行预防维修管理。这个时期,操作与维修有了专业分工,步入"专修"阶段。

在我国设备预防维修管理中,又可分为:计划预维修、全员设备维修、预知维修、社会大系统设备维修和维修预防。

(1)计划预维修

1949年前,我国处于半殖民地半封建社会,民族工业萧条,那时的设备维修管理基本上是照搬当时西方国家的方式。从20世纪50年代起,我国学习和实行苏联的计划预防维修制,这是一种以设备结构复杂程度为依据的一套定额标准,规定了设备修理周期,按计划周期表对设备进行维修。严格地说,设备一出厂,维修周期就基本上定下来了。它是以时间为基础的维修,也是一种强制性维修手段。我国电力企业的维修体制,长期以来都是执行这种传统方式,有的企业甚至沿用至今。

在这种维修体制下,发电企业保持了庞大的维修队伍,大分场、小分场全套配备,加上企业办社会,一个电厂容量不大,但职工动辄千人甚至几千人,劳动生产率低下。特别是采用这种维修方法已充分暴露了存在大量过度维修现象,维修费用高,综合效率低;当然,也会发生欠维修现象。

(2)全员设备维修

预防维修首先在美国推行,日本在20世纪60年代引进后,吸取了英国综合工程学。我国鞍钢宪法的设备群众路线管理,并结合我国实际,创新和发展为全员设备维修管理。

全员设备维修是以点检为基础的维修。它制订了严格的点检流程,依据点检发现的设备问题,及时编制和修订检修计划,适时对设备进行维修。这种维修方式有效地防止了设备过度维修和欠维修。经过国内部分发电厂的推行和实践,认为这种维修方式是与状态检修相适应的,比较适合我国基本国情。

推行这种维修方式的要求是:设备制造质量较高,自动化水平较高,单机和系统联动,发电企业的机、电、炉、仪、自控等多专业综合,实行企业内部系统专业性管理。

目前,我国的发电企业(特别是新建电厂)基本上都具备了以上条件,并积极实施这种维修方式。

(3)预知维修

从20世纪80年代起(第四次产业革命以信息技术的快速发展为代表),生产向集约化发展,向大容量、高参数发展,实现高度自动化和信息化,并向智能化大系统管理和控制自动化发展,电子计算机广泛应用并向巨型、微型、网络、智能化方向发展,设备发生事故,其损失和影响重大,设备的状态检修也就应运而生。

预知维修(即状态检修)是以设备状态为基础的维修。采用这种维修方式不仅要有多种管理理论为指导,而且要有可靠的监测和诊断技术手段为后盾。设备管理也朝着社会化、专业化乃至国际化方向发展,并出现运行人员参与维修的趋势。实行这种维修方式的要求是,设备在设计上广泛采用自动监测系统,实行在线监测。在维修上采取了高级诊断技术,实行离线监测，根据状态监测和技术诊断提供的信息来判断设备异常，预知设备故障，在故障发生前选择适当时机进行维修，这是一种最合理的维修方式。但是，进行状态监测和设备诊断，所需投入的费用较大，常用于关键设备和重点部位。

应当指出的是：全员设备维修和预知维修是一脉相承的，点检是为了确定运行中设备的状态，点检基础上的定修也可以说是在实施状态检修。两者在性质上十分接近，无非是对状态的掌握程度，后者具备更准确的检测手段，对设备状态的确定更有把握而已。因此，很多学者把点检定修视作状态检修的初级阶段。

(4)社会大系统设备维修

社会大系统设备维修是基于设备的一生管理理念为基础，它跳出企业内部专业维修的圈子，重点研究从设备技术开发研究、设计、制造、安装、调试、使用、维修、改造、更新直至报废的整个寿命周期全过程的维修管理。将设备生产过程、安装过程、使用维修过程、社会支援过程、更新报废过程有机地结合，形成了新的社会大系统维修体系。如果说在20世纪五六十年代，可以在企业内部形成“小而全”“大而全”的设备维修体系，基本上做到技术和备件依靠本系统或自身可以解决，而进入21世纪，特别是引进国际上的先进设备以后，单靠企业自有维修体系，不但是不经济的，而且也是难以继续维持和发展其装备的先进水平。朝着社会化、专业化、国际化方向发展，实行社会大系统维修，无疑是维修管理改革的方向，也是维修实行市场化的长远目标。

(5)维修预防

维修预防就是设备在设计制造阶段就认真改进其可靠性和维修性，从设计、制造上提高质量，从根本上防止故障和事故的发生，又称为无维修设计。也有采用等寿命设计，使用这类设备，其维修概率趋近于零。采用维修预防，设备可靠性特别高，但费用也特别高。目前，比较多的是用在航天器等设备上。在发电设备中，也用在一部分先进设备的关键部位、关键设备和重要控制设备上。

1949年以来，我国电力工业不断地发展，特别是改革开放以来，引进了国外先进发电设备和先进管理经验，已经建成了一批大容量、高参数、高自动化的发电企业，综合效率也在不断提高。但是，设备维修管理大部分仍沿用传统模式，特别是老电厂仍需进行维修体制的改革。目前新建或引进国外设备的电厂，已实施或正在实施预防维修体系。从20世纪90年代起逐步推广宝钢电厂的全员设备维修管理(点检定修制)以来，国内已有近80家发电企业组织实施或正在实施，向状态检修迈进了一大步。

1.4　设备管理的一般规定

设备是企业进行生产的技术装备，是生产力的重要组成要素，是建设社会主义的物质技术基础，是企业生产的重要手段。认真做好设备管理和维修工作是企业的重要任务之一。

设备管理是以企业生产经营目标为依据，运用各种技术、经济、组织措施，对设备从规划、设计、制造、购置、拨交、安装、使用、转移、封存、维护、修理、更新直至报废的整个设备寿命周期进行全过程的管理。

设备管理的目的应通过合理选购、正确安装、遵章使用、精心维护、科学检修，使设备始终处于良好的工作状态。通过对设备的技术改造，提高设备的技术性能，加速新产品开发，促进生产的发展,力求用最少的设备维修费用,使企业获得最好的经济效益。

设备管理的任务是正确贯彻执行国家的方针政策,实行"制造和使用相结合","修理、改造和更新相结合","技术管理和经济管理相结合","专业管理和群众管理相结合","以预防为主、维修保养和计划检修并重"等原则,采用一系列技术、经济、组织措施,并积极运用现代管理的科学理论和方法,包括使用计算机等先进工具,逐步做到对企业生产设备使用的全过程进行综合管理,以达到设备寿命周期费用最低的目的。

公司应进一步加强设备管理与考核工作,建立各级经济责任制,督促和教育职工管好、用好、修好、改造好设备,保证企业财产不受损失,使国有资产得到保值、增值。

1.4.1 组织结构

公司由一名副总经理负责全公司的设备管理和技术方面工作,由设备科配置各种职责的管理人员。各车间及相关职能科室应指定一名领导负责本部门设备管理和维修工作,各车间机械员负责组织车间设备管理维修工作,各班组应设有兼职设备员,如图 1.1 所示。

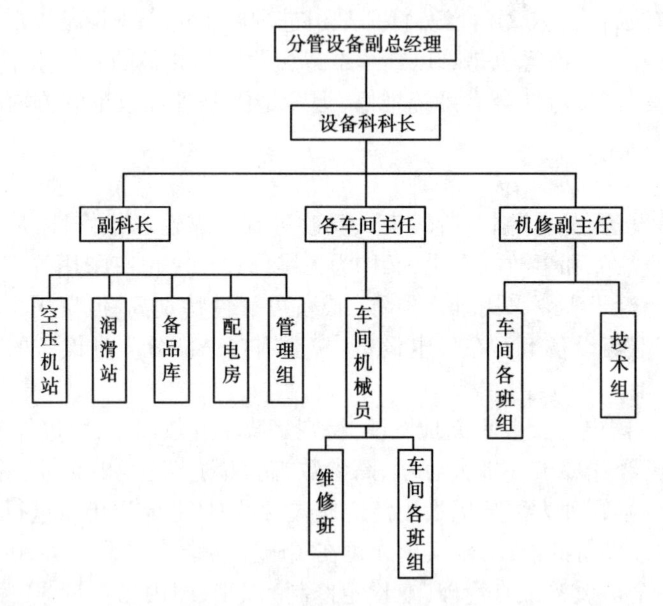

图 1.1 设备管理组织结构

1.4.2 各级责任制

(1)总经理责任

总经理对全公司生产设备管理及动力管理负全面责任,负责贯彻执行国家和上级对设备管理与能源利用的方针、政策、条例和有关规定。在任期内要保证主要生产设备的完好率在85%以上,生产设备的新度系数有所提高,无重大设备事故。根据企业长远和年度经营的方针、目标,提出对设备动力部门的要求和考核指标,正确掌握设备更新、改造、大项修理资金的使用,定期检查设备、动力管理工作,协调好生产与维修的关系,在生产中不允许拼设备,对重大事故的处理作出决定。

(2)生产副总经理责任

在布置生产任务时,要注意协调生产与维修的关系,防止不按计划交修设备和拼设备现象,组织好备件的采购和加工。

(3)分管设备副总经理责任

根据国家和上级有关设备管理和维修工作的方针、政策、条例和目标,负责审定本企业设备管理的实施细则和相应的规章制度并贯彻执行。在任期内要保证主要生产设备完好率在95%以上,生产设备的新度系数有所提高,净产值维修费率逐年降低,无重大设备事故,并结合公司发展及生产经营的需要,组织制订企业设备更新、改造和规划,审查重大更新改造项目的可行性分析及重点设备的调拨与报废,审定一般设备的调拨与报废,负责组织领导设备的前期管理工作,审定年度、季度、月度设备修理计划,定期召开生产车间设备副主任及设备科长参加的专业会议,布置检查、协调设备和动力管理工作,对存在的较重大问题及时组织调查研究并作决策,组织重大设备事故调查分析及抢修,并提出处理意见,审定设备动力系统的人员培训计划,并组织实施,组织有关部门开展设备维修活动的经济分析,提出改造措施,提高设备的可利用率,并降低维修费用,保证生产需要,做到安全经济运行,合理使用,节约能源和保护环境,对设备动力系统的人员工作的有效性提出奖惩意见。

(4)设备科长责任

在主管副总经理领导下,负责组织领导完成本科室职责范围内各项工作,并对全公司设备使用单位的设备管理与维修工作进行业务指导。贯彻执行上级的有关方针、政策,制订本公司设备管理与维修的规章制度、工作标准、工作定额,并组织执行。根据公司经营方针,提出设备科的工作方针和年度计划,制订指标和措施要求,并层层分解,组织实施。对车间设备管理与维修工作进行业务指导,督促检查和服务,推行专群结合的管理制度,组织设备科实施全过程管理,参与设备前期管理工作,分析处理好设备事故,做到"三不放过",并及时组织抢修工作,组织做好维修前技术和生产准备工作,以及大修理的完工验收,考核各车间修理计划的完成情况,组织备件制造和采购,做到比价采购、合理储备,确保公司生产与维修需要,并控制储备资金。合理组织好废旧物资的利用,组织业务培训及设备维修评比竞赛,抓好设备经济管理工作;组织做好设备档案、维修技术资料、设备信息管理,按时编报上级及企业规定的有关设备管理的统计报表,做好本系统的日常管理工作。

(5)车间分管设备主任责任

组织车间职工认真贯彻执行企业有关设备使用、维护、检修和管理方面以及动能使用管理方面的规章制度、计划和决定。对本车间设备的正确使用与维护、设备检修任务和动能消耗负责。保持设备经常处于完好状态,设备完好率、可利用率、维修费用及动能消耗等达到企业规定的指标,按企业下达的设备修理计划,及时将设备交给承修单位修理。当生产任务与维修发生矛盾时,要坚持原则,与生产部门协调并安排好检修时间,有权停用严重带病运转的设备。经常向本车间职工进行爱护设备和节约能源的教育,有计划地对设备操作和维修人员进行技术培训,组织开展群众性设备维护竞赛活动,定期检查评比。对违章操作的设备操作人员有权制止和批评,对屡教不改者有权提出调离其工作岗位。发生设备事故应立即上报,并组织事故调查分析和抢修,做到"三不放过",防止事故的重复发生,认真执行上级有关事故处理的决定,参加本车间的设备更新改造方案的审查。

(6)车间设备员责任

对车间主管设备动力的主任负责,具体组织贯彻企业有关设备使用、维护、检修和管理方面以及动能管理方面的规章制度、计划和决定。将企业对本车间规定的设备完好率、可利用率、维修费用、动能消耗等指标分解到各生产工段和维修组,保证全车间指标的实现;建立本车间的设备台账、负责新设备安装及设备修理完工后的验收,办理设备封存、启封,企业内部设备调拨、报废及更新等手续。负责领导车间维修工作,检查督促其完成规定的维修任务。对生产工段长及班组设备员进行有关设备使用维护及动能消耗业务的指导。负责组织设备操作人员上岗前的操作、使用和维护培训,考核并发放操作证,负责组织本车间的设备维护竞赛活动,定期检查评比,负责组织完成定期维护、定期检查小修、项修计划和及时排除故障,积累维护检查记录和故障修理记录,做好统计分析工作,按上级管理部门规定,开展设备状况普查,切实掌握设备技术状况;按规定申报本车间设备大、中、小修计划和备件计划。负责设备事故的调查分析和组织抢修,及时上报事故报告;参加本车间设备更新改造方案的审查,对不合理使用设备和动能者有权制止,发现严重带病运转的设备有权提出停止使用的意见,并报主管领导决定;发现修理质量不良,有权要求承修单位返修与验收,车间领导的决定与上级有关政策、规定、决议有矛盾时,有权提出不同意见,直至越级反映。

(7)机修车间主任责任

要认真贯彻执行上级的有关方针、政策、条例,落实设备管理与维修制度、规定与管理办法;督促车间按期完成计划检修任务和临时性修理任务;组织车间按期完成备件生产、设备改造、专用设备制造和安装施工等任务。结合大修理改造旧设备,开展经济核算,考核大修理成本、设备大修理平均停歇天数、大修理返修率等指标。

1.4.3 设备的前期管理

①设备科负责或参与设备更新、改造、自制专用设备以及技改项目的零星购置设备的前期管理工作。包括调研、规划、购置、设计、制造、安装、调试,特别是经济可行性分析等工作,把好选型和安装验收质量关,为搞好设备的后期管理工作打好基础。

②基建、改造工程公用设施(风、水、气、电等)的设计要在设备科参与审查后,方能由技改实施。

③对进口设备,设备科会同工艺科、总师办和使用车间进行调研和考察。在与外商谈判中,设备科要提出可靠性和维修性方面的技术要求(维修备品配件、维修人员培训所需的技术资料),以保证维修工作的需要。工艺科负责设备加工工艺审查和能力测算。使用车间负责操作便利和适用性审定,总师办负责整个方案审核。

④设备动力部门要广泛收集设备科技发展及市场信息的有关设备使用的意见,为做好设备选型提供依据。同时,要将新设备使用初期在质量、效率、运行中存在的问题和故障情况以及改善措施等方面的信息及时向制造单位反馈,特别是进口设备必须在索赔期内做好工作。

复习思考题

1.1 设备管理在企业管理中占据何种地位?

1.2 设备现代化管理的基本内容有哪些?

1.3 设备管理的目的是什么?

1.4 编制修理计划应注意哪些问题?

第2章 设备前期管理

2.1 设备前期管理概述

(1)设备前期管理的定义

设备前期管理又称设备规划工程,是指从制订设备规划方案到设备投产为止这一阶段全部活动的管理工作,包括设备的规划决策、外购设备的选型采购和自制设备的设计制造、设备的安装调试、设备使用的初期管理四个环节。其主要研究内容包括:设备规划方案的调研、制订、论证和决策;设备货源调查及市场情报的搜集、整理与分析;设备投资计划及费用预算的编制与实施程序的确定;自制设备的设计方案的选择和制造;外购设备的选型、订货及合同管理;设备的开箱检查、安装、调试运转、验收与投产使用;设备初期使用的分析、评价和信息反馈;等等。

(2)设备前期管理与设备寿命期管理

从设备一生的全过程来看,设备的规划对设备一生的综合效益影响较大。维修固然重要,但就维修的本质来说是事后的补救,而设计制造中的问题,在单纯的维修中往往无法解决。

一般来说,降低设备成本的关键在于设备的规划、设计与制造阶段。因为在这个阶段设备的成本(包括使用的器材、施工的工程量和附属装置等费用)已基本上决定了。显然,精湛优良的设计会使设备的造价和寿命周期费用大为降低,并且性能完全达到要求。

设备的寿命周期费用主要取决于设备的规划阶段,如图2.1所示。在前期管理的各个阶段中,费用的实际支出由曲线 A 表示,费用的计划(决定)支出由曲线 B 表示。可以看出,在设备规划到50%时,ab 段虽然只花去20%的费用,但已决定了85%的设备寿命周期。在规划 bc 段花的费用多,但对寿命周期费用的影响不大。

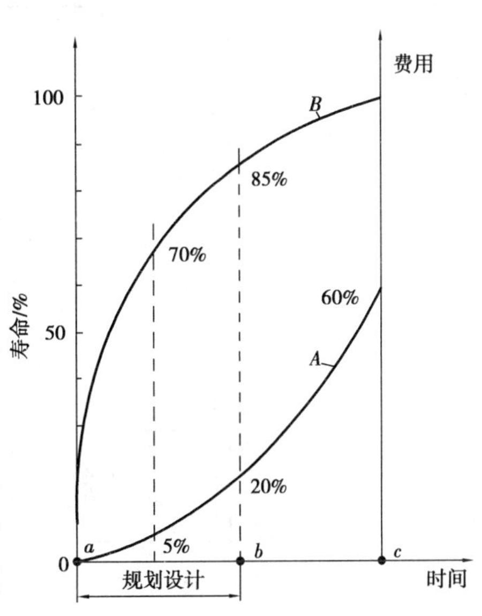

图2.1 设备的费用曲线

设备前期管理若不涉及外购设备的设计和制造,设备的寿命周期费用一般无法直接控制。做好此项工作,就抓住了前期工作的关键,也就基本上做好了设备的前期管理工作。

设备的规划和选择,决定企业的生产模式、生产方式、工艺过程和技术水平。设备投资一般占企业固定资产投资的60% ~70%。设备的生产效率、精度、性能、可靠程度如何,生产是否适用,维修是否方便,使用是否安全,能源节省或浪费,对环境有无污染,等等,都决定于规划和选择。设备全寿命周期的费用,决定着产品的生产成本。设备的寿命周期费用是设置费和维修费的总和。设备的设置费是以折旧的形式转入产品成本的,是构成产品固定成本的重要部分,使用费直接影响着产品的变动成本。设备寿命周期费用的多少,直接决定着产品制造成本的高低,决定着产品竞争能力的强弱和企业经营的经济效益;而设备95%以上的寿命周期费用,则取决于设备的规划、设计与选型阶段的决策。

(3)设备前期管理的工作程序

设备的前期管理按照工作时间先后分为规划、实施和总结评价三个阶段,各阶段的内容和程序如图2.2所示。

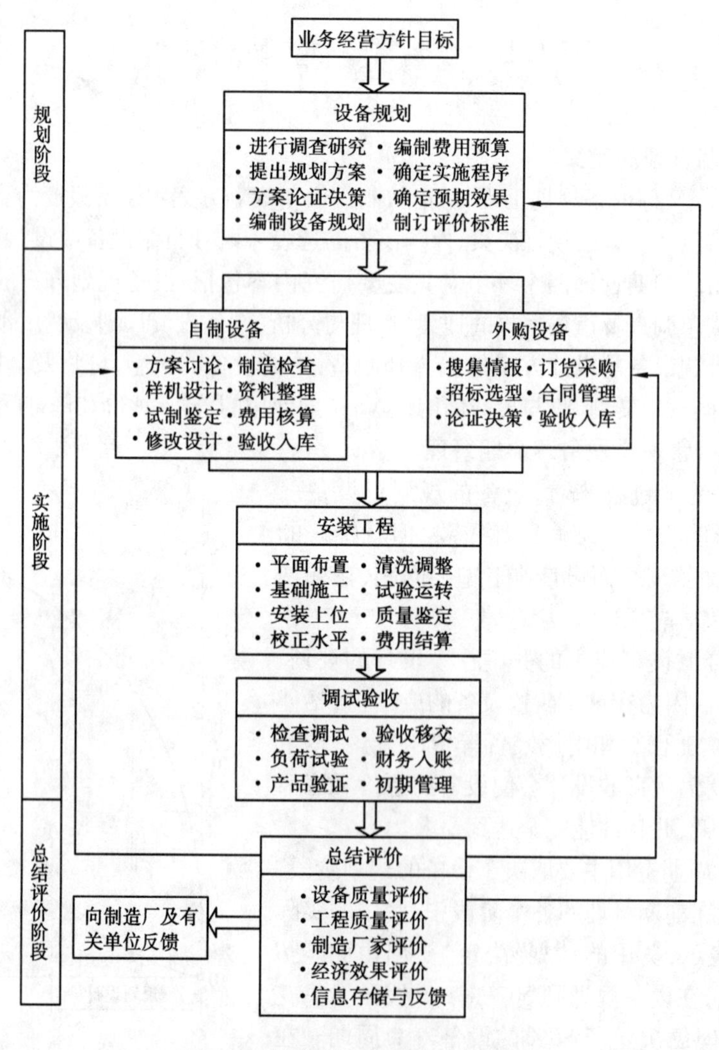

图2.2 设备前期管理的工作程序

①规划阶段主要是进行规划构思、初步选择、编制规划、评价和决策。本阶段工作的重点是对规划项目的可行性进行研究，确定设备的规划方案。

②实施阶段主要是进行设备的设计制造，或者是进行选型（招标）、订货和购置等工作，也可以从租赁市场租赁设备，并对这些工作加以管理。如设备正式使用前的人员培训、检查验收和试运行等的管理。本阶段工作的重点是尽可能缩短设备的投资周期，及时发挥设备的投资效益。

③总结评价阶段主要进行设备在规划、设计制造或选型采购、安装调试、使用初期等阶段的数据与信息的收集、整理、分析和反馈，为以后企业设备的规划、设计或选型提供依据。

(4)设备前期管理的职责分工

设备前期管理是一项系统工程，企业各个职能部门应有合理的分工和协调的配合，否则前期管理会受到影响和制约。设备前期管理涉及企业的规划和决策部门、工艺部门、设备管理部门、动力部门、安全环保部门、基建管理部门、生产管理部门、财务部门以及质量检验部门。其具体的职责分工如下：

1)规划和决策部门

企业的规划和决策部门一般都要涉及企业的董事会和经理、总工程师、总设计师。应根据市场的变化和发展趋向，结合企业的实际状况，在企业总体发展战略和经营规划的基础上委托规划部门编制企业的中长期设备规划方案，并进行论证，提出技术经济可行性分析报告，作为领导层决策的依据。在中长期规划得到批准之后，规划部门再根据中长期规划和年度企业发展需要制订年度设备投资计划。企业应指定专门的领导负责各部门的总体指挥和协调工作，规划部门加以配合，同时组织人员对设备和工程质量进行监督评价。

2)工艺部门

从新产品、新工艺和提高产品质量的角度，向企业规划和高级决策部门提出设备更新计划和可行性分析报告；编制自制设备的设计任务书，负责签订委托设计技术协议；提出外购设备的选型建议和可行性分析；负责新设备的安装布置图设计、工艺装备设计、制订试车和运行的工艺操作规程；参加设备试车验收；等等。

3)设备管理部门

负责设备规划和选型的审查与论证；提出设备可靠性、维修性要求和可行性分析；协助企业领导做好设备前期管理的组织、协调工作；参加自制设备设计方案的审查及制造后的技术鉴定和验收；参加外购设备的试车验收；收集信息，组织对设备质量和工程质量进行评价与反馈。

负责设备的外购订货和合同管理，包括订货、到货验收与保管、安装调试等。对于一般常规设备，可以由设备和生产部门派专人共同组成选型、采购小组，按照设备年度规划和工艺部门、能源部门、环保部门、安全部门的要求进行；对于精密、大型、关键、稀有、价值昂贵的设备，应以设备管理部门为主，由生产、工艺、基建管理、设计及信息部门的有关人员组成选型决策小组，以保证设备引进的先进性和经济性。

4)动力部门

根据生产发展规划、节能要求、设备实际动力提出动力站房技术改造要求，作出动力配置设计方案并组织实施，参加设备试车验收工作。

5)安全环保部门

提出新设备的安全环保要求,对于可能对安全、环保造成影响的设备,提出安全、环保技术措施的计划并组织实施,参加设备的试车和验收,并对设备的安全与环保实际状况作出评价。

6)基建管理部门

负责设备基础及安装工程预算;负责组织设备的基础设计、施工,配合做好设备安装与试车工作。

7)生产管理部门

负责新设备工艺装备的制造,新设备试车准备,如人员培训、材料、辅助工具等;负责自制设备的加工制造。

8)财务部门

筹集设备投资资金;参加设备技术经济分析,控制设备资金的合理使用,审核工程和设备预算,核算实际需要费用。

9)质量检验部门

负责自制和外购设备质量、安装质量和试生产产品质量的检查,参加设备验收。

以上介绍了企业各职能部门对设备前期管理的责任分工。这项工作一般应由企业领导统筹安排,指定一个主要责任部门(如设备管理部门)作为牵头单位,明确职责分工,加强相互配合与协调。

2.2 设备规划的制订

企业设备规划,即设备投资规划,是企业中、长期生产经营发展规划的主要组成部分。

制订和执行设备规划,对企业新技术、新工艺应用,产品质量提高,扩大再生产,设备更新计划,以及其他技术措施的实施,起着促进和保证作用。因此,设备规划的制订必须首先由生产(使用)部门、设备管理部门和工艺部门等在全面执行企业生产经营目标的前提下,提出本部门对新增设备或技术改造实施意见草案,报送企业规划(或计划)部门,由其汇总并形成企业设备规划草案。经组织有关方面(财务、物资、生产、设备和经营等职能部门)讨论、修改整理后,送企业领导审查批准即为正式设备规划,并下达至各有关业务部门执行。

2.2.1 设备规划的可行性研究

一般情况下设备规划可行性研究,应包括以下五个内容:

(1)确定设备规划项目的目的、任务和要求

广泛地与决策者及相关人员对话,分析研究规划的由来、背景及重要性和规划可能涉及的组织及个人;明确规划的目标、任务和要求,初步描述规划项目的评价指标、约束条件及方案等。

(2)规划项目技术经济方案论述

论述规划项目与产品的关系,包括产品的年产量、质量和总生产能力等,以及生产是否平衡,提出规划设备的基本规格,包括设备的功能、精度、性能、生产效率、技术水平、能源消耗指标、安全环保条件和对工艺需要的满足程度等技术性内容;提出因此而导致的设备管理体制、人员结构、辅助设施(车间、车库、备件库供水、采暖和供电等)建设方案实施意见;进行投资、成本和利润的估算,确定资金来源,预计投资回收期,销售收入及预测投资效果等。

(3)环保和能源的评价

在论述设备购置规划与实施意见中,要同时包含对实施规划而带来的环境治理(包括对空气和水质污染、噪声污染等)和能源消耗方面问题的影响因素分析与对策的论述。

(4)实施条件的评述

设备规划的实施方案意见,应对设备市场(国内和国际)调查分析、价格类比、设备运输与安装场所等方面的条件进行综合性论述。

(5)总结

总结阶段必须形成设备规划可行性论证报告,主要内容包括:

①规划制订的目的、背景、条件和任务,明确提出规划研究范围。

②对所制订的设备规划的结论性整体技术经济评价。

③由于在设备规划实施周期内可能会遇到企业经济效果、国家经济(或贸易)政策调整、金融或商品(燃料或建材等原材料)市场情况变化,以及规划分析论证时未估计到的诸多影响因素,都要进行恰当分析。

④对规划中设备资金使用、实施进度控制和各主管部门间的协调配合等重要问题提出明确意见。

2.2.2　设备投资分析

设备投资是设备规划的重要内容,涉及企业远景规划、经营目标和可持续发展等重大事项。随着科学技术的发展,为企业发展和满足市场需求而进行的设备投资不断增加,因此,设备投资是否合理,对企业的生存和发展有重要影响,同时也是对设备规划制订是否正确的最终评定。投资规划的制订,必须建立在充分的调查、论证的基础上,具有科学性及较强的说服力和可操作性。在实际工作中,企业的设备投资分析主要包括以下四个内容:

(1)投资原因分析

①对企业现有设备能力在实现生产经营目标、生产发展规划、技术改造规划及满足市场需求等情况进行分析。

②依靠技术进步,提高产品质量,增强市场竞争能力,针对企业现有设备技术状况而需要更新改造的原因分析。

③为节约能源和原材料、改善劳动条件、满足环境保护与安全生产方面的新需要等原因分析。

(2)技术选择分析

技术选择分析主要指通过国内外设备的技术信息和市场信息的搜集与分析,对装备技术规格与型号的选择。在设备购置的分析中,由设备技术主管部门会同相关部门,对新提出的设备的主要技术参数进行分析论证,并经过讨论通过,正式向有关方面报送。

(3)财务选择

在立项报告中,必须对拟选购设备的经济性进行全面论述,并提出投资的具体分项内容(如整台设备购置费、配件订购费、运输费和安装调试费等),在综合分析计算后,遵循成本低、投资效益好的基本原则进行判断。

(4)资金来源分析

经营性企业设备投资的资金来源,在我国现行经济体制下主要有以下渠道。

1)政府财政贷款

在市场经济条件下,凡对社会发展有特别意义的项目,可申请政府贷款。

2)银行贷款

凡属独立核算的企业投资项目,只要符合既定的审批程序和要求,银行将按规定准予办理贷款事项。

3)自筹资金

企业的经营利润留成、发行债券与股票、自收自支的业务收入和资产处理收入等资金,均可以用于设备投资。

4)利用外资

利用外资进行固定资产投资,是我国固定资产投资的一个重要资金来源。其主要包括以下三点:

①国际贷款

国际货款包括国际金融组织贷款和外国政府贷款。

联合国的国际货币基金组织(世界银行、亚洲银行等)的无息贷款,是近年来使用较多的国际贷款。

凡符合有关国家及世界金融机构要求,贷款国家可向用款国家提供有针对性的贷款。此类贷款主要是使用期较长(10~20年)、利率低的商务贷款。

②吸收外商直接投资

吸收外商直接投资包括中外合营、合资与独资等形式。

凡中外两个以上国家的企业(集团),彼此利用对方的资金、资源等方面的优势,联合投资而组建的合营企业又称为合资企业。通常情况下都是由中方提供厂房、原材料、劳动力等资源,而由外方提供资金或成套设备而组合起来共同经营的企业(公司)。

③融资租赁和发行证券、股票等方式筹资

常用的设备投资决策的经济分析方法有投资回收期法、成本比较法、投资收益率法等。

2.2.3 设备租赁、外购和自制的经济分析

(1)设备租赁的经济性分析

设备租赁是设备的使用单位(承租人)向设备所有单位(出租人,如租赁公司)租借,并付给一定的租金,在租借期内享有使用权,而不变更设备所有权的一种变换形式。

由于设备的大型化、精密化、电子化等原因,设备的价格越来越昂贵。为了节省设备的巨额投资,租赁设备是一个重要的途径。同时,由于科学技术的迅速发展,设备更新的速度普遍加快,为了避免承担技术落后的风险,也可采用租赁的办法。

对于使用设备的单位来说,设备租赁具有如下优点:

①减少设备投资,减少固定资金的占有,改变“大而全”“小而全”的状况。对季节性强、临时性使用的设备(如农机设备、仪器、仪表等),采用租赁方式更为有利。

②避免技术落后的风险。当前科学技术发展日新月异,设备更新换代很快,设备技术寿命缩短,使用单位自购设备而利用率又不高,设备技术落后的风险是很大的。租赁则可解决

这个问题。如租赁电子计算机,出现新型电子计算机后,则可以将旧的型号调换为新的型号。这样各计算中心的装备就可及时更换,以保证设备的最新水平。

③减少维修使用人员的配备和维修费用的支出。一般租赁合同规定:租赁设备的维修工作由租赁公司(厂家)负责,当然维修费用已包括在租金中。如电子计算机的全部维修费用较大,可由租赁公司(厂家)承担并转包给电子计算机生产厂家。这样,用户可保证得到良好的技术服务。

④可缩短企业建设时间,争取早日投产。租赁方式可以争取时间,而时间价值带来的经济效益相当于积累资金的购买方式的几十倍。比如,购买一架高级客机,每年积累的资金只相当于飞机价款的20%;如果采用租赁方式,每年用这20%的积累作为租金就可以租到一架同样的飞机,5年就能租到5架飞机。

⑤租赁方式手续简单,到货迅速,有利于经济核算。单台设备租赁费可列入成套费用。由于租赁设备到货快,但支付租金却要慢得多,通常是使用6个月才支付第一次租金。因此,从经济核算角度看是有利的。

⑥免受通货膨胀之害。由于国际性的通货膨胀而引起的产品设备价格不断上升,几乎形成了规律。而采用租赁方式,由于租金规定在前、支付在后并且在整个租期内是固定不变的,因此用户不受通货膨胀的影响。

租赁对象主要是生产设备,另外也包括运输设备、建筑机械、采油和矿山的设备、电信设备、精密仪器、办公用设备甚至成套的工业设备和服务设施等。美国是世界第一租赁市场,1997年根据交易量大小,其租赁对象依次为计算机、铁路运输设备、卡车及拖车运输设备、飞机、制造设备、发电设备、材料处理设备、电信设备、农业机械、建筑机械、医疗设备、采矿及油气开发设备、水运设备、集装箱等。

我国租赁业从无到有,从小到大,在国民经济中的重要性不断增强。加入世界贸易组织后,我国对外开放租赁市场,加剧了租赁市场的竞争,同时也带来了先进的管理方式和管理理念,促进了中国租赁业的不断发展。但是,租赁方式也有弊端,主要是设备租赁的累计费用比购买时所花费用要高,特别是在使用设备效果不佳的情况下,支付租金可能成为沉重的负担。

设备租赁的方式主要有以下两种:

a. 运行租赁,即任何一方可以随时通知对方,在规定时间内取消或中止租约。临时使用的设备(如车辆、电子计算机和仪器等)通常采取这种方式。

b. 财务租赁,即双方承担确定时期的租借和付费的义务,而不得任意终止或取消租约。贵重的设备(如车皮、重型施工设备等)宜采用此种方式。

对租赁设备方案,其现金流量为:

$$现金流量=(销售收入-作业成本-租赁费)\times(1-税率)$$

对购置设备方案,其现金流量为:

$$现金流量=(销售收入-作业成本-已发生的设备购置费)-(销售收入-作业成本-折旧)\times税率$$

通过以上两式,可进行租赁或购置方案的经济性比较。

(2)设备外购和自制的经济性分析

企业为了开发新产品和改革旧产品,扩大生产规模,以及对生产薄弱环节的技术改造,都需要增添和更新设备,以扩大和加强生产的物质技术基础。增添和更新设备的途径一般有外购(或订货外包)和自行设计与制造。

一般来说,高精度的设备、结构复杂的设备、大型稀有的设备和通用万能的设备等以外购为宜,对于某些关键设备,必要时还需有重点地从国外引进。因为这类设备对产品的质量和产量起决定作用。外购设备的经济技术论证方法其内容同前。

凡属本企业生产作业线(流程工业)相配套的高效率设备,属非通用、非标准的产品,如对于一些单工序或多工序等专用工艺设备,尤其是用于大批量生产的设备,如生产标准件、工具、汽车、拖拉机、轴承、家用电器的设备,以及流水生产线上的设备和流程设备等,以本企业自行设计制造为宜。自行设计制造专用高效率或工艺先进的设备,是国内外不少企业提高生产水平的重要途径。

自制设备的经济技术论证方法,除要符合要求外,还应考虑沉没费用(sunk cost)这个概念,对此可用下例说明。

某设备上需要一种配件,外购单价为700元,而自制成本为800元;但成本数据表明,此800元中有150元是管理费,如果该管理费将不因不自制而减少,属固定成本,则此150元就是一笔沉没费用,并与决策无关。因此,如果将800元-150元=650元的增量成本与700元的外购成本相比较,可见自制还是比较合算的。

2.3 自制设备规划的管理

对于一些专用和非标准设备,企业往往需要自行设计制造。自制设备具有针对性强、周期短、收效快等特点。它是企业为解决生产关键、按时保质完成任务、获得经济效益的有力措施,也是企业实现技术改造的重要途径。自制设备的主要作用有:

①更好地为企业生产经营服务,满足工艺上的特殊要求,以提高产品质量和降低成本。

②培养与锻炼企业技术人员和操作人员的技术能力,以提高企业维修水平。

③有效地解决设计制造与使用相脱节的问题,易于实现设备的一生管理。

④有利于设备采用新工艺、新技术和新材料。

发达国家和地区设备维修改造工作已逐步走向专业化和社会化,很多大中型企业设备管理部门的工作重点已由维修转向设备自制与更新改造等方面。

2.3.1 自制设备的原则

企业自行设计制造的设备必须从生产实际需要出发,立足于企业的具体条件,因地制宜,讲究适用。注意经济分析,追求设备全寿命周期中的设计制造费与使用维修费两者结构合理;同时,应遵循“生产上适用、技术上先进、经济上合理”三项基本原则。

2.3.2 自制设备的实施管理

(1)自制设备管理的主要内容

自制设备的工作是在企业设备规划决策基础上进行的。其管理工作包括编制设备设计任务书、设计方案审查、试制、鉴定、质量管理、资料归档、费用核算和验收移交等。

①编制设计任务书。设备的设计任务书是指导、监督设计制造过程和自制设备验收的主

要依据。设计任务书明确规定各项技术指标、费用概算、验收标准及完成日期。

②设计方案审查。设计方案包括全部技术文件:设计计算书、设计图纸、使用维修说明书、验收标准、易损件图纸和关键部件的工艺等。设计方案需组织有关部门进行可行性论证,从技术经济等方面进行综合评价。

③编制计划与费用预算表。

④制造质量检查。

⑤设备安装与试车。

⑥验收移交,并转入固定资产。

⑦技术资料归档。

⑧总结评价。

⑨使用信息反馈。为改进设计和修理改造提供资料与数据。

(2)自制设备的管理程序与分工

①使用或工艺部门根据生产发展提出自制设备申请。

②设备部门、技术部门组织相关论证,重大项目由企业领导直接决策。

③企业主管领导研究决策后批转主管部门(总师室、基改办或设备部门)立项,确定设计、制造部门。

④主管部门组织使用单位、工艺部门研究编制设计任务书,下达工作安排。

⑤设计部门提出设计方案及全部图纸资料。

⑥设计方案审查一般实行分级管理:价格在5 000元以下的,由设计单位报主管部门转计划和财务部门;价格在5 000~10 000元的,由设计单位提出,主管部门主持,设备、使用(含维修)、工艺、财务和制造等部门参加审查后报主管厂领导批准;价格在10 000元以上的,由企业主管领导或总工程师组织各有关部门进行审查。

⑦设计或制造单位负责编制工艺、工装检具等技术工作。

⑧劳动部门核定工时定额,生产部门安排制造计划。

⑨制造单位组织制造,设计部门应派设计人员现场服务,处理制造过程中的技术问题。

⑩制造完成后由检查部门按设计任务书规定的项目进行检查鉴定。

(3)自制设备的委托设计与制造管理

不具备能力的企业可以委托外单位设计制造。一般工作程序如下:

①调查研究。选择设计制造能力强、信誉好、价格合理、对用户负责的承制单位。大型设备可采用招标的方法。

②提供该设备所要加工的产品图纸或实物,提出工艺、技术、精度、效率及对产品保密等方面的要求,商定设计制造价格。

③签订设计制造合同。合同中应明确规定设计制造标准、质量要求、完工日期、制造价格及违约责任,并应经本单位审计法律部门(人员)审定。

④设计工作完成后,组织本单位设备管理、技术、维修、使用人员对设计方案图纸资料进行审查,提出修改意见。

⑤制造过程中,可派人员到承制单位进行监制,及时发现和处理制造过程中的问题,保证设备制造质量。

⑥造价高的大型或成套设备应实行监理制。

(4)自制设备的验收

自制设备设计、制造的重要环节是质量鉴定和验收工作。企业有关部门参加的自制设备鉴定验收会议,应根据设计任务书和图纸要求所规定的验收标准,对自制设备进行全面的技术、经济鉴定和评价。验收合格,由质量检查部门发给合格证,准许使用部门进行安装试用。经半年的生产验证,能稳定达到产品工艺要求,设计、制造部门将修改后的完整的技术资料(包括装配图、零件图、基础图、传动图、电气系统图、润滑系统图、检查标准、说明书、易损件及附件清单、设计数据和文件、质量检验证书、制造过程中的技术文件、图纸修改等文件凭证、工艺试验资料以及制造费用结算成本等)移交给设备部门。经设备部门核查,资料与实物相符,并符合固定资产标准者,方可转入企业固定资产进行管理;否则,不能转入固定资产。

2.4 设备的选型

2.4.1 设备选型的基本原则

所谓设备选型,即从多种可以满足相同需要的不同型号、规格的设备中,经过技术经济的分析评价,选择最佳方案,以作为购买决策。合理选择设备,可使有限的资金发挥最大的经济效益。

设备选型应遵循的原则如下:

(1)生产上适用

所选购的设备应与本企业扩大生产规模或开发新产品等需求相适应。

(2)技术上先进

在满足生产需要的前提下,需要其性能指标保持先进水平,以利于提高产品质量和延长其技术寿命。

(3)经济上合理

要求设备价格合理,在使用过程中能耗、维护费用低,并且回收期较短。

综上所述,对于设备选型,首先应考虑的是生产上适用,只有生产上适用的设备才能发挥其投资效果;其次是技术上先进,技术上先进必须以生产适用为前提,以获得最大经济效益为目的;最后,将生产上适用、技术上先进与经济上合理统一起来。一般情况下,技术先进与经济合理是统一的。因为技术上先进的设备不仅具有高的生产效率,而且生产的产品也是高质量的;但是,有时两者也是矛盾的。例如,某台设备效率较高,但可能能源消耗量很大,或者设备的零部件磨损很快,因此,根据总的经济效益来衡量就不一定适宜。有些设备技术上很先进,自动化程度很高,适合于大批量连续生产,但在生产批量不大的情况下使用,往往负荷不足,不能充分发挥设备的能力,而且这类设备通常价格很高,维持费用大,从总的经济效益来看是不合算的,因而也是不可取的。

2.4.2 设备选型考虑的主要因素

(1)设备的主要参数选择

1)生产率

设备的生产率一般用设备单位时间(分、时、班、年)的产品产量来表示。例如:锅炉,以每小时蒸发蒸汽的量；空压机，以每小时输出压缩空气的体积；制冷设备，以每小时的制冷量；发动机，以功率；流水线，以生产节拍（先后两产品之间的生产间隔期）；水泵，以扬程和流量来表示。但有些设备无法直接估计产量，则可用主要参数来衡量，如车床的中心高、主轴转速、压力机的最大压力等。设备生产率要与企业的经营方针、工厂的规划、生产计划、运输能力、技术力量、劳动力、动力和原材料供应等相适应，不能盲目要求生产率越高越好，否则生产不平衡，服务供应工作跟不上，不仅不能发挥全部效果，反而造成损失。因为生产率高的设备，一般自动化程度高、投资多、能耗大、维护复杂，如不能达到设计产量，单位产品的平均成本就会增加。

2）工艺性

机器设备最基本的一条是要符合产品工艺的技术要求，将设备满足生产工艺要求的能力称为工艺性。例如：金属切削机床应能保证所加工零件的尺寸精度、几何形状精度和表面质量的要求，需要坐标镗床的场合很难用铣床代替，加热设备要满足产品工艺的最高和最低温度要求、温度均匀性和温度控制精度等；除上面基本要求外，设备操作控制的要求也很重要，一般要求设备操作控制轻便，控制灵活。产量大的设备自动化程度应高，有害有毒作业的设备，则要求能自动控制或远距离监督控制等。

（2）设备的可靠性和维修性

1）设备的可靠性

可靠性是保持和提高设备生产率的前提条件。人们投资购置设备都希望能无故障地工作，以期达到预期的目的，这就是设备可靠性的概念。

可靠性在很大程度上取决于设备的设计与制造。因此，在进行设备选型时，必须考虑设备的设计制造质量。

选择设备可靠性时，要求使其主要零部件平均故障间隔期越长越好，具体的可以从设备设计选择的安全系数、冗余性设计、环境设计、元器件稳定性设计、安全性设计和人机因素等方面进行分析。

随着产品的不断更新，对设备的可靠性要求也不断提高，设备的设计制造商应提供产品设计的可靠性指标，方便用户选择设备。

2）设备的维修性

人们希望投资购置的设备一旦发生故障就能方便地进行维修，即设备的维修性要好。选择设备时，对设备的维修性可从以下7个方面来进行衡量：

①设备的技术图纸、资料齐全。便于维修人员了解设备结构，易于拆装、检查。

②结构设计合理。设备结构的总体布局应符合可达性原则，各零部件和结构应易于接近，便于检查和维修。

③结构的简单性。在符合使用要求的前提下，设备的结构应力求简单，需维修的零部件数量越少越好，拆卸较容易，并能迅速更换易损件。

④标准化、组合化原则。设备尽可能采用标准零部件和元器件，容易被拆成几个独立的部件、装置和组件，并且不需要特殊手段即可装配成整机。

⑤结构先进。设备尽量采用参数自动调整、磨损自动补偿和预防措施自动化原理来设计。

⑥状态监测与故障诊断能力。可以利用设备上的仪器、仪表、传感器和配套仪器来检测

设备有关部位的温度、压力、电压、电流、振动频率、消耗功率、效率、自动检测成品及设备输出参数动态等,以判断设备的技术状态和故障部位。目前高效、精密、复杂设备中具有诊断能力的越来越多,故障诊断能力将成为设备设计的重要内容之一,检测和诊断软件也成为设备必不可少的一部分。

⑦提供特殊工具和仪器、适量的备件或更方便的供应渠道。

此外,要有良好的售后服务质量,维修技术要求尽量符合设备所在区域情况。

(3)设备的安全性和操作性

1)设备的安全性

安全性是设备对生产安全的保障性能及设备应具有必要的安全防护设计与装置,以避免带来人、机事故和经济损失。

在设备选型中,若遇有新投入使用的安全防护性零部件,必须要求其提供实验和使用情况报告等材料。

2)设备的操作性

设备的操作性属人机工程学范畴内容,总的要求是方便、可靠、安全,符合人机工程学原理。通常要考虑的主要事项如下:

①操作机构及其所设位置应符合劳动保护法规要求,适合一般体型的操作者的要求。

②充分考虑操作者生理限度,不能使其在法定的操作时间内承受超过体能限度的操作力、活动节奏、动作速度、耐久力等。例如,操作手柄和操作轮的位置及操作力必须合理,脚踏板控制部位和节拍及其操作力必须符合劳动法规规定。

③设备及其操作室的设计必须符合有利于减轻劳动者精神疲劳的要求。例如,设备及其控制室内的噪声必须小于规定值,设备控制信号、油漆色调、危险警示等都必须尽可能地符合绝大多数操作者的生理和心理要求。

(4)设备的环保与节能

工业、交通运输业和建筑业等行业企业设备的环保性,通常是指其噪声振动和有害物质排放等对周围环境的影响程度。在设备选型时,必须要求其噪声、振动频率和有害物质排放等控制在国家和地区的规定范围内。

设备的能源消耗是指其一次能源或二次能源消耗。通常是以设备单位开动时间的能源消耗量来表示,在化工、冶金和交通运输行业,也有以单位产量的能量消耗量来评价设备的能耗情况。在选型时,无论哪种类型的企业,其所选购的设备必须要符合《中华人民共和国节约能源法》规定的各项标准要求。

(5)设备的经济性

设备选择的经济性,其定义范围很宽,各企业可视自身的特点和需要从中选择影响设备经济性的主要因素进行分析论证。设备选型时,要考虑的经济性影响因素主要包括:

①初期投资;

②对产品的适应性;

③生产效率;

④耐久性;

⑤能源与原材料消耗;

⑥维护修理费用。

设备的初期投资主要是指购置费、运输和保险费、安装费、辅助设施费、培训费、关税费等。在选购设备时，不能简单寻求价格便宜而降低其他影响因素的评价标准，尤其要充分考虑停机损失、维修、备件和能源消耗等项费用，以及各项管理费。总之，以设备寿命周期费用为依据衡量设备的经济性，在寿命周期费用合理的基础上追求设备投资的经济效益最高。

2.4.3 设备的选型

设备选型必须在注意调查研究和广泛搜集信息资料的基础上，经多方分析、比较、论证后，进行选型决策。其工作的主要程序如下：

(1)收集市场信息

通过广告、样本资料、产品目录、技术交流等各种渠道，广泛搜集所需设备和设备的关键配套件的技术性能资料、销售价格和售后服务情况，以及产品销售者的信誉、商业道德等全面信息资料。

(2)筛选信息资料

将所搜集到的资料按自身的选择要求进行排队对比，从中选择出2～3个产品作为候选厂家。对这些厂家进行咨询、联系和调查访问，详细了解设备的技术性能(效率、精度)、可靠性、安全性、维修性、技术寿命，以及其能耗、环保、灵活性等各方面情况；制造商的信誉和服务质量；各用户对产品的反映和评价；货源及供货时间；订货渠道；价格及随机附件等情况。通过分析比较，从中选择几个合适的机型和厂家。

(3)选型决策

对上一步选出的几个机型进一步到制造厂和用户进行深入调查，就产品质量、性能、运输安装条件、服务承诺、价格和配套件供应等情况，分别向各厂仔细地询问，并作详细记录，最后在认真比较分析的基础上，选定最终认可的订购厂家。

2.5 设备的招投标

确定了设备的选型方案后，就要协助采购部门进行设备的采购。设备的采购是一个影响设备寿命周期费用的关键控制点，它不仅可以为企业节约采购资金，而且能获得良好投资效益，还能创造重要的物资技术条件。对于国家规定必须招标的进口机电设备，企业必须招标采购。

2.5.1 设备的招标

(1)设备的招标

设备的招标就是企业(招标人)在筹借设备时通过一定的方式，事先公布采购条件和要求，吸引众多能够提供该项设备的制造厂商(投标人)参与竞争，并按规定程序选择交易对象的一种市场交易行为。

投标是指投标人接到招标通知后，根据招标通知的要求，在完全了解招标货物的技术规范和要求以及商务条件后，编写投标文件(也称“标书”)，并将其送交给招标人的行为。可见，招标与投标是一个过程的两个方面，分别代表了采购方和供应方的交易行为。

设备的招标投标与其他货物、工程、服务项目的各类招标投标一样，要求公开性、公平性、公正性，使投标人有均等的投标机会，使招标人有充分的选择机会。

(2)设备的招标采购形式

设备的招标采购形式大体有三种，即竞争性招标、有限竞争性招标和谈判性招标。

1)竞争性招标

竞争性招标是一种无限竞争性招标。竞争性招标根据范围的不同可分为国际竞争性招标(ICB)和国内竞争性招标(LCB)。竞争性招标活动是在公共监督之下进行的，先由招标单位在国内外主要报纸及有关刊物上刊登招标广告，凡是对该项招标项目有兴趣的、合格的投标者都有同等的机会了解招标并参加投标，以形成广泛的竞争局面。

2)有限竞争性招标

有限竞争性招标实质上是一种不公开刊登广告，而通过直接邀请投标商投标的竞争招标方式。设备采购单位根据事先的调查，对国内外有资格的承包商或制造商直接发出投标邀请。这种形式一般用于设备采购资金不大，或由于招标项目特殊、可能承担的承包商或制造商不多的情况。

3)谈判性招标

谈判性招标又称议标，它通过几个供应商(通常至少3家)的报价进行比较，以确保价格有竞争性的一种采购方式。这种采购方式适合于采购小金额的或标准规格的设备。

(3)招标代理机构

招标的执行机构一般分两类：一类是招标代理机构，另一类是自主招标(即采购人自己)。招标代理机构是指依法设立从事招标代理业务并提供服务的社会中介组织。招标人有权自行选择招标代理机构，委托其办理招标事宜。而自主招标是指招标人自行办理招标，但必须具备《中华人民共和国招标投标法》规定的两个条件：一是有编制招标的能力；二是有组织评标的能力。这两项条件不具备时，必须委托代理机构办理。

招标代理机构应具备下列条件：

①有从事招标代理业务的营业场所和相应的资金。

②有能够编制招标文件和组织评标的相应专业力量。

③有符合评标要求的评标委员专家库。

招标代理机构应当在招标人委托的范围内办理招标事宜，并遵守招标投标法关于招标人的规定。

2.5.2 设备的招标采购程序

设备招标采购的流程是一项系统性较强、涉及面较广的工作。总体上说，它包括招标准备阶段、发布招标通告、投标开标、评标与中标以及签订合同与履约。

(1)招标准备阶段

招标准备阶段包括编制设备采购计划、编制招标文件等环节。首先，根据“生产上适用、技术上先进、经济上合理”的基本原则编制设备采购计划，确定所需采购设备清单。其次，编制招标文件，这是整个招标过程中的关键环节。作为评定中标人唯一依据的招标文件，应保证招标人开展招标活动目的的实现，应有利于更多的投标人前来投标，以供招标人选择。

招标文件内容大致分为三类：一类是关于编写和提交投标文件的规定，其目的是尽量减少符合资格的供应商由于不明确如何编写投标文件而处于不利地位或其投标遭到拒绝的可能性；一类是关于招标文件的评审标准和方法，这是为了提高招标过程的透明度和公平性；一类是关于合同的主要条款，其中主要是商务性条款，有利于投标人了解中标后签订合同的主要内容，明确双方各自的权利和义务。其中，技术要求、投标报价要求和主要合同条款等内容是招标文件的实质性要求。其主要内容通常包括以下五个方面：

1）投标须知

投标须知是招标人对投标人如何投标的指导性文件。其主要包括：

①招标项目概况，如项目的性质、设备名称、设备数量、附件及运输条件等。

②交货期、交货地点。

③提供投标文件的方式、地点和截止时间。

④开标地点、时间及评标的日程安排。

⑤投标人应当提供的有关资格和资信证明文件。

2）技术规范

技术规范或技术要求是招标文件中最重要的内容之一，是指招标设备在技术、质量方面的标准，如一定的大小、轻重、体积、精密度、性能等。招标文件规定的技术规范应采用国际或国内公认、法定标准。

3）招标价格的要求及其计算方式

招标文件中应事先提出报价的具体要求及计算方法。例如，在货物招标时，国外的货物一般应报到岸价（CIF）或运费保险付至目的地的价格（CIP），国内的现货或制造或组装的货物，包括以前进口的货物报出厂价（Exworks，出厂价货架交货价）。如果要求招标人承担内陆运输、安装、调试或其他类似服务，比如供货与安装合同，还应要求投标人对这些服务另外提出报价。

4）投标保证金的数额或其他形式的担保

招标文件中可以要求有投标保证金或其他形式的担保（如抵押、保证等），以防止投标人违约。投标保证金可采用现金、支票、信用证、银行汇票，也可使用银行保函等。现实操作中投标保证金的金额一般不超过投标总价的2%。

5）主要合同条款

合同条款应明确将要完成的供货范围、招标人与中标人各自的权利和义务。除一般合同条款之外，合同还应包括招标项目的特殊合同条款。

（2）发布招标通告

在报纸、电视等媒体上发布招标通告，同时，可直接向外地商家发招标邀请函。招标通告的主要内容包括：招标项目性质、设备名称、数量与主要技术参数，招标文件售价，获取招标文件的时间、地点、投标截止时间和开标时间，以及招标机构的名称、地点与联络方法等。一般自发售招标文件之日起至投标截止时间不少于20个工作日，大型设备或成套设备不少于50个工作日。

（3）招标开标

开标就是招标人按招标通告或投标邀请函规定的时间、地点将投标人的投标书当众拆开，宣布投标人名称、投标报价、交货期、交货方式活动等的总称。

开标应当在招标文件确定的提交投标文件截止时间的同一时间公开进行，开标地点应当为招标文件中预先确定的地点。

开标时，必须保证做到开标的公开、公平和公正。在投标人和监督机构代表出席的情况下，当众验明投标文件密封情况，并启封投标人提交的标书；随后宣读所有投标文件的有关内容。同时作好开标记录，记录内容包括投标人姓名、制造商、报价方式、投标价、投标声明、投标保证金、交货期等。为了保证开标的公正性，一般可邀请相关单位的代表参加，如招标项目主管部门的人员、评价委员会成员、监察部门代表等。

(4)评标与中标

评标工作由招标人员依法组建的评价委员会负责。评价委员由招标人的代表和有关技术、经济等方面的专家组成，成员为5人以上单数，其中技术、经济等方面的专家不得少于成员总数的2/3。

评标程序一般可分为初评和详评两个阶段。初评的内容包括：投标人资格是否符合要求，投标文件是否完整，投标人是否按照规定的方式提交投标保证金，投标文件是否基本上符合招标文件的要求等。只有在初评中确定为基本合格的投标书，才可以进入详评阶段。

1)评价标准

评价标准一般包括价格标准和价格标准以外的其他有关标准(又称“非价格标准”)。非价格标准应尽可能客观和定量化，并按货币额表示，或规定相对的权重。通常来说，在设备评价时，非价格标准主要有运费和保险费、付费计划、交货期、运营成本、设备的有效性和配套性、零配件和服务的供给能力、相关的培训、安全性和环境效益等。

2)评价方法

评价方法可分为五种，即最低评标价法、综合因素法、寿命周期成本法、寿命周期收益法和投票表决法。

①最低评标价法，是指按照经评定的最低报价作为唯一依据的评标方法。最低评标价不是指最低报价，它是由成本加利润组成，成本部分不仅是设备、材料、产品本身的价格，还应包括运输、安装、售后服务等环节的费用。

②综合因素法，是指价格加其他因素的一种评标方法。在招标文件中，如果价格不是唯一的评标因素，应将其他的因素都列出来，并说明各因素在评标中所占的比例，其实质是打分法，总分最高的投标为最优标。

③寿命周期成本法，是指通过计算采购项目有效使用期间的基本成本来确定最优标的一种方法。具体方法是在招标书报价上加上一定年限内运行的各种费用，再减去运行一定年限后的残值，寿命周期成本最低的投标为最优标。

④寿命周期收益法，是对寿命周期成本法的补充，即除了考虑项目的全面寿命周期成本之外，还应估算在正常运行情况下，设备的全寿命周期效益，用全寿命周期效益减去全寿命周期成本，得到全寿命周期收益，全寿命周期收益最高的投标为最优标。

⑤投票表决法，是指在评标时，如出现两家以上的供应商的投标都符合要求但又难以确定最优标时所采取的一种评标方法，获得多数票的投标为最优标。

应该指出的是，对于复杂设备系统，如大型流程设备、生产线，如果能够灵活或者组合运用以上评价方法，将技术、价格、寿命周期收益、服务、信誉等各种因素进行加权综合，将得到更佳的评标效果。

3）编审评标书面报告、推荐中标候选人

评标报告是评标委员会评标结束后根据评议情况提交给招标人的一份重要文件。在评标报告中，评标委员会不仅要推荐中标候选人，而且要说明推荐的具体理由。评标报告作为招标人定标的重要依据，一般应包括以下内容：

①对投标人的技术方案评价，技术、经济风险分析。

②对投标人的技术力量、设施条件评价。

③对满足评价标准的投标人的投标进行排序。

④需进一步协商的问题及协商应达到的要求。评标报告需经评标委员会每个成员签名后交招标机构。

招标人根据评标委员会的评标报告，在推荐的中标候选人（一般为1～3人）中最后确定中标人；在某些情况下，招标人也可直接授权评标委员会直接确定中标人。

（5）签订合同与履约

合同签订的过程是采购单位（招标人）与供应商（中标人）双方相互协调并就各方的权利、义务达成一致的过程。《中华人民共和国招标投标法》规定，招标人与中标人应当自中标通知书发出之日起30日内签订合同。合同协议书由招投标双方的法人代表或授权委托的全权代表签署后，合同即开始生效。

合同双方按照合同约定全面履行各自的义务，包括按照合同规定的标的、数量、质量、价款或者报酬以及履行的方式、地点、期限等。中标厂商按合同供货及提供各项售后服务。使用单位验收货物，签发货物验收单。只要全面履行合同规定的义务，即可认定采购项目的合同已完全履约。

2.6　设备的验收、安装调试与使用初期管理

2.6.1　设备的到货验收

设备到货后，需凭托收合同及装箱单进行开箱检查，验收合格后办理相应的入库手续。

（1）设备到货期验收

订货设备应按期到达指定的地点，不允许任意变更，尤其是从国外订购的设备，影响设备到货期执行的因素较多，双方必须按合同事项要求履行验收。

①不允许提前太多的时间到货，否则设备购买者将增加占地费和保管费，以及可能造成的设备损坏。

②不准延期到货，否则将会影响整个工程的建设、投产、运行计划，若是用外汇订购的进口设备，则业主还要担负货币汇率变化的风险等。造成设备到货期拖延，通常制造商占主要原因。但大型成套设备，尤其是从国外引进设备的拖延交货期，往往与政治、自然条件和国际关系等因素相联系，必须按“国际咨询工程师联合会（FIDIC）”合同条款内容逐项澄清并作出裁决。

业主主持到货期验收，如与制造商发生争端，或在解决实际问题中有分歧或异议时，应遵循以下步骤予以妥善处理：a. 双方应通过友好协商予以解决；b. 可邀请双方认可的有关专家协助解决；c. 申请仲裁解决。而在实际操作中，如果制造商要拖延合同交货期，则应提前书面

向业主提出申请。而业主一旦收到延期通知,则双方应在合理可行的最短时间就延长期限达成新的协定。其中,制造商应尽力缩短合同所规定的设备到货拖延期。

(2)设备完整性验收

1)初检

订购设备到达口岸(机场、港口、车站)后,业主派员介入所在口岸的到货管理工作,核对到货数量、名称等是否与合同相符,有无因装运和接卸等原因导致的残损及残损情况的现场记录,办理装卸运输部门签证等业务事项。另外,在接到收货通知单证后,应立即准备办理报关手续。报关人除要按规定填写报关单据外,还要准备好以下单证:

①提货单据;

②发票及其副本;

③包装清单;

④订货合同;

⑤产品产地购运证明;

⑥海关认为有必要的其他文件。

2)做好到货现场交接(提货)与设备接卸后的保管工作

无论是国内还是国外 FIDIC 订购设备合同都明确规定:设备运到使用单位或业主所在国家口岸后的保管工作一般均由业主负责。对国外大型、成套设备,业主单位应组织专门力量做好这一工作,确保设备到达口岸后的完整性。

3)组织开箱检验

除国外订货外,凡属引进设备或从国外引进的部分配套件(总成、部件),在开箱前必须向商检部门递交检验申请并征得同意后方可进行,或海关派员参与到货的开箱检查。检查的内容如下:

①到货时的外包装有无损伤,若属裸露设备(构件),则要检查其刮碰等伤痕及油迹、海水侵蚀等损伤情况。

②开箱前逐件检查货运到港件数、名称,是否与合同相符,并作好清点记录。

③设备技术资料(图纸、使用与保养说明书和备件目录等)、随机配件、专用工具、监测和诊断仪器、特殊切削液、润滑油料和通信器材等,是否与合同内容相符。

④开箱检查、核对实物与订货清单(装箱单)是否符合,有无因装卸或运输保管等方面的原因而导致设备残损。若发现有残损现象,则应保持原状,进行拍照或录像,请与在检验现场的海关等有关人员共同查看,并办理索赔现场签证事项。

4)办理索赔

索赔是业主按照合同条款中的有关索赔、仲裁条件,向制造商和参与该合同执行的保险、运输单位索取所购设备受损后赔偿的过程。无论国内订购还是国外订购,其索赔工作均要通过商检部门受理经办方有效,同时索赔也要分清下述情况:

①设备自身残缺,由制造商或经营商负责赔偿。

②属运输过程造成的残损,由承运者负责赔偿。

③属保险部门负责范畴,由保险公司负责赔偿。

④因交货期拖延而造成的直接与间接损失,由导致拖延交货期的主要负责人负责赔偿。

按照我国现行的检验条例规定，进口设备的残损鉴定，应在国外运输单据指明的到货港、站进行；但对机械、仪器、成套设备以及在到货口岸开箱后因无法恢复其包装而会影响国内安全转运者，方可在设备（机械、仪器）使用地点结合安装同时开箱检验；凡集装箱运输的货物（仪器、设备），则应在拆箱地点进行检验。不过，凡合同中规定需要由国外售方共同检验或到货后发生问题需经外方派员会同检验的，一定要在合同规定的地点检验。因此，报检地点必须是验收所在地。

另外，一般合同的商务条款中所指“索赔有效期”即买卖双方共同认定的商品复验期（即合同规定双方在设备到货后有复验权），复验期的具体时间视设备规模、类别的不同而异，由买卖双方商定，一般为 6 ~ 12 个月，报检人若超过上述期限进行报检，则检验部门可拒绝受理，从而丧失索赔权。

2.6.2　设备安装调试的主要内容

(1) 设备开箱检查

设备开箱检查由设备采购部门、设备主管部门、组织安装部门、工具工装及使用部门参加。如系进口设备，应有商检部门参加。开箱检查主要内容如下：

①检查箱号、箱数及外包装情况。发现问题，作好记录，及时处理。

②按照装箱单清点核对设备型号、规格、零件、部件、工具、附件、备件以及说明书等技术条件。

③检查设备在运输保管过程中有无锈蚀，如有锈蚀应及时处理。

④凡属未清洗过的滑动面严禁移动，以防磨损。

⑤不需要安装的附件、工具、备件等应妥善装箱保管，待设备安装完工后一并移交使用单位。

⑥核对设备基础图和电气线路图与设备实际情况是否相符，检查地脚螺栓孔等有关尺寸及地脚螺栓、垫铁是否符合要求；核对电源接线口的位置及有关参数是否与说明书相符。

⑦检查后作出详细检查记录，填写设备开箱检查验收单。

(2) 设备的安装

1) 设备的安装定位

设备安装定位的基本原则是要满足生产工艺的需要及维护、检修、技术安全、工序连接等方面的要求。设备在车间的安装位置、排列、标高及立体、平面间相互距离等应符合设备平面布置图及安装施工图的规定。设备的定位具体要考虑以下因素：

①适应产品工艺流程及加工条件的需要（包括环境温度、粉尘、噪声、光线、振动等）。

②保证最短的生产流程，方便工件的存放、运输和切屑的清理，以及车间平面的最大利用率，并方便生产管理。

③设备的主体与附属装置的外形尺寸及运动部位的极限位置。

④要满足设备安装、工件装夹、维修和安全操作的需要。

⑤厂房的跨度、起重设备的高度、门的宽度和高度等。

⑥动力供应情况和劳动保护的要求。

⑦地基土壤地质情况。

⑧平面布置应排列整齐、美观,符合设计资料的有关规定。

2)设备的安装找平

设备安装找平的目的是保持其稳定性,减轻振动(精密设备应有防振、隔振措施),避免设备变形,防止不合理磨损及保证加工精度。

①选定找平基准面的位置。一般以支撑滑动部件的导向面(如机床导轨)或部件装配面、工卡具支撑面和工作台面等为找平基准面。

②设备的安装水平。导轨的不直度和不平行度需按说明书的规定进行。

③安装垫铁的选用应符合说明书和有关设计与设备技术文件对垫铁的规定。垫铁的作用在于使设备安装在基础上,有较稳定的支承和较均匀的荷重分布,并借助垫铁调整设备的安装水平与装配精度。

④地脚螺栓、螺帽和垫圈的规格应符合说明书与设计的要求。

(3)设备的试运转与验收

1)试运行前的准备工作

设备运行前应做好以下各项工作:

①再次擦洗设备,油箱及各润滑部位加够润滑油。

②手动盘车,各运动部件应轻松灵活。

③试运转电气部分。为了确定电机旋转方向是否正确,可先摘下皮带或松开联轴节,使电机空转,经确认无误后再与主机连接。电机皮带应均匀受力,松紧适当。

④检查安全装置,保证正确可靠,制动和锁紧机构应调整适当。

⑤各操作手柄转动灵活,定位准确并将手柄置于“停止”位置上。

⑥试车中需高速运行的部件(如磨床的砂轮)应无裂纹和碰损等缺陷。

⑦清理设备部件运动路线上的障碍物。

2)空运转试验

空运转试验是为了考察设备安装精度的保持性、稳固性,以及传动、操纵、控制、润滑和液压等系统是否正常和灵敏可靠。空运转应分步进行,由部件至组件,由组件至整机,由单机至全部自动线。启动时先“点动”数次,观察无误后在正式启动运转,并由低速逐级增加至高速。其试验检查内容如下:

①各种速度的变速运行情况。由低速至高速逐级进行检查,每级速度运转时间不少于2 min。

②各部位轴承温度。在正常润滑情况下,轴承温度不得超过设计规范或说明书规定。一般主轴滑动轴承及其他部位温度不高于60 ℃(温升不高于40 ℃),主轴滚动轴承温度不高于70 ℃(温升不高于30 ℃)。

③设备各变速箱在运行时的噪声不超过85 dB,精密设备不超过70 dB,不应有冲击声。

④检查进给系统的平稳性、可靠性,检查机械、液压、电气系统工作情况及在部件低速运行或进给时的均匀性,不允许出现爬行现象。

⑤各种自动装置、联锁装置、分度机构及联动装置的动作是否协调、正确。

⑥各种保险、换向、限位和自动停车等安全防护装置是否灵敏、可靠。

⑦整机连续空运转的时间应符合表2.1的规定,其运转过程中不应发生故障和停机现象,自动循环的休止时间不超过1 min。

表2.1 机床连续空运转时间

机床控制形式	机械控制	电液控制	数字控制	
			一般数控技术	加工中心
时间/h	4	8	16	32

3)设备的负荷试验

设备的负荷试验主要是为了试验设备在一定负荷下的工作能力。负荷试验可按设备设计公称功率的25%、50%、75%、100%的顺序分别进行。在负荷试验中要按规范检查轴承的温升,液压系统的泄漏、传动、操纵、控制、自动和安全装置工程是否正常,运转声音是否正常。

4)设备的精度试验

在负荷试验后,按随机技术文件或精度标准进行加工精度试验,应达到出厂精度或合同规定要求。金属切削机床在精度试验中应按规定选择合适的刀具及加工材料,合理装夹试件,选择合适的进给量、吃刀深度和转速。

在设备运行试验中,要做好以下各项记录,并对整个设备的试运转情况加以评定,作出准确的技术结论。

①设备几何精度、加工精度检验记录及其他机能试验的记录。

②设备试运转的情况,包括试车中对故障的排除。

③对无法调整及排除的问题,按性质归纳分类:属于设备原设计问题,属于设备制造质量问题,属于设备安装质量问题,属于调整中的技术问题,等等。

2.6.3 设备安装工程的管理

(1)管理的范围

①经验收合格入库的外购设备安装。

②经鉴定验收合格的自制设备安装。

③经大修理或技术改造后的设备安装。

④企业计划变动、生产对象或工艺布置调整等原因引起的设备处置。

(2)安装工程计划的编制及实施程序

1)编制安装计划的依据

①企业设备计划,包括外购设备计划、自制设备计划、技措计划的设备部分、更新改造设备计划及工厂工艺布置调整方案等。

②安装人员数量、技术等级和实际技术水平。

③安装材料消耗定额、储备及订货情况。

④安装费用标准,安装工时定额。

2)安装计划的编制

①根据设备规划、外购设备订货合同的交货期、自行设计制造与改造以及大修理设备计划进度等,于每年11月编制下年度上半年的设备安装计划,每年5月编制下半年的设备安装计划。

②根据安装计划估算工时、人员需要量及安装材料需要量，作出费用预算。

③根据安装计划，与使用部门及其他有关部门协调工程进度。

④根据安装计划，提出外包工程项目、技术要求及费用核算（或审核承包单位提出的预算）。

⑤根据设备库存和实际到货情况等，按季、月编制安装工程进度表，人员、器具、材料及费用预算，施工图纸和技术要求。在预计开工日期之前一个月，下达给施工和使用部门作施工准备。

3）安装计划的实施

主管部门提出安装工程计划、安装作业进度及工作令号，经企业主管领导批准后由生产部门作为正式计划下达各有关部门执行，其工作流程如图2.3所示。

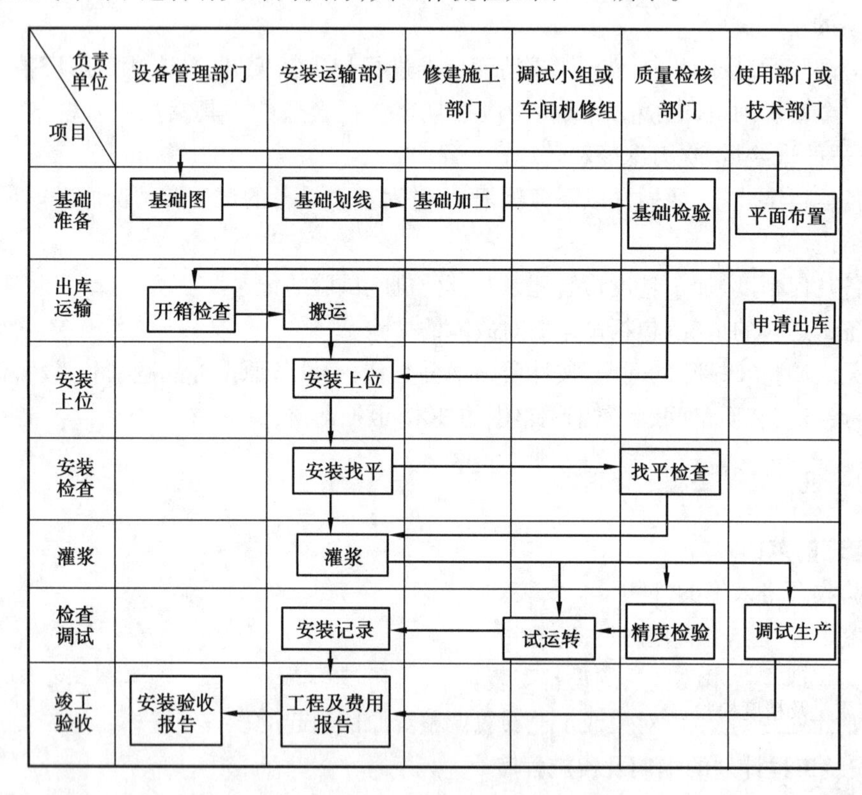

图2.3　设备安装工作流程

(3)设备安装工程的验收

设备安装验收工作一般由购置设备的部门或主管领导负责组织，设备、基础施工安装、检查、使用、财务部门等有关人员参加，根据所安装设备的类别按照《机械设备安装工程施工及验收通用规范》（JBJ 23—1996）和各类设备安装施工及验收规范（如《金属切削机床安装工程施工及验收规范》（JBJ 24—1996）、《锻压设备安装施工及验收规范》（JBJ 24—1996）等）的有关规定进行验收。工程验收时，应具备下列资料：

①竣工图或按实际完成情况注明修改部分的施工图。

②设计修改的有关文件和签证。

③主要材料和用于重要部位材料的出厂合格证和检验记录或试验资料。

④隐蔽工程和管线施工记录。

⑤重要浇灌所用混凝土的配合比和强度试验记录。

⑥重要焊接工艺的焊接试验和检验记录。

⑦设备开箱检查及交接记录。

⑧安装水平、预调精度和几何精度检验记录。

⑨试运转记录。

验收人员要对整个设备安装工程作出鉴定,合格后在各记录单上进行会签,并填写设备安装验收移交单(见表2.2),办理移交生产手续及设备转入固定资产手续。

表2.2　设备安装工程验收移交单

<table>
<tr><td colspan="2">设备名称</td><td colspan="2"></td><td>型　号</td><td></td><td>资产编号</td><td></td></tr>
<tr><td colspan="2">主要规格</td><td colspan="2"></td><td>出厂年月</td><td></td><td>制造号</td><td></td></tr>
<tr><td colspan="2">使用车间</td><td colspan="2"></td><td>制造厂</td><td></td><td>安装试车日期</td><td></td></tr>
<tr><td colspan="4">设备价值</td><td>序　号</td><td>资料名称</td><td>张/份</td><td>备　注</td></tr>
<tr><td>1</td><td colspan="2">出厂价值</td><td>元</td><td>1</td><td>说明书</td><td></td><td></td></tr>
<tr><td>2</td><td colspan="2">运杂费</td><td>元</td><td>2</td><td>图纸资料</td><td></td><td></td></tr>
<tr><td rowspan="4">3</td><td rowspan="4">安装费用</td><td>基础费</td><td>元</td><td rowspan="2">3</td><td rowspan="2">出厂精度检验单</td><td rowspan="2"></td><td rowspan="2"></td></tr>
<tr><td>动力配线</td><td>元</td></tr>
<tr><td>安装费用</td><td>元</td><td>4</td><td>电气资料</td><td></td><td></td></tr>
<tr><td>其他</td><td>元</td><td rowspan="2">5</td><td rowspan="2">附件及工具清单</td><td rowspan="2"></td><td rowspan="2"></td></tr>
<tr><td>4</td><td colspan="2">管理费</td><td>元</td></tr>
<tr><td>5</td><td colspan="2">合　计</td><td>元</td><td></td><td></td><td></td><td></td></tr>
<tr><td colspan="8">检查情况</td></tr>
<tr><td colspan="3">受检内容</td><td colspan="3">检查结果</td><td colspan="2">记录单编号</td></tr>
<tr><td colspan="3">设备开箱检查验收</td><td colspan="3"></td><td colspan="2"></td></tr>
<tr><td colspan="3">安装质量及精度检验</td><td colspan="3"></td><td colspan="2"></td></tr>
<tr><td colspan="3">设备试运转</td><td colspan="3"></td><td colspan="2"></td></tr>
<tr><td colspan="3">产品、试件检查情况</td><td colspan="3"></td><td colspan="2"></td></tr>
<tr><td colspan="3">使用单位</td><td colspan="3">工艺部门</td><td colspan="2">质量检查部门</td></tr>
<tr><td colspan="3"></td><td colspan="3"></td><td colspan="2"></td></tr>
<tr><td colspan="3">设备管理部门</td><td colspan="3">财务部门</td><td colspan="2">移交日期</td></tr>
<tr><td colspan="3"></td><td colspan="3"></td><td colspan="2"></td></tr>
</table>

注:本单一式6份,财务部2份、设备管理部门2份、设备档案1份、安装部门1份。

2.6.4　设备的使用初期管理

设备使用初期管理是指设备正式投产运行后到稳定生产这一初期使用阶段(一般为6个

月)的管理。也就是对这一观察期内的设备调整试车、使用、维护、状态监测、故障诊断、操作人员的培训、维修技术信息的收集与处理等全部工作的管理。加强设备使用初期管理的目的是掌握设备运转初期的生产效率、精度、加工质量、性能和故障的跟踪排除,总结和提高初期运转的质量,从而使设备尽早达到正常稳定的良好状态;同时,将设备前期设计、制造、安装中所带来的问题作为信息反馈,以便采取改善措施,为今后设备的设计、选型或自制提供可靠依据。

设备使用初期管理包括下列十项主要内容:

①设备初期使用中的调整试车,使其达到原设计预期的功能。

②操作人员使用维护的技术培训工作。

③对设备使用初期的运转状态变化观察、记录和分析处理。

④稳定生产、提高设备生产效率方面的改进措施。

⑤开展使用初期的信息管理,制订信息收集程序,作好初期故障的原始记录,填写设备初期使用鉴定书及调试记录等。

⑥使用部门要提供各项原始记录,包括实际开停机时间、适用范围、使用条件、零部件损伤和失效记录、早起故障记录及其他原始记录。

⑦对典型故障和零部件失效情况进行研究,提出改善措施和对策。

⑧对设备原设计或制造商的缺陷提出合理化改进建议,采取改善性维修的措施。

⑨对使用初期的费用与效果进行技术经济分析,并作出评价。

⑩对使用初期所收集的信息进行分析处理。其包括:

a. 属于设计、制造商的问题,向设计、制造单位反馈。

b. 属于安装、调试的问题,向安装、试车单位反馈。

c. 属于需采取维修对策的,向设备维修部门反馈。

d. 属于设备规划、采购方面的信息,向规划、采购部门反馈并储存备用。

复习思考题

2.1 设备的前期管理按时间分哪几个阶段?

2.2 设备投资决策的经济分析方法有哪些?

2.3 自制设备的原则是什么?

2.4 设备选型应遵循什么原则?

2.5 设备的招投标采购有哪些形式?

2.6 设备的到货验收有哪些内容?

2.7 设备的初期管理有哪些主要内容?

第3章 设备资产管理

设备固定资产是影响企业生产能力的重要因素,是企业主要技术的物质基础。为了确保企业资产完整,充分发挥设备效能,提高生产技术装备水平和经济效益,必须严格实施设备固定资产管理。

设备资产管理是一项重要的基础管理工作,是对设备运动过程中的实物形态和价值形态的某些规律进行分析、控制和实施管理。由于设备资产管理涉及面比较广,应实行"一把手"工程,通过设备管理部门、设备使用部门和财务部门的共同努力,相互配合,做好这一工作。

3.1 设备资产的分类

3.1.1 设备资产的分类

(1)按资源属性和行业特点分类

国家技术监督局1994年1月批准发布了《固定资产分类与代码》(GB/T 14885—1994)。该标准按资产属性分类,并兼顾了行业管理的需要。包括十个门类,其中七类为设备。目前各产业部门对行业设备都有不同的分类方法。

①机械工业将机械设备分为六大类,动力设备分为四大类,共计十大类。其中包括:金属切削机床、锻压设备、起重运输设备、木工铸造设备、专业生产用设备、其他机械设备、动能发生设备、电器设备、工业炉窑和其他动力设备等。

②化学工业设备可分为反应设备、塔、化工炉、交换器、储罐、过滤设备、干燥设备、机械泵、破碎机械、起重设备和运输设备等。

③纺织工业设备可分为棉纺织设备,棉印染设备,化纤设备,毛、麻、丝纺织设备,针织设备和纺织仪器,毛、丝、针织、纱线染整设备类等。

④冶金工业设备由于行业特点,按联动机组加以分类。其主要分为高炉、炼钢炉、焦炉、轧钢及锻压设备、烧结机和动力设备。

(2)按设备在企业中的用途分类

1)生产设备

生产设备是指企业中直接参与生产活动的设备,以及在生产过程中直接为生产服务的辅助生产设备。

2)非生产设备

非生产设备是指企业中用于生活、医疗、行政、办公、文化、娱乐、基建等设备。

通常情况下,企业设备管理部门主要对生产设备的运动情况进行控制和管理。

(3)按设备的技术特性分类

按设备本身的精度、价值和大型、重型、稀有等特点分类,可分为高精度、大型、重型稀有设备。所谓高精度设备,是指具有极精密元件并能加工精密产品的设备;所谓大型设备,是指体积较大、较重的设备;所谓重型、稀有设备,是指单一的、重型的和国内稀有的大重型设备及购置价值高的生产关键设备。

根据国家统计局颁发的《主要生产设备统计目录》,对高精度、大型、重型、稀有设备的划分作出了规定,凡精、大、稀设备,都应按照国家统计局的规定进行划分。

(4)按设备在企业中的重要性分类

按照设备发生故障后或停机修理时对企业的生产、质量、成本、安全、交货期等方面的影响程度与造成损失的大小,将设备划分为以下三类。

①重点设备(也称A类设备),是重点管理和维修的对象,尽可能实施状态监测维修。

②主要设备(也称B类设备),为实施预防维修。

③一般设备(也称C类设备),为减少不必要的过剩修理,考虑到维修的经济性,可视事实后维修。

重点设备的划分,既考虑设备的固有因素,又考虑设备在运行过程中的客观作用,两者结合起来,使设备管理工作更切合实际。

3.1.2 重点设备的评定

重点设备的分类管理法是现代科学管理方法之一。其目的是将有限的维修资源(人力、财力和物力)应用于最重要的设备上,以保证企业生产的正常运行。确定重点设备没有统一的规定,各企业根据生产的实际情况研究确定。

(1)划分依据

1)对生产的影响

①是否属关键工序的单一设备。

②是否属影响生产面大的设备。

③是否属高负荷的专用生产设备。

2)对质量的影响

①进行精加工的主要设备。

②质量控制、关键工序不可能代替的设备。

③由于设备原因而使工序能力不足的设备。

3)对产品成本的影响

①设备购置价值高、运行成本高而致使产品成本高的设备。

②消耗功能大的设备。

③故障停机损失大的设备。

4)对安全的影响

①设备出现故障或发生事故将会危及工厂安全和引起人身伤亡的设备。

②对环境保护及作业人员会产生严重危害的设备。

5)对维修的影响

①设备复杂程度高的设备。

②维修备件难以供应的设备。

③易出故障的设备。

(2)评定方法

1)经验判定法

这种方法是由设备管理维修部门根据日常维修积累的经验,初步选出一些发生故障后对均衡生产、产品质量和安全环保等影响大的设备,包括行业主管部门规定的多数精、大、稀、关设备,经征询生产车间、工艺部门的意见后,制订出重点设备清单,报分管设备的厂长(或总工程师)审定,在实施重点管理的工作中,可以按照实际需要进行修改与补充。

2)分项评分法

这种方法是按表3.1中五个项目的内容、分项与评分标准,对每台主要生产设备进行评分,从中选出重点设备。

企业可根据具体情况,参考表3.1自拟评分标准,并对主要生产设备进行评分,以选出10%左右高分值的设备作为重点设备,集中力量加强对此类设备进行管理,以收到较好经济效益,B类、C类设备所占比例也应按企业的具体情况而定。

重点设备确定(或设备分类划分)后,不是长期不变的,它随着企业生产对象和产品计划的划分、产品工艺的改变而改变,企业应定期进行研究与调整。

表3.1　设备分类的评分标准

项　目	序　号	影响内容	评　分	评分标准
生产方面	1	按两班制计算设备利用率	10	超过100%,即有时三班生产
			8	80%~100%,基本上满两班,有时还要加班
			6	60%~80%,即开两班,但负荷不满
			4	60%以下,即一班稍多或不足一班
	2	有无代用设备或迂回工艺	10	利用率在80%以上,无代用设备和迂回工艺
			8	利用率在80%以上,有临时迂回工艺,无代用设备
			6	利用率在60%~80%,无代用设备和迂回工艺
			4	利用率在60%~80%,有代用设备和迂回工艺
	3	故障停机对生产影响程度的大小	10	会影响工厂成品总装生产日均衡
			8	会影响车间成品总装生产日均衡
			6	会影响班组生产任务日均衡
			4	会影响单机生产任务日均衡

续表

项　目	序　号	影响内容	评　分	评分标准
质量方面	4	设备与质量的关系	10 8 6 4	主要参数最后精加工关键设备 质量关键工序的设备 对零件主要参数有影响的设备 其他对质量有一定影响的设备
	5	质量的稳定性	10 8 6 4	需要经常调修精度的设备 需要每季调修一次精度的设备 需要半年调修一次精度的设备 质量稳定的设备
成本	6	购置价格	10 8 6 4	20 万元以上 8 万～20 万元 2 万～8 万元 2 万元以下
安全	7	设备对作业人安全及环境污染影响的程度	10 8 6 4	有严重影响 有较大影响 有一定影响 稀有影响
维修性	8	设备维修复杂程度	10 8 6 4	机械维修复杂系数不小于 20 机械维修复杂系数为 13～20 机械维修复杂系数为 8～12 机械维修复杂系数为 5～7
	9	故障频次与停机台时	10 8 6 4	发生故障大于 3 次/月，或故障停机 8 台时以上 发生故障 2～3 次/月，或故障停机 6～8 台时 发生故障 1～2 次/月，或故障停机 4～6 台时 发生故障小于 1 次/月，或故障停机 2～4 台时
	10	备件情况	10 8 6 4	备件供应困难，订货周期长达 1 年以上的 备件储备不足，订货周期长达半年以上的 备件储备不足，订货周期在半年以内 备件供应正常

3.2　设备资产的基础管理

建立和完善资产管理的基础资料，是确保企业设备资产管理工作正常开展的重要组成部分。设备资产管理的基础管理包括设备资产编号、设备资产卡片、设备台账、设备档案、设备统计及定期报表等。

3.2.1　设备资产编号

为了便于设备的资产管理，每一台设备都应该有自己的编号。设备编号的方法力求科学，直观、简便，有利于统一管理，并可运用计算机进行辅助管理。

设备编号的方法，不同行业各有统一的规定。这里介绍的是机械工业系统《设备统一分类及编号目录》，请参阅《设备工程实用手册》的相关规定。

设备资产编号由两段数字组成，前一段数字为设备代号，后一段数字为该代号设备的顺序号，两段数字之间用一横线连接，如图3.1所示。

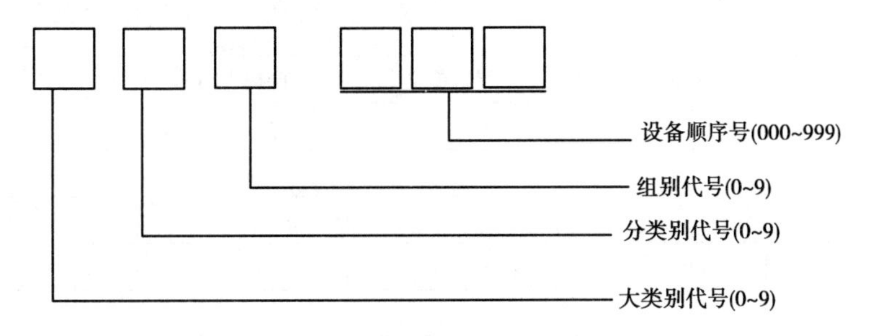

图3.1　设备编号方法

例如：编号031-012：代表第12台外圆磨床；编号735-002：代表第二台电焊机。

3.2.2　设备资产卡片

设备资产卡片是设备资产的凭证，在设备验收移交生产时，设备管理部门和财会部门均应建立单台设备的资产卡片，登记设备编号、基本数据及变动记录，并按使用保管单位的顺序建立设备卡片册。随着设备的调动、调拨、新增和报废，卡片位置可以在卡片内调整、补充或抽出注销，卡片的正面与反面如图3.2所示。

年　月　日

<table>
<tr><td colspan="4">轮廓尺寸(长×宽×高)</td><td colspan="3">质量/t</td></tr>
<tr><td colspan="2">国　别</td><td colspan="2">制造厂</td><td colspan="3">出厂编号</td></tr>
<tr><td rowspan="3"></td><td></td><td></td><td></td><td colspan="3">出厂年月</td></tr>
<tr><td></td><td></td><td></td><td colspan="3"></td></tr>
<tr><td></td><td></td><td></td><td colspan="3">投产年月</td></tr>
<tr><td rowspan="6">附属装置</td><td>名　称</td><td>型号、规格</td><td>数　量</td><td colspan="3"></td></tr>
<tr><td></td><td></td><td></td><td colspan="3">分类折旧年限</td></tr>
<tr><td></td><td></td><td></td><td colspan="3"></td></tr>
<tr><td></td><td></td><td></td><td colspan="3">修理复杂系数</td></tr>
<tr><td></td><td></td><td></td><td>机</td><td>电</td><td>热</td></tr>
<tr><td></td><td></td><td></td><td></td><td></td><td></td></tr>
<tr><td>资产原值</td><td colspan="2">资金来源</td><td>资产所有权</td><td colspan="3">报废时净值</td></tr>
<tr><td>资产编号</td><td colspan="2">设备名称</td><td>型　号</td><td colspan="3">精、大、稀、关分类</td></tr>
</table>

(a)正面

续图

	用 途	名 称	型 号	功率/kW	转 速	备 注
电机						

变动记录				
年 月	调入单位	调出单位	已提折旧	备 注

(b)反面

图 3.2 设备资产卡片

3.2.3 设备台账

设备台账是反映企业设备资产状况、企业设备拥有量及其变动情况的主要依据。一般有两种编制形式:一种是设备分类编号台账,以《设备统一分类及编号目录》为依据,按类组代号分页,按资产编号顺序排列,可便于新增设备的资产编号和分类分型号的统计;另一种是按设备使用部门顺序排列编制使用单位的设备台账,这种形式有利于生产和设备维修计划管理和进行设备清点。这两种台账分别汇总,构成企业设备台账。这两种台账可以采用同一种表式,参见表 3.2 所列的基本内容(不同行业可对表进行适当调整)。

表 3.2 设备台账 单位

序号	资产编号	设备名称	型号规格	精、大、稀、关设备	复杂系数			配套电机		总量/t 制造厂(国)		制造年月	验收年月	安装地点	分类折旧年限	设备原值/万元	进口设备合同号	随机附件数	备注
					机	电	热	台	千瓦	轮廓尺寸	出厂编号	进厂年月	投产年月						

凡是高精度、大型、重型、稀有与进口的生产设备均应另行分别编制台账，有的还需按照各产业部门的规定上报主管部局。

3.2.4　设备档案

(1)设备档案的建立

设备档案是指设备从规划、设计、制造、安装、调试、使用、维修、改造、更新直至报废的全过程所形成的图纸、文字说明、凭证和记录等文件资料，通过收集、整理、鉴定等工作归档建立起来的动态系统资料。设备档案是设备制造、使用、修理等项工作的一种信息方式，是设备管理与维修过程中不可缺少的基本资料。

企业设备管理部门应为每台主要生产设备建立设备档案，对精密、大型、重型、稀有、关键、重要的进口设备，以及起重设备、压力容器等设备的档案，必须重点进行管理。

(2)设备档案的主要内容

1)设备前期档案资料

设备前期档案资料主要有：选型和技术经济论证，设备购置合同(副本)；自制(或外委)专用设备设计任务书和鉴定书；检验合格证及有关附件，设备装箱单及设备开箱检验记录；进口设备索赔资料复印件(在发生索赔情况时才应有)，设备安装调试记录、精度测试记录和验收移交书、设备初期运行资料及信息反馈资料复印件。

2)设备后期档案资料

设备后期档案资料主要有：设备登记卡片，设备故障维修记录，单台设备故障汇总单；设备事故报告单及有关分析处理资料，定期检查和监测记录；定期维修及检修记录；设备大修理资料，设备改装、设备技术改造资料，设备封存(启封)单，设备报废单以及企业认为应该存入的其他资料。

设备说明书、设计图纸、图册、底图、维护操作规程和典型检修工艺文件等，通常作为设备的技术资料由设备技术资料室保管和复制供应。

(3)设备档案的管理

1)资料的搜集

搜集与设备活动有直接关联的资料。如设备经过一次修理后，更换和修复的主要零部件的清单、修理后的精度与性能检查单等，对今后研究和评价设备的活动有实际价值，需要进行系统的搜集。

2)资料的整理

对搜集的原始资料，要进行去粗取精，删繁就简地整理与分析，使进入档案的资料具有科学性与系统性，提高其可用价值。

3)资料的利用

只有充分使用，才能发挥设备档案的作用。为了实现这一目的，必须建立设备档案的目录和卡片，以方便使用者查找与检索。

设备档案资料按单机整理存放在设备档案袋内，设备档案编号应与设备编号一致。设备档案袋由专人负责管理，存放在专用的设备档案柜内，按编号顺序排列，定期进行登记和入档工作，同时还应做到以下几点：

①明确设备档案的具体管理人员。

②按设备档案归档程序做好资料分类登记、管理和归档。

③未经设备档案管理人员同意,不得擅自抽动设备档案,以防遗失。

④制订设备档案的借阅办法。

⑤加强重点设备的设备档案管理工作,使其能满足生产维修的需要。

3.2.5 设备统计

设备统计应按国家统计局与国家各产业部门的规定以及企业内部管理的需要,定期进行设备统计工作。通常包括下列统计项目:

(1)国家统计局的统计报表

由企业设备管理部门于每年初填写上半年末的统计数据,交计划部门归口上报省与国家统计局及企业的主管部、局。

(2)国家各产业部门的设备统计报表

国家各产业部门的设备统计报表应按各企业部门规定及时上报部、局。

(3)企业设备管理部门的统计报表

企业设备管理部门的统计报表一般包括:按设备类别型号统计报表,按部门的设备统计报表,按设备役龄的统计报表,按设备复杂程度的统计报表,按设备技术状态的统计报表,维修及修理工作量的统计报表,维修用的统计报表,设备故障、事故的统计报表,等等,这些都要根据企业的具体情况而定。

3.3 设备资产的动态管理

设备资产的动态管理是指设备由于验收移交、闲置封存、移装调拨、借用租赁、报废处理等情况所引起的资产变动,需要处理和掌握而进行的管理。

3.3.1 设备验收和移交

(1)设备安装调试验收

设备安装调试验收是设备的最终验收,一般在设备安装、调试合格后进行。由负责安装调试的部门提出,由设备管理部门、质量检查部门、工艺技术部门、使用部门的有关人员参加,共同作出鉴定,填写有关施工质量、精度检验、试车运转情况的记录、凭证和验收移交单,并经有关部门的负责人签署同意接收,方告竣工。

(2)设备移交

1)设备移交单送达各有关部门

经有关部门负责人签署同意移交的移交单,应分别送达各有关部门作为列入固定资产的凭证,并以此作为办理设备各种业务的依据。

2)随机的技术文件、附件等的移交

在办理设备移交时,必须同时将装箱单规定的设备使用说明书、维修技术文件和附件(或随机润滑油脂等辅料)移交设备动力科。各种工具、量具交工具管理部门建账后再交设备使用部门保管使用,随机的测试仪器、仪表应由仪器、仪表计量管理部门编号、建账,并开展定期计量。

3.3.2 设备的租赁

近年来,在我国逐步推行的设备租赁是一种新的设备投资方式。设备租赁是需要使用设备的单位向设备所在单位(例如租赁公司或机电公司)租赁设备,并付给一定的租金,而不变更设备所有权的一种交易方式。其主要特点是:设备的所有权与使用权分离,出租人拥有设备的所有权,承租人拥有租借期间的使用权。

设备的租赁按协议和合同执行。一般情况下,租赁设备的维修由出租单位(例如租赁公司或机电公司)负责,而承租单位所付的租金已包括设备维修费。

3.3.3 设备的移装、调拨、封存与处理

(1)设备移装

设备在工厂内部的调动或移位称为设备移装。凡已经安装验收移交列入企业固定资产的设备,未经有关管理部门批准,一律不得擅自拆卸、移装。

若因工艺、生产任务变动需要进行设备移交时,应填写设备移装申请表,由工艺技术生产部门提出,原设备使用部门、设备调入部门会签,经设备部门同意,并报请主管厂领导批准后,才能实施移装,并更改设备平面布置图。

(2)设备的调拨

列入固定资产的设备进行调拨时,必须按分级管理原则办理报批手续。设备调拨一般可分为两种:有偿调拨与无偿调拨。

1)有偿调拨

可按设备质量情况,由调出单位与调入单位双方协商定价,按有关规定办理有偿调拨手续。

2)无偿调拨

由于企业生产产品转产或合作等原因,经报企业主管部门及财政部门批准,可办理设备固定资产调拨手续。

企业外调设备一般均应是闲置多余的设备,企业调出设备时,所有附件、专用备件和使用说明书等,均应随机一并移交给调入单位。由于设备调拨是产权变动的一种形式,在进行设备调拨时应办理相应的资产评估和验证确认手续。

(3)设备的封存与处理

闲置设备是指过去已安装验收、投产使用而目前因生产和工艺上暂时不需用的设备。它不仅不能为企业创造价值,而且占用生产场地,消耗维护费用,产生自然损耗,成为企业的负担。因此,企业应设法将闲置设备及早利用起来,确实不需用的要及时处理或进入调剂市场。

凡停用三个月以上的设备,由使用部门提出设备封存申请,经批准后,通知财务部门暂时停止该设备折旧。封存的设备应切断电源,进行认真保养,上防锈油,盖(套)上防护罩,一般采用就地封存,这样能使企业中一部分暂时不用的设备减缓其损耗的速度和程度,同时也达到减少维修费用、降低生产成本的目的。

已封存的设备应有明显的封存标志,并指定专人负责保管、检查。对封存闲置设备必须加强维护和管理,特别应注意附机、附件的完整性。

凡封存一年以上的设备,在考虑企业发展情况下,确认是不需要的设备,应填报闲置设备明细表,报上级主管部门进行多余设备的调剂利用。有关闲置设备调剂利用工作应按照国务院生产办公室等七部、委、局发布的《企业闲置设备调剂利用管理办法》办理,积极开展闲置设备处理是设备部门的一项经常性的重要工作。

封存后需要继续使用时,应由设备使用部门提出,并报设备管理部门办理启封手续。

3.3.4 设备报废

设备由于严重的有形磨损或无形磨损而退役称为设备报废。设备使用到规定的寿命周期,主要性能严重劣化,不能满足生产工艺要求,且无修复价值,或者经修理虽能恢复精度,但主要结构陈旧,经济上不如更换新设备合算,就应及时进行报废处理,以便更换或购置新型设备,适应企业发展需要。

(1)设备报废条件

企业对属于下列情况之一的设备,应当按报废处理:

①预计大修后技术性能仍不能满足工艺要求和保证产品质量的设备。

②设备老化、技术性能落后、耗能高、效率低、经济效益差的设备。

③大修虽能恢复精度,但不如更新更为经济的设备。

④严重污染环境,危害人身安全与健康,无修复、改造价值的设备。

⑤其他应当淘汰的设备。

(2)设备报废的审批程序

由设备使用部门提出设备报废申请,写明报废理由,送交设备部门初步审查;经企业质量部门鉴定,经工艺、财务部门会签,并由设备管理部门审核后,由使用部门填写“设备报废申请单”,连同报废鉴定书,送交主管领导(总工程师)批准。

(3)报废设备处理

①通常报废设备应从生产现场拆除,使其不良影响降低到最低程度,同时做好报废设备的处理工作,做到物尽其用。

②报废设备。

③报废设备由国有资产管理部门安排回收公司处理,企业没有处理权利。

④设备报废后,设备部门应将批准的设备报废单送交财会部门注销账卡。

⑤企业报废设备所得的收益必须用于设备更新和改造。

3.4 设备折旧

3.4.1 设备折旧的基本概念

(1)什么是设备折旧

所谓的设备折旧,就是固定资产折旧。设备在长期的使用过程中仍然保持它原有的实物形态,但由于不断耗损使它的价值部分地、逐渐地减少,以货币表现的固定资产因耗损而减少的这部分价值在会计核算上称为固定资产折旧。这种逐渐地、部分地耗损而转移到产品成本中去的那部分价值,构成产品成本的一项生产费用,在会计核算上称为折旧费。计入产品成本中的固定资产折旧费在产品销售后转化为货币资金,作为固定资产耗损部分价值的补偿。从设备进入生产过程起,它以实物形态存在的那部分价值不断减少,而转化为货币资金部分的价值不断增加,到设备报废时,它的价值已全部转化为货币资金,这样,设备就完成了一次循环。

(2)确定设备折旧年限的一般原则

1)折旧年限应与设备的预计生产能力或产量相当

如果预计该设备的生产能力强或利用率较高,其损耗就快,折旧年限应较短,才能确保设备正常更新和改造的进程;而利用率较低的设备,其折旧年限可较长。例如:精密、大型、重型、稀有设备,由于价值高而一般利用率较低,且维护较好,故折旧年限应长于一般通用设备。

2)折旧年限应正确反映设备的有形损耗和无形损耗

折旧年限应与设备使用中发生的有形损耗基本符合,同时必须考虑因新技术的进步而使现有的设备资产技术水平相对陈旧、市场需求变化使产品过时等无形损耗。

3)折旧年限必须考虑法律或者类似规定对设备资产使用的限制

企业应当依据设备资产使用的时间、强度、使用环境及条件,合理确定设备资产的折旧年限。一般来说,不同行业、不同类型的设备的折旧年限是不同的。

3.4.2　计提折旧的方法

企业应根据与固定资产有关的经济利益的预期实现方式,选择固定资产的折旧方法。可选用的折旧方法包括:年限平均法、工作量法、双倍余额递减法和年数总和法。但企业一般采用平均年限法;企业专业车队的客、货运汽车和大型设备,可采用工作量法;在国民经济中具有重要地位、技术进步快的生产企业(船舶制造企业、机床制造企业、飞机制造企业、汽车制造企业、化工生产企业和医药生产企业以及其他财政部批准的特殊行业企业),其机器设备折旧可采用双倍余额递减法或者年数总和法。实行工作量法的总行驶里程、总工作小时由企业根据规定的同类固定资产折旧年限换算确定。企业根据上述规定,选择适用方法,一经确定不得随意变更,并在开始实行年度前报主管财政机关备案。

目前,较为流行的计算提取(简称“计提”)设备折旧方法有四种,其计算方法如下:

1)平均年限法

$$\text{年折旧率} = \frac{1 - \text{预计净残值率}}{\text{折旧年限}} \tag{3.1}$$

$$\text{月折旧率} = \frac{\text{年折旧率}}{12}$$

$$\text{月折旧额} = \text{固定资产原值} \times \text{月折旧率} \tag{3.2}$$

2)工作量法

①按照行驶里程计算折旧

$$\text{单位里程折旧额} = \frac{\text{原值} \times (1 - \text{预计净残值率})}{\text{总行驶里程}} \tag{3.3}$$

②按照工作小时计算折旧

$$\text{工作小时旧额} = \frac{\text{原值} \times (1 - \text{预计净残值率})}{\text{总工作小时}} \tag{3.4}$$

3)双倍余额递减法

$$年折旧率 = \frac{2}{折旧年限} \times 100\% \tag{3.5}$$

$$月折旧率 = \frac{年折旧率}{12}$$

$$月折旧额 = 年初固定资产账面净值 \times 月折旧率 \tag{3.6}$$

在实行双倍余额递减法时,固定资产折旧年限在到期前两年,每年按届时固定资产净值扣除预计净残值后的数额的50%计提。

4)年数总和法

$$年折旧率 = \frac{折旧年限 - 已使用年数}{折旧年限 \times (折旧年限 + 1) \div 2} \times 100\% \tag{3.7}$$

$$月折旧率 = \frac{年折旧率}{12}$$

$$月折旧额 = (固定资产原值 - 预计净残值) \times 月折旧率 \tag{3.8}$$

固定资产折旧,按月计提。月份内开始使用的固定资产,当月不计提,次月开始计提。月份内减少或停用的固定资产,当月仍计提折旧,从次月起停止计提。提足折旧仍继续使用的固定资产不再计提折旧。提前报废的固定资产,不补提折旧,其净损失计入营业外支出。已达到预定可使用状态但尚未竣工决算的固定资产,应当按照估计价值确定其成本,并计提折旧;再按实际成本调整原来的暂估价值,但不需要调整原已计提的折旧额。

复习思考题

3.1 划分重点设备的依据是什么?

3.2 设备档案的主要内容有哪些?

3.3 设备资产的动态管理有哪些内容?

3.4 设备统计项目有哪些?

3.5 设备报废的审批程序有哪些?

3.6 设备折旧的一般原则是什么?

第4章 机电设备故障及零部件失效机理

4.1 概 述

4.1.1 故障的含义

随着现代工业和现代制造技术的发展，制造系统的自动化、集成化程度越来越高。在这样的生产环境下，一旦某台设备出现了故障而又未能及时发现并排除，就可能会造成整台设备停转，甚至整个流水线、整个车间停产，从而造成巨大的经济损失。因此，对设备故障的研究越来越受到人们的重视。

故障研究的目的是要查明故障模式，追寻故障机理，探求减少故障的方法，提高机电设备的可靠程度和有效利用率。通常人们将故障定义为：设备（系统）或零部件丧失了规定功能的状态。从系统的观点来看，故障包含两层含义：一是机械系统偏离正常功能，其形成的主要原因是机械系统（含零部件）的工作条件不正常引起的，这类故障通过参数调节或零部件修复即可消除，系统随之恢复正常功能；二是功能失效，此时系统连续偏离正常功能，并且偏离程度不断加剧，使机械设备基本功能不能保证，这种情况称为失效。

4.1.2 故障的分类

机电设备故障可从不同角度进行分类，不同的分类方法反映了故障的不同侧面。对故障进行分类是为了估计故障事件的影响程度，分析故障的原因，以便更好地针对不同的故障形式采取相应的对策。从故障性质、引发原因、特点等不同角度出发，可将故障作如下分类。

(1) 按故障性质

按故障性质可分为间歇性故障和永久性故障两类。

1) 间歇性故障

设备只是在短期内丧失某些功能，故障多半由机电设备外部原因如操作人员误操作、气候变化、环境设施不良等因素引起，在外部干扰消失或对设备稍加修理调试后，功能即可恢复。

2)永久性故障

永久性故障出现后必须经人工修理才能恢复其功能,否则故障将一直存在。这类故障一般是由某些零部件损坏引起的。

(2)按故障程度

按故障程度可分为局部性故障和整体性故障。

1)局部性故障

机电设备的某一部分存在故障,使这一部分功能不能实现而其他部分功能仍可实现,即局部功能失效。

2)整体性故障

整体功能失效的故障,虽然也可能是设备某一部分出现故障,但却使设备整体功能不能实现。

(3)按故障形成速度

按故障形成速度可分为突发性故障和缓变性故障。

1)突发性故障

故障发生具有偶然性和突发性,一般与设备使用时间无关,故障发生前无明显征兆,通过早期试验或测试很难预测。此种故障一般是由工艺系统本身的不利因素与偶然的外界影响因素共同作用的结果。

2)缓变性故障

故障发展缓慢,一般在机电设备有效寿命的后期出现,其发生概率与使用时间有关,能够通过早期试验或测试进行预测。此种故障通常是因零部件的腐蚀、磨损、疲劳以及老化等发展形成的。

(4)按故障形成的原因

按故障形成的原因可分为操作或管理失误形成的故障和自然故障。

1)应用或管理失误形成的故障

机电设备未按原设计规定条件使用,形成设备错用等。机器内在原因形成的故障,一般是由于机器设计、制造遗留下的缺陷(如残余应力、局部薄弱环节等)或材料内部潜在的缺陷造成的,无法预测,是突发性故障的重要原因。

2)自然故障

机电设备在使用和保有期内,因受到外部或内部多种自然因素影响而引起的故障,如正常情况下的磨损、断裂、腐蚀、变形、蠕变、老化等损坏形式都属自然故障。

(5)按故障造成的后果

按故障造成的后果可分为致命故障、严重故障和一般故障。

1)致命故障

危及或导致人身伤亡,引起机电设备报废或造成重大经济损失的故障。如机架或机体断离、车轮脱落、发动机总成报废等。

2)严重故障

严重故障是指严重影响机电设备正常使用,在较短的有效时间内无法排除的故障。例如发动机烧瓦、曲轴断裂、箱体裂纹、齿轮损坏等。

3）一般故障

影响机电设备正常使用，但在较短的时间内可以排除的故障。例如传动带断裂、操纵手柄损坏、钣金件开裂或开焊、电器开关损坏、轻微渗漏和一般紧固件松动等。

此外，故障还可按其表现形式，分为功能故障和潜在故障；按故障形成的时间，分为早期故障、随时间变化的故障和随机故障；按故障程度和故障形成快慢，分为破坏性故障和渐衰失效性故障等。

从上述故障的分类可以看出，机电设备故障类型是相互交叉的，并且随着故障的发展，故障还可以从一种类型转移到另一种类型，每一种机电设备故障最终都会表现为一定的物质状况和特征。

4.1.3　故障的规律

（1）故障特征量

1）故障概率

机电设备故障的发生有两个显著特点：一是发生故障的可能性随设备使用年限的增加而增大，二是故障的发生具有随机性。无论哪一种故障都很难预料发生的确切时间，因而在设备使用寿命内，发生故障的可能性可用概率表示。

由概率理论可知，故障概率的分布是其密度函数 $f(t)$ 的积累函数，它可用公式表示为

$$F(t) = \int_0^t f(t)\,\mathrm{d}t \tag{4.1}$$

式中　$F(t)$——故障概率；

$f(t)$——故障概率分布密度函数；

t——时间，h。

当 $t=\infty$ 时，即

$$F(\infty) = \int_0^\infty f(t)\,\mathrm{d}t = 1 \tag{4.2}$$

机电设备在规定的条件下和规定的时间内不发生故障的概率称为无故障概率，用 $R(t)$ 表示。显然，故障概率与无故障概率构成一个完整事件组，即

$$F(t) + R(t) = 1$$

2）故障率

故障率是指在时间 t 之前尚未发生故障，而在随后的 $\mathrm{d}t$ 时间内可能发生故障的条件概率，用 $\lambda(t)$ 表示，其数学关系式为

$$\lambda(t) = \frac{f(t)}{R(t)} \tag{4.3}$$

通过式(4.3)可以看出，故障率为某一瞬时可能发生的故障相对于该瞬时无故障概率之比。

3）瞬时故障率

产品在某一瞬时 t 的单位时间内发生故障的概率，称为瞬时故障率，有时简称故障率，用 $\lambda(t)$ 表示。

设有 N 个产品从 $t=0$ 时开始工作，到 t 时刻的故障数为 $n(t)$ 残存数为 $N_{存}=N-n(t)$，若在 t 到 $t+\Delta t$ 区间内有 $\Delta n(t)$ 个产品发生故障，当 Δt 趋于零时，瞬时故障率为

$$\lambda(t) = \lim_{\Delta t \to 0} \frac{\Delta n(t)}{N_{存} \Delta t} = \frac{dn(t)}{N_{存} dt} \tag{4.4}$$

4)平均故障率

产品在某一段时间内单位时间发生故障的概率,称为平均故障率,以 $\overline{\lambda}(t)$ 表示,即

$$\overline{\lambda}(t) = \frac{\Delta n(t)}{N_{存} \Delta t} \tag{4.5}$$

式中 $\Delta n(t)$——在 Δt 这段时间内发生故障的次数;

$N_{存}$——在 Δt 这段时间内产品的平均残存数,它等于这段时间开始时的残存数加上结尾时的残存数被 2 整除。

例如,有 800 个元件在 400 h 的使用时间内有 32 个出故障,则

$$N_{存} = \frac{800 + (800 - 32)}{2} 个 = 784 个$$

$$\lambda(400) = \frac{32}{784 \times 400} h^{-1} = 1.02 \times 10^{-4} h^{-1}$$

美国每年因磨损失效造成的损失高达 1 000 亿美元,直接材料损失达 200 亿美元。磨损不仅会影响机电设备的效率、降低工作可靠性,而且还可能会导致机电设备的提前报废。因此,开展对机电设备磨损机理的研究,可以掌握各种零部件的磨损特点,为制订合理的维修策略和计划提供依据,为提高设备使用寿命服务。

(2)零件磨损的一般规律

磨损是一种微观和动态的过程,零件磨损时会出现各种物理、化学和机械现象,其外在的表现形态是表层材料的磨耗,磨耗程度的大小通常用磨损量度量。故障率的常用单位是 $10^{-4}h^{-1}$,$10^{-5}h^{-1}$。故障率越低,可靠性越高。故障率是单位时间内故障数与残存数的比值,故障密度是单位时间内故障数与总数的比值,$\lambda(t)$ 比 $f(t)$ 反映故障情况更灵敏。

平均故障间隔期(MTBF)是可修复设备在相邻两次故障间隔内正常工作时间,称为 MTBF(Mean Time Between Failure)。例如:某设备自投入运行开始工作 1 000 h 后发生了故障,修复后工作了 2 000 h 又发生了故障,再次修复后又工作了 2 400 h 后发生故障,则该设备的平均故障间隔时间为

$$(1\,000 + 2\,000 + 2\,400)/3 \text{ h} = 1\,800 \text{ h}$$

平均故障间隔时间可用公式表示为

$$\text{MTBF} = \frac{\sum \Delta t_i}{n} \tag{4.6}$$

式中 Δt_i——第 i 次故障前的无故障工作时间或两次大修间的正常工作时间,h;

n——发生故障的总次数。

(3)故障率曲线

如前所述,大多数故障出现的时间和频率与机电设备的使用时间有密切联系。工程实践经验和实验表明,机电设备的故障率变化分为早期故障期、随机故障期和耗损故障期 3 个阶段,如图 4.1 所示。

1)早期故障期

早期故障期的特点是故障率较高,但故障随设备工作时间的增加而迅速下降。早期故障一般是由于设计、制造上的缺陷等原因引起的,因此,设备进行大修理或改造后,早期故障期

会再次出现。

2）随机故障期

随机故障期内故障率低而稳定，近似为常数。随机故障是由于偶然因素引起的，它不可预测，也不能通过延长磨合期来消除设计上的缺陷和零部件缺陷。维护不良以及操作不当等都会造成随机故障。

3）耗损故障期

耗损故障期的特点是故障率随运转时间的增加而增高。耗损故障是由于设备零部件的磨耗、疲劳、老化、腐蚀等造成的，这类故障是设备接近大修期或寿命末期的征兆。

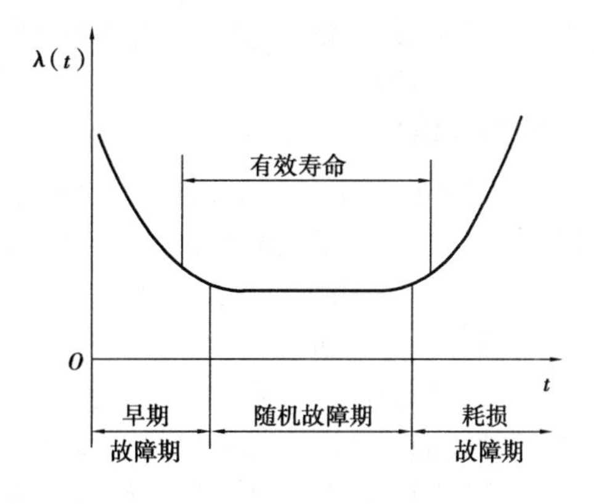

图4.1　故障率浴盆曲线

4.2　机械零件的磨损

4.2.1　磨损特性曲线

机械零件的磨损是零件失效的主要模式。在一般机械设备中约有80%的零件失效报废是由磨损引起的，如图4.2所示是磨损特性曲线。

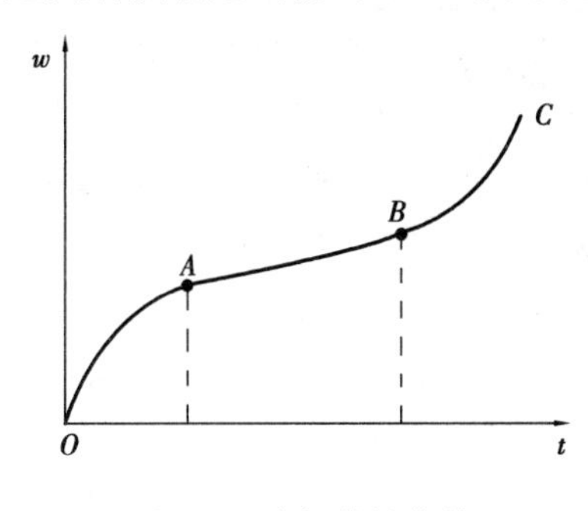

图4.2　磨损特性曲线

①磨合阶段 *OA*，又称磨合阶段，发生在设备使用初期。此时，摩擦副表面具有微观波峰，使得零件间实际接触面积较小，接触应力很大，因此，运行时零件表面的塑性变形与磨损的速度很高。随着磨合的进行，摩擦表面粗糙峰逐渐磨平，实际接触面积逐渐增大，表面塑性变形导致冷作硬化，磨损速率下降，当达到 *A* 点时，正常磨损条件已建立，磨损速率稳定，且具有最低值。选择合理的磨合载荷、相对运动速度、润滑条件等参数是缩短磨合期的关键因素。

②稳定磨损阶段 *AB*。这一阶段的磨损特征是磨损速率小且稳定，因此，该阶段的持续时间较长。但到中后期，磨损速率相对较快，此时仍可继续工作一段时间，当磨损速率增至 *B* 点时，磨损速率迅速提高，进入急剧磨损阶段。合理地使用、保养与维护设备是延长该阶段的关键。

③急剧磨损阶段 *BC*。进入此阶段后，由于摩擦条件发生较大的变化，如润滑条件改变、零件几何尺寸发生变化、配合零件间隙增大、产生冲击载荷等，使磨损速率急剧增加。此时，机械效率明显下降，精度降低，若不采取相应措施，有可能导致设备故障或意外事故。因此，及时发现和修理即将进入该阶段工作的零部件具有十分重要的意义。

4.2.2　磨损的类型

根据磨损结果，磨损可分为点蚀磨损、胶合磨损、擦伤磨损等；根据磨损机理，磨损分为磨料磨损、疲劳磨损、黏着磨损、微动磨损等。

(1)磨料磨损

磨料磨损是指摩擦副的一个表面上硬的凸起部分与另一表面接触,或两摩擦面间存在着硬的质点,如空气中的尘土、磨损造成的金属微粒等,在发生相对运动时,两个表面中的一个表面的材料发生转移或两个表面的材料同时发生转移的磨损现象。在磨损失效中,磨料磨损失效是最常见、危害最严重的一种失效模式。

1)磨料磨损的机理

磨料磨损的过程实质上是零件表面在磨料作用下发生塑性变形、切削与断裂的过程。磨料对零件表面的作用力分为垂直于表面与平行于表面两个分力。垂直分力使磨料压入材料表面,在其反复作用下,塑性好的材料表面产生密集的压痕,最终疲劳破坏,而脆性材料表面不发生变形,就产生脆性破坏。平行分力使磨料向前滑动,对表面产生耕犁与微切削作用。对于塑性材料,以耕犁为主,磨料会在摩擦表面上切下一条切屑,并使犁沟两侧材料隆起;对于脆性材料,以微切削作用为主,磨料会从表面上切下许多碎屑。塑性材料在反复耕犁以后,也会因冷作硬化效应变硬变脆,由以耕犁为主转化为以微切削为主,如图 4.3 所示。随着零件表面材料的脱离与表面性能的不断劣化,最终导致表面破坏和零件失效。

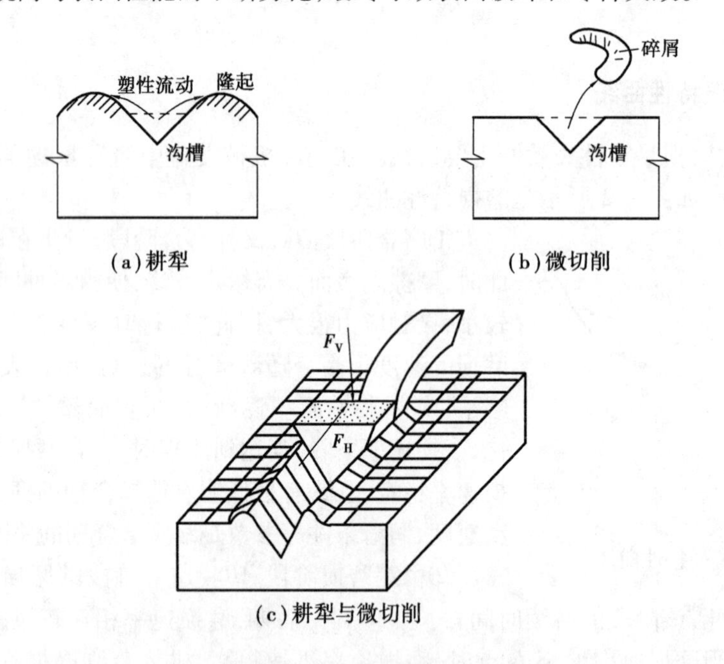

图 4.3　磨料对零件表面的犁耕与切削

磨料磨损的显著特点是:磨损表面上有与相对运动方向平行的细小沟槽,磨损产物中有螺旋状、环状或弯曲状细小切削及部分粉末。

2)影响磨料磨损的主要因素

影响磨料磨损的主要因素如下:

①摩擦副材料

一般情况下,金属材料的硬度越高,耐磨性就越好。具有马氏体组织的材料耐磨性较高,而在相同硬度条件下,贝氏体又比马氏体更耐磨;同样硬度的奥氏体与珠光体相比,奥氏体的耐磨性要高得多。

②磨料

磨料磨损与磨料的粒度、几何形状、硬度有密切的关系。金属的磨损量随磨料尺寸的增大而增加，但当磨料增大到一定尺寸（临界尺寸一般为 60 ~ 100 μm）时，磨损速率就基本保持不变了。棱角尖锐的磨料比圆滑磨料切削能力更强，因而磨损速率较高；磨料硬度高，相对于摩擦表面材料硬度越大，磨损速率越高，磨损越严重。

③压力

磨损速率与压力成正比。压力减小，磨料嵌入深度减小，作用在表面上的力也减小，磨损速率下降。

（2）疲劳磨损

疲劳磨损是指摩擦副材料表面上局部区域在循环接触应力作用下，产生疲劳裂纹，分离出微片或颗粒的一种磨损形式。根据摩擦副间的接触和相对运动方式，可将疲劳磨损分为滚动接触疲劳磨损和滑动接触疲劳磨损两种形式。在实际工作中，纯滚动疲劳磨损很少，大多数情况下为滚动加滑动磨损。

1）疲劳磨损机理

①滚动接触疲劳磨损的机理

滚动接触疲劳磨损会使滚动轴承、传动齿轮等有相对滚动的摩擦副表面间出现点蚀和剥落现象，其产生机理如图 4.4 所示。当一个表面在另一个表面作纯滚动或滚动加滑动时，最大切应力发生在亚表层。在力的作用下，亚表层内的材料将产生错位运动，错位在非金属夹杂物及晶界等障碍处形成堆积。由于错位的相互切割，材料内部产生空穴，空穴集中形成空洞，进而变成原始裂纹。裂纹在载荷作用下逐步扩展，最后折向表面。由于裂纹在扩展过程中互相交错，加上润滑油在接触点处被压入裂纹产生楔裂作用，表层将产生点蚀或剥落。当原始裂纹较浅时，表现为点蚀，若原始裂纹在表层以下大于 200 μm 时，表层材料呈片状剥落。

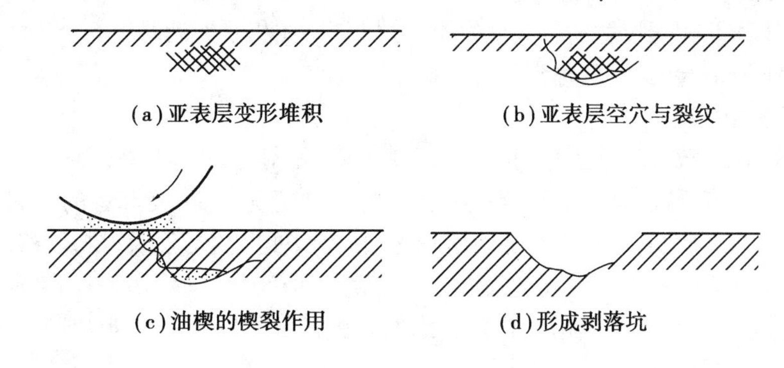

图 4.4　疲劳磨损过程示意图

②滑动接触疲劳磨损机理

任何物体摩擦表面都存在宏观或微观不平性，因而产生表面接触不连续性。在相对运动时，作用于摩擦表面上的法向载荷会使表面产生压平或压入，使触点区产生相应的应力和应变，在摩擦运动的反复作用下，触点处结构、应力状态会出现不均匀、应力集中等现象，从而引发裂纹，最终使部分表面材料以微粒形式脱落、形成磨屑。

2）影响接触疲劳磨损的主要因素

接触疲劳磨损是由于裂纹的萌生和扩展而产生的，因此凡是影响裂纹萌生和扩展的因素都对接触疲劳磨损有影响。

①材质

材料的组织状态、内部缺陷和硬度等,都对疲劳磨损有重要影响。通常晶粒均匀、细小、碳化物呈球状均匀分布的组织,其抗疲劳裂纹产生的能力较强;材料内部的缺陷,如钢中存在非金属夹杂物,则极易引起应力集中,使夹杂物边缘形成裂纹,从而降低材料的接触疲劳强度;材料硬度在一定范围内增加,其抗疲劳磨损的能力也随之增加,一般轴承钢和钢制齿轮抗疲劳磨损的最佳硬度值为60 HRC左右。

需要注意的是摩擦表面的硬度匹配情况也是影响接触疲劳磨损的重要因素之一,其硬度匹配的最佳值,可以根据工作情况和运动方式,通过实验确定。

②接触表面质量

在一定范围内减少表面粗糙度值、形状误差,可以均衡接触应力,从而有效提高抗疲劳磨损的能力。另外,表层在一定深度范围内存在残余压应力,也可以提高弯曲、扭转疲劳抗力和接触疲劳抗力,减少疲劳磨损。残余压应力可通过表面渗碳、淬火、表面喷丸、滚压处理等工艺方法获得。

③其他因素

合理选择润滑油,可使接触区的集中载荷分散。润滑油黏度越高,摩擦副接触区的压应力就越接近平均分布,载荷集中的状况则可得到有效改善;同时,由于黏度高的润滑油不易渗入表面裂纹中,因此有利于减少疲劳磨损的发生。如果在润滑油中加入适量的固体润滑剂(如 MoS_2),还可进一步提高抗疲劳磨损的性能。

此外,表面应力的大小、配合间隙的大小以及润滑油使用过程中产生的腐蚀性介质等也都会对疲劳磨损产生影响。

(3)黏着磨损

当摩擦副表面在相互接触的各点处发生“冷焊”后,在相对滑动时使一个表面的材料迁移到另一个表面上所引起的磨损,称为黏着磨损。

1)黏着磨损的机理

摩擦副表面在重载条件下工作时,由于润滑不良、相对运动速度高,会产生大量的热能,使摩擦副表面的温度升高,材料表面强度降低。在这种情况下,承受高压的凸起部分便会相互黏着,发生冷焊。当两表面进一步相对滑动时,黏着点便发生剪切及材料迁移现象,通常材料的迁移是由较软表面迁移到较硬的表面上。在载荷和相对运动作用下,两接触表面重复进行着“黏着—剪断—再黏着”的循环过程,直到最后在表面上脱落下来,形成磨屑。

2)影响黏着磨损的因素

①摩擦副表面材料成分与组织

构成摩擦副的两摩擦表面的材料,其互溶性越好,越易形成固溶体或金属化合物,黏着倾向越大。同类金属或原子结构、晶体结构相近的材料,比性质有明显差异的材料更易发生黏着磨损。因此,在选择摩擦副的材料时,应选用异种材料,且性质差异越大越好。通常在同种材料制成的摩擦副的一个表面上覆盖铅、锡、银等材料,其目的就是为了减少黏着发生。如使用轴承合金作轴承衬瓦的表面材料,就是为了提高其抗黏着能力,从而实现减摩。

②摩擦副表面状态

摩擦副表面洁净、无吸附膜,易产生黏着磨损。金属表面经常存在吸附膜,当有塑性变形后,金属滑移吸附膜被破坏,或者温度升高(一般认为达到100~200 ℃时),吸附膜也会破坏。吸附膜被破坏后,摩擦副两表面就直接接触,因此极易导致黏着磨损的发生。工作时,可根据摩擦副的工作条件(载荷、温度、速度等),选用适当的润滑剂或在润滑剂中添加改性物质(如极压剂等),可有效地减轻黏着磨损的发生。

(4)微动磨损

微动磨损是两个接触物体作相对微振幅振动而产生的一种磨损。它发生在名义上相对静止而实际上存在循环的微幅相对滑动的两个紧密接触的表面上,其滑动幅度非常小,一般为微米量级(2~20 μm)。如轴与孔的过盈或过渡配合面、键连接表面、旋合螺纹的工作面等,微动磨损不但可使配合精度下降,紧配合件配合变松,损坏配合表面的品质,还可能导致疲劳裂纹的萌生,从而急剧降低零件疲劳强度。

1)微动磨损的机理

当两接触表面具有一定压力并产生小幅振动时,接触面上的微凸体在振动冲击力作用下产生强烈的塑性变形和高温,发生相互黏着现象。在随后的振动中,黏着点会被剪断,黏着物在冲击力作用下脱落,脱落的黏着物与被剪断的表面因露出新鲜表面而迅速氧化。当两接触表面之间配合较紧时,磨屑不易从中排出,留在接合面上起磨料的作用,此时磨料磨损替代了黏着磨损。随着表面进一步磨损和磨料的氧化,磨屑体积膨胀,磨损区间扩大,磨屑向微凸体四周溢出,原来的微凸体转化为麻点坑,随着振动过程的继续,类似的过程也会在邻近区域发生,使麻点坑连成一片,形成大而深的麻坑。因此,微动磨损是一种兼有黏着磨损、腐蚀磨损、磨料磨损的复合磨损形式。

2)影响微动磨损的主要因素

材料性能、载荷、振幅的大小及温度的高低是影响微动磨损的主要因素。

①材质性能

提高材料硬度,合理选择摩擦副材料,可以减少黏着的发生,对防止微动磨损有利。如当硬度从180 HBW提高到700 HBW时,微动磨损可降低50%;经过喷丸、滚压、磷化、镀锡和镀铜等处理的表面,也可降低或消除微动磨损。

②载荷

在一定条件下,微动磨损随载荷的增加而增加,但当载荷超过某一临界值时,微动磨损现象随载荷的增加反而减少。其原因是:当载荷低于临界值时,随着载荷增加,微凸体塑性变形也会增加,使产生微动磨损的区域扩大,引起磨损速度增快;而当载荷超过临界值时,表层的塑性变形与次表层的弹性变形均增加,限制了表面之间的相对振幅,降低了冲击效应,即使发生黏着也不容易剪断,中止磨损过程。在实践中,常常运用这一原理,用增大联接力或过盈量的方法来降低微动磨损。例如,用螺栓联接的机架和箱体,可增大螺栓预紧力;固定联接的孔轴,可适当增大过盈量。

4.3　金属零件的腐蚀

在工程领域,金属腐蚀造成的经济损失是巨大的,据估计,全世界每年因腐蚀而报废的钢材与设备相当于年钢产量的30%。腐蚀是金属受周围介质的作用,而引起损伤的现象,这种损伤是金属零件在某些特定的环境下发生化学反应和电化学反应的结果。腐蚀损伤总是从金属表面开始,然后或快或慢地往里深入,造成表面材料损耗,表面质量破坏,内部晶体结构损伤,使零件出现不规则形状的凹洞、斑点等破坏区域,最终导致零件的失效。

金属腐蚀按其作用和机理可分为化学腐蚀和电化学腐蚀两大类。

4.3.1 金属零件的化学腐蚀

金属的化学腐蚀是由单纯化学作用引起的腐蚀。当金属零件表面材料与周围的气体或非电解质液体中的有害成分发生化学反应时,金属表面形成腐蚀层,在腐蚀层不断脱落又不断生成的过程中,零件便被腐蚀。与机械零件发生化学反应的有害物质主要是气体中的 O_2、H_2S、SO_2 等及润滑油中某些腐蚀性产物。铁与氧的化学反应是最普通的化学腐蚀,其过程是:

$$4Fe + 3O_2 \rightarrow 2Fe_2O_3$$

$$3Fe + 2O_2 \rightarrow Fe_3O_4$$

腐蚀产物 Fe_2O_3 或 Fe_3O_4 一般都形成一层膜,覆盖在金属表面。在摩擦过程中,摩擦表面覆盖的氧化膜被磨掉后,摩擦表面与氧化介质迅速反应,又形成新的氧化膜,然后在摩擦过程中又被磨掉,在这种循环往复的过程中,金属被腐蚀。氧化腐蚀的特征是:在摩擦表面沿滑动方向有匀细的磨痕,并有红褐色片状的 Fe_2O_3 或灰黑色丝状的 Fe_3O_4 磨屑产生。

影响氧化磨损的主要因素是氧化膜的致密、完整程度以及其与基体结合的牢固程度,若氧化膜紧密、完整无孔、与金属基体结合牢固,则氧化膜的耐磨性就好,不易被磨掉,有利于防止金属表面的腐蚀。金属氧化膜要起到保护金属表面不被腐蚀的作用,必须符合以下四个条件:

①膜的强度和塑性要好,并且与基体金属的结合力强。

②膜的致密性好,其大小要做到能完整地将金属表面全部覆盖,且膜各处厚度一致。

③膜具有与基体金属相当的热膨胀系数。

④膜在气体介质中是稳定的。

这层膜如果符合上述四个条件,则金属表面"钝化",使化学反应逐渐减弱、终止;否则,化学反应(腐蚀)就会持续进行。

4.3.2 金属零件的电化学腐蚀

电化学腐蚀是一种复杂的物理与化学腐蚀过程。它是金属与电解质物质接触时产生的腐蚀,与化学腐蚀的不同之处在于腐蚀过程中有电流产生。形成电化学腐蚀的基本条件是:

①有两个或两个以上的不同电极电位的物体或在同一物体中具有不同电极电位的区域,以形成正、负极。

②电极之间需要有导体相连接或电极直接接触,使腐蚀区电荷可以自由流动。

③有电解质溶液存在。

这三个条件与形成原电池的基本条件相同。原电池的工作过程是:作为阳极的锌被溶解,作为阴极的铜未被溶解,在电解质溶液中有电流产生。电化学腐蚀原理与此基本相同。因此,电化学腐蚀可定义为是具有电位差的两个金属极在电解质溶液中发生的具有电荷流动特点的连续不断的化学腐蚀。常见的电化学腐蚀形式有以下四种:

(1)均匀腐蚀

当金属零件或构件表面出现均匀的腐蚀组织时,称为均匀腐蚀。均匀腐蚀可在液体、大气或土壤中产生。机械设备最常见的均匀腐蚀是大气腐蚀。在工业区,大气中含有较多的CO_2、SO_2、H_2S、NO_2和Cl_2等,这些气体均是腐蚀性气体。特别是SO_2会被氧化为SO_3然后与空气中的水作用生成H_2SO_4吸附在零件表面形成电解液膜,从而引起强烈的电化学腐蚀。此外,空气中的灰尘也含有酸、碱、盐类微粒,当这些微粒黏附在零件表面时,同样会吸收空气中的水分而形成电解液,以致造成零件表面腐蚀。

(2)小孔腐蚀(点蚀)

金属件的大部分表面不发生腐蚀或腐蚀很轻微,但局部地方出现腐蚀小孔,并向深处发展的腐蚀现象,称为小孔腐蚀(简称“点蚀”)。由于工业上用的金属往往存在极小的微电极,故在溶液和潮湿环境中小孔腐蚀极易发生。对于钢类零件而言,当小孔腐蚀与均匀腐蚀同时发生时,其腐蚀点极易被均匀腐蚀产生的疏松组织所掩盖,不易被检测和发现。因此,小孔腐蚀是最危险的腐蚀形态之一。

(3)缝隙腐蚀

机电设备中的各个连接部件均有缝隙存在,一般在0.025~0.1 mm,当腐蚀介质进入这些缝隙并处于常留状态时,就会引发缝隙处的局部腐蚀。例如,管道连接处的法兰端面、金属铆接件铆合处等,都会发生这种缝隙腐蚀。

(4)腐蚀疲劳

承受交变应力的金属机件,在腐蚀环境下疲劳强度或疲劳寿命降低,乃至断裂破坏的现象,称为腐蚀疲劳或腐蚀疲劳断裂。腐蚀疲劳可以使金属机件在很低的循环(脉冲)应力下发生断裂破坏,并且往往没有明确的疲劳极限值,因此,腐蚀疲劳引起的危害比纯机械疲劳更大。

腐蚀疲劳的发生过程是:当金属机件在交变应力的作用下,表面产生塑性变形,出现挤出峰与挤入槽时,腐蚀介质就会乘机而入,在这些微观部位产生化学腐蚀与电化学腐蚀。腐蚀加速了裂纹的形成与裂纹扩展速度,并使金属组织受到了一定程度的破坏,最终导致机件腐蚀疲劳断裂。

除上述各种腐蚀失效模式之外,还有晶间腐蚀、接触腐蚀、应力腐蚀开裂等多种腐蚀形式,它们对不同材料、不同工况下的设备腐蚀有不同的影响。为防止和降低腐蚀失效的发生,减轻其对设备的危害,在设备制造过程中要特别注意正确选择机件材料,合理设计各种结构。对在易腐蚀环境下工作的机件,采用表面覆盖技术、电化学保护技术、添加缓腐剂等防腐措施,保护机件不受或少受腐蚀介质的影响。

4.3.3　气蚀

零件与液体接触并产生相对运动,当接触处的局部压力低于液体蒸发压力时,就会形成气泡,这些气泡运动到高压区时,会受到外部强大的压力被压缩变形,直至压溃破裂。气泡在被迫溃灭时,由于其溃灭速度高达250 m/s,故瞬间可产生极大的冲击力和高温,在冲击力和高温的作用下,局部液体会产生微射流,此现象称为水击现象。若气泡是紧靠在零件表面破裂的,则该表面将受到微射液流的冲击,在气泡形成与破灭的反复作用下,零件表面材料不断受到微射液流的冲击,从而产生疲劳而逐渐脱落,初时呈麻点状,随着时间延长,逐渐扩展成泡沫海绵状,这种现象称为气蚀。当气蚀严重时,可扩展为很深的孔穴,直到材料穿透或开裂而破坏,因此,气蚀又称为穴蚀。

气蚀是一种比较复杂的破坏现象,它不仅有机械作用,还有化学、电化学作用,当液体中含有杂质或磨粒时,会加剧这一破坏过程。气蚀常发生在柴油机缸套外壁、水泵零件、水轮机叶片和液压泵等处。

减轻气蚀的措施主要有:

①减少与液体接触的表面的振动,以减少水击现象的发生,可采用增加刚性、改善支承、采取吸振措施等方法。

②选用耐气蚀的材料,如球状或团状石墨的铸铁、不锈钢、尼龙等。

③零件表面涂塑料、陶瓷等防气蚀材料,也可在表面镀铬。

④改进零件结构,减小表面粗糙度值,减少液体流动时产生涡流现象。

⑤在水中添加乳化油,减少气泡爆破时的冲击力。

4.4 机械零件的变形

在实践中常常会出现这样的情况,虽然磨损的零件已经修复,恢复了原来的尺寸、形状和配合性质,但是设备装配后仍达不到原有的技术性能。这是由于零件变形,特别是基础零件变形使零部件之间的相互位置精度遭到破坏,影响了各组成零件之间的相互关系造成的。机械零件或构件的变形可分为两种:弹性变形和塑性变形。

4.4.1 弹性变形

弹性变形是当外力去除后,能完全恢复的变形。其机理是:在正常情况下,晶体内部原子所处的位置是原子间引力和斥力达到平衡时的位置,此时原子间的距离 $r=r_0$,当有外力作用时,原子就会偏离原来的平衡位置,同时产生与外力方向相反的抗力,与之建立新的平衡,原子间距发生相应的变化 $r\neq r_0$;当外力去除后,为消除出现的新的不平衡,原子又恢复到原来的稳定位置,即 $r=r_0$。

材料弹性变形后会产生弹性后效,即当外力骤然去除后,应变不会全部立即消失,而只是消失一部分,剩余部分在一段时间内逐渐消失,这种应变总落后于应力的现象,称为弹性后效。弹性后效发生的程度与金属材料的性质、应力大小、状态以及温度等有关,金属组织结构越不均匀,作用应力越大;温度越高,则弹性后效越大。通常,经过校直的轴类零件过了一段时间后又会发生弯曲,就是弹性后效的表现。消除弹性后效现象的办法是长时间回火,以使应力在短时间内彻底消除。

4.4.2 塑性变形

塑性变形是指外力去除后不能恢复的变形。其特点如下:

①引起材料的组织结构和性能变化。

②由于多晶体在塑性变形时各晶粒及同一晶粒内部的变形是不均匀的,当外力去除后各晶粒的弹性恢复也不一样,因而有应力产生。

③塑性变形使原子活动能力提高,造成金属的耐腐蚀性下降。

金属零件的塑性变形从宏观形貌特征上看有体积变形、翘曲变形和时效变形

a. 体积变形是指金属零件在受热与冷却过程中,由于金相组织转变引起质量热容变化,导致零件体积胀缩的现象。

b. 翘曲变形是指零件产生翘曲或歪扭的塑性变形,其翘曲的原因是零件发生了不同性质的变形(弯曲、扭转、拉压等)和不同方向的变形(空间 X、Y、Z 轴方向),此种变形多见于细长轴类、薄板状零件以及薄壁的环形和套类零件。

c. 时效变形是应力变化引起的变形。

塑性变形对金属零件的性能和寿命有很大影响,主要表现在金属的强度和硬度提高,塑性和韧性下降,并使零件内部产生残余应力。减轻塑性变形的危害,应从以下两个方面采取对策。

(1)设计方面

设计时在充分考虑如何实现机构的功能和保证零件强度的同时,要重视零件刚度和变形问题,以及零部件在制造、装配和使用中可能发生的问题。在设计时,要尽量使零件壁厚均匀,以减少热加工时的变形;要尽量避免尖角、棱角,改为圆角、倒角,以减少应力集中等。此外,还应注意新材料、新工艺的应用,改变传统加工工艺,减少产生变形的可能性。

(2)加工方面

对热加工而成的毛坯,要特别注意其残余应力的消除问题。在制造工艺中,要安排自然时效或人工时效工序,让毛坯内部的应力得到充分释放。

在机械加工阶段,要将粗加工和精加工分为两个阶段进行。在粗加工阶段完成后,应给零件安排一段存放时间,以消除粗加工阶段产生的应力;对于高精度零件,还应在半精加工后安排人工时效,以彻底消除应力。

4.5　机械零件的断裂

断裂是指机械零件在某些因素作用下发生局部开裂或分裂为若干部分的现象。断裂是机械零件失效的主要形式之一,零件断裂后不仅完全丧失了工作能力,而且还可能造成重大经济损失和伤亡事故。特别是随着现代制造系统不断向大功率、高转速方向发展,零件工作环境发生了变化,断裂失效的可能性增加,因此,断裂失效问题已成为当今的一个热门研究课题。

零件断裂后形成的断口能够真实记录断裂的动态变化过程。通过断口分析,能判断发生断裂的主要原因,从而为改进设计、合理修复提供有益的信息。按断裂的原因可将断裂分为脆性断裂和疲劳断裂等。

4.5.1　脆性断裂

零件在断裂以前无明显的塑性变形,发展速度极快的一种断裂形式,称为脆性断裂。脆性断裂前无任何征兆,断裂的发生具有突然性,是一种非常危险的断裂破坏形式。金属零件因制造工艺不合理,或因使用过程中遭有害介质的侵蚀,或因环境不适,都可能使材料变脆,使其发生突然断裂。例如,氢或氢化物渗入金属材料内部,可导致“氢脆”;氯离子渗入奥氏体

不锈钢中，可导致“氯脆”；硝酸根离子渗入钢材，可出现“硝脆”；与碱性物接触的钢材，可能出现“碱脆”；与氨接触的铜质零件，可发生“氨脆”；等等。此外，在10～15 ℃以下的环境温度下，中低强度的碳钢易发生“冷脆”（钢中含磷所致）；含铝的合金，如果在热处理时温度控制不严，很容易因温度稍偏高而过烧，出现严重脆性。金属脆性断裂的危害性很大，其危害程度仅次于疲劳断裂。

脆性断裂的主要特征如下：

①金属材料发生脆性断裂时，一般工作应力并不高，通常不超过材料的屈服强度，甚至不超过许用屈服应力，因而脆性断裂又称为低应力脆断。

②脆性断裂的断口平整光亮，断口断面大体垂直于主应力方向，没有或只有微小的屈服及减薄（颈缩）现象，表现为冰糖状结晶颗粒。

③断裂前无征兆，断裂是瞬时发生的。

脆性断裂中较有代表性的是氢脆断裂，氢脆断口上的白点是氢泡留下的痕迹，白点外围有放射状撕裂纹，这是裂纹扩展的痕迹。氢脆断裂是工程中一种比较普遍的现象，其产生的原因有以下三种：

(1)氢压致断

金属材料在冶炼、热处理轧制、锻压等过程中溶解了大量氢，冷却后，材料中析出的氢分子和氢原子在内部扩散，并在材料中的微观缺陷处或薄弱处聚集，形成压力巨大的氢气气泡，在气泡处出现裂纹。随着氢扩散—聚集过程继续，气泡进一步生长，裂纹进一步扩张，直至相互连接、贯通，最后引起材料过早断裂。

(2)晶格脆化致断

材料中的固溶氢和外界渗入的氢通过晶界扩散，在晶界的薄弱处滞留、聚集，许多晶界的强度因此受到破坏。在这个过程中，氢原子的电子也会挤入金属原子的电子层中，使金属原子之间相互排斥，造成晶格之间的结合力的降低。在较低的工作应力作用下，甚至在材料自身残余应力的作用下，发生脆断。

(3)氢腐蚀致断

材料在热轧、锻造或热处理等高温（200 ℃以上）加工中，其内部固溶氢和外界渗入的氢，与金属材料中的夹杂物及合金添加剂起反应生成高压气体，这些气体在材料内部扩散转移，晶界遭受破坏，最终导致脆性断裂。

4.5.2 疲劳断裂

金属零件经过一定次数的循环载荷或交变应力作用后引发的断裂现象，称为疲劳断裂。机械零件使用中的断裂有80%是由疲劳引起的。

(1)疲劳断裂的机理

一般疲劳断裂过程经历了三个阶段，即疲劳裂纹萌生阶段，疲劳裂纹扩展阶段，最终瞬断阶段。各阶段的形成与变化机理如下：

1)疲劳裂纹萌生阶段

在交变载荷作用下，材料表层局部发生塑性变形扁体产生滑移，出现滑移线或滑移带，滑移积累以后，在表面形成微观挤入槽与挤出峰，如图4.5所示。峰底处应力高度集中，极易形成微裂纹（即疲劳断裂源），也称为疲劳核心。

2)疲劳裂纹扩展阶段

疲劳裂纹的扩展一般分为两个阶段:第一阶段称切向扩展阶段,即在循环应力的反复作用下,表面裂纹沿最大应力方向的滑动面向零件内部逐渐扩展,因最初的滑移是由最大切应力引起的,故挤入槽与挤出峰原始裂纹源均与拉伸应力成±45°角方向扩展;第二个阶段称正向扩展阶段。此阶段裂纹的扩展方向改变为沿与正应力相垂直的方向,这一阶段也称疲劳裂纹的亚临界扩展。

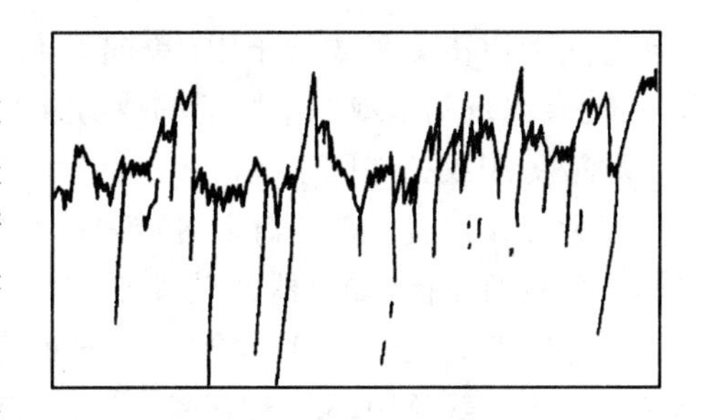

图4.5 在滑移带产生的缺口峰

3)最终瞬断阶段

当裂纹在零件上扩展深度达到一定值(临界尺寸),零件残余断面不能承受其载荷(即断面应力大于或等于断面的临界应力)时,裂纹由稳态扩展转化为失稳态扩展,整个断面的残余面积便会在瞬间断裂;此阶段也称为疲劳裂纹的临界扩展。

根据断裂前应力循环次数的多少,疲劳断裂可分为高周疲劳和低周疲劳。高周疲劳是指断裂前所经历的应力循环次数在 10^5 以上,而承受的应力则低于材料的屈服强度,甚至低于弹性极限状态下发生的疲劳。显然,这是一种常见的疲劳破坏,如轴、弹簧等零部件的失效,一般均属于高周疲劳破坏。当零部件断裂前经历的循环次数在 10^2 ~ 10^5 时,称为低周疲劳。低周疲劳的零部件,一般承受的循环应力较高,接近或超过材料的屈服强度,因而使得每一次应力循环都有少量的塑性变形产生,从而缩短了零部件寿命。

(2)疲劳断裂的断口分析

典型的疲劳断口按照断裂过程有三个形貌不同的区域:疲劳核心区、疲劳裂纹扩展区和瞬时断裂区,如图4.6所示。

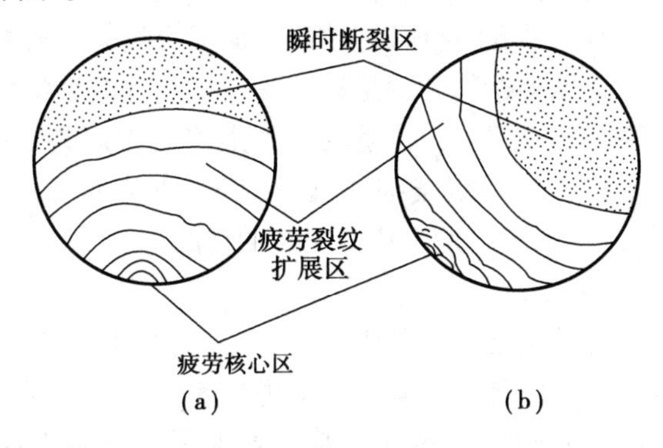

图4.6 疲劳断口示意图

1)疲劳核心区

疲劳核心区是疲劳断裂的源区,用肉眼或低倍放大镜就能找出断口上疲劳核心位置,它一般出现在强度最低、应力最高、靠近表面的部位。但如材料内部有缺陷,这个疲劳核心也可能在缺陷处产生。如承受弯扭载荷的零件,表面应力最高,一般疲劳核心在表面。如果表面经过了强化处理(滚压、喷丸等),则疲劳裂纹可移至表层以下。

零件在加工、储运、装配过程中留下的伤痕,极有可能成为疲劳核心,因为这些伤痕既有应力集中,又容易被空气及其他介质腐蚀损伤。疲劳核心的数目与载荷大小有关,特别是对旋转弯曲和扭转交变载荷作用(单向弯曲)下的断口,疲劳核心的数目随着载荷的增大而增多,可能会出现两个或两个以上的疲劳核心。

2)疲劳裂纹扩展区

疲劳裂纹扩展区是断口上最重要的特征区,常呈贝纹状或类似于海滩波纹状,每一条纹线标志着载荷变化(如机器开动或停止)时裂纹扩展一次所留下的痕迹。这些绞线以疲劳核心为中心向四周推进,与裂纹扩展方向垂直。疲劳断口上的裂纹扩展区越光滑,说明零件在断裂前经历的载荷循环次数越多,接近瞬断区的贝纹线越密,说明载荷值越小。如果这一区域比较粗糙,表明裂纹扩展速度快,载荷比较大。

3)瞬时断裂区

瞬时断裂区简称瞬断区(或静断区)。它是当疲劳裂纹扩展到临界尺寸时发生快速断裂形成的破断区域。它的宏观特征与静载拉伸断口中快速破断的放射区及剪切唇相同。瞬时断裂区的位置和大小与承受的载荷有关,载荷越大,则最终破断区越靠近断面的中间,破断区的面积越小,则说明零件承受的载荷越小。

4.5.3 减少断裂失效的措施

断裂失效是最危险的失效形式之一,大多数金属零件由于冶金和零件加工中的种种原因,都带有从原子位错到肉眼可见的宏观裂纹等大小不同、性质不同的裂纹。但是,有裂纹的零件不一定立即就断,这中间要经历一段裂纹亚临界扩展的时间,并且在一定条件下,裂纹也可以不扩展。因此,如果能够采取有效措施就可以做到有裂纹的零件也不发生断裂。减少断裂失效的措施,可从以下三个方面考虑:

(1)优化零件形状结构设计,合理选择零件材料

零件的几何形状不连续和材料中的不连续均会产生应力集中现象。几何形状不连续通常称为缺口,如肩台圆角、沟槽、油孔、键槽、螺纹以及加工刀痕等。材料中的不连续通常称为材料缺陷,如缩松、缩孔、非金属夹杂物和焊接缺陷等。这些有应力集中发生的部位在循环载荷或冲击载荷的作用下,极易产生裂纹,并使其扩展最终发生断裂。因此,在零件结构设计中,要注意减少应力集中部位,综合考虑零件的工作环境(如介质、温度、负载性等)对零件的影响,合理选择零件材料,以达到减少发生疲劳断裂的目的。

(2)合理选择零件加工方法

在各种机械加工以及焊接、热处理过程中,由于加工或处理过程中的塑性变形、热胀冷缩以及金相组织转变等原因,零件内部会留有残余应力。残余应力分残余拉应力和残余压应力两种。残余拉应力对零件是有害的,而残余压应力则对零件疲劳寿命的延长是有益的。因此,应考虑尽量多地采用渗碳、渗氮、喷丸、表面滚压加工等可产生残余压应力的工艺方法对零件进行加工,通过使零件表面产生残余压应力,抵消一部分由外载荷引起的拉应力。

(3)安装使用

安全使用中必须注意以下四点:

①要正确安装,防止产生附加应力与振动。对重要零件,应防止碰伤、拉伤,因为每一个伤痕都可能成为一个断裂源。

②应注意保护设备的运行环境,防止腐蚀性介质的侵蚀,防止零件各部分温差过大。

③要防止设备过载,严格遵守设备操作规程。

④要对有裂纹的零件及时采取补救措施。例如,对不重要零件上的裂纹,可钻止裂孔或附加强筋板,防止和延缓其扩展;紧固件处周围的裂纹,可采取“去皮处理”的方法,即铰削紧固孔,将孔周围所有的裂纹部分全部去掉,再换用较大的紧固件,消除裂纹缺陷。

复习思考题

4.1　什么是机械设备故障？它是如何分类的？

4.2　故障发生有什么规律？其特征量有哪几个？含义是什么？

4.3　零件磨损过程有什么特点？

4.4　磨损形式主要有哪几种？其产生机理和发展过程各有什么特点？

4.5　金属零件腐蚀的形式分几类？其腐蚀机理是什么？

4.6　金属零件变形的机理是什么？应如何减小变形的危害？

4.7　疲劳断裂的三个阶段是如何演变的？防止断裂失效发生应从哪几个方面采取对策？

第5章 机电设备故障诊断

5.1 概　述

5.1.1 故障诊断及其意义

故障诊断技术是现代化生产发展的产物。由于故障诊断技术给人类带来了巨大的经济效益,因而得到了迅速发展。

故障诊断的理论基础是故障诊断学。所谓故障诊断学,就是识别机电设备运行状态的科学,它研究的内容是如何利用相关检测方法和监视诊断手段,通过对所检测的信息特征的分析,判断系统的工况状态。它的最终目的是将故障防患于未然,以提高设备效率和运行可靠性;它是自动化系统及机电设备提高效率和可靠性、进行预测维修和预测管理的基础。

故障诊断技术实施的基础是工况监测,工况监测的任务是判别动态系统是否偏离正常功能,并监视其发展趋势,预防突发性故障的发生。工况监视的对象是机电设备外部信息参数(如力、位移、振动、噪声、温度、压力以及流量等机械状态量)的状态特征参数变化。

从以上论述可以看出,故障诊断技术的综合性很强,它涉及计算机软硬件、传感器与检测技术、信号分析与处理技术、预测预报、自动控制、系统辨识、人工智能、力学、数学、振动工程和机械工程等多个领域。通过故障诊断技术,可以做到:

1)预防事故保证人身和设备安全

通过故障诊断,可以减少或避免由于零部件失效导致的设备突然停止运转或其他突发性恶性事件的发生。

2)推动设备维修制度的改革

故障诊断技术能够帮助维修人员在故障早期发现异常,迅速查明故障原因,预测故障影响,实现有计划、有针对性的按状态检修或视情检修,从而做到在最有利的时间对设备进行维修,提高检修质量,缩短检修时间,减少备件储备,将检修次数减到最少,使设备的维修管理水平得到提高,改变以预防维修为主体的维修体制。

3)提高企业经济效益

由于故障诊断技术的实施可以有效地降低发生故障时的经济损失(包括维修费用、故障停机时间等),因而它可为企业带来可观的经济效益。例如,英国对2 000个工厂的调查表明,采取设备故障诊断技术后,每年的维修费用将节约3亿英镑,除去诊断技术的投入费用,净获利2.5亿英镑。

5.1.2　故障诊断的分类

故障诊断的方法是应用现代化仪器设备和计算机技术来检查和识别机电设备及其零部件的实时技术状态,根据得到的信息分析判断设备“健康”状况。由于机器运行的状态、环境条件各不相同,因此采用的故障诊断方法也不相同。故障诊断有六种形式,具体如下:

(1)功能诊断与运行诊断

功能诊断是针对新安装或维修后的机器或机组,检查它们的运行工况和功能是否正常,并且按检查的结果对机器或机组进行调整。运行诊断是针对正在工作中的机器或机组,监视其故障的发生和发展。

(2)定期诊断与连续监控

定期诊断是每隔一定时间对工作状态下的机器进行常规检查。连续监控则是采用仪器和计算机信息处理系统对机器运行状态随时进行监视或控制。两种诊断方式的采用,取决于设备的关键程度、设备事故影响的严重程度、运行过程中性能下降的快慢以及设备故障发生和发展的可预测性。

(3)直接诊断与间接诊断

直接诊断是利用直接来自诊断对象的信息确定系统状态的一种诊断方法。直接诊断往往受到机器结构和工作条件的限制而无法实现,这时就不得不采用间接诊断。间接诊断是通过两次或多次诊断信息来间接判断系统状态变化的一种诊断方法。例如,用润滑油温升来反映轴承的运行状态,通过测箱体的振动来判断箱中齿轮是否正常,等等。间接诊断是应用最广泛的诊断方法。

(4)常规工况诊断与特殊工况诊断

在机器正常工作条件下进行的诊断称为常规工况诊断。对某些机器需为其创造特殊的工作条件来收取信息进行的诊断就是特殊工况诊断。例如,动力机组的启动和停车过程需要通过转子的几个临界转速,这就需要测量启动和停车两个特定工况下的振动信号,这些信号在常规工况下是得不到的。

(5)在线诊断与离线诊断

在线诊断一般是指连续地对正在运行的设备进行自动实时诊断。此时测试传感器及二次仪表等均安装在设备现场,随设备一起工作。离线诊断是通过磁带记录仪等装置将现场的状态信号记录下来带回实验室,结合机组状态的历史档案作进一步的分析诊断。

(6)精密诊断与简易诊断

精密诊断是在简易诊断基础上更为细致的一种诊断过程,它不仅要回答有无故障的问题,而且还要详细地分析故障原因、故障部位、故障程度及其发展趋势等一系列问题。精密诊断技术包括人工诊断技术、专家系统技术及人工神经网络技术等。简易诊断技术是指使用各种便携式诊断仪器和工况监视仪表,仅对设备有无故障及故障的严重程度作出判断和区分的诊断方法。

5.1.3 故障诊断的主要工作环节

一个故障诊断系统由工况监视与故障诊断两部分组成,系统的主要工作环节如图 5.1 所示。

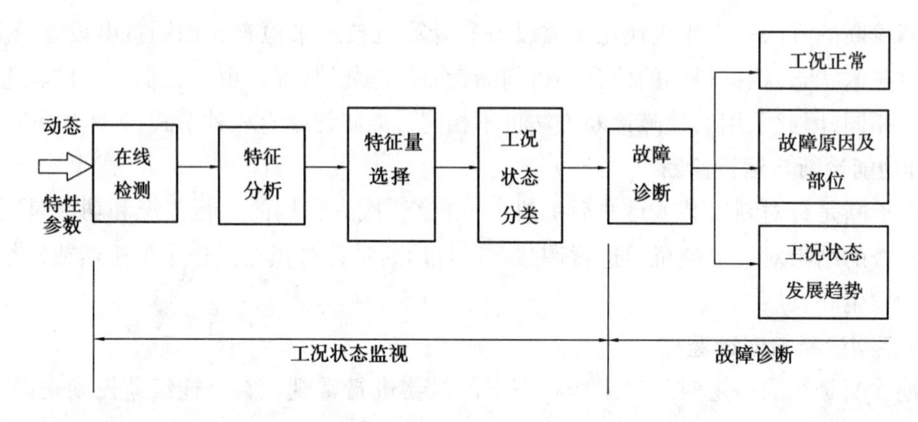

图 5.1　工况状态监视与故障诊断系统主要环节

由图 5.1 可知,故障诊断系统的工作过程可划分为四个主要环节,即信号获取(信息采集)环节、信号分析处理环节、工况状态识别环节和故障诊断环节。每一环节的具体工作任务如下:

(1)信号获取环节

根据具体情况选用适当的传感方式,将能反映设备工况的信号(某个物理量)测量出来。如可利用人的听、触、视、嗅或选用温度、速度、加速度、位移、转速、压力以及应力等不同种类的传感器来感知设备运行中能量、介质、力、热、摩擦等各种物理和化学参数的变化,并将相关信息传递出来。

(2)信号分析处理环节

直接检测信号大多是随机信号,它包含了大量与故障无关的信息,一般不宜用作判别量,需应用现代信号分析和数据处理方法将它转换为能表达工况状态的特征量。通过对信号的分析处理,找到工况状态与特征量的关系,将反映故障的特征信息和与故障无关的特征信息分离开来,达到“去伪存真”的目的。对于找到的与工况状态有关的特征量,还应根据它们对工况变化的敏感程度进行再次选择,选取敏感性强、规律性好的特征量“去粗取精”。

(3)工况状态识别环节

工况状态识别就是状态分类问题,它的目的是区分工况状态是正常还是异常,或哪一部分正常,以便进行运行管理。

(4)故障诊断环节

故障诊断的主要任务是针对异常工况,查明故障部位、性质、程度,综合考虑当前机组的实际运行工况、机组的历史资料和领域专家的知识,对故障作出精确诊断。诊断和监视不同之处是将诊断精度放在第一位,而实时性是第二位。

5.1.4　故障简易诊断

故障简易诊断通常是依靠人的感官(视、听、触、嗅等)功能或一些简单的仪器工具实现对机电设备故障诊断的。由于这种诊断技术充分发挥了领域专家有关电机设备故障诊断的技术优势,因而在对一些常见设备进行故障诊断时,具有经济、快速、准确的特点。常用的简易诊断方法主要有听诊法、触测法和观察法。

1)听诊法

设备正常运转时发出的声响总是具有一定的音律和节奏的,利用这一特点,通过人的听觉功能就能对比出设备是否产生了重、杂、怪的异常噪声,从而判断设备内部是否出现了松动、撞击、不平衡等故障隐患;此外,用手锤敲打零件,听其是否发出破裂杂声,便可判断有无裂纹产生,这是主要依靠人的感官的一种听诊方法。

另一种听诊法是利用电子听诊器,像医生给病人看病一样,将电子听诊器的探针接触机器,听诊器的振动传感器采集机床运转时发生的振动量(用加速度、速度、位移表示)经转换、放大后输出,检测人员通过耳机即可测听。由于完好设备的振动特征和有故障设备的振动特征不同,反映在听诊器耳机中的声音也不同,故根据声音的差异即可判断出故障。如当耳机出现清脆尖细的噪声时,说明振动频率较高,一般是尺寸相对较小的零件或强度相对较高的零件发生微小裂纹或局部缺陷;当耳机传出浑浊低沉的噪声时,说明振动频率较低,一般是尺寸相对较大或强度相对较低的零件发生较大的裂纹或缺陷;当耳机传出的噪声比平时强时,说明故障正在发展,声音越大,故障越严重;当耳机传出的噪声是无规律地间歇出现时,说明有零件或部件发生了松动。

2)触测法

用人手的触觉可以监测设备的温度、振动及间隙的变化情况。人手上的神经纤维可以比较准确地分辨出 80 ℃以内的温度。如当机件温度在 0 ℃左右时,手感冰凉,若触摸时间较长会产生刺骨痛感;10 ℃左右时,手感较凉,但一般能忍受;20 ℃左右时,手感稍凉,随着接触时间延长,手感渐温;30 ℃左右时,手感微温,有舒适感;40 ℃左右时,手感较热,有微烫感觉;50 ℃左右时,手感较烫,若用掌心按的时间较长,会有汗感;60 ℃左右时,手感很烫,但一般可忍受 10 s 的时间;70 ℃左右时,手感烫得灼痛,一般只能忍受 3 s 的时间,并且手的触摸处会很快变红。为防止意外事故发生,触摸时应试触后再细触,以估计机件的温升情况。

零件间隙的变化情况可采用晃动机件的方法来检查。这种方法可以感觉出 0.1 ~0.3 mm 的间隙大小。用手触摸机件可以感觉振动的强弱变化和是否产生冲击,以及滑板的爬行情况。此外,用配有表面热电探头的温度计进行故障的简易诊断,在滚动轴承、滑动轴承、主轴箱、电动机等机件的表面温度的测量中,具有判断热异常位置迅速、数据准确、触测过程方便的特点。

3)观察法

观察法是利用人的视觉,通过观察设备系统及相关部分的一些现象,进行故障诊断。观察法可以通过人直接进行观察,如可以观察设备上的机件有无松动、裂纹及其损伤;可以检查润滑是否正常,有无干摩擦和跑、冒、滴、漏现象;可以查看油箱沉积物中金属磨粒的多少、大小及特点,以判断相关零件的磨损情况;可以监测设备运动是否正常,有无异常现象发生;可以观察设备上安装的各种反映设备工作状态的仪表和测量工具,了解数据的变化情况,判断设备工作状况等。在将观察得到的各种信息进行综合分析后,就能对设备是否存在故障、故障部位、故障的程度及故障的原因作出判断。

5.2 振动诊断技术

在工业领域普遍存在的振动是衡量设备状态的重要指标之一，当机械内部发生异常时，设备就会出现振动加剧的现象。振动诊断就是以系统在某种激励下的振动响应作为诊断信息的来源，通过对所测得的振动参量(振动位移、速度、加速度)进行各种分析处理，并以此为基础，借助一定的识别策略，对机械设备的运行状态作出判断，进而对诊断有故障的设备给出故障部位、故障程度以及故障原因等方面的信息。由于振动诊断具有诊断结果准确可靠和便于实时诊断等诸多优点，因而它成为应用最广泛、最普遍的诊断技术之一。特别是近年来，随着振动信号采集、传输以及分析用仪器技术性能的提高，更进一步地促进了振动诊断技术在机械故障诊断中的应用。

5.2.1 机械振动及其测量

(1)机械振动

从物理意义来讲，机械振动是指物体在平衡位置附近作往复的运动。机械设备状态监测中常遇到的振动有:周期振动、非周期振动、窄带随机振动和宽带随机振动，以及其中几种振动的组合。周期振动和非周期振动属确定性振动范围，由简谐振动及简谐振动的叠加构成。

简谐振动是机械振动中最基本、最简单的振动形式。其振动位移 x 与时间 t 的关系可用正弦曲线表示，其表达式为

$$x(t) = D\sin\left(\frac{2\pi t}{T} + \varphi\right) \tag{5.1}$$

式中 D——振幅，又称峰值，$2D$ 称为峰-峰值，μm 或 mm;

T——振动的周期，即再现相同振动状态的最小时间间隔，s;

φ——振动的初相位，rad。

每秒振动的次数称为振动频率，显然振动周期的倒数即为振动频率，即

$$f = \frac{1}{T}$$

式中 f——振动频率，Hz。

振动频率 f 又可用角频率来表示，即 $f=\frac{\omega}{2\pi}$。

因此，式(5.1)还可表示为

$$x(t) = D\sin(\omega t + \varphi) \tag{5.2}$$

此处，令 $\psi=\omega t+\varphi$。ψ 称为简谐振动的相位，是时间 t 的函数，单位为 rad。

振幅、频率和相位是描述机械振动的三个基本要素。简谐振动除可用位移表示外，同样可用相应的振动速度和加速度表示。速度和加速度的表达式可由式(5.2)经过一次和二次微分求得

$$v(t) = \frac{dx(t)}{dt} = D\omega\cos(\omega t + \varphi) = V\sin\left(\omega t + \frac{\pi}{2} + \varphi\right) \tag{5.3}$$

$$a(t) = \frac{\mathrm{d}v(t)}{\mathrm{d}t} = -D\omega^2\sin(\omega t + \varphi) = A\sin(\omega t + \pi + \varphi) \tag{5.4}$$

位移、速度和加速度是描述机械振动的三个特征量。

(2)振动测量

1)测量参数的选择

对于机电设备的振动诊断而言,可测量的幅值参数有三个:位移、速度和加速度。振动测量参数的选择应考虑振动信号的频率构成和所关心的振动后果这两方面的因素。

对简谐振动而言,加速度 a、速度 v 和位移 x 这三者之间存在如下的关系式

$$a = fv = f^2x \tag{5.5}$$

由式(5.5)可以看出,f 越大,则加速度和速度的测定灵敏度越高。因此,一般随着信号频率的提高,应依次选用位移、速度和加速度作为测量参数。三个测量参数的适用频率范围见表5.1。

表5.1　按频带选定测量参数

测量参数	位　移	速　度	加速度
适用频带/Hz	0~100	10~1 000	>1 000

从振动后果方面考虑选择监测测量参数的原则:冲击是主要问题时,测量加速度;振动能量和疲劳是主要问题时,测量速度;振动的幅度和位移是主要问题时,测量位移。实际测量中,根据振动后果选择振动监测参数的方法见表5.2。

表5.2　根据振动后果选择振动监测参数

测量参数	所关心的振动后果	举　例
位移	位移量或活动量异常	机床加工时的振动现象、旋转轴的摆动
速度	振动能量异常	旋转机械的振动
加速度	冲击力异常	轴承和齿轮的缺陷引起的振动

测量参数选择的另一个问题是振动信号统计特征量的选用。有效值反映了振动时间历程的全过程;峰值只是反映瞬时值的大小,与平均值一样,不能全面反映振动的真实特性。因此,在评定机电设备的振动量级和诊断故障时,一般首选速度及加速度的有效值,只在测量变形破坏时,才采用位移峰值。

2)测量监测点的确定

信号是信息的载体,如何选择最佳的测量点并采取合适的检测方法来获取设备运行状态的直接信息是一个非常重要的问题。如果因监测点位置选择不当使检测到的信号不真实、不典型,或不能客观地、充分地反映设备的实际状态,那么故障诊断的准确性就会大打折扣。一般情况下,确定测量点数量及方向时应考虑的总原则如下:

①应是设备振动的敏感点;

②应是离机械设备核心部位最近的关键点；

③应是容易产生劣化现象的易损点；

④采集的信号应能对设备振动状态作出全面的描述。

此外，选择监测点时还应考虑环境因素的影响，尽可能地避免选择高温、高湿、出风口温度变化剧烈的位置作为测量点。

在测轴承的振动时，测量点应选在刚度足够好的部位，同时应尽量靠近轴承的承载区，并与被监测的转动部件最好只隔一个界面，尽可能避免多层相隔，以减少振动信号在传递过程中因中间环节造成的能量衰减。在测轴承振动时，一般要从轴向、水平和垂直三个方向选定监测点。考虑到测量效率及经济性，可根据机械容易产生的异常情况来确定重点测量方向。从信号频段的角度来考虑，对于低频振动，应该在水平和垂直两个方向同时进行测量，必要时再在轴向进行测量；对于高频振动，一般只需在一个方向进行测量。这是因为低频信号的方向性较强，而高频信号对方向不敏感的缘故。

研究结果表明，在测高频振动时，测量点的微小偏移（几毫米）将会造成测量值的成倍离散（高达6倍）。因此，切记测量点一经选定，就应进行标记，以保证在同一点进行测量。

3）振动监测周期的确定

振动监测周期应以能及时反映设备状态的变化为基本原则来确定，因此，不同类型的设备在不同工况下其振动监测周期不相同。监测周期通常有以下三类：

①定期巡检

每隔一定的时间间隔对设备检测一次，间隔时间的长短与设备类型及状态有关。高速、大型的关键设备，检测周期要短一些；振动状态变化明显的设备，检测周期也应缩短；新安装及维修后的设备，应频繁检测，直至运转正常。

②随机点检

对不重要的设备，一般不定期地进行检测。发现设备有异常现象时，可临时对其进行测试和诊断。

③长期连续监测

对部分大型关键设备应进行在线监测，一旦测定值超过设定的阈值，监测系统即进行报警，提醒人们对机器采取相应的保护措施。

4）振动监测判断标准的确定

利用振动监测数值判断设备有无异常需要一个相关的判断标准，即被测量值多大时表明设备正常，超过哪个值时，说明设备异常。常用的判断标准有绝对判断标准、相对判断标准和类比判断标准。

①绝对判断标准

绝对判断标准是将被测量值与事先设定的“标准状态阈值”相比较，以判定设备运行状态的一类标准，它是在规定的检测方法的基础上制定的。常用的振动判断绝对标准有 ISO 2372、ISO 3495、VDI 2056、BS 4675、GB/T 6075-1985、ISO 10816 等。常用的机电设备振动速度分级标准见表 5.3，其中 A 表示设备状态良好，B 表示允许，C 表示较差，D 表示不允许状态。

表 5.3　机电设备振动速度分级标准

<table>
<tr><td colspan="6">ISO 2372
(适用于转速为 10 ~ 200 r/s,信号频率在 10 ~ 1 000 Hz 范围内的旋转机械)</td><td colspan="2">ISO 3495
(适用于转速为 10 ~ 200 r/s 的大型机器)</td></tr>
<tr><td colspan="2">振动烈度</td><td rowspan="2">小型机器
(≤15 kW)</td><td rowspan="2">中型机器
(15 ~ 75 kW)</td><td rowspan="2">大型机器</td><td rowspan="2">透平机</td><td colspan="2">支承分类</td></tr>
<tr><td>范围</td><td>v_{max}/(mm · s^{-1})</td><td>刚性支承</td><td>柔性支承</td></tr>
<tr><td>0.28</td><td>0.28</td><td rowspan="3">A</td><td rowspan="4">A</td><td rowspan="5">A</td><td rowspan="6">A</td><td rowspan="4">好</td><td rowspan="5">好</td></tr>
<tr><td>0.45</td><td>0.45</td></tr>
<tr><td>0.71</td><td>0.71</td></tr>
<tr><td>1.12</td><td>1.12</td><td rowspan="2">B</td></tr>
<tr><td>1.8</td><td>1.8</td><td rowspan="2">B</td><td rowspan="3">满意</td></tr>
<tr><td>2.8</td><td>2.8</td><td rowspan="2">C</td><td rowspan="2">B</td><td rowspan="3">满意</td></tr>
<tr><td>4.5</td><td>4.5</td><td rowspan="2">C</td><td rowspan="2">B</td></tr>
<tr><td>7.1</td><td>7.1</td><td rowspan="6">D</td><td rowspan="2">C</td><td rowspan="3">不满意</td></tr>
<tr><td>11.2</td><td>11.2</td><td rowspan="5">D</td><td rowspan="2">C</td><td rowspan="2">不满意</td></tr>
<tr><td>18</td><td>18</td><td rowspan="4">D</td></tr>
<tr><td>28</td><td>28</td><td rowspan="3">D</td><td rowspan="3">不能接受</td><td rowspan="3">不能接受</td></tr>
<tr><td>45</td><td>45</td></tr>
<tr><td>71</td><td></td></tr>
</table>

旋转机械的振动位移标准如图 5.2 所示。它适用于振动不直接影响加工质量的机器。

②相对判断标准

对于有些设备,由于规格、产量、重要性等的不确定性,难以确定设备振动的绝对判断标准,此时可使用振动的相对判断标准,即将设备正常运转时所测得的值定为初始值,然后对同一部位进行测定,再将实测值与初始值进行比较,两值相比的倍数就定为相对标准。典型的相对判断标准见表 5.4。

相对标准是应用较为广泛的一类标准,其不足之处在于标准的建立周期长,且阈值的设定可能随时间和环境条件(包括载荷情况)而变化。

③类比判断标准

数台同样规格的设备在相同条件下运行时,可通过对各台设备相同部件振动测试结果的比较来确定设备的运行状态,此法也称为类比法。通过类比法确定的机器正常运行时振动的允许值,即为类比判断标准。工程中适用于所有设备的绝对判定标准是不存在的,因此,一般都是兼用绝对判断标准、相对判断标准和类比判断标准,来获得准确可靠的诊断结果。

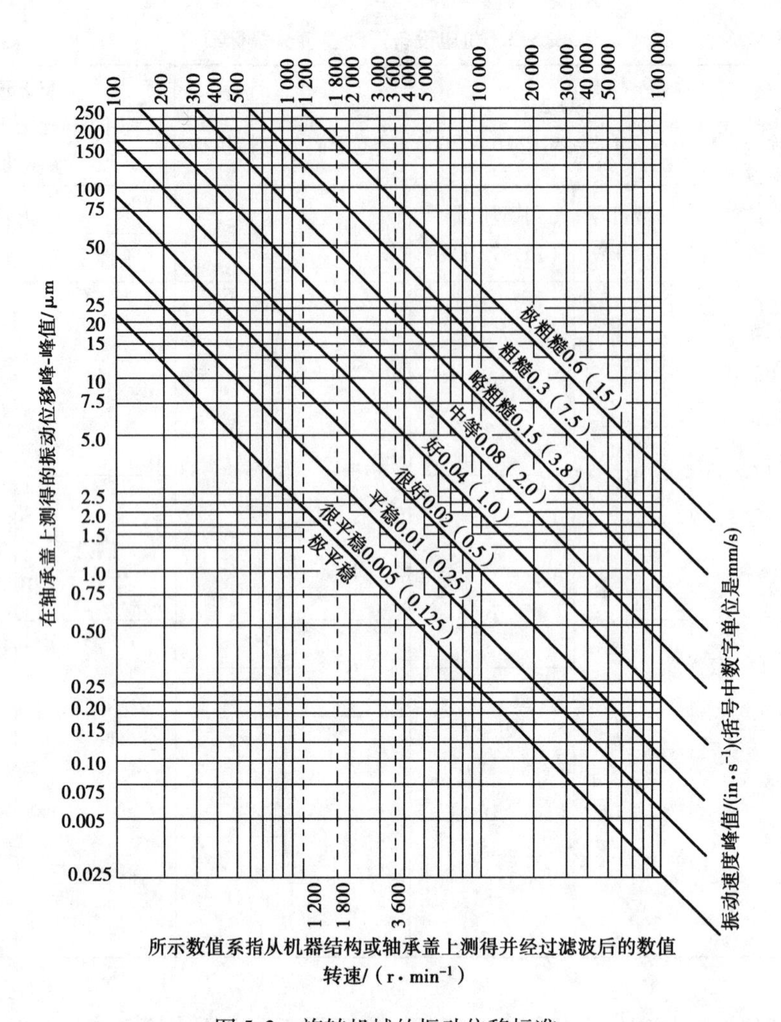

图 5.2　旋转机械的振动位移标准

表 5.4　振动相对判断标准

关注程度	低频振动	高频振动
注意区域	1.5～2 倍	约 3 倍
异常区域	约 4 倍	约 6 倍

5.2.2　振动分析

振动分析就是将测量获得的振动信号中含有的与设备状态有关的特征参数提取出来。根据振动分析信号处理方式的不同，分为幅域分析、时域分析和频域分析。不同的振动信号分析方法可从不同的角度观察、分析信号，从而可根据不同需要得出各种信号处理结果。这里仅介绍一种幅域分析方法。

信号幅域分析是在波形的幅值上进行的，如计算波形的最大值、最小值、平均值、有效值等，它也研究波形幅值的概率分布问题。信号的幅值是从总体上反映信号强弱的特征参数。在幅域分析中，对波形幅值的研究通过以下几个参数进行。

(1)峰值 X_p

峰值是表示振幅的单峰值。在实际振动波形中,单峰值表示瞬时冲击的最大幅值。X_{p-p}表示振幅的双峰值,又称峰-峰值,它反映了振动波形的最大偏移量。

(2)平均值 $\overline{X}$

平均值是表示振幅的平均值,是在时间 T 范围内设备振动的平均水平。其表达式为

$$\overline{X} = \frac{1}{T}\int_0^T x(t)\,\mathrm{d}t \tag{5.6}$$

(3)有效值 X_{rms} **(均方根值)**

有效值 X_{rms} 表示振幅的有效值,它表征了振动的破坏能力,是衡量振动能量大小的量。ISO 标准规定,振动速度的均方根值(即有效值)为“振动烈度”,作为衡量振动强度的一个标准。有效值的数学表达式为

$$X_{\mathrm{rms}} = \sqrt{\frac{1}{T}\int_0^T x^2(t)\,\mathrm{d}t} \tag{5.7}$$

幅域分析法中,对波形幅值概率分布的研究是通过概率密度函数进行的。概率密度函数是表示信号幅值落在指定区间内的概率,它提供了关于振动信号的两个信息:一是信号幅值落在指定区间内的概率,二是信号沿幅值域分布的信息。例如,对于如图 5.3(a)所示的信号,$x(t)$值落入$(x,x+\Delta x)$区间内的时间为 T_x,即

$$T_x = \Delta t_1 + \Delta t_2 + \cdots + \Delta t_n = \sum_{i=1}^{n} \Delta t$$

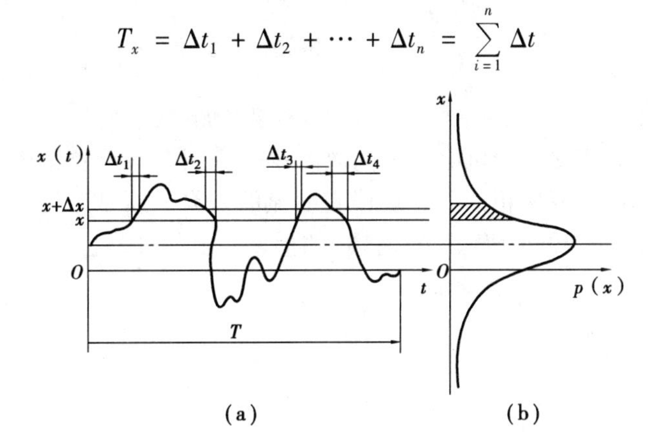

图 5.3　概率密度函数的计算

当样本记录的观察时间 T 趋于无穷大时,T_x/T 的比值就是幅值落在$(x,x+\Delta x)$区间内的概率,即

$$p[x < x(t) \leqslant x + \Delta x] = \lim_{T\to\infty} \frac{T_x}{T}$$

定义幅值概率密度函数 $p(x)$为

$$p(x) = \lim_{\Delta t\to 0} \frac{p[x < x(t) \leqslant x + \Delta x]}{\Delta x} \tag{5.8}$$

如图 5.3(b)所示为信号沿幅值域分布的情况,坐标 x 表示信号 $x(t)$值的大小,而阴影部分的面积则表示信号 $x(t)$的值落在$(x,x+\Delta x)$区间内的概率。概率密度函数曲线与 x 轴所包围的面积是 1。不同信号有不同的概率密度函数图形,可以借此识别信号的性质。图 5.4 为常见的四种信号的概率密度函数图形。

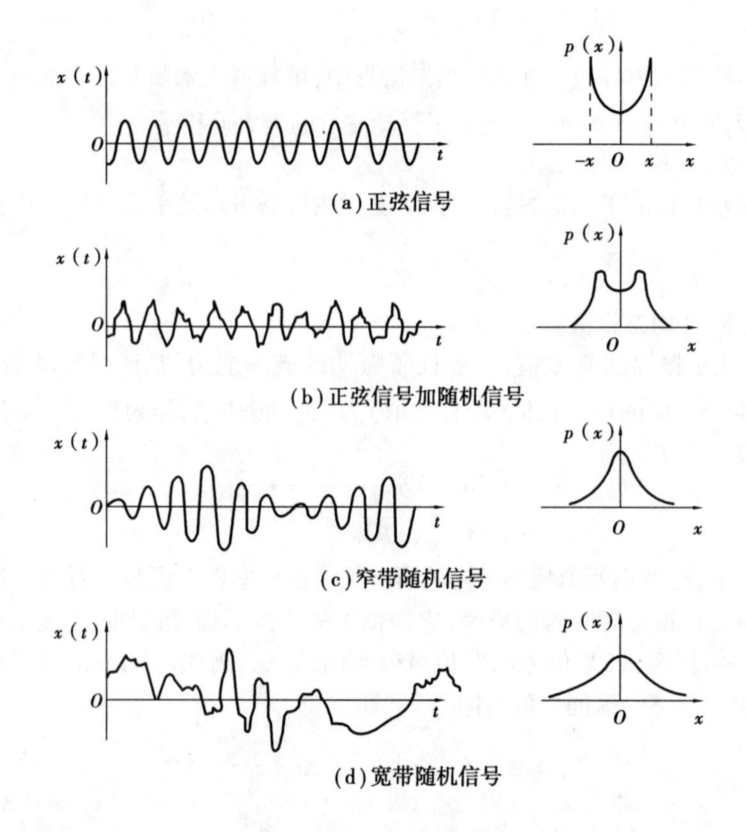

图5.4 四种信号的概率密度函数

概率密度函数可以直接用于机电设备的故障诊断。图5.5反映车床变速箱的噪声分布规律,可以看出,新旧两台变速箱的分布规律有明显的差异。新车床的概率密度函数图形呈“窄而高”的形态,而旧车床的图形呈“宽而矮”的形态。显然,旧机床噪声的幅值大于新车床的幅值。

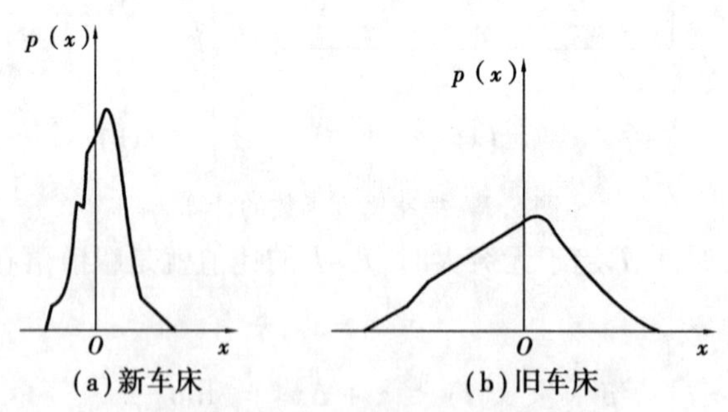

图5.5 车床变速箱噪声的概率密度函数

5.2.3 齿轮故障的振动诊断

齿轮失效是造成机器故障的重要因素之一。据统计,在齿轮箱的各类零件的失效比例分别为:轴承19%、轴10%、箱体7%、紧固件3%、油封1%,而齿轮失效的比例则高达60%。齿轮失效后,会引起异常振动,通过对振动特性的分析,便可对故障进行诊断。引起齿轮振动的原因大致有如下三类:

1)制造误差引起的齿轮失效

齿轮制造时造成的主要误差有偏心、齿距偏差和齿形误差等,当齿轮的这些误差较严重时,会引起齿轮传动中忽快忽慢,使啮合时产生冲击,引起较大噪声等。

2)由于箱体、轴等零件的加工误差及装配方法等因素引起的齿轮失效

齿轮装配后会在齿宽方向产生只有一端接触或齿轮轴的直线性偏差(不同轴、不对中)等现象。在这种情况下,齿轮所承受的载荷在齿顶方向是不均匀的,因此会使齿轮的局部受力增加,个别齿载荷过重,从而引起齿轮的早期磨损,甚至断裂。

3)齿轮使用中的齿面损伤失效

齿轮使用中的齿面损伤失效主要为磨损失效、表面接触疲劳失效、塑性变形失效、轮齿损伤失效等。

(1)齿轮的振动机理

在齿轮传动过程中,每个轮齿是周期性地进入和退出啮合的,以直齿圆柱齿轮传动为例,其啮合区分为单齿啮合区和双齿啮合区。在单齿啮合区,全部载荷由一对齿副承担,当进入双齿啮合区时,载荷则分别由两对齿副按其啮合刚度的大小分别承担(啮合刚度是指啮合齿副在其啮合点处抵抗挠曲变形和接触变形的能力)。在这个过程中,引起齿轮振动的原因大致有以下三个方面:

1)齿副载荷变化

在单、双齿啮合区的交变部位,每对齿副所承受的载荷会发生突变,这种突变必将激发齿轮的振动。

2)啮合刚度变化

在传动过程中每个轮齿的啮合点均从齿根向齿顶(主动齿轮)或从齿顶向齿根(从动齿轮)逐渐移动,由于啮合点沿齿高方向不断变化,各啮合点处齿副的啮合刚度也随之改变,这种啮合刚度的变化,也将激发齿轮产生振动。

3)轮齿受载变形

齿轮在传动过程中其轮齿因受载变形会使基圆齿距发生变化,这将使轮齿进入啮合和退出啮合时产生啮入冲击和啮出冲击,从而使齿轮振动加剧。

由于以上原因引起的齿轮振动是以每齿啮合为基本频率进行的,其频率的高低与齿轮的转速、齿数等有关。当齿轮失效时,振动会加剧,随之会产生一些新的频率成分,齿轮故障的振动诊断就是利用这些特征频率进行的。

(2)齿轮故障振动诊断的特征频率

1)轴的转动频率及其谐频

由于齿轮-轴系统不平衡引起的离心惯性力,使齿轮-轴系统产生强迫振动,当转动频率接近齿轮-轴系统横向振动的固有频率时,将产生临界转速现象,使转轴大幅度变形,恶化齿轮的啮合关系,造成更大的振动。

齿轮及轴的转动频率 f_r 为

$$f_r = \frac{n}{60} \tag{5.9}$$

式中　n——齿轮及轴的转速, r/min。

若齿轮已有一齿断裂,每转动一周轮齿将猛烈冲击一次,此时的振动频率结构将增加谐

频成分，谐频为转动频率的整倍数，如$2f_r$，$3f_r$，…。

2）啮合频率

齿轮在啮合中由于节线冲击、啮合冲击、轮齿弹性、变形误差与故障等会使齿与齿之间发生冲击，冲击的频率称为啮合频率。

定轴转动齿轮的啮合频率为

$$f_m = z_1 f_{r1} = z_2 f_{r2} \tag{5.10}$$

式中　f_{r1}——主动轮的旋转频率，Hz；

z_1——主动轮的齿数；

f_{r2}——从动轮的旋转频率，Hz；

z_2——从动轮的齿数。

齿轮以啮合频率振动的特点如下：

①振动频率随转速变化而变化。

②当啮合频率或其高阶谐频接近或等于齿轮某阶固有频率时，齿轮将产生强烈振动。

③由于齿轮固有频率一般较高，因此这种振动振幅不大，常表现为强烈噪声。

（3）齿轮故障的振动诊断

齿轮故障的振动诊断是通过分析振动特性或由振动产生的噪声频谱实现的。齿轮振动诊断的主要项目是齿轮的偏心、齿距误差、齿形误差、齿面磨损和齿根部裂纹等。

齿轮工作中发生异常时的振动特性见表5.5。

表5.5　齿轮异常及其振动特性

齿轮的状态	时域波形	频域特性
正常		f_r　f_m　f
齿面损伤		f_m　$2f_m$　$3f_m$　f
偏心		f_r　f_m-f_r　f_m　f_m+f_r　f
齿轮回转质量不平衡		f_r　f_m　f
局部性缺陷		f_r　$2f_r$　$3f_r$　f_m　f
齿轮误差		f_r　f_m　f

由表5.5可知，各种齿轮异常的振动特性具有如下特点：

①当齿轮所有齿面均产生磨损或齿面上有裂痕、点蚀、剥落等损伤时，其振动频谱中存在啮合频率的2次、3次及高次谐波成分。

②当齿轮存在偏心时，齿轮每转中的压力时大时小地变化，致使啮合振动的振幅受旋转频率的调制，其频谱包括旋转频率f_r、啮合频率f_m成分及其边频带$f_m \pm f_r$。

③齿轮回转质量不平衡。主要频率成分为旋转频率f_r和啮合频率f_m,但旋转频率振动的振幅较正常情况大。

④齿轮局部性缺陷是指齿轮个别轮齿存在折损、齿面磨损、点蚀、齿根裂纹等局部性缺陷时,在啮合过程中,该齿轮将激发异常大的冲击振动,在振动波形上出现较大的周期性脉冲幅值,其主要频率成分为旋转频率f_r及其高次谐波nf_m。

⑤当齿轮存在齿距误差时,齿轮在每转中的速度会变化,致使啮合振动的频率受旋转频率振动的调制,其频谱包括旋转频率f_r、啮合频率f_m成分及其边频带$f_m \pm nf_r(n=1,2,3,\cdots)$。

⑥高速涡轮增速机中所用的齿轮,其啮合频率高达5 kHz以上,其振动特性与常速旋转齿轮有所不同。常速旋转的齿轮,其振动波形包含啮合频率和啮合冲击引起的自由振动的固有频率两个主要成分;而高速旋转的齿轮,因啮合频率大于固有频率,故齿轮只发生啮合频率成分的振动,而不发生固有频率的振动。两种转速下的齿轮振动特性比较见表5.6。

表5.6　常速和高速齿轮的振动特性比较表

常速$f_m \leqslant f_e$	$T_r=\frac{1}{f_r}$	固有振动频率成分和啮合频率成分混合发生
高速$f_m > f_e$	$T_r=\frac{1}{f_r}$	只存在啮合频率成分,不存在固有振动频率成分

注:f_m——啮合频率;f_e——齿轮的固有频率。

5.2.4　滚动轴承故障的振动诊断

滚动轴承是机械系统中重要的支承部件,其性能与工况的好坏直接影响与之相连的转轴以及安装在转轴上的齿轮,甚至是整台机器设备的性能,在齿轮箱的各类故障中,轴承的故障率仅次于齿轮占19%。因此,开展对轴承的故障诊断具有很大的现实意义。

滚动轴承常见故障有磨损、疲劳、压痕、腐蚀、点蚀、胶合(黏着)以及保持架损坏等,当出现这些故障时,轴承必然产生异常振动和噪声,因此,可采用振动分析的方法对轴承故障进行诊断。

(1)滚动轴承的振动机理

正常情况下,滚动轴承的振动由以下五个方面的因素引起。

1)轴承刚度变化

由于轴承结构所致,滚动体与外圈的接触点变化,使轴承载荷分布状况呈现周期性变化,从而使轴承刚性参数产生周期性变化,由此引发轴承谐波振动。无论滚动轴承正常与否,这种振动都会发生。

2)运动副

轴承的滚动表面虽加工得非常平滑,但从微观来看,仍然是高低不平的,滚动体在这些凹面之上转动,会产生交变的激振力,从而引发振动。这种振动既是随机的又含有滚动体的传输振动,其主要频率成分是滚动轴承的特征频率。在轴承外圈固定内圈旋转时,滚动轴承的特征频率如下:

①内圈旋转频率

$$f_r = \frac{n}{60} \tag{5.11}$$

式中　n——轴的转速，r/min。

②滚动体公转频率

$$f_c = \frac{1}{2}\left(1 - \frac{d}{D}\cos\alpha\right)f_r \tag{5.12}$$

式中　D——轴承的节圆直径，mm；

d——滚动体直径，mm；

α——接触角，(°)。

③滚动体自转频率

$$f_b = \frac{1}{2}\frac{D}{d}\left[1 - \left(\frac{d}{D}\cos\alpha\right)^2\right]f_r \tag{5.13}$$

④保持架通过内圈频率

$$f_{ci} = \frac{1}{2}\left(1 + \frac{d}{D}\cos\alpha\right)f_r \tag{5.14}$$

⑤滚动体通过内圈频率

$$f_i = zf_{ci} = \frac{z}{2}\left(1 + \frac{d}{D}\cos\alpha\right)f_r \tag{5.15}$$

式中　z——滚动体数目。

⑥滚动体通过外圈频率

$$f_o = zf_c = \frac{z}{2}\left(1 - \frac{d}{D}\cos\alpha\right)f_i \tag{5.16}$$

式中　z——滚动体数目。

3)滚动轴承元件的固有频率

滚动轴承元件出现缺陷或结构不规则时，运行中将激发各个元件以其固有频率振动。轴承元件的固有频率取决于本身的材料、外形和质量，一般为20～60 kHz。

4)滚动轴承安装

轴承安装歪斜、旋转轴系弯曲或轴承紧固过紧、过松等，都会引起轴承振动，振动的频率与滚动体的通过频率相同。

5)滚动轴承常见的异常状况

当轴承状况异常时，在激振力的作用下，轴承振动加剧，振动值变大。滚动轴承常见的异常状况可分为以下三种。

①表面皱裂是因轴承使用时间较长、轴承的滚动配合面慢慢劣化的异常形态。发生这种情况时，轴承的振动与正常轴承的振动具有相同的特点，即两者的振动都是无规则的，振幅的概率密度分布大多为正态分布，两者的唯一区别是轴承皱裂时的振幅变大了。

②表面剥落是疲劳、裂纹、压痕以及胶合斑点等失效形式所造成滚动面的异常形态，它引起的振动为冲击振动。在它的频谱中，一类为传输振动的低频脉动形式，另一类为轴承元件的固有振动。通过查找这些固有振动中的某一元件运行的特征频率是否出现，即可进行故障诊断。

③轴承烧毁是由于润滑状态恶化造成的，发生此类情况时，轴承的振动值将迅速增大。

(2)滚动轴承故障的振动诊断方法

滚动轴承故障的振动诊断方法有多种，下面对常用的振幅监测法和频谱分析法进行介绍。

1)振幅监测法

①有效值(均方根值)和峰值判别法

振动信号的有效值反映了振动能量的大小,当轴承产生异常后,其振动必然增大,因而可用有效值作为轴承异常的判断指标。有效值是对时间平均的,故适用于像磨损之类的振幅随时间缓慢变化的故障诊断。

峰值反映的是某一时刻振幅的最大值,因而适用于诊断像表面点蚀之类的具有瞬变冲击振动的故障诊断。

②波峰因数诊断法

所谓波峰因数,是指峰值与有效值之比。采用波峰因数进行诊断的最大特点,是因为它的值不受轴承尺寸、转速及载荷的影响。正常情况下,滚动轴承的波峰因数约为5,当轴承有故障时可达到几十,所以,轴承正常、异常的判定可很方便地进行。另外,波峰因数不受振动信号绝对水平的影响,测量系统的灵敏度即使变动,对示值也不会产生多大影响,此法适用于点蚀类故障的诊断。

2)概率密度诊断法

将滚动轴承的振动或噪声信号通过数据处理得到不同形式的概率密度函数图形,根据图形的形式可以初步确定轴承是否存在故障以及故障的状态和位置。无故障滚动轴承振幅的概率密度曲线是典型的正态分布曲线,而一旦出现故障,概率密度曲线就会出现变形情况。据此不难分析出如图5.6所示的四种不同状态轴承的工作状况。图5.6(a),接近高斯分布;图5.6(b),图形方差值较大,但无鞍形,可以说无明显故障;图5.6(c),图形特点是数据集中的成分大,在均值左右出现明显的鞍形,说明存在划伤现象;图5.6(d),图形方差值很大,数据非常分散,这是疲劳的明显特征。

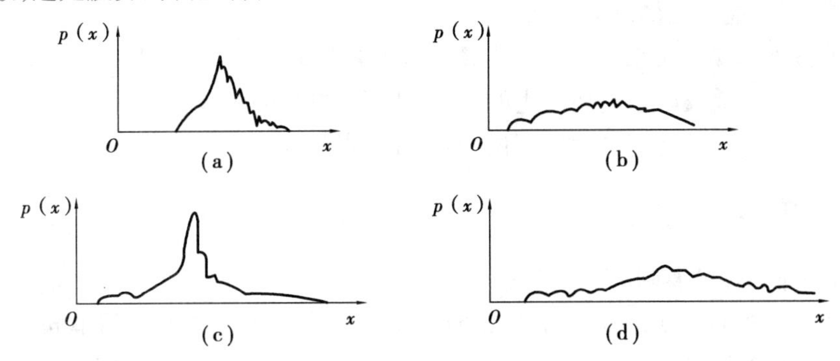

图5.6　轴承的四种概率密度函数图

3)冲击脉冲诊断法

冲击脉冲诊断法的原理是:滚动轴承存在缺陷时,如有疲劳剥落、裂纹、磨损和滚道进入异物,会发生低频冲击,这种冲击脉冲信号不同于一般机器的振动信号,冲击脉冲的持续时间很长,其能量可在广阔的频率范围内发散,并由于结构阻力很快被衰减下去,冲击脉冲的强弱与轴承的线速度有关,反映了故障程度。

在冲击脉冲技术中,所用的通用测量单位称为冲击值 dB_{sv}。在测量到的轴承冲击值 dB_{sv} 中,还包含了一个初始值 dB_t,也称为背景分贝值,其大小由轴承内径大小和转速高低确定,相当于一个没有任何损伤的轴承所具有的冲击值。轴承工作状态好坏的冲击值是 dB_{sv} 与 dB_t 的

相对差值,称为标准值 dB_N,即

$$dB_N = dB_{sv} - dB_t \tag{5.17}$$

冲击脉冲计的刻度单位就是用 dB_N 值表示的。

用 dB_N 判断轴承状态的标准为:

$0 \leqslant dB_N \leqslant 20$ dB　正常状态,轴承工作状态良好;

$20 \leqslant dB_N \leqslant 35$ dB　注意状态,轴承有初期损伤;

$35 \leqslant dB_N \leqslant 60$ dB　警告状态,轴承已有明显损伤。

使用冲击脉冲诊断法时,常常会由于经验不足或对设备工况条件考虑不周造成误诊,为防止这些情况的发生,采用该法时应注意以下两个问题:

①由于机器本身结构限制,无法完全达到 SPM 传感器安装标准时,会造成信号衰减。

②设备本身结构有较大误差,如出现轴弯曲、不对中等情况时,会造成轴承状态恶化前的误报警。

5.3 油样分析与诊断技术

机械设备中的润滑油和液压油在工作中是循环流动的,油中包含着大量的由各种摩擦副产生的磨损残余物(磨屑或磨粒),这些残余物携带着丰富的关于机械设备运行状态的信息。油样分析就是在设备不停机、不解体的情况下抽取油样,并测定油样中磨损颗粒的特性,对机器零部件磨损情况进行分析判断,从而预报设备可能发生的故障的方法。

通过油样分析,能够取得以下信息:

①磨屑的浓度和颗粒大小反映了机器磨损的严重程度。

②磨屑大小和形貌反映了磨屑产生的原因,即磨损发生的机理。

③磨屑的成分反映了磨屑产生的部位,即零件磨损的部位。

5.3.1 油样的采集

(1)油样采集工作的原则

油样是油样分析的依据,是设备状态信息的来源。采样部位和方法的不同,会使所采取的油样中的磨粒浓度及其粒度分布发生明显的变化,因此,采样的时机和方法是油样分析的重要环节。为保证所采油样的合理性,采取油样时应遵循以下基本原则:

①应始终在同一位置、同一条件(如停机则应在工作相同的时间后)和同一运转状态(转速、载荷相同)下采样。

②应尽量选择在机器过滤器前并避免从死角、底部等处采样。

③应尽量选择在机器运转时或刚停机时采样。

④如关机后采样,必须考虑磨粒的沉降速度和采样点位置,一般要求在油还处于热状态时完成采样。

⑤采油口和采样工具必须保持清洁,防止油样间的交叉污染和被灰尘污染,采样软管只用一次。

(2)油样采集的周期

油样采集周期应根据机器摩擦副的特性、机器的使用情况以及用户对故障早期预报准确度的要求而定。一般机器在新投入运行时,其采样间隔时间应短,以便于监测分析整个磨合过程;机器进入正常期后,摩擦副的磨损状态变得稳定,可适当延长采样间隔。如变速箱、液压系统等,一般每500 h采一次油样;新的或大修后的机械在第一个1 000 h的工作期间内,每隔250 h采一次油样;油样分析结果异常时,应缩短采样时间间隔。

(3)油样采集的方法

采样的主要工具是抽油泵、油样瓶和抽油软管等,其组成和采样的方法步骤如下:

①松开油泵圆头螺母,插入软管,然后拧紧螺母,使软管固定在抽油泵接头上。软管应从泵接头的底部伸出大约10 mm,以保证泵接头和泵内部不受油污染。

②将油样瓶拧紧在抽油泵头上,连接部位不能漏气。

③抽出被检机器上的机油尺,或打开加油口螺母,将油管插入油面约50 mm。油管不宜插入过深,以防止吸出沉淀物。

④反复推拉抽油泵手柄,在油样瓶中产生真空,使油液通过软管流入油样瓶中,直至抽够标定油量为止。

⑤取下油样瓶,擦净抽油管,放松螺母,将抽油管取下。

⑥填写油样检验单(机型、编号、部位和运转时间(h)等),并将其粘贴在油样瓶上。

5.3.2　油样铁谱分析技术

油样铁谱分析技术是目前使用最广泛的润滑油油样分析方法。它的基本原理是将铁质磨粒用磁性方法从油样中分离出来,然后在显微镜下或肉眼直接观察,通过对磨料形貌、成分等的判断,确定机器零件的磨损程度。铁谱分析技术包括定性分析技术和定量分析技术两个方面。

油样中磨损颗粒的数量、尺寸大小、尺寸分布、成分以及形貌特征都直接反映了机械零件的磨损状态,其中磨粒大小、成分与形貌特征属定性分析范畴。铁谱定性分析的方法有铁谱显微镜法、扫描电镜法和加热分析法。

在铁谱定性分析中,关键技术是对各类磨粒形貌的识别。识别时,可参考我国有关轴承、齿轮、柴油机、液压系统等特定零件的相应标准。系统和设备的磨粒图谱以及美国Dianel. P. Anderson编著的《磨粒图谱》和英国国家煤炭局科技发展总部门(HQTD)编撰的图谱。

1)形貌分析

形貌分析是通过对磨粒形态的观察分析,来判断磨损的类型。不同磨损状态下,形成的磨粒在显微镜下的形态如下:

①正常磨损微粒

正常磨损微粒是指设备的摩擦面经跑合后,进入稳定磨合阶段时所产生的磨损微粒。对钢而言,是厚度为0.15~1 μm,长度为0.5~15 μm的碎片。

②切削磨损磨粒

这种磨粒是由一个摩擦表面切入另一个摩擦表面或润滑油中夹杂的硬质颗粒、其他部件的磨损磨粒切削较软的摩擦表面形成的,磨粒形状如带状切屑,宽度为2~5 μm,长度为25~100 μm,厚度为0.25 μm。当出现这种磨屑时,提示机器已进入正常的磨损阶段。

③滚动疲劳磨损微粒

这种微粒通常是由滚动轴承的疲劳点蚀或剥落产生的，它包括三种不同的形态：疲劳剥离磨屑、球状磨屑和层状磨屑。

a. 疲劳剥离磨屑是在点蚀时从摩擦副表面以鳞片形式分离出的扁平形微粒，表面光滑，有不规则的周边。其尺寸为 10 ~ 100 μm，长轴尺寸与厚度之比为 10∶1。如果系统中大于 10 μm的疲劳剥离微粒有明显的增加，就是轴承失效的预兆。

b. 球状磨屑的出现是滚动轴承疲劳磨损的重要标志。一般球状磨屑都比较小，大多数磨屑直径在 1 ~ 5 μm。

c. 层状磨屑被认为是因磨损微粒黏附于滚动元件的表面之后，又通过滚动接触碾压而成的。它的特征是呈片状，四周不规则，表面有空洞。其粒度为 20 ~ 50 μm，长轴尺寸与厚度之比为 30∶1。层状磨屑在轴承的全部使用期内都会产生，特别是当疲劳剥落发生时，这种层状磨屑会大大增加，同时伴有大量球状磨屑产生。因此，如果系统中发现大量层状磨屑和球状磨屑，而且数量还在增加，就意味着滚动轴承已存在导致疲劳剥离的显微疲劳裂纹。

④滚动-滑动复合磨损微粒

滚动-滑动复合磨损磨粒是齿轮啮合传动时由疲劳点蚀或胶合而产生的磨粒。它是齿轮副、凸轮副等摩擦副的主要损坏原因。这种磨屑与滚动轴承所产生的磨屑有许多共同之处，它们通常均具有光滑的表面和不规则的外形，磨屑的长轴尺寸与厚度之比为 10∶1 ~ 4∶1。滚动-滑动复合磨损微粒的特点是磨屑较厚（几个微米），长轴尺寸与厚度比例较高。

⑤严重滑动磨损磨粒

此类磨粒是在摩擦面的载荷过高或速度过高的情况下由于剪切混合层不稳定而形成的，一般为块状或片状，表面带有滑动的条痕，并具有整齐的刃口，尺寸在 20 μm 以上，长厚比在 10∶1左右。

以上介绍的五种主要磨屑是钢铁磨损微粒的主要形式，通过对谱片上磨屑形状、大小的识别就可以了解机械的磨损原因和所处状态。一般机电设备通常出现小于 5 μm 的小片形磨屑，表明机器处于正常磨损状态，当大于 5 μm 的切削形、螺旋形、圈形和弯曲形微粒大量出现时，则是严重磨损的征兆。

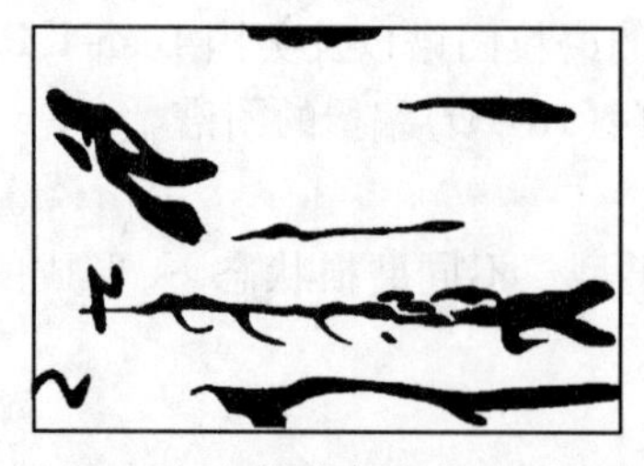

图 5.7　初期磨损的磨粒形态

图 5.7、图 5.8 为内燃机车发动机润滑油磨粒图片。图 5.7为正常磨损磨粒、切削磨损磨粒，少量的球状磨粒和黑色氧化物团粒。图 5.8 为切削磨损磨粒，用 X 射线能谱分析表明它是由铁、硅、镁元素构成的。由于镁只有在球墨铸铁曲轴中存在，因此，这条磨粒可能是曲轴磨损产生的。图 5.9 为严重滑动磨损磨粒，尺寸达 150 μm ×70 μm，表面有明显的滑动摩擦划痕。

2）成分分析

①有色金属磨粒的识别

机电设备中，除钢铁类零件外，通常还有一些有色金属材料制成的零部件，因此，油样中也含有一些有色金属磨粒。有色金属磨粒首先可以从它们非磁性沉积形式进行识别。在铁谱片上有色金属微粒不按磁场方向排列，以不规则方式沉淀，大多数偏离铁磁性微粒链，或处在相邻两链之间，它们的尺寸沿谱片的分布与铁磁性微粒有根本的区别。

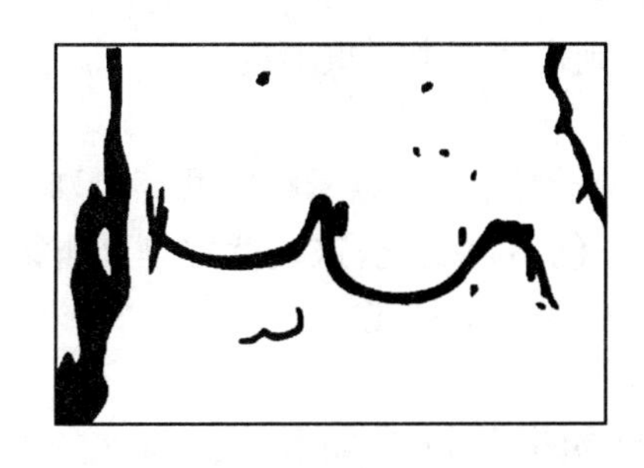

图5.8 切削磨粒的磨粒形态

图5.9 严重滑动磨粒的磨粒形态

②白色有色金属识别。使用X射线光谱法可以准确地确定磨屑成分。用铁谱片加热处理方法配以酸碱侵蚀法也能区分如铝、银、铬、镉、镁、钼、钛和锌等。识别方法见表5.7。

表5.7 有色金属的识别

识别方法 / 金属种类	0.1N HCl	0.1N NaOH	330 ℃	400 ℃	480 ℃	540 ℃
Al	可溶	可溶	不变	不变	不变	不变*
Ag	不可溶	不可溶	不变	不变	不变	不变
Cr	不可溶	不可溶	不变	不变	不变	不变
Cd	不可溶	不可溶	不变	—	—	—
Mg	可溶	不可溶	不变	不变	不变	不变
Mo	不可溶	不可溶	不变	微带深紫的黄褐色		—
Ti	不可溶	不可溶	不变	深褐色	深褐色	深褐色
Zn	可溶	不可溶	不变	不变	深褐色	深褐色

注:“*”表示在某些条件下可能比较明亮。

③铝、锡合金识别

铝、锡合金磨粒极软,熔点很低,没有清晰的边缘,易被氧化和腐蚀,表面总有一层氧化层,因此,在低倍显微镜下呈黑色。

④铁的氧化物识别

铁谱片上出现铁的红色氧化物,表明润滑系统中有水分存在,如果铁谱片上出现黑色氧化物,说明系统润滑不良,在磨屑生成过程中曾经有过高热阶段。

A. 铁的红色氧化物

铁的红色氧化物磨屑有两类:一类是多晶体,在白色反射光下呈橘黄色,在反射偏振光下呈饱和的橘红色,如果铁谱片有大量此类磨屑存在(特别是大磨屑存在),说明油样中必定有水;另一类是扁平的滑动磨损微粒,在白色反射光下呈灰色,在白色透射光下呈无光的红棕色,因反光程度高,容易与金属磨屑相混淆。如果仔细观察,则会发现这种磨屑不如金属颗粒明亮,在断面薄处有透射光。若铁谱片中有此磨屑出现,说明润滑不良,应采取相应对策。

B. 铁的黑色氧化物

铁的黑色氧化物微粒外缘为表面粗糙不平的堆积物,因含有 Fe_2O_3,具有铁磁性,在铁谱片上以铁磁性微粒的方式沉积。当铁谱显微镜的分辨率接近底限时,有蓝色和橘黄色小斑点。铁谱片上存在大量黑色铁的氧化物微粒时,则说明润滑严重不良。

C. 深色金属氧化物

局部氧化了的铁性磨屑属于这类深色金属氧化物,它与金属磨粒共存,呈暗灰色。由于其表面已覆盖足够厚的氧化膜层,因此加热时颜色不再变化,这些微粒是严重缺油的表现。若有大块的深色金属氧化物出现,则是部件毁灭性失效的征兆。

D. 润滑剂变质产物的识别

润滑剂在使用过程中会发生变质,其变质产物的识别方法如下:

a. 摩擦聚合物的识别

润滑剂在摩擦副接触的高应力区受到超高的压力作用,其分子易发生聚合反应而生成大块凝聚物。当细碎的金属磨损颗粒嵌在这些无定形的透明或半透明的凝聚物时,就形成了摩擦聚合物。通常油中适当有一些摩擦聚合物可以防止胶合磨损,但摩擦聚合物过量会使润滑油黏度增加,堵塞油过滤器,使大的污染颗粒和磨屑进入机器的摩擦表面,造成严重的磨损。若是在通常不产生摩擦聚合物的油样中见到摩擦聚合物,则意味着已出现过载现象。

b. 腐蚀磨损磨屑的识别

润滑剂中的腐蚀物质使 Fe、Al、Pb 等金属产生的腐蚀磨屑非常细小,其尺寸在亚微米级,用放大镜很难分辨,但这种腐蚀磨屑的沉积使铁谱片出口端 10 mm 处的覆盖面积读数值高于 50 mm 处。

c. MoS_2的识别

MoS_2润滑剂,铁谱上的 MoS_2往往表现为片状,而且有带直角的直线棱边,具有金属光泽,颜色为灰紫色,具有反磁性,往往被磁场排斥。

d. 污染颗粒的识别

污染颗粒包括新油中的污染、道路尘埃、煤尘、石棉屑以及过滤器材料等,应视摩擦副的具体情况和机器的运转环境进行分析判断,必要时可参考标准图谱识别。

复习思考题

5.1 机械设备故障诊断的分类有几种,各有什么特点?

5.2 机械设备故障诊断的主要环节及其任务是什么?

5.3 设备振动状态的判别标准有哪几类?

5.4 振动诊断的特征参数有哪几个?它们分别是从哪些侧面反映机械振动性质、特点和变化规律的?

5.5 各种振动诊断仪器的工作原理是什么?适用于什么场合?

5.6 采用振动监测方法诊断轴承和齿轮故障时,如何选择测量参数?其振动信号有什么特征?

第6章 机电设备维修方式与修复技术

6.1 机械设备维修方式

维修是指维护和修理所进行的所有工作,包括保养、修理、改装、翻修、检查、状态监控和防腐蚀等。维修方式一般的发展趋势是由排除故障维修走向预防性计划维修,再走向定期有计划检查的预防性计划修理,目前的趋势是在状态监测基础上的维修。

6.1.1 排除故障修理

人们将排除故障、恢复机械设备功能的工作称为排除故障修理。这种修理方式可以排除机械设备的精度故障、调整性故障、磨损性故障以及责任性故障。

排除故障修理的一般程序如图6.1所示。

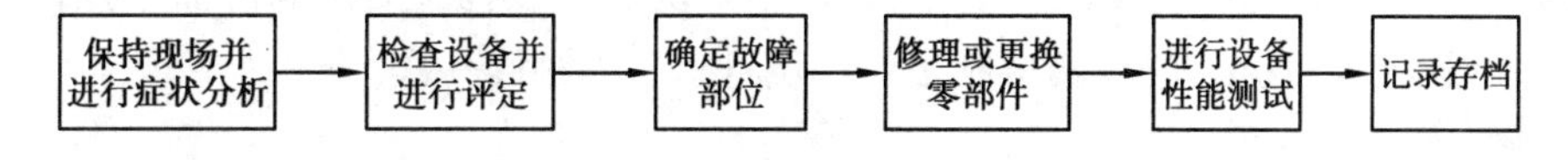

图6.1 排除故障修理工作程序

排除故障修理是在设备发生故障之后进行的修理,仅仅修复损坏的部分,这种维修方式修理费用比较低,对管理的要求也低。它主要的缺点是:停机时间长,不适宜制造业流水线上所用设备的修理。

6.1.2 计划修理

计划修理主要有定期修理和预防性计划修理。

(1)定期修理

机械设备的零件在使用期间发生故障具有一定的规律性,可以通过统计求得,并且可以保证零件合理的使用寿命。根据零件的故障规律和寿命周期,定期修理和更换零件,可以延长零件的使用寿命,最大限度地减少突发故障,获得更长的设备正常运转时间。

(2)预防性计划修理

预防性计划修理是将设备按其修理内容及工作量划分成几个不同的修理类别,并且确定它们之间的关系,以及确定每种修理类别的修理间隔。预防性计划修理类别主要有项修、小修、大修、定期精度调整等。

预防性计划修理可达到以预防为主的目的,防止和减少紧急故障的发生,使生产和修理工作都能有计划地进行,可进行长周期的计划安排。主要缺点是每台设备具体情况不同,而同种设备规定了统一的修理时间间隔,动态性差。目前仍有不少企业使用这种维修方式,预防性计划修理对重要大型设备也是必要的。

1)项修

项修是根据对设备进行监测与诊断的结果,或根据设备的实际技术状态,对设备精度、性能达不到工艺要求的生产线及其他设备的某些项目部件按需要进行有针对性的局部修理。项修时,一般要部分解体和检查,修复或更换磨损、失效的零件,必要时对基准件要进行局部刮削、配磨和校正坐标,使设备达到需要的精度标准和性能要求。

项修的特点是停机修理时间短,甚至利用节假日就能迅速修复。这种维修方式适用于重点设备和大型生产线设备,在生产现场进行。

2)小修

对于实行定期修理的机械设备,小修的工作内容主要是根据掌握的磨损规律,更换或修复在修理间隔期内失效或即将失效的零件,并进行调整,以保证设备的正常工作能力。

对于实行状态监测维修的机械设备,小修的工作内容主要是针对日常和定期检查发现的问题,拆卸有关的零部件,进行检查、调整、更换或修复失效的零件,以恢复机械设备的正常功能。

小修的工作内容还包括:清洗传动系统、润滑系统、冷却系统,更换润滑油,清洁设备外观等。小修一般在生产现场进行,两班制工作的设备一年需小修一次。

3)大修

大修是为了全面恢复长期使用的机械设备的精度、功能、性能指标而进行的全面修理。大修是工作量最大的一种修理类别,需要对设备全面或大部分解体、清洗和检查,磨削或刮削修复基准件,全面更换或修复失效零件和剩余寿命不足一个修理间隔的零件,修理、调整机械设备的电气系统,修复附件,重新涂装,使精度和性能指标达到出厂标准。大修理更换主要零件数量一般达到30%以上,修理费用一般可达到设备原值的40%~70%。大修的修理间隔周期是:金属切削机床为5~8年,起重、焊接、锻压设备为3~4年。

一般设备大修时可拆离基础运往机修车间修理,大型精密设备可在现场进行。

4)定期精度调整

定期精度调整是指对精、大、稀机床的几何精度定期进行调整,使其达到(或接近)规定标准。精度调整的周期一般为1~2年,调整时间最好安排在气温变化较小的季节。例如,在我国北方地区,以每年的5、6月份或9、10月份为宜。

实行定期精度调整,有利于保持机床精度的稳定性,以保证加工质量。

6.1.3　状态维修

随着状态监测技术的发展,在设备状态监测基础上进行的维修称为按状态维修。各种预防性维修方式都希望在设备故障发生前的最合适时机进行维修,但都因不能掌握设备的实际状态,往往会出现事后维修或者过多产生过剩维修。运用设备状态监测技术适时进行设备检查,将采集到的信息进行筛选、分析、处理,因而能够准确地了解到设备的实际状态,查找到需要修理的部位、项目,由此安排的维修更符合设备实际情况。

按设备状态进行维修的方式已经被公认为是一种新的、高效的维修方式。但是,采用这种维修方式需要一些先决条件,例如,故障发生应不具有非常明确的规律性,监测方法和技术要能准确测试到发生故障征兆,从发生故障征兆到故障出现的潜存时间要足够长,有采取措施排除故障的可能性,等等。具备了这些条件,状态维修才能有实效。随着状态监测及故障诊断技术的进步和实际应用经验的积累,这种维修方式的效果将会进一步提高。

6.1.4　其他维修方式

(1)定期有计划检查的修理

这种维修方式是通过定期有计划地进行检查,了解设备当前的状态,发现存在的缺陷和隐患,然后有针对性地安排修理计划,以排除这些缺陷和隐患,使设备的运转时间长,使用效果好,修理费用少。

这种维修方式的检查与修理安排是相互配合的一个整体,没有检查的信息,修理计划就没有了编制的依据;没有修理安排,检查就没有实际意义。定期计划检查,可以了解设备的实际情况,由此安排的修理计划更符合设备的实际需要,但这种维修方式不能安排长期的修理计划。

(2)年检

年检也称年度整套装置停产检修,这是国内外流程工艺普遍采用的方式。年检是将整套装置或若干套装置在每年的一定时间中有计划地安排全面停产检修,以保证下一个年度生产的正常运行。这种维修方式是由生产特点决定的,具有生产保证性。

制造业中的机械化、半自动化、自动化生产线应该考虑采用流程工艺设备的维修方式。随着状态监测技术的应用,年检内容可以更有针对性,以降低维修费用和缩短检修工期。

6.2　机械零件修复技术概述

机械设备在维修时,失效的机械零件大部分是可以修复的。对于磨损失效的零件,可以采用堆焊、电刷镀、热喷涂和喷焊等修复技术进行修复;对于机身、机架等基础件产生的裂纹,可以采用金属扣合技术进行修复。许多修复技术不仅使失效的机械零件重新使用,还可以提高零件的性能和延长使用寿命。在机械设备修理中,充分利用修复技术,选择合理的修复工艺,可以缩短修理时间,节省修理费用,提高效益。

6.2.1 选择修复技术应考虑的因素

在修复机械零件的损伤缺陷时,可能有几种修复方法和技术,但究竟选择哪一种修复方法及技术最好,应考虑以下因素。

(1)所选择的修复技术对零件材质的适应性

在选择修复技术时,首先应考虑该技术是否适应待修零件的材质。例如,手工电弧堆焊,适用于低碳钢、中碳钢、合金结构钢和不锈钢;焊剂层下电弧堆焊,适用于低碳钢和中碳钢;镀铬技术,适用于碳素结构钢、合金结构钢、不锈钢和灰铸铁;黏结修复,可以将各种金属和非金属材质的零件牢固地连接起来;喷涂在零件材质上的适用范围比较宽,金属零件(如碳钢、合金钢、铸铁件和绝大部分有色金属件)几乎都能喷涂。在金属中只有少数的有色金属喷涂比较困难(例如纯铜),另外,以钨、钼为主要成分的材料喷涂也困难。

(2)各种修复技术所能提供的修补层厚度

由于每个零件磨损的情况不同,所以需要补偿的修复层厚度也不一样,因此,在选择修复技术时,应该了解各种修复技术所能达到的修补层厚度。下面是几种修复技术能达到的修补层厚度,可供参考。

手工堆焊	厚度不限
埋弧堆焊	厚度不限
等离子堆焊	0.25~6 mm
镀铁	0.1~5 mm
镀铬	0.1~0.3 mm
喷涂	0.5~3 mm
喷焊	0.5~5 mm

(3)修补层的力学性能

修补层的强度和硬度,修补层与零件的结合强度以及零件修理后表面强度的变化情况,是评价修理质量的重要指标,也是选择修复技术的依据。表6.1可供选择修复技术时参考。

在选择修复技术时,还应考虑与其修补层有关的一些问题,如修复后修补层硬度较高,虽提高了耐磨性,但加工困难;修复后修补层硬度不均匀,会使加工表面不光滑,硬度低,一般磨损较快。另外,机械零件表面的耐磨性不仅与表面硬度有关,还与金属组织、表面吸附润滑油的能力和两接触表面的磨合情况有关。如采用多孔镀铝、多孔镀铁、金属喷涂、振动电弧堆焊等修复技术均可获得多孔隙的修补覆盖层,这些孔隙能够储存润滑油,改善了润滑条件,使机械零件即使在短时间内缺油也不会发生表面研伤的现象。又如,采用镀铬,可以使修补覆盖层获得较高的硬度,也很耐磨,但其磨合性却较差。镀铁、振动电弧堆焊、金属喷涂等所得到的修补层耐磨性与磨合性都比较好。

表6.1 各种修补层的力学性能

修理工艺	修补层本身抗拉强度/MPa	修补层与45钢的结合强度/MPa	零件修理后疲劳强度降低的百分数/%	硬 度
镀铬	400~600	300	25~30	600~1 000 HV
低温镀铁		450	25~30	45~65 HRC
手工电弧堆焊	300~450	300~450	36~40	210~420 HBW
焊接层下电弧堆焊	350~500	350~500	36~40	170~200 HBW
振动电弧堆焊	620	560	与45钢相近	25~60 HRC
银焊(含银45%)	400	400	—	—
铜焊	287	287	—	—
锰青铜钎焊	350~450	350~450	—	217 HBW
金属喷涂	80~110	40~95	45~50	200~240 HBW
环氧树脂粘补	—	热粘20~40	—	80~120 HBW
	—	冷粘10~20	—	—

(4)机械零件的工作状况及要求

选择修复技术时,应考虑零件的工作状况。例如,机械零件在滚动状态下工作时,两个零件的接触表面承受的接触应力较高,镀铬、喷焊、堆焊等修复技术能够适应;而机械零件在滑动状态下工作时,承受的接触应力较低,可以选择的修复技术则更为广泛。

选择修复技术时,应考虑机械零件修复后能否满足工作要求。例如,所选择的修复技术施工时温度高,则会使机械零件退火,原表面热处理性能破坏,热变形和热应力增加。如气焊、电焊等补焊和堆焊技术,在操作时会使机械零件受到高温影响,因此,这些技术只适用于未淬火的零件、焊后有加工整形工序的零件以及焊后进行热处理的零件。

(5)生产的可行性

选择修复技术应考虑生产的可行性。应结合企业修理车间现有装备状况、修复技术水平以及维修生产管理机制选择修复技术。

(6)经济性

选择修复技术应考虑经济性。应将零件中的修复成本和零件修后使用寿命两方面结合起来,综合评价、衡量修复技术的经济性。

在生产中还须考虑因备件短缺而停机停产带来的经济损失。这时,即使所采用的修复技术的修复成本高,也还是合算的;相反;有一些易加工的简单零件,有时修复还不如更换经济。

6.2.2　机械零件修复技术的选择举例

一些典型零件和典型表面的修复技术选择举例见表6.2。

表6.2　零件修复技术的选择举例

零件名称	磨损部位	修理方法	
		达到标称尺寸	达到修理尺寸
轴	滑动轴承的轴颈及外圆柱面	镀铬、镀铁、金属喷涂、堆焊并加工至标称尺寸	车削或磨削提高几何形状精度
	装滚动轴承的轴颈及过盈配合面	镀铬、镀铁、化学镀铜	
	轴上键槽	堆焊修理键槽、转位新铣键槽	键槽加宽，不大于原宽度的1/7，重新配键
	轴上螺纹	堆焊、重车螺纹	车成小一级螺纹
	外圆锥面		磨到较小尺寸
孔	径孔	镶套、堆焊、电镀、粘补	镗孔
	圆锥孔	镗孔后镶套	刮削或磨削修整形状
齿轮	轮齿	①利用花键孔，镶新轮圈插齿 ②齿轮局剖断裂，堆焊加工成形	大齿轮加工成负变位齿轮
	径孔	镶套、镀铬、镀镍、镀铁、堆焊	磨孔配轴
导轨滑板	滑动面研伤	粘成镶面后加工	电弧冷焊补、钎焊、粘补、刮削、磨削
拨叉	侧面磨损	铜焊、堆焊后加工	

6.2.3　机械零件修理工艺规程的拟定

为保证机械零件修理质量以及提高生产率和降低成本，需要在零件修理之前拟定零件修理工艺规程。拟定机械零件修理工艺规程的主要依据是：零件的工作状况和技术要求、企业设备状况和修理技术水平、生产经验和有关试验总结以及有关技术文件等。

(1)拟定机械零件修理工艺时应注意的问题

①在考虑怎样修复表面时，还要注意保护不修理表面的精度和材料的力学性能不受影响。

②注意有些修复技术用堆焊会引起零件的变形。安排工序时，应将产生较大变形的工序安排在前面，并增加校正工序，将精度要求高、表面粗糙度值要求小的工序尽量安排在后面。

③零件修理加工时需预先修复定位基准或给出新的定位基准。

④有些修复技术可能导致机械零件产生微细裂纹，应注意安排提高疲劳强度的工艺措施和采取必要的探伤检验等手段。

⑤修复高速运动的机械零件，应考虑安排平衡工序。

(2)编制机械零件修理工艺规程的过程

①熟悉零件的材料及其力学性能、工作情况和技术要求,了解损伤部位、损伤性质(磨损、腐蚀、变形、断裂)和损伤程度(磨损量大小、磨损均匀程度、裂纹深浅及长度),了解企业设备状况和技术水平,明确修复的批量。

②确定零件修复的技术和方法,分析零件修复中的主要问题并提出相应措施。安排修复技术的工序,提出各工序的技术要求、规范工艺设备和质量检验。

③征询有关人员意见并进行必要的试验,在试验分析基础上填写修理技术规程卡片,经主管领导批准后执行。

6.3　机械修复技术

利用切削加工、机械连接和机械变形等使失效的机器零件得以恢复的方法,称为机械修复法。常用的机械修复技术有修理尺寸法、镶装零件法、局部换修法和金属扣合法。

6.3.1　修理尺寸法

相配合零件的配合表面磨损后,产生了尺寸误差及形状误差。对于相配合的主要零件,不再按原来的设计尺寸,而按新修改的尺寸,采用切削加工的方法恢复其形状和表面粗糙度的要求,与此件相配合的零件按新尺寸配作,保证原有配合性质不变,这种方法称为修理尺寸法。重新获得的尺寸,称为修理尺寸。

确定修理尺寸时,应先考虑零件结构可能性和零件强度是否足够,再考虑切削加工余量。对轴颈尺寸减少量,一般规定不超过原设计尺寸的10%。轴上的键槽磨损后,可根据实际情况放大一级尺寸。

使用机床加工零件磨损表面时,应先分析零件原始加工工艺,以便选择合理、可行的定位基准,还应注意选择刀具和切削用量,这样才能保证修理加工质量。

6.3.2　镶装零件法

配合零件磨损后,在结构和强度允许的条件下,镶加一个零件补偿磨损,恢复原有零件精度的方法,称为镶装零件法。常用的有扩孔镶套、加垫和机械夹固的方法。

箱体上的孔磨损后,可将孔镗大镶套,套与孔的配合应有适当过盈,也可再用螺钉固紧,如图6.2所示。套的内孔可事先按配合要求加工好,也可留有加工余量,镶入后再镗削加工到要求尺寸。

较大的铸件发生裂纹后,可采用补强板加固修理。修理时,注意在裂纹末端钻止裂孔,防止因应力集中而使裂纹继续发展,止裂孔为$\phi 3 \sim 6$ mm的小孔。如图6.3所示为用钢板螺钉加固修复铸件裂纹的情形。

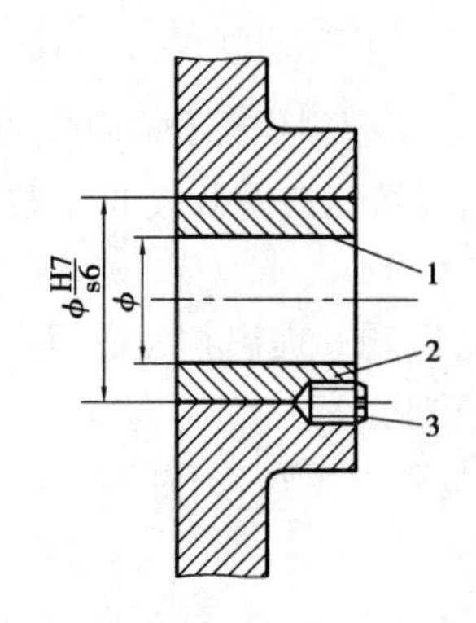

图 6.2　扩孔镶套并用螺钉紧固

1—待修孔;2—镶套;3—紧固螺钉

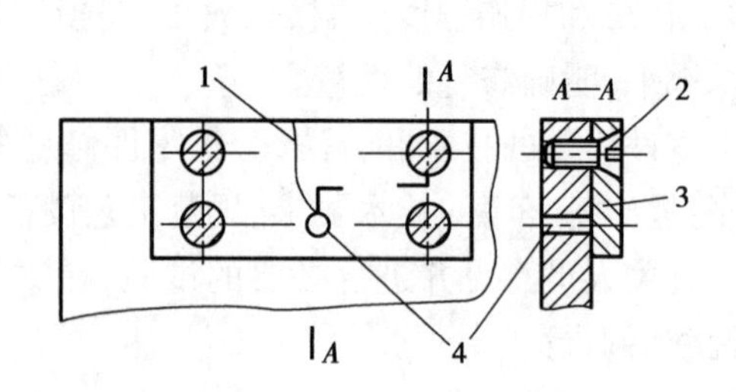

图 6.3　补强板加固修复裂纹

1—裂纹;2—螺钉;3—补强板;4—止裂孔

6.3.3　局部修换法

有些零件在使用过程中只有某个部位磨损严重,而其他部位尚好,这种情况下,可将磨损严重的部位切除,将这部分重制零件,用机械连接、焊接或黏结的方法固定在原来的零件上,使零件得以修复的方法,称为局部修换法。如图 6.4 所示是将双联齿轮中磨损严重的小齿轮轮齿切去,重制一个小齿轮,用键连接,并用骑缝螺钉固定的局部修换。

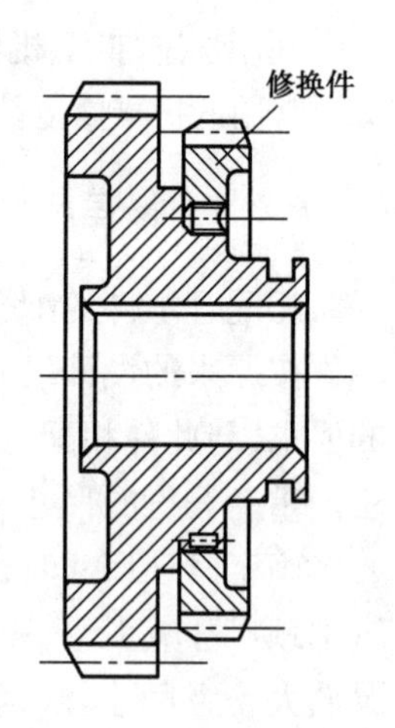

图 6.4　局部修换法

6.3.4　金属扣合法

金属扣合法是利用扣合件的塑性变形或热胀冷缩的性质将损坏的零件连接起来,达到修复零件裂纹或断裂的目的。这种方法主要适用于大型铸件裂纹或折断部位的修复,还可用于修复不易焊修的钢件、有色金属件。按照金属扣合的性质及特点,金属扣合法主要有以下四种方法:

(1)强固扣合法

强固扣合法是先在垂直于零件裂纹或折断面的方向上,加工出一定形状和尺寸的波形槽,然后将形状与波形槽相吻合的键镶入槽中,在常温下铆击键部,使键产生塑性变形而充满槽腔,利用波形键的凸缘与波形槽的凹部相互扣合,使损坏的零件重新连接成一体,如图 6.5 所示。强固扣合法用于修复壁厚为 8 ~ 40 mm 的一般强度要求的薄壁机件。

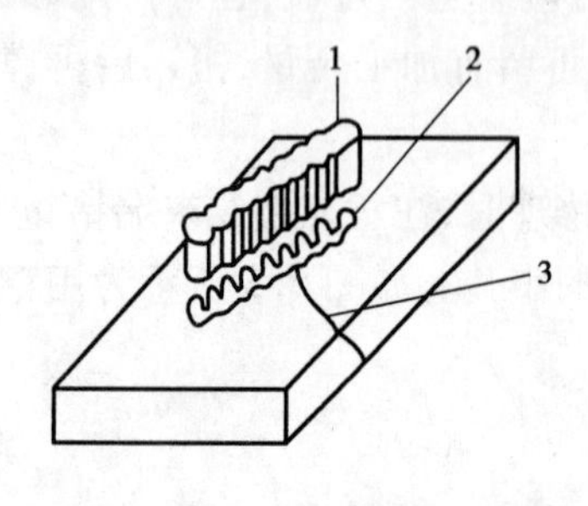

图 6.5　强固扣合

1—波形键;2—波形槽;3—裂纹

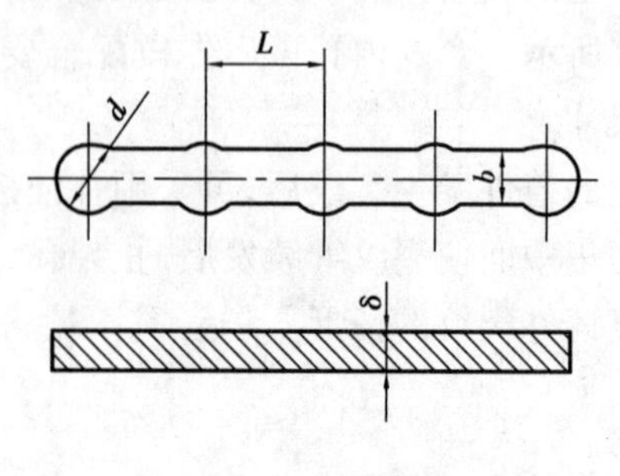

图 6.6　波形键

1)波形键的设计和制作

波形键的形状如图6.6所示。它的主要尺寸有凸缘直径 d、颈部宽度 b、间距 L 和厚度 δ。通常以尺寸 b 作为基本尺寸来确定其他尺寸。一般取 $b=3\sim6$ mm,其他尺寸按下列经验公式计算,即

$$d=(1.2\sim1.6)b \tag{6.1}$$

$$L=(2\sim2.2)b \tag{6.2}$$

$$\delta\leqslant b \tag{6.3}$$

波形键的凸缘数目根据受力情况确定,通常选用的是5、7、9个。

一般波形键材料常采用1Cr18Ni9或1Cr18Ni9Ti奥氏体镍铬钢,对于高温工作的波形键,对采用热膨胀系数与机件相同或相近的Ni36或Ni42等高镍合金钢制造。

波形键的制造可在锻压机床上用模具冷挤压成形,然后机械加工上下两平面和修整凸缘圆弧,最后进行热处理。

2)波形槽设计和制作

波形槽尺寸除槽深 T 大于波形键厚度 δ 外,其余尺寸与波形键尺寸相同,而且它们之间配合的间隙可达0.1~0.2 mm。槽深 T 可根据机件壁厚 H 而定,一般取 $T=(0.7\sim0.8)H$。

波形槽可以布置成一前一后或一长一短的方式,如图6.7所示。波形槽的间距 W 可按下式计算,即

$$W=\frac{bT}{H}\left(\frac{\sigma_P}{\sigma_G}+1\right) \tag{6.4}$$

式中 σ_P——波形键铆击后的抗拉强度,Pa;

σ_G——工件的抗拉强度,Pa。

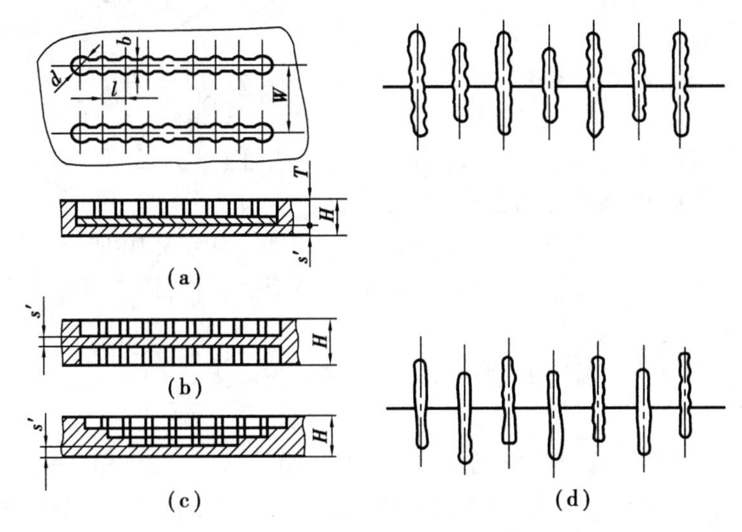

图6.7 波形槽的尺寸与布置方式

小型波形槽可以使用铣床、钻床加工成形,大型机件波形槽可以使用手电钻或钻模在现场加工成形。现场加工的简要过程如下:

①划线。

②借助于钻模加工波形槽各凸缘孔及凸缘间孔,锪孔至深度 T。

③钳工修整宽度 b 和两平面,保证槽与键之间的配合间隙。

3)波形键的扣合与铆击

先使用压缩空气将波形槽清理干净,将波形键镶入槽中,再用铆钉枪铆击波形键。铆时由两端向中间轮换对称铆击,最后铆击裂纹上凸缘时不宜过紧,以免撑开裂纹。操作时先用圆弧冲头垂直冲击中心部,再用平底冲头铆击边缘,直至铆紧为止。注意,铆时正确掌握铆紧程度,一般控制每层波形键铆低 0.5 mm 左右为宜。

(2)强密扣合法

修复有裂纹的高压密封机件应使用强密扣合法。它是在强固扣合法的基础上,再在裂纹或折断面的结合线上拧入涂有胶黏剂的螺钉,形成缀缝栓,达到密封的效果,如图 6.8 所示。

缀缝螺钉的直径一般取 3 mm,螺钉间距尽可能小。螺钉材料与波形键材料相同,也可用低碳钢或纯铜等软质材料。胶黏剂一般为环氧树脂或氧化铜-磷酸无机胶。

(3)优级扣合法

修复承受高载荷的厚壁机件(例如水压机横梁产钢机轧辊支架等),为了保证修复质量,应使用优级扣合法。它是在使用波形键、缀缝栓的基础上,再镶入加强件,使载荷分布到更多面积上,满足机件承受高载荷的要求,如图 6.9 所示。

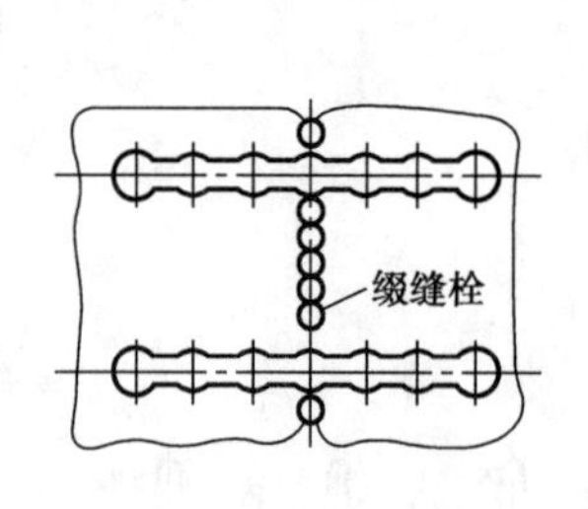

图 6.8　强密扣合

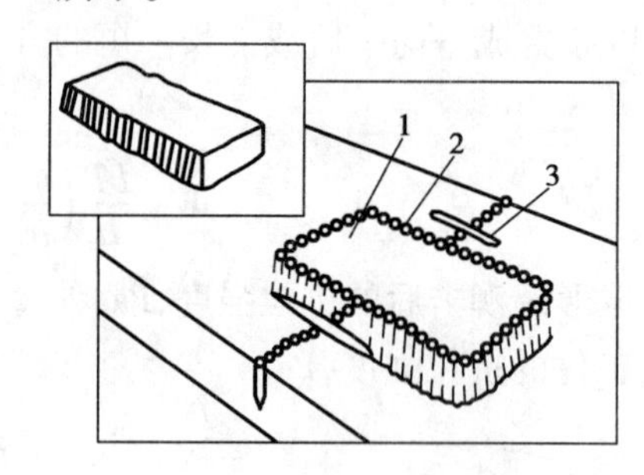

图 6.9　优级扣合法

1—加强件;2—缀缝栓;3—波形键

加强件的镶法是在垂直于裂纹或断裂面的修复区域加工出形状、尺寸和加强件一样的空穴,再将加强件镶入其中,然后在结合处加工缀缝栓。

加强件的形状除了砖形之外,还可以设计成其他形状,如图 6.10 所示。图 6.10(a)为楔形加强件,用于修复钢件,便于拉紧。图 6.10(b)为矩形加强件,用于承受冲击载荷处,靠近裂纹处不加缀缝栓固定,以保持一定的弹性。图 6.10(c)为“X”形加强件,它有利于扣合时拉紧裂纹。图 6.10(d)为“十”字形加强件,用于承受多方向载荷。

(4)热扣合法

修复大型飞轮、齿轮和重型设备机身的裂纹及折断面,可使用热扣合法。它是利用加热的扣合件在冷却过程中产生收缩而将开裂的机件扣紧。根据零件损坏的具体情况,热扣合件可设计成不同的形状,如图 6.11 所示。图 6.11(a)为圆环状热扣合件,适用于轮廓部分有损坏的零件。图 6.11(b)为“工”字形热扣合件,适用于机件壁部的裂纹或断裂。热扣合件加热温度和过盈量由力学计算得到。

由上述可知,金属扣合法的优点是:保证修复的机件具有足够的强度和良好的密封性,可以现场施工;施工中零件不会产生热变形和热应力。其缺点是:波形键与波形槽制造较麻烦,壁厚小于8 mm的薄壁机件不宜采用。

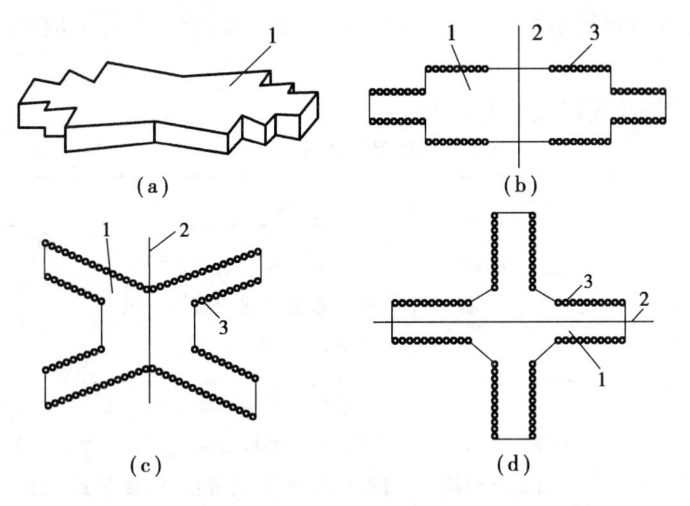

图6.10　加强件

1—加强件;2—裂纹;3—缀缝栓

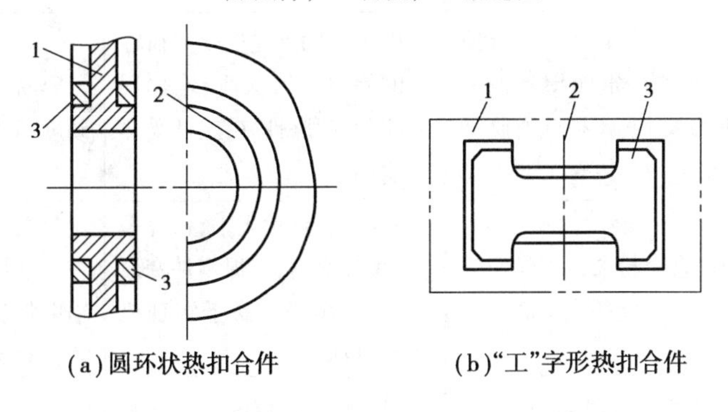

图6.11　热扣合件

1—机件;2—裂纹;3—扣合件

6.4　焊接修复技术

利用焊接方法修复失效零件的技术称为焊接修复技术。用于恢复零件尺寸、形状,并使零件表面获得特殊性能的熔敷金属时,称为堆焊。焊接修复技术应用广泛,可用堆焊修复磨损失效的零件,可以校正零件的变形。它具有焊修质量好、效率高、成本低、简便易行以及便于现场抢修等特点。

由于焊接方法容易产生焊接变形和应力,一般不宜修复较高精度、薄壳和细长类零件。另外,焊接修复技术的应用受到焊接时产生的气孔、夹渣、裂纹等缺陷及零件焊接性能的影响,但随着焊接修复技术的进步,它的缺点大部分可以克服。

6.4.1　堆焊

堆焊的主要目的是在零件表面堆敷金属。堆焊可以修复磨损的零件表面,恢复尺寸、形状要求,还可以改善零件表面的耐磨、耐蚀等性能。堆焊可以修复各种轴类、轧辊类零件以及工具、模具等。堆焊修复技术在农机、工程机械、冶金、石油化工等行业应用广泛。

(1)堆焊方法

常用的堆焊方法及其特点见表6.3。

表6.3　常用堆焊方法及其特点

堆焊方法	材料与设备	特　点	注意事项
电弧堆焊	使用堆焊焊条。设备有焊条电弧焊机、焊钳及辅助工具	用于小型或复杂形状零件的堆焊修复和现场修复。机动灵活,成本低	采用小电流,快速焊,窄缝焊、摆动小,防止产生裂纹。焊前预热,焊后缓冷,防止产生缺陷
埋弧自动堆焊	使用焊丝和焊剂。设备为埋弧堆焊机,具有送丝机构,随焊机拖板沿工作轴向移动	用于具有大平面和简单圆形表面零件的堆焊修复。具有焊缝光洁、接合强度高、修复层性能好、高效、应用广泛等优点	分为单丝、双丝、带极埋弧堆焊。单丝埋弧堆焊质量稳定,生产率不理想。带极埋弧堆焊熔深浅,熔敷率高,堆焊层外形美观
振动电弧堆焊	工件连续旋转。焊丝等速送进,并按一定频率和振幅振动。焊丝与工件间有脉冲电弧放电	用于曲轴承受交变载荷零件的修复。熔深浅、堆焊层薄而匀、耐磨性好,工件受热影响小	容易产生气孔、裂纹、表面硬度不均
等离子弧堆焊	使用合金粉末或焊丝作为填充金属。设备成本高	温度高,热量集中,稀释率低,熔敷率高,堆焊零件变形小,外形美观。易于实现机械和自动化	分为填丝法和粉末法两种。堆焊时噪声大,紫外线辐射强烈并产生臭氧。应注意劳动保护
氧-乙炔焰堆焊	使用焊丝和焊剂,常用合金铸铁及镍基、铜基的实心焊丝。设备有乙炔瓶、氧气瓶、减压器、焊炬和辅助工具等	成本低,操作较复杂,修复批量不大的零件。火焰温度较低,稀释率小,单层堆焊厚度可小于1.0 mm,堆焊层表面光滑	堆焊时可采用熔剂。熔深越浅越好,尽量采用小号焊炬和焊嘴

(2)堆焊合金

为了满足零件性能方面的要求,堆焊修复首先要选用合适的堆焊层合金。目前,堆焊合金品种繁多,选择时可以结合零件的失效形式,选择焊接性能好、成本低的堆焊合金。表6.4列出了我国常用堆焊合金的主要特点及用途,供使用时参考。

表6.4　常用堆焊合金

堆焊合金类型	合金系统	堆焊层硬度/HRC	焊条举例	特点及用途举例
低碳低合金钢	1Mn3Si 2Mn4Si 2Gr15Mo	≥20 ≥30 ≥22	堆107 堆127 堆112	韧性好,有一定耐磨性,易加工、价廉,多用于常温下金属间的磨损件,如火车轮缘、齿轮、轴等

续表

堆焊合金类型	合金系统	堆焊层硬度/HRC	焊条举例	特点及用途举例
中碳低合金钢	3Gr2Mo 4Gr2Mo 4Mn4Si 5Gr3Mo2	≥30 ≥30 ≥40 ≥50	堆 132 堆 172 堆 167 堆 212	抗压强度良好,适于堆焊受中等冲击的磨损件,如齿轮、轴、冷冲模等
高碳低合金钢	7Gr3Mn2Si	≥50	堆 207	耐低应力磨料磨损性能较好,用于推土机刀片、搅拌机轴等
热作模具钢	5GrMnMo 3Gr2W8 5W9Gr5Mo2V	≥45 ≥48 ≥55	堆 397 堆 337 堆 332	热硬性和高温耐磨性较好,主要用于热加工模具
不锈耐蚀钢	1Gr13 2Gr13 3Gr13	≥40 ≥45 40 ~ 49	堆 507 堆 517	耐磨、耐腐蚀和气蚀,主要用于耐磨和耐腐蚀零件的堆焊,如阀座、水轮机叶片耐气蚀层
冷作模具钢	Gr12	≥50	堆 377	主要用于冷冲模等零件的堆焊
奥氏体高锰钢、铬锰钢	Mn13 Mn13Mo2 2Mn12Gr13	≥180(HBW) ≥180(HBW) ≥20	堆 256 堆 266 堆 276	兼有抗强冲击、耐腐蚀、耐高温的特点,可用于道岔、挖掘机斗齿、水轮机叶片等
奥氏体镍铬钢	Gr18Ni8Mn3Mo3 Gr18Ni8Si5 Gr18Ni8Si7	≥170 270 ~ 320 HBW ≥40	堆 547 堆 557	耐腐蚀、抗氧化、热强度等性能良好,用于化工石油部门耐腐蚀、耐热零件,如高、中压阀门的密封面堆焊,也可用于水轮机叶片抗气蚀层、开坯轧辊
高速钢	W18Gr4V	60 ~ 65	堆 307	热硬性和耐磨性很高,主要用于堆焊各种刀具
马氏体合金铸铁	W9B Gr4Mo4 Gr5W13	≥50 ≥55 ≥60	堆 678 堆 608 堆 698	有很好的抗高应力和低应力磨料磨损性能及良好的抗压强度,常用于堆焊混凝土搅拌机、混砂机、犁铧等磨损件
高铬合金铸铁	Gr30Ni7 Gr30 Gr28Ni4Si4 Gr30Co5Si2B	≥40 ≥45 ≥48 ≥58	堆 567 堆 646 堆 667 堆 687	有很高的抗低应力磨料磨损和耐热、耐蚀性能,常用于铲斗齿、泵套、高温锅炉等设备的密封面堆焊
碳化钨合金	W45MnSi4 W60	≥60 ≥60	堆 707 堆 717	抗磨料磨损性能很高,且有一定耐热性,适用于强烈磨料磨损条件下工作的零件,如石油钻井钻头、推土机刀刃、犁铧等
钴基合金	Co 基 Gr30W5 Wo 基 Gr30W8 Co 基 Gr30W12	≥40 ≥44 ≥50	堆 802 堆 812 堆 822	有很高的热硬性、抗磨料磨损、金属间磨损,耐蚀性、抗氧化、抗热疲劳性均好,主要用于高温高压阀门、热剪切刀刃、热锻模等,价格高

(3)堆焊层的切削加工

采用堆焊方法使机械零件修复表面获得耐磨性修补层之后，往往还需要经过切削加工，以达到零件的精度要求。堆焊层切削加工过程中冲击与振动大，刀具容易崩刃和非正常磨损，刀具耐用度低，加工难度大。应合理选择加工方法、刀具材料、刀具几何参数和切削用量。

1)堆焊层的车削

①低合金堆焊层的车削

低合金堆焊层根据焊条含碳量的不同分为中等硬度和高硬度堆焊层。车削硬度为200～350 HBW的中等硬度堆焊层时，以下内容可供参考：

a. 刀具材料。粗车时宜选YG8、YT5、YW1等，精加工宜选YT15。

b. 刀具几何参数。一般取前角$\gamma_0=5°$，后角$\alpha_0=6°\sim8°$主切削刃上磨出负倒棱，负倒棱前角$\gamma_{01}=-5°\sim-10°$，负倒棱宽度$b_{\gamma1}=(0.3\sim0.8)f$($f$为进给量)；主偏角$\kappa_r=60°\sim75°$，副偏角$k'_r=15°\sim30°$；粗加工时，刃倾角$\lambda_s=5°\sim10°$，精加工时，$\lambda_s=0°\sim5°$，刀尖半径$r_\varepsilon=0.5\sim1$ mm。

c. 切削用量。粗车：背吃刀量$a_P=2\sim4$ mm，进给量$f=0.4\sim0.6$ mm/r，切削速度$v=30\sim50$ m/min。半精车：$a_P=1\sim1.5$ mm，$f=0.2\sim0.3$ mm/r，$v=60\sim70$ m/min。精车：$a_P=0.1\sim0.5$ mm，$f=0.08\sim0.15$ mm/r，$v=80\sim120$ m/min。

②高铝合金铸铁堆焊层的车削

此类堆焊层硬度大于40 HRC。切削力和切削热都集中在切削刃附近，容易崩刃。

a. 刀具材料。宜选YH3Y、YG6X、YG10H等。

b. 刀具几何参数。前角$\gamma_0=0°\sim5°$，$\alpha_0=4°\sim6°$，刃倾角$\lambda_s=0°\sim5°$，适当减小主偏角，加大刀尖圆弧半径。

c. 切削用量：$a_p=1.5\sim2$ mm，$f=0.3\sim0.4$ mm/r，$v=14\sim18$ m/min。

2)堆焊层的磨削

①砂轮选择

a. 磨削低合金堆焊层的磨料。棕刚玉(A)、白刚玉(WA)；粒度：粗磨选F36或F46，精磨选F60～F80；硬度：中软1(ZR_1)；中软2(ZR_2)，黏合剂为陶瓷；组织为5～7号。

b. 磨削高铝合金铸铁堆焊层的磨料。黑碳化硅(C)、绿碳化硅(GC)；粒度：F36～F60；硬度：软3(R_3)、中软1(ZR_1)；黏合剂为陶瓷；组织为5～8号。

②切削用量

a. 砂轮速度$v=20\sim30$ m/s，磨内圆时取低值。

b. 工件速度$v=10\sim20$ m/min，精磨时取低值。

c. 轴向进给量$f_a=(0.2\sim0.8)B$(B为砂轮宽度)，表面粗糙度值Ra为0.63～2.5 μm时，$f_a=(0.5\sim0.8)B$；表面粗糙度值Ra为0.32～0.63 μm时，$f_a=(0.2\sim0.5)B$。

d. 径向进给量$f_r=0.005\sim0.015$ mm/双行程。

6.4.2 补焊

(1)钢制零件的补焊

机械零件补焊不仅要考虑材料的焊接性和焊后加工性要求，还要保持零件其他部位的完好,因此,机械零件的补焊比钢结构焊接要难。目前,钢制零件的补焊一般应用电弧焊。

一般低碳钢工件焊接性良好。中、高碳钢工件焊接性差,容易在不同区域产生热裂纹、冷裂纹和氢致裂纹。为了防止中、高碳钢零件补焊过程中产生裂纹,可以采取以下措施:

①零件焊前预热,中碳钢一般为150~250 ℃,高碳钢为250~350 ℃。

②尽可能选用低氢焊条,以增强焊缝的抗裂性。

③采用多层焊,使结晶粒细化,改善性能。

④焊后热处理,以消除残余应力。一般中、高碳钢焊接后应先采取缓冷措施,再进行高温回火,推荐温度为600~650 ℃。

(2)铸铁件的补焊

铸铁零件在机械设备零件中所占比例较大,而且大多是重要的基础件。由于这些零件体积大、结构复杂、制造周期长,所以损坏后常用焊接方法修复。

1)铸铁件的补焊特点

①铸铁的含碳量高,焊接性能差。铸铁焊接时,由于零件吸热冷却速度快,在焊缝处易产生白口组织,其硬度高,难以切削加工,而且易产生裂纹。

②由于铸铁件结构复杂,补焊时会产生较大的焊接应力,容易引起零件变形,薄弱部位产生裂纹。

③铸铁件由于腐蚀、材料组织老化,从而使补焊更加困难。

2)铸铁件的补焊方法

常用铸铁件补焊方法列入表6.5中,可供选用时参考。如灰铸铁件的补焊可选用电弧焊冷焊法,球墨铸铁的补焊可选用气焊热焊法。

表6.5　常用铸铁补焊方法

方　法	分　类	特　点
电弧焊	热焊法	采用铸铁芯焊条,温度控制同气焊热焊法,焊后不易裂,可加工
	半热焊法	采用钢芯石墨型焊条,预热至400 ℃,焊后缓冷,强度与母材近似,但加工性能不稳定
	冷焊法	采用非铸铁组织焊条,焊前不预热,要严格执行冷焊工艺要点,焊后性能因焊条而异
气焊	热焊法	焊前预热至600 ℃左右,在400 ℃以上施焊,焊后在650~700 ℃保温缓冷。采用铸铁填充料,焊件应力小,不易裂,可加工
	冷焊法	焊前不预热,只用焊炬烘烤坡口周围或加热减应区,焊后缓冷,采用铸铁填充料,焊后不易裂,可加工,但减应区选择不当有开裂危险
钎焊		用气焊火焰加热,铜合金作钎料,母材不熔化,焊后不易裂,加工性好,强度因钎料而异

3)铸铁焊条的选择

①铸铁冷焊焊条的选择

铸铁冷焊指焊前工件不预热或预热温度低于200 ℃的焊接。铸铁冷焊时,要选用适宜的焊条,以使修复层得到良好的组织与性能,减轻冷却时的应力危害,有利于焊后加工。常用铸铁焊条的牌号、特点及应用见表6.6。

表6.6　常用铸铁焊条的牌号、特点及应用

牌号	药皮类型	焊接电源	焊缝金属种类	主要特点	主要用途
Z100	氧化型	交直流	碳钢	与基体熔合好，价格低；硬度高，抗裂性差，工艺性差，焊后不能机加工	一般灰铸铁非加工面焊补
Z116 Z117	低氢型 低氢型	交直流 直流	高钒钢 高钒钢	抗裂性能好，焊后可机加工，但加工性不如Z508等	高强度灰铸铁及球墨铸铁件的焊补
Z122Fe	钛钙铁粉型	交直流	碳钢	与基体熔合牢固，但熔合区硬度高；抗裂性、工艺性均好，操作方便，焊缝成型好，不需预热	多用于一般灰铸铁件非加工面焊补
Z208	石墨型	交直流	铸铁	小型、薄型、刚度不大工件，可冷焊，一般件需预热400 ℃并缓冷，可得灰口，能加工，抗裂性差，重要零件不宜采用	一般灰铸铁件焊补
Z238	石墨型	交直流	球墨铸铁	焊前好热500 ℃，保温缓冷有可能机械加工	球墨铸铁焊补
Z248	石墨型	交直流	铸铁	焊缝与基体组织的性能颜色均相同；可不预热，焊后盖以石棉或其他保温材料，可防止开裂及白口	灰铸铁件焊补
Z308	石墨型	交直流	纯镍	不需预热，具有良好的抗裂性能和加工性能，价格昂贵	重要灰铸铁薄壁件和加工面焊补
Z408	石墨型	交直流	镍铁合金	强度高，塑性好，线膨胀系数低；抗裂性好，切削加工性能比Z308、Z508略差，不需预热，也可预热至200 ℃	重要高强度灰铸铁件及球墨铸铁焊补
Z508	石墨型	交直流	镍铜合金	工艺性，切削加工性能都接近Z308，但收缩性较大，因而抗裂性较差；强度较低，可不预热或300 ℃预热	强度要求不高灰铸铁件焊补
Z607	低氧型	直流	铜铁混合（纯铜焊芯）	抗裂性好，加工有一定困难，不宜于多层焊，价格比镍基便宜	一般灰铸铁非加工面焊补
Z612	钛钙型	交直流	铜铁混合	抗裂性好，加工性能一般	一般灰铸铁件非加工面焊补

②铸铁热焊条选择

铸铁热焊可以用电弧焊和气焊。当使用气焊进行铸铁热焊时，如果铸铁中 $w_{si}<2.5\%$，选用 QHT-1 焊条，其他可选用 QHT-2 焊条，其焊条直径按表 6.7 选取。

表 6.7　气焊焊条直径选择

焊件厚度/mm	2～3	3～5	5～10	10～15	>15
焊条直径/mm	2	3～4	3～5	4～6	6～8

铸铁焊剂作为铸铁热气焊的一种助熔剂，在焊接过程中能去除熔池中的氧化物。常用牌号为 CJ201，主要成分有硼砂、碳酸钠、碳酸钾等。

6.5　电镀修复技术

电镀是利用电解的方法，使金属或合金在零件基体表面沉积，形成金属镀层的一种表面加工技术。

常用的电镀修复技术有槽镀和电刷镀。槽镀时金属镀层种类繁多，设备维修中常用的有镀铬、镀铁、镀镍、镀铜及其合金等。

6.5.1　电镀

(1)电镀的基本原理

电镀装置如图 6.12 所示。图中被镀零件为阴极，与直流电源的负极相连，金属阳极与直流电源的正极连接，阳极与阴极均浸入镀液中。

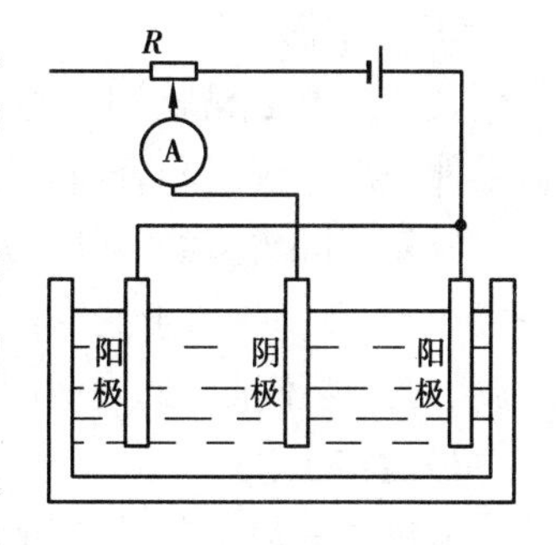

图 6.12　电镀装置示意图

电镀液由主盐、络合剂、附加盐、缓冲剂、阳极活化剂、添加剂等组成。主盐是指镀液中能在阴极上沉积出所要求镀层金属的盐，它的作用是提供金属离子。

当在阴极与阳极间施加一定电压时，阳极发生如下反应：从镀液内部扩散到电极和镀液界面的金属离子 M^{n+} 从阴极上获得 n 个电子，被还原成金属 M，即

$$M^{n+}+ne\rightarrow M$$

另一方面，在阳极界面上发生金属 M 的溶解，释放 n 个电子生成金属离子 M^{n+}，即

$$M-ne\rightarrow M^{n+}$$

上述电极反应是电镀反应中最基本的反应。由于电子直接参加化学反应，称为电化学反应。

电镀过程是镀液中金属离子在外电场的作用下，经电极反应还原成金属离子并在阴极上进行金属沉积的过程。

(2)镀铬

镀铬层的性能和应用主要体现在：

1)镀铬层的性能

镀铬层具有以下特性:

①硬度高、耐磨性好

镀铬层可获得的硬度为400~1 200 HV,温度在300 ℃以下硬度无明显下降。滑动摩擦系数小,约为钢和铸铁的40%。抗黏着性好,耐磨性比无镀铬层提高2~50倍。

②与基体结合强度高

镀铬层与钢、镍、铜等基体金属有较高的结合强度。镀铬层与基体金属表面的结合强度高于自身晶间结合强度。

③耐热、耐腐蚀,化学稳定性好

由于铬的熔点远高于铁的熔点,所以铁质材料的金属零件表面的镀铬层耐热性得以提高;又因为铬的化学性能比较稳定,镀铬层不易氧化而且耐腐蚀。

2)镀铬层的应用

按用途不同,镀铬层可分为硬铬层、多孔铬层、乳白铬层、黑铬层和装饰铬层等。用于零件修复的镀铬层主要是硬铬层和多孔铬层。

①硬铬层

硬铬层具有很高的硬度和耐磨性,常用于模具、量具、刀具刃口等耐磨零件,也用于修复磨损件。

②多孔铬层

多孔铬层表面有无数网状沟纹和点状孔隙,能吸附一定量的润滑油,具有良好的润滑性,用于主轴、撑杆、活塞环、汽缸套等摩擦件的镀覆。

③乳白铬层

硬度稍低,结晶细小,网纹较少,韧性较好,呈乳白色,主要用于各种量具,适用受冲击载荷零件的尺寸修复和表面装饰。

修复不同类型的零件,镀铬层的厚度也不相同。用于模具、切削刀具刃口的镀铬层,厚度一般小于12 μm;用于液压缸中的柱塞、内燃机汽缸套的镀铬层,厚度一般为12~50 μm;用于防腐、耐磨但不重要的表面的镀铬层厚度,一般可在50 μm以上。

3)镀铬工艺

镀铬的一般工艺过程如下:

①镀前表面处理

A.镀前加工

去除零件表面缺陷及锐边尖角,恢复零件正确的几何形状并达到表面粗糙度要求(一般取 $Ra \leqslant 1.6$ μm)。如机床主轴,镀前一般要求加以磨削,但磨削量应尽量小。

B.绝缘处理

不需要镀覆的表面要作绝缘处理,通常先刷绝缘性清漆,再包扎乙烯塑胶带,工件的孔要用铅堵牢。

C.镀前清洗

镀前应该用有机溶剂、碱溶液等将零件表面清洗干净,然后用弱酸腐蚀,一般使用10%~15%的硫酸溶液腐蚀0.5~1 min,以清除零件表面的氧化膜,使表面显露出金属的结晶组织,增强镀层与基体金属的结合强度。

②电镀

将工件上挂具吊入镀槽,以工件作为阴极,铅或铅锑合金为阳极进行电镀。根据镀铬层种类和要求选定电镀规范,按时间控制镀层厚度。

修复磨损零件经常使用的镀液成分为铬酐(CrO_3)150～250 g/L,硫酸1～2.5 g/L,3价铬2～5 g/L,工作温度为55～60 ℃,电流密度为15～50 A/dm^2。

③镀后检查和处理

A.镀后检查镀层质量

观察镀层表面色泽以及是否镀满,测量镀后尺寸、镀层厚度及均匀性。若镀层厚度不够,可重新补镀;若镀层有起泡、剥落等缺陷,需退镀后重新电镀。

B.热处理

对镀层厚度超过0.1 mm的较重要零件,应进行热处理,以消除氢脆,提高镀层韧性和结合强度。热处理一般在热的油和空气中进行,温度为150～250 ℃,时间为1～5 h。

C.磨削加工

根据零件技术要求,进行磨削加工。镀层薄时,可直接镀到尺寸要求。

(3)镀铁

镀铁层的成分是纯铁,它具有优良的耐磨性和耐蚀性,适于对磨损零件作尺寸补偿。修复性镀铁采用不对称交流-直流低温镀铁工艺。

不对称交流-直流低温镀铁工艺是在较低温度下以不对称交流电起镀,逐渐过渡到直流镀。不对称交流是指将对称交流电通过一定手段使两个半波不相等。通电后较大的半波使工件呈阴极极性,镀上一层金属,较小的另一半波使工件呈阳极极性,只将一部分镀层电解掉。若为两个相等的半波,镀层甚至基体金属将被电解掉。

1)低温镀铁的特点

①能在常用金属材料(如碳钢、低合金钢、铸铁等)表面上得到力学性能良好的镀层。镀层与基体结合强度可达到200 MPa以上,硬度为45～60 HRC,并且具有较高的耐磨性。

②沉积效率高,一次镀厚能力强。每小时可使工件直径加大0.40～0.90 mm,一次镀厚可达2 mm。

③成本低,污染小。

2)低温镀铁的应用

由于镀铁层的细晶粒结构和表面呈网状,而使其硬度高、储油性能好,具有优良的耐磨性,可用于修复有润滑的一般机械磨损条件下工作的间隙配合副的磨损表面。由于镀铁层的结合强度高、硬度高,因而能够满足一般部位工件的使用要求,可用于修复过盈配合副的磨损表面和用于补偿零件加工尺寸的超差。另外,当零件的磨损量较大又需要耐腐蚀时,可用镀铁层做底层或中间层,补偿磨损的尺寸,然后再镀防腐蚀性能好的镀层。但镀铁层的热稳定性较差,当镀铁层被加热到600 ℃,冷却之后硬度会下降。镀铁不宜用于修复在高温、腐蚀环境、承受较大冲击载荷、干摩擦或磨料磨损条件下工作的零件。

(4)镀镍、镀银、电镀合金

镍具有很高的化学稳定性,在常温下能防止水、大气、碱的侵蚀。镀镍的主要目的是防腐和装饰。镀镍层的一些力学性能和耐氯化物腐蚀性能优于镀铬层,应用更为广泛。例如:造纸、皮革、玻璃等制造业用轧辊表面镀镍,可耐腐蚀、抗氧化;滑动摩擦副表面镀镍,可防擦伤。镀镍层根据用途可分为暗镍、光亮镍、高应力镍、黑镍等。镀镍层的硬度因工艺不同可为150~500 HV,暗镍硬度为200 HV左右,而光亮镍硬度可接近500 HV。在机械维修中,光亮镍可用于修复磨损、腐蚀的零件表面。

镀光亮镍时,电镀液主要分为硫酸300~350 g/L、氯化镍40~50 g/L、硼酸40~50 g/L、十二烷基硫酸钠0.1~0.2 g/L,为提高硬度可添加适量的含硫有机化合物。温度为50~55 ℃,pH=3.8~4.4,电流密度为2~10 A/dm^2,阳极为电解镍或铸铁镍。

(5)镀铜

镀铜层较软,延展性、导电性和导热性好,常用于镀铬层和镀镍层的底层、减磨层以及热处理时的屏蔽层等。

(6)电镀合金

电镀时,在阴极上同时沉积出两种或两种以上金属,形成结构和性能符合要求的镀层的工艺过程,称为电镀合金。电镀合金可获得许多单金属镀层所不具备的优异性能。在待修零件表面可电镀锡-锡合金(青铜)、铜-锌合金(黄铜)、铅-锌合金等,作为修补层和耐磨层使用。

6.5.2 电刷镀技术

电刷镀是在工件表面快速沉积金属的技术,其本质是电镀。电刷镀时,依靠一个与阳极接触的垫或刷提供所需要的电解液,垫或刷在工件(阴极)上移动而得到所需要的镀层。

电刷镀主要用于修复磨损零件表面和局部损伤,而且能够改善零件表面的耐磨、耐蚀和导电等性能,还可完成槽镀难以完成的项目等。

电刷镀的结合强度高,镀层厚度可以控制,设备和工艺简单,可现场修复,能够满足多种维修性能的要求。电刷镀技术发展迅速,已得到广泛应用。

(1)电刷镀工作原理

电刷镀工作原理如图6.13所示。镀笔与电源的正极连接,作为电刷镀的阳极,将处理好的工件与电刷镀的负极连接,作为电刷镀的阴极。镀笔以一定的相对速度在工件表面上移动,并保持一定的压力。在镀笔与工件接触部位,镀液中的金属离子在电场力的作用下向工件表面迁移,从工件表面获得电子被还原成金属原子,这些金属原子沉积结晶形成镀层。随着刷镀时间的延长,镀层逐渐增厚,直至达到所需厚度。

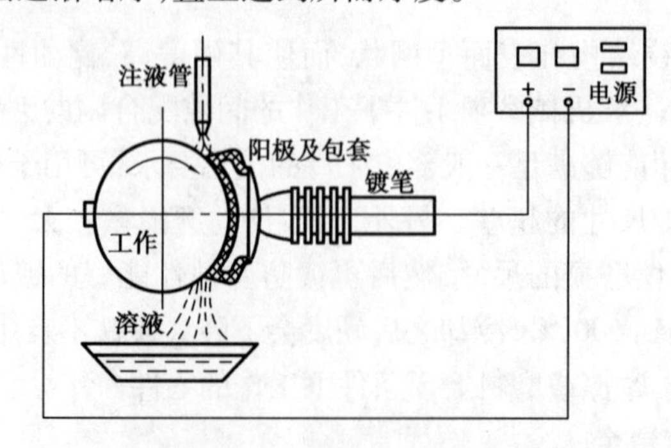

图6.13 电刷镀工作原理示意图

(2)电刷镀设备

电刷镀设备包括电刷镀电源、镀笔及辅助工具。

1)电刷镀电源

电刷镀电源由整流电路、安培小时计或镀层厚度计正、负极转换装置、过载保护电路及各种开关仪表等组成。

①整流电路

整流电路供给无级调节的直流电压和电流,一般输出电压范围为 0 ~ 30 V,电流范围为 0 ~ 150 A。经常将电流和电压分为以下几个等级配套使用:15 A、20 V,30 A、30 V或 60 A、35 V和 100 A、40 V 等。

②安培小时计

安培小时计的作用是通过直接计量电刷镀时所耗的电量来间接指示已镀镀层的厚度。

③正、负极转换装置

正、负极转换装置用来完成任意选择正极或负极的操作,以满足电镀过程中不同工序的要求。

④过载保护电路

过载保护电路的作用是在电流过载或发生短路时快速切断电流,保护电源、设备和工件。

2)镀笔

镀笔主要由阳极、散热手柄体、绝缘手柄组成,如图 6.14 所示。

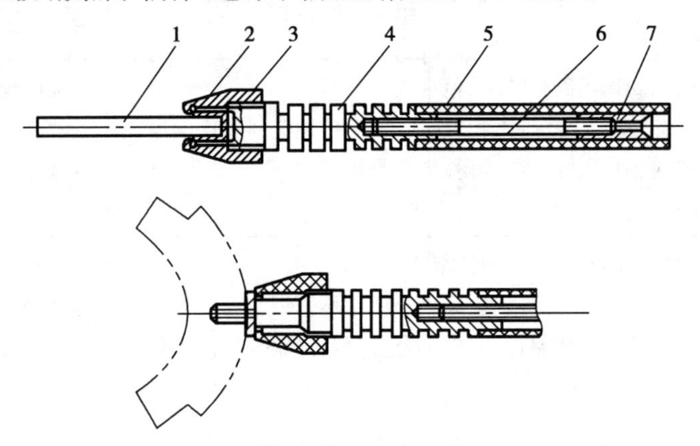

图 6.14　镀笔结构图

1—阳极;2—O 形密封圈;3—螺母;4—散热手柄体;
5—绝缘手柄;6—导电杆;7—电缆线插座

①阳极

镀笔的阳极材料选用高纯度细结构石墨或铂-铱合金。依据被镀零件的形状,将阳极制成圆柱形、平板形、瓦片形等不同形状。阳极用棉花和针织套包裹,用来储存镀液,防止阳极与工件直接接触,过滤石墨粒子。

②散热手柄体

散热手柄体一般选用不锈钢制作,尺寸较大的也可选用铝合金制作。散热手柄体一端与阳极连接,另一端与导电杆连接。

③绝缘手柄

镀笔上的绝缘手柄常用塑料或胶木制作,套在用纯铜制作的导电杆外面,使导电杆一头与电源电缆接头连接。

3)辅助工具

辅助工具包括能够装填工件并按一定转速旋转的机器和供液、集液装置。可以用卧式车床带动工件旋转,使用镀液循环泵连续供给镀液,用容器收集流淌下来的溶液供循环使用。

(3)电刷镀溶液

电刷镀溶液是电刷镀技术的关键。电刷镀溶液按不同用途分为镀前表面处理溶液、镀液、钝化液和退镀液。

1)镀前表面处理溶液

镀前表面处理溶液的作用是除去镀件表面油脂和氧化膜,以便获得结合牢固的刷镀层。镀前表面处理溶液有电净液和活化液,表6.8列出了它们的基本性能、主要用途和工艺要求,供选用时参考。

表6.8 镀前表面处理溶液的基本性能、主要用途和工艺要求

名称	基本性能	主要用途	工艺要求
0号电净液	碱性,pH=12~13,无色透明,有强的去油污和轻度去锈能力,腐蚀性小,可长期存放	用于各种金属表面的电化学脱脂,特别适用于铸铁等组织疏松材料	工作电压8~15 V,相对运动速度4~8 m/min,零件接电源负极,时间尽量短,电净后用水洗净
1号电净液	碱性,pH=12~13,无色透明,有较强的去油污和轻度去锈能力,腐蚀性小,可长期存放	用于各种金属表面的电化学脱脂	工作电压8~15 V,相对运动速度4~8 m/min,零件接电源负极,时间尽量短,电净后用水洗净
1号活化液	酸性,pH=0.8~1.0,无色透明,有去除金属氧化膜作用,对基体金属腐蚀小,作用温和	用于不锈钢、高碳钢、铬镍合金以及铸铁等的活性处理	工作电压8~15 V,相对运动速度6~10 m/min,钢铁件用反接,镍铬不锈钢用正接
2号活化液	酸性,pH=0.6~0.8,无色透明,有良好的导电性,去除金属氧化物和铁锈能力较强	用于中碳钢、中碳合金钢、高碳合金钢、铝及铝合金、灰铸铁以及不锈钢等的活化处理	工作电压6~14 V,相对运动速度6~10 m/min,零件接阳极,活化后用水洗净
3号活化液	酸性,pH=4.5~5.5,浅绿色透明,导电性较差,腐蚀性小,对用其他活化液活化后残留的石墨或碳墨具有较强的去除能力	用于去除1号或2号活化液活化的碳钢、铸铁等表面残留的石墨(或碳墨)或不锈钢表面的污物	工作电压10~25 V,相对运动速度6~8 m/min,零件接阳极

续表

名称	基本性能	主要用途	工艺要求
4号活化液	酸性,pH = 0.2,无色透明,去除金属表面氧化物能力强	用于经其他活化液活化后仍难以镀上镀层的基体金属材料的活化,并可用于去除金属毛刺或剥蚀镀层	工作电压10 ~ 15 V,相对运动速度6 ~ 10 m/min,零件接阳极

2)镀液

电刷镀时使用的金属镀液很多,根据化学成分可分为单金属镀液、合金镀液和复合金属镀液。电刷镀溶液在工作过程中性能稳定,中途不需调整成分,可以循环使用,无毒、不燃、腐蚀性小。表6.9列出了机械维修中常用的刷镀液的主要特点、主要用途及工艺参数,供使用时参考。

表6.9 常用刷镀溶液的主要特点、主要用途及工艺参数

刷镀液名称	主要特点	主要用途	工艺参数		
			工作电压/V	镀笔对工件的相对运动速度/($m \cdot min^{-1}$)	耗电系数/($A \cdot h \cdot dm^{-2} \cdot \mu m^{-1}$)
特殊镍	深绿色,pH < 2.0(26 ℃),与大多数金属结合良好,镀层致密,耐磨性好	适用于钢、不锈钢、铬、铜、铝等零件的过渡层,也可做耐磨表面层	10 ~ 18	5 ~ 10	0.744
快速镍	蓝绿色,pH = 7.5,沉积速度快,镀层有一定孔隙,耐磨性良好	用于零件表面工作层,适于作铸铁件镀底层	8 ~ 14	6 ~ 12	0.104
低应力镍	深绿色,pH = 3 ~ 4,预热到50 ℃刷镀,镀层致密,应力低	专用做组合镀层的夹心层,改善应力状态,不宜作耐磨层使用	10 ~ 16	6 ~ 10	0.214
镍-钨	深绿色,pH = 2 ~ 3,镀层较致密,平均硬度高,耐磨性好,有一定耐热性	用于耐磨工作层,但不能沉积过厚,一般限制在0.03 ~ 0.07 mm	10 ~ 15	4 ~ 12	0.214
铁合金(Ⅱ)	pH = 3.4 ~ 3.6,硬度高,耐磨性高于淬火45钢,与金属基体结合良好,成本低廉	主要用于修复零件表面尺寸,强化表面,提高耐磨性	5 ~ 15	25 ~ 30	0.09
碱性铜	紫色,pH = 9 ~ 10,沉积速度快,腐蚀小,镀层致密,在铝、钢、铁等金属上具有良好的结合强度	用于快速恢复尺寸,填充沟槽,特别适用于铝、铸铁,锌等难镀件上刷镀	8 ~ 14	6 ~ 12	0.079

3)钝化液和退镀液

①钝化液

主要用于刷镀铝、锌、铬层后的钝化处理,生成能提高表面耐蚀性的钝态氧化膜。有铬酸钝化液、硫酸盐及磷酸盐钝化液等。

②退镀液

主要用于退出镀件不合格镀层或损坏的镀层。退镀液品种较多。使用退镀液时,应注意对基体的腐蚀问题。

(4)电刷镀工艺

电刷镀工艺过程包括镀前处理、镀件刷镀和镀后处理。

1)镀前表面处理

镀件在刷镀之前应进行表面处理,包括表面修整、表面电净处理和活化处理。

①表面修整

表面修整是使用机械加工的方法去除工件表面的毛刺、疲劳层、磨损层,使表面光洁平整,并修正几何形状,表面粗糙度 Ra 值一般不高于 1.6 μm。当镀件表面有油污时,应使用清洗剂清洗。镀件表面有锈蚀物时,应使用机械方法清除。

②表面电净处理

表面电净处理是在表面修整基础上,用镀笔蘸电净液,通电后使电净液成分离解,形成气泡,撕碎工件表面油膜,去除表面油脂。电净时,镀件一般接电源负极,但对于某些容易渗氢的钢件,则应接电源正极。

电净时工作电压和时间应根据镀件材质和表面形状而定。电净之后用清水冲洗干净,表面应无油迹和污物。

③表面活化处理

表面活化处理是使用活化液通过腐蚀作用去除工件表面氧化膜,以便提高镀层结合力。

活化时,镀件接电源正极,用镀笔蘸活化液反复在刷镀表面刷抹。低碳钢活化后,表面呈均匀银灰色,无花斑。中碳钢和高碳钢用 2 号活化液活化至表面出现黑色,再用 3 号活化液活化至表面呈银灰色。活化后,工件表面用清水彻底冲净。

2)镀件刷镀

镀件刷镀应当先刷镀过渡层,再刷镀工作层。

①刷镀过渡层

刷镀过渡层的作用是改善基体金属的可镀性和提高工作镀层的稳定性。

常用的过渡层镀液有特殊镍溶液和碱铜溶液。特殊镍溶液(SDY101)用于一般金属,特别是钢、不锈钢、铬、铜和镍等材料上做底层,一般刷镀为 2 μm。碱铜溶液间(SDY403)常用在铸钢、铸铁。锡和铝等材料上做底层,碱铜过渡层厚度限于 0.01 ~0.05 mm。

刷镀过渡层应按规范操作,镀好后用清水冲净。

②刷镀工作层

根据镀件选用工作镀液,按工艺规范刷镀到所需厚度。刷镀同一种镀层一次连续刷镀厚度不能过大,因为随着镀层厚度的增加,镀层内残余应力随之增大,可能使镀层产生裂纹或剥离。单一刷镀层一次连续刷镀的安全厚度列于表 6.10 中,供刷镀时参考。

表6.10　单一刷镀层一次连续刷镀的安全厚度

刷镀液种类	镀层单边厚度/mm	刷镀液种类	镀层单边厚度/mm
特殊镍	过渡层0.001～0.002	铁合金	0.2
快速镍	0.2	铁	0.4
低应力镍	0.13	铬	0.025
半光亮镍	0.13	碱铜	0.13
镍-钨合金	0.013	高速镀铜	0.13
镍-钨合金	0.13	锌	0.13
镍-钴合金	0.05	低氢脆镉	
钴-钨合金	0.005		

当需要刷镀较厚的镀层时，可采用多种性能的镀层，交替刷镀来增加镀层厚度，这种镀层称为组合镀层。但组合镀层的最外一层，必须是所选的工作镀层。

3）镀后处理

镀件刷镀完成后，应进行镀后处理，清洗干净残留镀液并干燥，检查镀层色泽有无起皮、脱层等缺陷，测量镀层厚度。若镀件不再机械加工，应涂油防锈。

6.6　黏结与黏涂修复技术

6.6.1　黏结修复技术

采用胶黏剂进行连接达到修复目的的技术称为黏结修复技术。黏结技术可以将各种金属和非金属零件牢固地连接起来，达到较高的强度要求，可以部分代替焊接、铆接、过盈连接和螺栓连接。黏结技术操作简单、成本低廉，黏结层密封防腐性能好，耐疲劳强度高，因而得到广泛应用；但是，黏结技术由于胶黏剂不耐高温，黏结层耐老化性、耐冲击性、抗剥离性差等原因，因此限制了它的应用。

（1）黏结基本原理

胶黏剂将两个相同或不同的材料牢固地黏结在一起，主要是通过黏结力的作用。解释黏结力产生的有机械、吸附、扩散、化学键以及静电五种理论。

机械理论认为，被黏物表面都有一定的微观不平度，胶黏剂渗透到这些凹凸不平的沟痕和孔隙中，固化后便形成无数微小的“销钉”，在界面区产生了啮合力。

吸附理论认为，黏结是在表面上产生类似吸附现象的过程，胶黏剂中的有机大分子逐渐向被黏物表面迁移，当距离小于0.5 μm时，能够相互吸引，产生分子间作用力。

分子间作用力是黏结力的主要来源，它普遍存在于黏结体系中。

(2)胶黏剂的种类及选择

1)胶黏剂的种类

①按胶黏剂的基本成分、性质分类

按胶黏剂的基本成分和性质分类,见表6.11。

表6.11 胶黏剂的分类

有机											无机			
合成							天然							
树脂型		橡胶型		混合型										
热固性	热塑性	单一橡胶	树脂改性	橡胶与橡胶	树脂与橡胶	热固性树脂与热塑性树脂	动物	植物	矿物	天然橡胶	磷酸盐	硅酸盐	硫酸盐	硼酸盐

②按胶黏剂的用途分类

按胶黏剂用途不同可分为结构胶、通用胶、特种胶三大类。结构胶黏结强度高,耐久性好,用于承受应力大的部位;通用胶用于受力小的部位;特种胶主要满足耐高温、耐超低温、耐磨、耐蚀、导电、导热、导磁以及密封等特殊的要求。

③按固化过程的变化分类

按固化过程的变化不同可分为反应型、溶剂型、热熔型和压敏型等胶黏剂。

2)胶黏剂的选择

选择胶黏剂时要明确黏结的目的,了解被黏物的特性,熟悉胶黏剂的性质及其使用条件,还需考虑工艺和成本。

表6.12列出了机械设备修理中常用胶黏剂的主要成分、主要性能和用途。表6.13列出了黏结各种材料时可选用的胶黏剂,以供参考。

表6.12 机械设备修理中常用胶黏剂

类别	牌号	主要成分	主要性能	用途
通用胶	HY-914	环氧树脂,703固化剂	双组分,室温快速固化,室温抗剪强度为22.5~24.5 MPa	60 ℃以下金属和非金属材料粘补
	农机2号	环氧树脂,二乙烯三胺	双组分,室温固化,室温抗剪强度为17.4~18.7 MPa	120 ℃以下各种材料
	KH-520	环氧树脂,703固化剂	双组分,室温固化,室温抗剪强度为24.7~29.4 MPa	60 ℃以下各种材料
	JW-1	环氧树脂、聚酰胺	三组分,60 ℃、2 h固化,室温抗剪强度为22.6 MPa	60 ℃以下各种材料
	502	α-氰基丙烯酸乙酯	单组分,室温快速固化,室温抗剪强度为9.8 MPa	70 ℃以下受力不大的各种材料

续表

类别	牌　号	主要成分	主要性能	用　途
结构胶	J-19C	环氧树脂、双氰胺	单组分,高温加压固化,室温抗剪强度为52.9 MPa	120 ℃以下受力大的部位
	J-04	钡酚醛树脂丁腈橡胶	单组分,高温加压固化,室温抗剪强度为21.5～25.4 MPa	250 ℃以下受力大的部分
	204(JF-1)	酚醛-缩醛有机硅酸	单组分,高温加压固化,室温抗剪强度为22.3 MPa	200 ℃以下受力大的部分
密封胶	Y-150 厌氧胶	甲基丙烯酸	单分组,隔绝空气后固化,室温抗剪强度为10.48 MPa	100 ℃以下螺纹堵头和平面配合处紧固密封堵漏
	7302液体密封胶	聚酯树脂	半干性,密封耐压为3.92 MPa	200 ℃以下各种机械设备平面法兰螺纹连接部位的密封

表6.13　可选用的胶黏剂

胶黏剂代号 / 材料名称（上）/ 材料名称（左）	软质材料	木　材	热固性塑料	热塑性塑料	橡胶制品	玻璃陶瓷	金　属
金属	3,6,8,10	1,2,5	2,4,5,7	5,6,7,8	3,6,8,10	2,5,6,7	2,4,6,7
玻璃、陶瓷	2,3,6,8	1,2,5	2,4,5,7	2,5,7,8	3,6,8	2,4,5,7	
橡胶制品	3,8	2,5,8	2,4,6,8	5,7,8	3,8		
热塑性塑料	3,8,9	1,5	5,7,9	5			
热固性塑料	2,3,6,8	1,2,5	2,4,5				
木材	1,2,5	1,2,5					
软质材料	3,8,9,10						

注:表中1—酚醛树脂胶黏剂;2—酚醛-缩醛树脂胶黏剂;3—酚醛-氯丁树脂胶黏剂;4—酚醛-丁腈树脂胶黏剂;5—环氧树脂胶黏剂;6—环氧-丁腈树脂胶黏剂;7—聚丙烯酸酯胶黏剂;8—聚氨酯胶黏剂;9—热熔性树脂溶液胶黏剂;10—热熔胶黏剂

3)黏结工艺

①黏结接头的形式

黏结接头的形式是保证黏结承载能力的主要环节之一,应尽可能使黏结接头承受剪切力,避免剥离和不均匀扯离力,增大黏结面积,提高接头承载能力。黏结接头的形式如图6.15所示。

②被黏物表面处理

表面处理的目的是获得清洁、粗糙的活性表面,以获得牢固的黏结接头。表面清洁可以

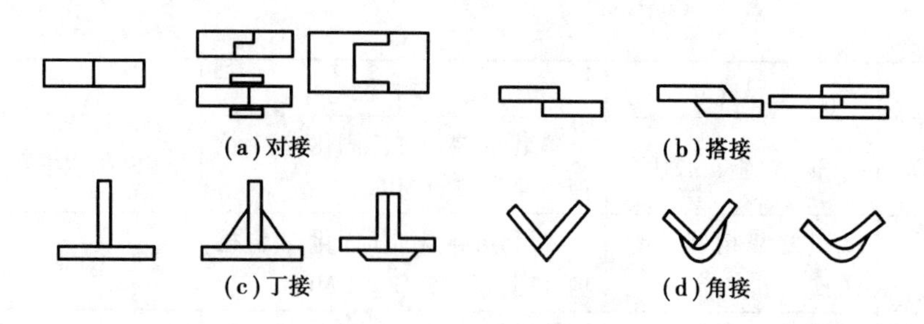

图 6.15　黏结接头的形状

用丙酮、汽油、三氯乙烯等有机溶剂擦拭,或用碱液处理脱脂去油。用锉削、打磨、粗车、喷砂等方法除锈及氧化膜,并粗化表面,金属件的表面粗糙度以 *Ra* 值为12.5 μm为宜。经机械处理后,再将表面清洗干净,干燥后待用。必要时,还可采用酸洗、阳极处理等方法。

③配胶

多组分的胶配制时,要按规定的配比和调制程序现用现配,搅拌均匀,避免混入空气。不需配制的成品胶使用时摇匀或搅匀。

④涂胶

对于液态胶可采用刷涂、刮涂、喷涂和用滚筒布胶等方法。一般胶层厚度控制在 0.05 ~ 0.2 mm 为宜,涂胶应均匀,无气孔。

⑤晾置

含有溶剂的黏结剂,涂胶后应该晾置一定时间,以使胶层中的溶剂充分挥发,增加黏度,促进固化。对于无溶剂的环氧胶黏剂,一般不需要晾置。

⑥黏合

将涂胶后或适当晾置的已粘表面叠合在一起的过程称为黏合。黏合后要适当按压、锤压或滚压,将空气挤出,使胶层密实。黏合后以挤出微小胶圈为宜,表示不缺胶。

⑦固化

胶黏剂在一定的温度、时间、压力的条件下,通过溶剂挥发、熔体冷却导液凝聚的作用,变为具有一定强度的固体的过程称为固化。胶黏剂的品种不同,固化的温度也不相同。加温固化的方式有电热鼓风干燥箱加热法、蒸汽干燥室加热法、电吹风加热法、红外线加热法、高频电加热法以及电子束加热法等。固化时升温和降温应该缓慢。温度升到黏结剂的流动温度时,要保温一段时间,然后再继续升温到所需温度。固化时,应按胶黏剂品种规定的固化温度、时间、压力的标准进行操作。

⑧检验

黏结之后,应对黏结质量认真检查。简单的检验方法有观察外观、敲击听声音、水压或油压试验法等。先进的技术方法有超声波法、射线法、声阻法、激光法等。

⑨黏结后加工

检验后的黏结件需要将黏结表面多余胶剂刮去,并修整光滑,也可用机械加工方法达到修复要求。

黏结可代替焊接、铆接,将形状简单的零件黏结成形状复杂的零件。利用黏结技术可在机床导轨上镶嵌黏结塑料或其他材料的导轨板,不仅降低摩擦系数,减少磨损,而且对导轨有良好的保护作用。黏结修复技术在机械设备维修中的使用日益广泛。

6.6.2　表面黏涂技术

表面黏涂修复技术是黏结技术的一个最新发展分支,黏结主要通过胶黏剂实现零件的连接,表面黏涂则是指在零件表面涂敷特种复合胶黏剂,在零件表面形成某种特殊功能涂层的一种表面强化和表面修复的技术。特殊功能指耐磨、耐腐蚀、绝缘、导电、保温、防辐射等某个方面的要求。

(1)黏涂层

1)黏涂层的组成

黏涂层由基料、固化剂、特殊填料和辅助材料组成。

①基料

基料的作用是将涂层中的各种材料包容并牢固地黏着在基体表面形成涂层。其种类有热固性树脂类、合成橡胶类。

②固化剂

固化剂的作用是与基料产生化学反应,形成网状立体聚合物,把填料包络在网状体中,形成三向交联结构。

③特殊填料

特殊填料在涂层中起着耐磨、耐腐蚀、绝缘、导电等作用。其种类有金属粉末、氧化物、碳化物、氮化物、石墨、二硫化铝和聚四氟乙烯等,可根据涂层的功能要求选择不同的填料。

④辅助材料

辅助材料的作用是改善黏涂层性能(如韧性、抗老化性等),它包括增韧剂、增塑剂、同化促进剂、消泡剂、抗老剂和偶联剂等。

按照使用要求,根据以上组成材料的作用,经过试验,选择合适成分,配制成适用的黏涂层。

2)黏涂层的分类

①按基料可分为无机涂层和有机涂层,其中有机涂层又可分为树脂型、橡胶型和复合型。

②按填料可分为金属修补层、陶瓷修补层和陶瓷金属修补层。

③按用途可分为填补涂层、密封堵漏涂层、耐磨涂层、耐腐蚀涂层、导电涂层以及耐高(低)温涂层等。

3)黏涂层的性能

使用黏涂技术修复机械零件一般要求黏涂层与基体的抗剪强度在100 MPa以上,抗拉强度在30 MPa以上,抗压强度在80 MPa以上。黏涂层的主要性能有黏着强度、抗压强度、冲击强度、硬度、摩擦性、耐磨性、耐化学腐蚀性、耐热性和绝缘或导电性等。

(2)表面黏涂修复技术的应用

表面黏涂修复技术近年来发展迅速,广泛应用于零件的耐磨损、耐腐蚀修复,应用于修补零件裂纹、铸件缺陷以及密封、堵漏。尤其适用于无法焊接的零件和薄壁件的修复,以及对燃气罐、储油箱、井下设备等特殊工况和特殊部位的修复。

表面黏涂与其他修复技术配合使用,取长补短,可获得理想的修复效果。例如,大型油缸缸套或活塞上深度研伤、拉伤,可先用TG205耐磨修补剂填补,再用TG918导电修补剂黏涂,最后用电刷镀在导电修补剂上刷镀金属层,可满足修复要求。

黏涂层材料一般是糊状物质,使用时应按规定配方比例制取,混合均匀,涂敷在处理后的基体表面上。

黏涂层涂敷工艺一般可归纳为五个步骤:表面处理、配胶、涂敷、固化和修整多加工。

6.7 热喷涂和喷焊技术

用高温热源将喷涂材料加热至熔化状态,通过高速气流使其雾化并喷射到经过处理的零件表面,形成一层覆盖层的过程,称为热喷涂。将喷涂层继续加热,使之达到熔融状态而与基体形成冶金结合,获得牢固的工作层,称为喷焊。

6.7.1 热喷涂技术

(1)概述

1)热喷涂原理

喷涂装置将粉末状的喷涂材料高温熔化并由高速气流雾化。圆形雾化颗粒被加速喷射到工件基体表面,由于受阻变形为扁平形状。先喷射到的颗粒与工件表面粗糙的凹凸处产生机械咬合,随后喷射到的颗粒与先到的颗粒互相咬合。大量颗粒互相挤嵌堆积,形成了喷涂层。

2)热喷涂特点

①用途广泛

热喷涂可以用于修复磨损的零件,如各种轴类零件的轴颈、机床上的导轨和床鞍;可用于修复铸件缺陷,如喷涂大型铸件加工中发现的砂眼、孔穴等;可以使用各种金属、非金属喷涂材料提高零件表面性能,如耐磨性、耐蚀性。

②工件受热影响小

由于雾化颗粒喷涂到工件表面结层的时间短,又可采取分层、间断的喷涂方法,所以,工件受热温度低,工件热变形小。

③工艺简便灵活

喷涂设备比较简单,移动方便,可现场作业。施工范围广,喷涂层厚度可以从 0.05 mm 到几毫米。

热喷涂的缺点是:喷涂层与工件基体表面的结合强度低,一般为 40 ~ 90 MPa,不能承受交变载荷和冲击载荷。喷涂层为多孔组织,容易存油,有利于润滑,但不利于防腐蚀。

3)热喷涂分类

按照热源的不同,热喷涂技术分为氧-乙炔火焰喷涂、电弧喷涂、等离子喷涂等。

(2)氧-乙炔火焰喷涂技术

1)基本原理与应用

氧-乙炔火焰喷涂技术是以氧-乙炔火焰为热源,以金属合金粉末为涂层材料。其工作原理如图 6.16 所示,粉末材料由高速气流带入喷嘴出口的火焰区,加热到熔融状态后再喷射到制备好的工件表面,沉积形成喷涂层。

氧-乙炔火焰喷涂设备主要包括喷枪、氧气和乙炔储存器(或发生器)、喷砂设备、电火花拉毛机、表面粗化用具及测量工具等。

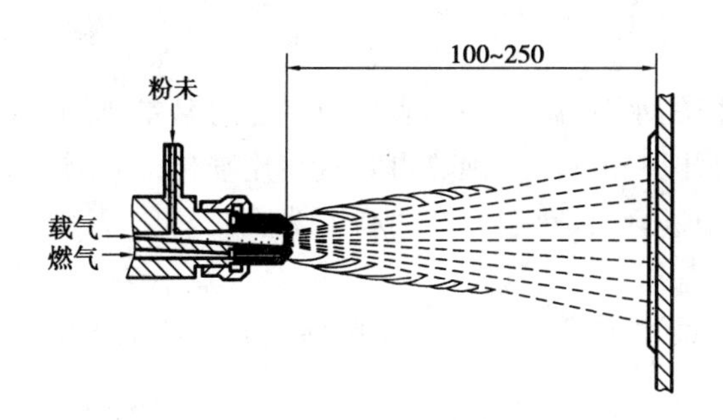

图 6.16　粉末火焰喷涂原理图

氧-乙炔火焰喷涂技术可用于修复各种工作面的磨损、划伤、腐蚀等，但不适于承受高应力交变载荷零件的修复。

2）氧-乙炔火焰喷涂工艺

氧-乙炔火焰喷涂工艺包括喷涂表面预处理、喷涂和喷涂后处理等过程。

①喷涂表面预处理

为了提高涂层与基体表面的结合强度，在喷涂前对基体表面进行清洗、脱脂和表面预加工及预热几道工序。

A. 清洗、脱脂

清洗、脱脂主要针对工件待喷区域及其附近表面的油污、锈和氧化皮层，采用碱洗法或有机溶剂洗涤法进行清除。碱洗法是将工件基体表面放到氢氧化钠或碳酸钠等碱性溶液中，待基体表面的油脂溶解后，再用水冲洗。有机溶剂洗涤法是使用丙酮、汽油、三氯乙烯或过氯乙烯等某种溶液将基体表面的矿物油溶解掉，再加以清除。对于铸铁材料零件的清洗，由于基体组织疏松，表面清洗、脱脂后，还需要将其表面加热到 250 ℃左右，尽量将油脂渗透到表面，然后再加以清洗。对于基体氧化膜的处理，一般采用机械方法，也可用硫酸或盐酸进行酸洗。

B. 预加工

预加工主要是去除待喷表面的疲劳层。渗透硬化层、镀层和表面损伤，预留涂层厚度，使待喷表面粗糙化，以提高喷涂层与基体的机械结合强度。应在喷涂前 4 ~8 h 内对工件表面进行粗糙化处理。常用的表面粗糙化处理方法有喷砂法、机械加工法、化学腐蚀法和电火花拉毛法等。

a. 喷砂法。这是最常用的表面粗糙化处理方法，一般使用喷砂机将砂粒喷射到工件表面，砂粒有氧化铝砂、碳化硅砂和冷硬铁砂。可根据工件材料和表面硬度选择使用，砂粒应清洁锐利。喷砂机以除油去水的洁净压缩空气为动力，采用压送式喷砂，操作方便。喷砂过程中要有良好的通风吸尘装置，注意劳动保护和环境保护。喷砂表面粗糙度一般能满足喷涂要求，除极硬的材料表面外，不应出现光亮表面。经喷砂处理的工件应保持清洁，尽快进行喷涂。

b. 切削加工法。通常利用车削加工出螺距为 0.3 ~0.7 mm、深为 0.3 ~0.5 mm 的螺纹，或采取开槽、滚花等方式。该方法的优点是限制了涂层表面的收缩应力，增大了涂层与基体表面的接触面，可提高结合强度。磨削也可以应用于表面的粗糙化处理。

c. 化学腐蚀法。它是利用对工件表面的化学腐蚀形成粗糙表面的。

d. 电火花拉毛法。它是将细的镍丝作为电极，在电弧作用下，电极材料与基体表面局部熔合，产生粗糙的表面。该法适用于硬度比较高的基体表面，而不适用于比较薄的零件表面。

C. 预热

预热可去除表面吸附的水分、减少基体表面与涂层的温差,降低涂层冷却时的收缩应力,提高结合强度,防止涂层开裂和剥落。预热可直接使用喷枪,用中性氧-乙炔焰对工件直接加热,也可在电炉、高频炉中进行,预热温度在 200 ℃为宜。

②喷涂

对经表面预处理后的零件应立即使用喷枪喷涂结合层和工作层。

A. 喷枪

喷枪是氧-乙炔火焰喷涂的主要工具。国产喷枪大体可分为中小型和大型两种。中小型喷枪主要用于中小型和精密零件的喷涂和喷焊,适用性强。大型喷枪主要用于大型零件的喷焊,生产率高。

中小型喷枪的结构基本是在气焊枪结构上加一套送粉装置,如图 6.17 所示。当粉阀不开启时,其作用与普通气焊枪相同,可作喷涂前的预热。当按下粉阀开关阀柄,粉阀开启时,喷涂粉末从粉斗流入枪体,随氧-乙炔混合流被熔融,喷射到工件上。

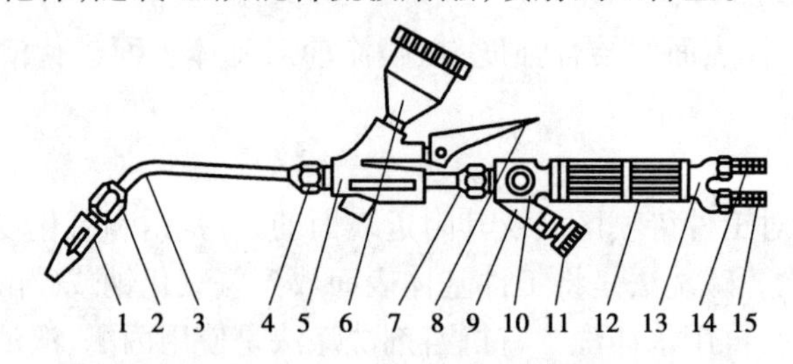

图 6.17 中小型喷枪的典型结构图

1—喷嘴;2—喷嘴接头;3—混合气管;4—混合气管接头;5—粉阀体;6—料斗;7—气接头螺母;8—粉阀开关阀柄;9—中部主体;10—乙炔开关阀;11—氧气开关阀;12—手柄;13—后部接体;14—乙炔接头;15—氧气接头

B. 喷涂材料

喷涂材料绝大多数采用粉末,此外,还可使用丝材。喷涂用粉末分为结合层粉末和工作层粉末。

a. 结合层粉末。在经过表面粗糙化的工件基体表面先要喷涂结合层粉末,也称为打底层,它的作用是提高基体与工作层之间的结合强度。结合层粉末常选用镍、铝复合粉,分为镍包铝粉和铝包镍粉。在喷涂过程中,粉末被加热到 600 ℃以上时,镍和铝之间就产生强烈的放热反应;同时,部分铝还被氧化,产生更多的热量,使粉末与工件表面接触处瞬间达到 900 ℃以上的高温,在此高温下镍会扩散到母材中去,形成微区冶金结合。大量的微区冶金结合,可以使涂层的结合强度显著提高。

b. 工作层粉末。底层喷涂完后应立即喷涂工作层。工作层粉末既要满足表面使用条件,同时还要与结合层可靠地结合。氧-乙炔火焰喷涂工作层粉末种类很多,有纯金属粉、合金粉、金属包覆粉、金属包陶瓷复合粉等。按成分可划分为三大类:镍基、铁基和铜基。选用时应考虑粉末热膨胀系数尽可能与工件接近,以免产生较大的收缩应力,要求粉末的熔点低、流动性好、粒度均匀、球形好。耐磨性能的涂层可选用成本低的铁基合金粉末,耐磨耐腐蚀等综合性能的涂层可选用钴包碳化钨粉末。

近年来,研制出一种一次性喷涂粉末,它是将结合层粉末和工作层粉末作为一体,既有良好的结合性能，又有良好的工作性能，使用也很方便，应是喷涂粉末的发展方向。

喷涂材料品种繁多，使用时可参考各厂家提供的样本，或查询有关信息。

C. 工艺参数

喷涂底层，粉末粒度选用0.08～0.60 mm，涂层厚度应控制Ni/Al层为0.1～0.2 mm，Al/Ni层为0.08～0.1 mm。旋转工件线速度为6～30 m/min，喷枪移动速度为3～5 mm/r。喷粉时，喷射角度要尽量垂直于涂层表面，喷涂距离一般为180～200 mm，喷粉量为0.08～0.15 g/cm²，火焰采用中性焰$\left(\frac{V_{O_2}}{V_{c_2h2}}取1.1\sim1.2\right)$。经调整火焰和送粉量，送粉后应出现集中亮红火束，并有蓝色烟雾。若调整无效，可改变粉末粒度和含镍量。

喷涂工作层。工作层要分层喷，每道涂层厚度为0.1～0.15 mm，最厚不得超过0.2 mm，工作层总厚度应不超过1 mm。旋转工件的线速度为20～30 m/min、喷枪移动速度为3～7 mm/r，喷涂距离为150～200 mm，粉末粒度选用0.08～0.71 mm。使用铁基粉末时，采用弱碳化焰；使用铜基粉末时，采用中性焰；使用镍基粉末时，介于两者之间。喷涂时，工件温度以不超过250 ℃为宜，可用间歇喷涂的方法控制升温过高。

喷涂层的质量主要取决于送粉量和喷涂距离。

D. 喷涂后处理

喷涂完毕，应缓慢自然冷却。由于大多数喷涂工艺所获得的涂层具有孔隙，对表面喷涂层有耐磨要求的零件，可在喷后趁热放入200 ℃润滑油中浸泡30 min，利用孔隙储油有利于润滑。对需要进行磨削加工的喷涂层，为了防止磨粒污染孔隙，应在喷涂完毕后立即用石蜡封孔，以防止涂层被污染，同时还可作为润滑剂。对于在腐蚀条件下工作的零件和承受液压的零件，表面喷涂层的封孔应选择耐化学性、稳定性、浸透性均好的封孔剂，一般可用环氧树脂刷涂。当喷涂层的尺寸精度和表面粗糙度不能满足要求时，可采用车削或磨削方法进行加工。

(3)电弧喷涂技术

电弧喷涂是以电弧为热源，将熔化了的金属丝用高速气流雾化并喷射到工件基体表面而形成喷涂层的一种工艺，工作原理如图6.18所示。用于熔化金属的电弧产生于两根连续送进的金属丝之间，金属丝通过导电嘴与电弧喷涂电源相连，压缩空气从喷嘴喷出，将熔化的金属雾化成细小粒滴喷向工件表面，形成厚0.5～5 mm的喷涂层。

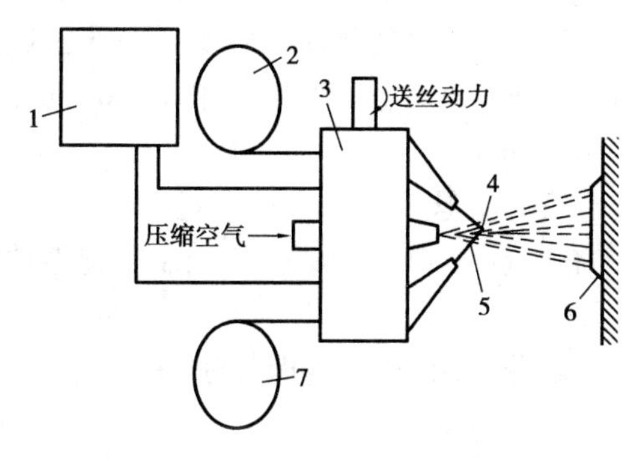

图6.18　电弧喷涂示意图

1—电源；2，7—金属丝盘；3—电弧喷涂枪；4—电弧；5—金属丝；6—涂层

电弧喷涂由于电弧温度高使喷射的粒子热能高,又由于粒子的质量较大、速度高而具有较大的动能,因此,部分高热能、高动能粒子会与基体发生焊合现象而提高结合强度。若采用两种性能不同的金属丝作为电弧喷涂材料时,两种金属粒子紧密结合,可使喷涂层兼有两种金属的性能,可获得"假合金"。电弧喷涂具有生产率高等优点,它的主要缺点是喷涂层组织较粗,工件温升高,需要成套设备,成本高。

6.7.2 喷焊技术

(1)概述

喷焊是将喷涂在工件表面的自熔性粉末涂层,用高于喷涂层熔点而低于工件熔点的温度(1 000 ~ 1 300 ℃)使喷涂层颗粒熔化,生成的硼化物和硅化物弥散在涂层中,使颗粒间和基体表面润湿,通过液体合金与固态工件基体表面的互溶与扩散,使致密的金属结晶组织与基体形成0.05 ~ 0.1 mm的冶金结合层。喷焊层与基体结合成焊合态,其结合强度升高到400 MPa与喷涂层相比,与基体的结合强度高,可承受冲击载荷,抗疲劳,组织致密,耐磨、耐腐蚀。

喷焊技术适用于承受冲击载荷、要求表面硬度高、耐磨性好的零件修复。例如,挖掘机铲斗齿、破碎机齿板等。

(2)氧-乙炔火焰喷焊技术

1)喷焊粉末

喷焊选用的粉末是熔点低于基体材料的自熔性合金粉末,这种合金粉末是以镍、钴、铁为基体的合金。使用时,可根据标准规定的氧-乙炔喷焊合金粉末化学成分和物理性能,结合厂家产品样本选用。

2)一步法喷焊

一步法喷焊是使用同一支喷枪边喷粉边重熔的操作方法。

喷焊前表面预处理的方法与喷涂前表面预处理基本相同。如果工件表面有渗碳层或渗氮层,预处理时必须清除。工件预热温度,一般碳钢为200 ~ 300 ℃,耐热奥氏体钢为350 ~ 400 ℃。火焰使用中性火焰或弱碳火焰。

工件达到预热温度后,立即在待喷表面均匀喷涂厚0.1 ~ 0.2 mm的合金粉末,将工件表面保护起来,以防表面氧化;然后将火焰集中加热工件某一局部区域,待已喷涂粉末熔化并出现润湿时,立即按动送粉开关进行喷粉到适当厚度,并用同一火焰将该区域涂层重熔。待新喷涂层出现"镜面反光"后,再将火焰均匀缓慢移动到下一局部区域。重复上述过程,直到喷焊完成整个工件表面。喷嘴与工件表面的距离为:喷粉时50 mm左右,热重熔时20 mm左右,喷焊层厚度一般为0.8 ~ 1.2 mm。

喷焊后处理采用均匀缓冷或等温退火。

一步法喷焊对工件输入的热量小,工件变形小,应用于小型零件或小面积喷焊。

3)二步法喷焊

二步法喷焊是将喷粉和重熔分为两道工序,即先喷粉后重熔。不一定使用同一喷枪,甚至可以不使用同一热源。

喷焊前表面预处理和一步法喷焊相同。

工件整体预热后,均匀喷涂0.2 mm保护层,喷涂距离为150 ~ 200 mm;然后继续加热至500 ℃左右,再在整个表面多次均匀喷粉,每一层喷粉厚度不超过0.2 mm,达到预计厚度后停止喷粉，然后开始重熔。

使用重熔枪，用中性火焰对喷涂层进行重熔处理。喷焊距离为40 mm，将涂层加热至固-液相线之间的温度，当喷焊层出现“镜面反光”时，说明达到重熔温度，即向前移动火焰进行下一个部位的重熔。每次喷焊的厚度为1 mm左右。若重熔厚度不够，可在温度降到650 ℃左右时再进行二次喷粉和重熔，最终的喷焊层厚度可控制在2～3 mm。

喷焊后热处理，可采取空气中自然冷却、缓冷或等温退火。中低碳钢、低合金钢工件，薄喷焊层、形状简单铸铁件，采用空气中自然冷却方法。锰、钼、钒合金含量较高的结构钢件、厚喷焊层，形状复杂的铸铁件，采用在石灰坑中缓冷或采用石棉包裹缓冷的方法。

根据工件的需要，可使用车削或磨削方法对喷焊层进行精加工。二步法喷焊对工件输入的热量较多，工件变形大，但生产率高，适用于回转件及大面积喷焊。

6.8　表面强化技术

机械零件的失效大多发生于零件表面，机械零件的修复不仅要恢复零件表面的形状和尺寸，还要提高零件表面的硬度、强度、耐磨性和耐腐蚀性等性能。采用表面强化技术可以使零件表面获得比基本材料更好的性能，可以延长零件的使用寿命。在机械设备维修中常用的表面强化技术有以下几种。

6.8.1　表面机械强化

表面机械强化是通过喷丸、滚压和内挤压等方法使零件金属表面产生压缩变形，在表面形成深度可达0.3～0.5 mm的硬化层，以使金属表面强度和疲劳强度显著提高。表面机械强化成本低、效果好，其中喷丸强化应用最为广泛。

(1)喷丸强化

喷丸强化是将高速运动的弹丸喷射到零件表面，使金属材料表面产生强烈的塑性变形，从而产生一层具有较高残余压应力的冷作硬化层，即喷丸强化层。喷丸强化层的深度可达0.3～0.5 mm，能显著提高零件在室温及高温下的疲劳强度和抗应力腐蚀性能，还能抑制金属表面疲劳裂纹的形成和扩展。

由结构钢、高强度钢、铝合金、钛合金、镍基或铁基热强合金等金属材料制造的零件，均可应用喷丸强化技术。该技术已广泛应用于弹簧、齿轮、链条、轴和叶片等零件的强化，显著提高了抗弯曲疲劳、抗腐蚀疲劳、抗微动磨损等性能。

喷射常用的弹丸有钢丸、铸铁丸、玻璃丸、不锈钢丸和硬质合金丸等。弹丸的形状为近似的球形，直径一般为0.05～1.5 mm，实心无尖角，具有一定的冲击韧性和较高的硬度。黑色金属零件喷丸强化时使用钢丸、铸铁丸或玻璃丸，有色金属零件则应避免采用钢丸或铸铁丸，以免产生电化学反应。零件表面糙度值要求越小，选择使用的弹丸直径也越小。

常用的喷丸强化方式有机械离心式喷丸和风动旋片式喷丸。决定强化效果的工艺参数有：弹丸直径、弹丸硬度、弹丸速度、弹丸流量及喷射角度。通常采用喷丸层强度和表面覆盖率来评定喷丸强化的效果。

(2)滚压强化

滚压强化是利用金刚石液压头或其他形式的滚压头，以一定的滚压力对零件表面进行滚压运动，使经过滚压的表面由于形变强化而产生硬化层，达到提高零件表面的力学性能的目的。滚压强化技术不仅应用于零件的制造，还可在零件修复中使用。

6.8.2 表面热处理强化

(1)表面热处理强化

表面热处理是应用最为广泛的表面强化技术，常用的有：火焰加热表面淬火、盐熔炉加热表面淬火、高频和中频感应加热表面淬火、接触电阻加热表面淬火。以上除接触电阻加热表面淬火外，其他均为常规的热处理方法。

表面热处理是通过对零件表层快速加热，使表层温度升高，由表及里温度逐渐降低，当表面的温度超过相变点以上达到奥氏体状态时，快速冷却使表面获得马氏体组织，得到硬化层，而心部仍然保留原组织状态，从而达到强化零件表面的目的。

很多机床铸铁导轨的表面淬火使用接触电阻加热表面淬火工艺。这种工艺方法是利用铜滚轮或碳棒与零件间接触电阻使零件表面加热，并依靠自身热传导来实现冷却淬火，淬火后不需回火。它可以提高导轨的耐磨性和抗擦伤能力，但均匀性差，淬硬层也比较薄(0.15 ~ 0.3 mm)。

(2)表面化学热处理强化

常用的表面化学热处理强化方法有：渗碳、渗氮、碳氮共渗、渗硼和渗金属等。

表面化学热处理的基本原理是：将工件置于含有渗入元素的活性介质中，加热到一定温度，使活性介质通过扩散并释放出欲渗元素的活性原子。活性原子被表面吸附，并向表层扩散渗入形成一定厚度的扩散层，从而改变表层成分、组织，达到提高零件表面性能的目的。

渗金属工艺渗入的大多数为 W、Mo、V、Cr 等金属元素，它们与碳形成碳化物，硬度极高，耐磨性好，抗黏着能力强，摩擦系数小。渗硼可以提高表面硬度、耐磨性和耐腐蚀性。碳氮共渗可显著提高金属材料表面的耐磨、耐蚀和耐疲劳性能。

离子氮碳共渗工艺加工温度较低，零件整体变形小，对材料内部组织影响小，因而在零件修复中得到应用。离子氮碳共渗在辉光离子轰击炉内进行，工艺要点如下：

①炉内气氛

一般采用丙酮、氨混合气体，以丙酮∶氨 =1∶9 ~2∶8 为宜。

②温度

加热温度一般为(600 ±20)℃。硬度要求高的零件，取较高的温度；要求变形小的零件，取较低温度，也可选用 520 ~560 ℃；要求渗层厚的低碳钢、铸铁及合金钢，取 620 ℃左右。

③保温时间

高碳钢、中高碳合金钢、高镍铬钢、奥氏体耐热钢等，保温 4 h 左右；工具钢，保温 2 h 左右；单纯防腐及高速钢刀具，保温 1 h。

④冷却速度

随炉冷却到 150 ~200 ℃出炉后空冷。

6.8.3 激光表面处理

激光具有高功率密度、高方向性和高单色性的特点，利用激光的特点对零件表面进行强化处理,可以改变零件表面层的成分和微观结构,提高零件表面的耐磨性、耐腐蚀性及抗疲劳性。

激光表面强化处理具有其他表面处理技术不易达到的特点,它适用材料广、变形小、硬化均匀。快速、硬度高、硬化深度可精确控制。激光表面处理已用于汽车、机床、刀具、模具,以及冶金、石油机械的生产和修复中。

(1)激光表面处理原理

激光器发射出来的光,通过聚焦集中到一个极小的范围内,可以获得极高的功率密度,一般可达到 $10^8 \sim 10^{10}$ W/cm^2,焦斑中心温度可达到几千摄氏度以上。

激光束向金属表面层进行热传递,金属表层与其所吸引的激光进行光热转换。由于光子穿过金属的能力极低,仅能使金属表面的一薄层温度升高,在激光加热过程中,金属表面极薄层的温度在微秒级内就能达到相变或熔化温度。

(2)激光表面处理设备与技术

激光表面处理设备包括:激光器、功率计、导光聚集系统、工作台、数控系统和编程软件。激光器是主要设备,主要有固体激光器(如红宝石激光器、钕玻璃激光器)、气体激光器(如 CO_2 气体激光器、准分子激光器)、液体激光器等。

常用的激光表面强化处理技术有:激光表面固态相变硬化、激光表面合金化、激光表面涂敷、激光表面“上光”等。

1)激光表面固态相变硬化

具有固态相变的合金(碳钢、灰铸铁及大部分合金)在高能激光束的作用下,使金属表面的温度迅速升到奥氏体转变温度,激光扫描后,工件表层温度快速冷却,如同淬火。在 0.1 ~1 mm 表层内获得超细化的马氏体,硬度比普通淬火高 15% ~20%,而且只是表层受热,零件变形很小。用于处理导轨、曲轴、汽缸套内壁、齿轮和轴承圈等,效果十分明显。例如,美国通用公司在生产线上使用 1 台 1 kW CO_2 激光器,每分钟淬 12 个轴承圈。又如,一汽集团采用 2 kW CO_2 激光器对组合机导轨进行淬火,其硬度和耐磨性远高于高频淬火的组织。

2)激光表面合金化

根据对零件表面性能的要求,先用电镀或喷涂等技术将所需要的合金元素涂敷在金属表面,再用激光照射该表面,也可以涂敷和照射同时进行。利用高能激光束进行加热,使涂敷合金元素和基体表面薄层同时熔化、混合,在表层形成一种组织和化学成分不同的新的合金材料。这样,可以在低性能材料上对有较高性能要求的部位进行表面合金化处理,以提高耐磨性、耐腐蚀性、耐冲击性等性能。它比渗碳、渗氮、气相沉积等方法处理周期要短许多。

3)激光表面涂敷

激光表面涂敷是将粉末状涂敷材料预先配置好并黏结在需要的部位,用高功率密度的激光加热,使之全部熔化,同时使基体表面微熔,激光束移开后,表面迅速凝结,从而形成与基体金属牢固结合的具有特殊性能的涂敷层。该工艺可在价格低廉的金属材料上覆盖一层具有特殊性能的材料,与热喷涂、电镀等工艺相比较,操作简单,加工周期短,节省材料。例如,在刀具上涂敷碳化钨或碳化钛、阀门上涂敷 Co-Ni 合金等,既可满足性能要求,又可节约大量高性能的材料。又如,用激光进行表面陶瓷涂敷,可避免热喷涂方法使涂层内有过多的气孔、熔渣夹杂、微观裂纹和涂层结合强度低等缺点,可获得质量高的涂层,延长零件的使用寿命。激光还可以用在有色金属表面涂敷非金属涂层,如在铝合金表面用激光涂敷硅粉和 MoS_2,可获得较薄的硬化层(0.10～0.20 mm),硬度大大高于基体,但要注意铝合金的预热温度,以300～350 ℃为宜。

4)激光"上光"

用高能量的激光束使具有固态相变的金属表层快速熔化,激光移开后,熔化金属快速凝固,获得超细的晶体结构,熔合表层原有的缺陷和微裂纹,有利于提高抗腐蚀性能和抗疲劳性能,特别对铸件效果十分明显。如柴油机缸套外壁经激光"上光"处理后,表面铸态结构变成超细马氏体和渗碳体的混合结构,大大提高了耐腐蚀的能力。

6.8.4 电火花表面强化

电火花表面强化工艺是通过电火花放电所产生的瞬时高温,将放电微区的电极材料和工件基体材料瞬时高速熔化,电极材料涂敷渗熔到工件材料表面,达到改变工件表层化学成分和金属组织的目的,从而提高工件表面性能。

(1)电火花强化原理

零件表面的电火花强化由火花强化机完成,电火花强化机上有脉冲电源和振动器,脉冲电源接电极和工件,电极与振动器的运动部分相连接,其工作原理如下:

在工件与电极之间接直流或交流电,在空气介质中,电极运动接近零件到一定程度,产生火花放电,脉冲电源输入能量,形成放电通道,产生高温。瞬时高温使电极和工件上的局部区域熔化甚至汽化,电极材料和被电离的空气中的氮离子等熔渗、扩散到工件表层,使其重新合金化,化学成分随之发生变化。脉冲放电时间很短暂,所熔化的工件表面的金属体积极小,被周围大量的冷金属急速冷却,形成高速淬火,从而改变了工件表面的组织结构和性能。

振动器使电极与工件之间的放电间隙频繁发生变化,并不断产生火花放电,与此同时移动电极的位置,强化点相互重叠、融合,在工件表面形成一层强化层。

(2)电火花强化特点与应用

1)电火花强化特点

由于电火花表面强化一般在空气介质中进行,因此不需要特殊复杂的处理装置和设施。强化时,可根据工件表面的不同要求选择适当的电极材料,以提高工件表面的硬度、耐磨性、耐腐蚀性。强化层厚度可以通过电气参数和强化时间进行控制。强化过程变形小,可以安排为最后的工序。但是,电火花强化工艺的强化层比较薄(最厚可达0.06 mm),经强化后零件表面也比较粗糙。

2)电火花强化的应用

该工艺可以将硬质合金材料涂到碳素钢制成的各类刀具、量具及零件表面,可大幅度提高其表面硬度(硬度可达70～74 HRC),增加耐磨性、耐腐蚀性,提高使用寿命(1～2倍),还经常用于修复各种模具、量具轧辊的已磨损表面,修复质量和经济性都比较好。

(3)电火花强化工艺要点

进行电火花强化工艺,应注意以下两点:

1)工件

首先应掌握工件材料硬度、表面状况、工作及技术要求,确定是否采用该工艺;然后确定强化部位并进行清洁整理,强化之后应进行表面清理和检验。

2)设备及其调整

一般根据零件表面强化层的要求选择强化设备。对于粗糙度值要求较小的中型模具、刀具强化及零件修复,通常选用D9105、D9110A、D9110B等小功率的强化机。对于Ra值要求较小而需要较厚强化层的大型工件的强化和修复,可选用D9130型强化机。根据对工件表面粗糙度和强化层厚度的要求,选择强化规范。在选择电极材料上最常用的是YG8硬质合金。

在实施工件表面电火花强化时,应调整电极与工件强化表面的夹角,选择电极移动方式和确定电极移动的速度等。

复习思考题

6.1　机械设备维修有哪些方式?什么是预防性计划修理?

6.2　修复磨损、失效的机械零件可以选择哪些修复技术?选择时应考虑哪些因素?

6.3　简述编制机械零件修理工艺规程。

6.4　什么是修理尺寸法?修理尺寸如何确定?

6.5　局部修换法与镶装零件法相比有何区别?应用局部修换法时,应主要考虑哪些问题?

6.6　简述金属扣合法的分类及其各自应用的范围。

6.7　简述强固扣合技术的原理和过程。

6.8　用堆焊技术修复的目的是什么?常用堆焊方法的修复特点是什么?

6.9　铸铁零件补焊特点是什么?常用铸铁补焊方法有哪些?

6.10　电刷镀与槽镀的基本原理是什么?两者有何异同?

6.11　镀铬与一般金属电镀相比,工艺上有哪些特点?

6.12　简述电刷镀技术所用设备和电刷镀过程。

6.13　电刷镀溶液有几类?它们有哪些作用?

6.14　刷镀层有哪些主要性能?设计刷镀层结构时应考虑哪些问题?

6.15　如何合理选择胶黏剂?

6.16　简述黏结工艺过程,并说明黏结工艺的关键步骤。

6.17　什么是表面黏涂技术?它有什么特点?

6.18　试述表面黏涂修复技术的应用及黏涂层涂敷工艺过程。

6.19　什么是热喷涂技术?它在机械设备修理中的主要用途是什么?

6.20　简述氧-乙炔火焰喷涂的特点、使用设备及工艺过程。

6.21　机械设备修理中常用的表面强化技术有哪些?它们的工作原理是什么?各有何应用?

第7章

液压系统维修

7.1 概　述

液压系统的功能是由油液的压力、流量和液流方向实现的。根据这一特征，采用简单可行的诊断方法和利用监测仪器进行分析，可以找出液压系统的故障及原因；然后通过对液压元件的修复、更换、调整，排除这些故障，保证设备正常运行。

7.1.1　液压系统故障特征

(1)不同运行阶段的故障

1)新试制设备调试阶段的故障

液压设备调试阶段的故障率较高，存在的问题较为复杂，其特征是设计、制造、安装调整以及质量管理等问题交织在一起。机械、电气问题除外，一般液压系统常见故障有：

①接头、端盖处外泄漏严重。

②速度不稳定。

③由于脏物使阀芯卡死或运动不灵活，造成执行油缸动作失灵。

④阻尼小孔被堵，造成系统压力不稳定或压力调不上去。

⑤某些阀类元件漏装了弹簧或密封件，甚至管道接错而使动作混乱。

⑥设计不妥，液压元件选择不当，使系统发热或同步动作不协调，位置精度达不到要求等。

2)定型设备调试阶段的故障

定型设备调试时的故障率较低，其特征是由于搬运中损坏或安装失误而造成的比较容易排除的小故障，其表现如下：

①外部有泄漏。

②压力不稳定或动作不灵活。

③液压件及管道内部进入脏物。

④元件内部漏装或错装弹簧或其他零件。

⑤液压件加工质量差或安装质量差,造成阀芯动作不灵活。

3)设备运行到中期的故障

设备运行到中期以后,故障率逐渐上升,由于零件磨损,液压系统内外泄漏量增加,效率降低。这时应对液压系统和元件进行全面检查,对有严重缺陷的元件和已失效的元件进行修理或更换,适时安排设备中修或大修。

(2)偶发事故性故障特征

这类故障特征是偶发突变,故障区域及产生原因较为明显。如碰撞事故,使零部件明显损坏,异物落入液压系统产生堵塞,管路突然爆裂,内部弹簧偶然断裂,电磁线圈烧坏以及密封圈断裂等。

7.1.2　液压系统故障诊断方法

液压系统故障分析诊断是一个复杂的问题。分析诊断之前应弄清楚液压系统的功能、传动原理和结构特点,然后根据故障现象进行判断,逐渐深入,逐步缩小可疑范围,确定区域、部位,直到某个液压元件。

(1)液压设备故障诊断方法

液压设备故障诊断方法可分为两种:简易诊断和精密诊断。

1)简易诊断技术

简易诊断技术是由维修人员利用简单的仪器和实践经验对液压系统出现的故障进行诊断,判别产生故障的原因和部位。这是普遍采用的方法,可概括为看、听、摸、问、阅。具体内容如下:

①看液压系统工作的真实现象。看执行机构运动速度有无变化和异常现象,液压系统中各测压点的压力值有无波动,油液是否满足要求,是否有漏油现象。

②用听觉判别液压系统和泵的工作是否正常。听液压泵和液压系统工作时的噪声是否过大,液压缸活塞是否有撞击缸底的声音,油路板内部是否有连续不断的泄漏声。

③用手摸运动中的部件表面。摸油泵、油箱和阀体外表面的温度,感觉是否烫手;摸运动部件和管子,感觉有无振动;摸工作台,感觉有无爬行。

④向操作者询问设备运行状况,了解设备维修、保养和液压元件调节的情况。

⑤查阅设备技术档案中有关故障分析与维修的记录。

通过上述程序,对设备故障情况有了详细了解,结合修理者实际维修经验和判断能力,可对故障进行简单的定性分析。必要时,需停机拆卸某个液压元件,放到试验台作定量性能测试,才能弄清楚故障原因。

2)精密诊断技术

精密诊断技术是在简易诊断技术的基础上对有疑问的异常现象,使用各种监测仪器对其进行定量分析,从而找出故障原因。

状态监测用的仪器种类很多,通常有压力、流量、速度、位移和位置传感器,以及油温、油位、振动监测仪和压力增减仪等。将监测仪器测量到的数据输入计算机系统,计算机根据输入的信号提供各种信息和各项技术参数,由此可判别出某个执行机构的工作状况,并可在屏幕上自动显示出来。在出现危险之前可自动报警、自动停机或不能启动另外一个执行机构等。

(2)查定故障部位的方法

应用逻辑流程图可以查定较复杂液压系统的故障部位。

首先由维修专家设计逻辑流程图，并将逻辑故障流程图经过程序设计输入计算机中储存。当某个部位出现不正常的技术状态时，计算机可帮助人们及时找到产生故障的部位和原因，使故障得到及时处理。例如，如图 7.1 所示的液压缸无动作，对这一故障可以从流程中一步一步地查找下去，最后找到发生故障的真实原因。

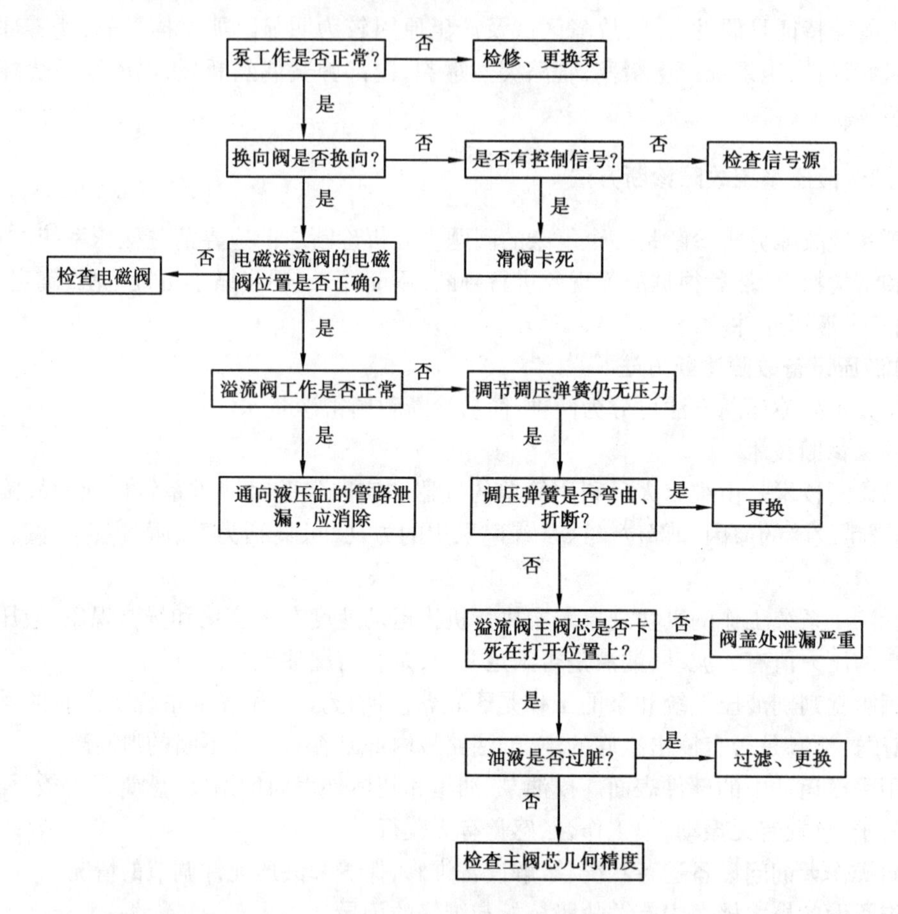

图 7.1 逻辑流程图

7.2 设备液压部分的修理与调试

设备液压部分大修理时，应对液压缸、液压泵、液压阀及油箱、管道等各类辅助元件进行全面检修。经过修理或更换的液压元件，必须经过液压试验台测试合格后才能安装。液压元件与管道，应按规定的要求进行安装。安装完成后，液压系统需经过检查。空载调试、负载调试达到原设计或使用要求后，才可交付使用。

7.2.1　设备液压部分大修理

设备大修理时,液压系统的检修内容如下:

①液压缸应清洗、检查、更换密封件。如果液压缸已无法修复,应成套更换。对还能修复的活塞杆、活塞、柱塞和缸筒等零件,其工作表面不允许有裂缝和划伤,修理后技术性能要满足使用要求。

②所有液压阀均应清洗,更换密封件、弹簧等易损件。对磨损严重、技术性能已不能满足使用要求的元件,应检修或更换。

③液压泵应检修,经过修理和试验,泵的主要技术性能指标已达到要求,才能继续使用。若泵已无法修复,应换新泵。

④对旧的压力表要进行性能测定和校正,若不合质量指标,应更换质量合格的新压力表。压力表开关要达到调节灵敏、安全可靠。

⑤各管子要清洗干净。更换被压扁、有明显敲击斑点的管子。管道排列要整齐,并配齐管夹。高压胶管外皮已有破损等严重缺陷的应更换。

⑥油箱内部、空气滤清器等均要清洗干净。对已经损坏的滤油器应更换。油箱中的一切附件应配齐。排油管均应插入油面以下,防止吸入空气和产生泡沫。

⑦液压系统在规定的工作速度和工作压力范围内运动时,不应发生振动、噪声以及显著冲击等现象。

⑧系统工作时,油箱内不应产生泡沫。油箱内油温不应超过55 ℃,当环境温度高于35 ℃时,系统连续工作4 h,其油温不得超过65 ℃。

7.2.2　液压泵的常见故障与维修

(1)齿轮泵的故障与修理

齿轮泵是应用最为广泛的液压泵。外啮合齿轮泵结构如图7.2所示。

1)齿轮泵的常见故障及排除方法

齿轮泵的常见故障及排除方法见表7.1。

2)齿轮泵主要零件的修理方法

①齿轮的修理

齿轮泵工作时,啮合齿轮以一定方向旋转,一个齿的两侧齿形面只有一面相啮合工作。当齿轮的啮合表面磨损不严重时,可用油石将磨损处产生的毛刺修整掉,如无结构限制,再将两只齿轮翻转安装,利用其原来非啮合的齿面进行工作,可以延长啮合齿轮的使用寿命。当齿轮的啮合表面磨损较多或有较深的沟槽时,则需更换齿轮。

齿轮经过长期使用后,齿轮外圆处因受不平衡径向液压力作用,偏向一边与泵体内孔摩擦而产生磨损及刮伤,使径向间隙增大。磨损较轻时,继续使用;情况严重时,应更换齿轮。

齿轮两侧端面与前后端盖及轴承外圈因有相对运动而磨损。当磨损不严重时,只需用研磨方法将痕迹研磨去并抛光,即可重新使用。若磨损严重,则需将两只齿轮同时放在平面磨床上修磨,表面粗糙度 Ra 值为1.25 μm,端面与孔中心线的垂直度在0.005 mm以内,并用油石将锐边修钝。

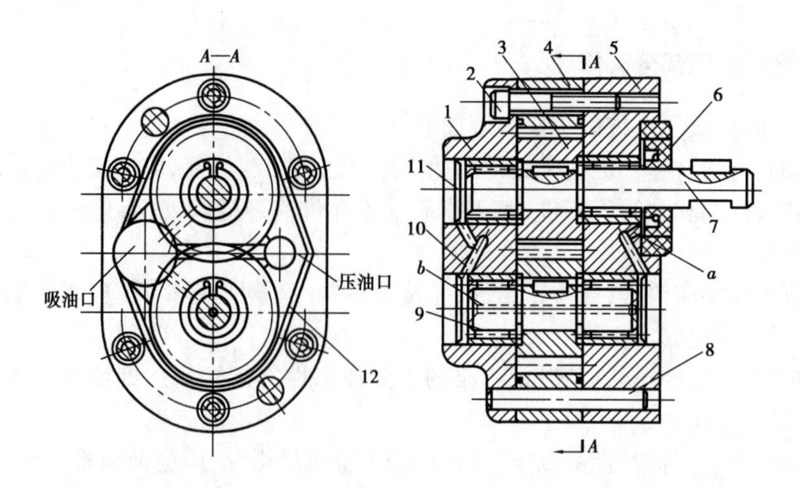

图 7.2　CB-B 型外啮合齿轮泵结构图

1,5—端盖;2—螺钉;3—齿轮;4—泵体;6—密封圈;7—主动轴;8—圆柱销;9—从动轴;10—泄漏小孔;11—压盖;12—卸荷槽;a,b—泄漏通道

表 7.1　齿轮泵的常见故障及其排除方法

故障征兆	故障原因分析	故障排除与检修
齿轮泵密封性差,产生漏气	①CB-B 型齿轮泵的泵体与前后端盖是硬性接触(不用纸垫),若其接触面平面度差,故在齿轮高速旋转时会进入空气 ②长轴左端和短轴两端密封压盖,过去采用铸铁制造,不能保证可靠密封,现采用塑料压盖,虽改善其密封性,但因热胀冷缩或损坏,也会进入空气 ③吸油口管道密封不严,密封件损坏等也会混入空气 ④油池的油面过低,吸油管吸入空气	①检查泵体与前后端盖接触面,若平面度差,可在平板上用金刚砂研磨,或在平面磨床上修磨 ②压盖密封处产生的泄漏,可用丙酮或无水酒精将其清洗干净,再用环氧树脂胶黏剂涂敷 ③紧固吸油口管道密封螺母,检查密封圈是否损坏,若损坏,则更换 ④加油至标线,若进油管短,则更换较长进油管,要求管浸入油池 2/3 高度处
噪声大	①齿轮的齿形精度不高或接触不良 ②齿轮泵进入空气 ③前后端盖端面经修磨后,两卸荷槽距离增大,产生困油现象 ④齿轮与端盖端面间的轴向间隙过小 ⑤泵内滚针轴承或其他零件损坏 ⑥装配质量低,用手转动轴时感到有轻重现象 ⑦齿轮泵与电动机连接的联轴器碰擦	①重新选择齿形精度较高的齿轮或对其修整 ②按前述齿轮泵密封性差产生漏气的故障进行检修 ③修整卸荷槽间距尺寸,使之符合设计要求(两卸荷槽间距为 2.78 倍齿轮模数) ④将齿轮拆下放在平面磨床上磨去少许,应使齿轮厚度比泵体薄 0.02～0.04 mm ⑤更换滚针轴承及损坏的零件 ⑥拆检后重新装配调整,合适后重新铰削定位孔 ⑦泵与电动机应采用柔性连接,并调整其相互位置。若联轴器零件损坏,应更换,且安装时保持两者同轴度误差在 0.1 mm 之内

续表

故障征兆	故障原因分析	故障排除与检修
容积效率低，流量不足、压力提不高	①由于磨损使齿轮啮合间隙增大，或轴向间距与径向间隙增大，内泄漏严重 ②泵体有砂眼、缩孔等缺陷 ③各连接处有泄漏 ④油液黏度太大或太小 ⑤进油管进油位置太高 ⑥因溢流阀故障使压力油大量泄入油箱	①更换啮合齿轮，或重新选择泵体，保证轴向间隙为 0.02 ~ 0.04 mm，径向间隙为 0.13 ~ 0.16 mm ②更换泵体 ③更换密封垫，锁紧螺母并按规定扭矩拧紧 ④根据机床说明书选用规定黏度的油液，还要考虑气温变化 ⑤应控制进油管的进油高度不超过 500 mm ⑥检修溢流阀
机械效率低	①轴向间隙和径向间隙小，啮合齿轮旋转时与泵体孔或前后端盖碰擦 ②装配不良，如 CB-B 齿轮型泵前后盖板与轴的同轴度不好，滚针轴承质量差或损坏，轴上弹性挡圈圈脚太长 ③泵与电动机间联轴器同轴度没调整好	①重配轴向和径向间隙尺寸至要求的范围内 ②重新装配调整，要求用手转动主动轴时无旋转轻重和碰擦感觉，滚针轴承有问题应更换 ③重新调整联轴器，保证两轴同轴度误差不大于 0.1 mm
密封圈被冲出	①密封圈与泵的前盖配合过松 ②装配时将泵体方向装反，使出油口接通卸荷槽而产生压力，将密封圈冲出 ③泄漏通道被污物堵塞	检查密封圈外圆与前盖孔的配合间隙，若间隙大，应更换密封圈
压盖在运转时经常被冲出	①压盖堵塞了前后盖板的回油通道，造成回油不畅而产生很大压力，将压盖冲出 ②泄漏通道被污物堵塞，时间长了产生压力，将压盖冲出	将压盖取出重新压进，注意不要堵塞回油通道，且不出现漏气现象

②泵体的修理

由于修磨两齿轮端面，使齿轮厚度变薄，这时应根据齿轮实际厚度，配合泵体端面，以保证齿轮的轴向间隙在规定的范围内。

泵体内孔与齿轮外圆有较大间隙，一般磨损不大，若发生轻微磨损或刮伤时，只需用金相砂纸修复即可使用。若由于启动时压力冲击而使齿轮外圆与泵体内孔摩擦而使内孔产生较大磨损时，需更换新的泵体。

由于齿轮和轴受到高压油单方向作用，而使泵体内壁的磨损多发生在吸油腔一侧，磨损量不应大于 0.05 mm。磨损后可用刷镀修复，修复后其圆度、圆柱度误差应小于 0.01 mm，表面粗糙度 Ra 值为 0.8 μm。

③传动轴的修理

齿轮泵长短轴与滚针轴承相接触处会产生磨损，长轴外圆与密封圈接触处也会产生磨损。若磨损比较轻微，则用金相砂纸修光后继续使用。当磨损较严重时，可用电镀或刷镀技术修复。若损坏严重,则需调换新轴。

④轴承圈的修理

滚针轴承圈的磨损发生在与滚针接触的内孔和齿轮接触的端面处。内孔磨损较严重时,一般更换轴承圈,也可采用内圆磨削增大孔径,应保证孔的圆度和圆柱度误差不大于0.005 mm,再根据轴承圈内孔和传动轴外圆的实际尺寸选择合适的滚针。

当轴承圈端面磨损或拉毛时,可将4个轴承圈放在平面磨床上,以不接触齿轮的端面为基准,磨削轴承圈的另一端面即可。

⑤端盖的修理

端盖与齿轮端面相对应的表面会产生磨损和擦伤,形成圆形磨痕。端盖磨损后,采用磨削或研磨方法修复平整,应保证端面与孔的中心线的垂直度,平面表面粗糙度 *Ra* 值为1.25 μm。

(2)叶片泵的故障与修理

YB型双作用叶片泵结构如图7.3所示。

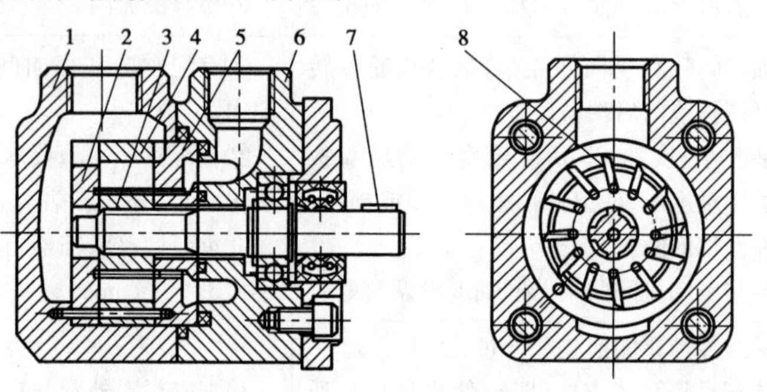

图7.3　YB型叶片泵结构图

1—左体壳;2—配油盘;3—转子;4—定子;5—配油盘;6—右体壳;7—花键轴;8—叶片

1)叶片泵的常见故障及排除方法

叶片泵的常见故障及排除方法见表7.2。

表7.2　叶片泵常见故障及其排除方法

故障征兆	故事原因分析	故障排除与检修
泵不出油,压力表显示没有压力	①泵旋转方向反了	①按正确方向安装叶片泵
	②吸油管及滤油器被污物堵塞	②清洗管路,更换滤油器
	③油箱内油面过低,吸不上油	③添加液压油至规定油位
	④油液黏度过大,使叶片移动不灵活	④按规定标号添加液压油
	⑤吸油管过长	⑤应使油泵靠近油箱
	⑥吸油腔部分(油封、泵体、管接头)漏气	⑥检查泵体吸油腔是否有砂眼气孔,若有应更换泵体。检查吸油管有无裂纹,管接头及油封密封性能,防止漏气
	⑦叶片在转子槽内被卡住	⑦修去毛刺或单配叶片,使每片叶片在槽内移动灵活
	⑧配油盘和盘体接触不良,高低压油互通	⑧配油盘在压力油作用下有变形,应修整配油盘接触面
	⑨泵体有砂眼、气孔、疏松等铸造缺陷,造成高低压油互通	⑨更换泵体
	⑩未装配连接键或花键断裂	⑩重新安装连接键或更换花键

续表

故障征兆	故事原因分析	故障排除与检修
油量不足	①径向间隙太大 ②轴向间隙太大 ③叶片与转子槽配合间隙太大 ④定子内腔曲面有凹凸或起线，使叶片与定子内腔曲面接触不良 ⑤进油不通畅	①配油盘内孔或花键轴磨损比较严重时，应更换 ②修配定子、转子和叶片，轴向间隙控制在0.04~0.07 mm ③根据转子叶片槽单配叶片，间隙控制在0.013~0.018 mm ④在专用磨床上修磨定子曲线表面，若无法修磨，则需调换定子 ⑤清洗过滤器，定期更换工作油液并保持清洁
容积效率低，压力提不高	①叶片或转子装反 ②个别叶片在转子槽内移动不灵活，甚至被卡住 ③轴向间隙太大，内泄漏严重 ④叶片与转子槽的配合间隙太大 ⑤定子内曲线表面有刮伤痕迹，致使叶片与定子内曲线表面接触不良 ⑥定子进油腔处磨损严重，叶片顶端缺损或拉毛等 ⑦配油盘内孔磨损 ⑧进油不通畅 ⑨油封安装不良或损坏，液压系统中有泄漏	①按正确方向重新安装叶片或转子 ②检查配合间隙，若配合间隙过小，应单槽配研 ③修配定子、转子和叶片，控制轴向间隙在0.04~0.07 mm ④根据转子叶片槽单配叶片 ⑤放在装有特种凸轮工具的内圆磨床上进行修磨 ⑥定子磨损一般在进油腔，可翻转180°装上，在对称位置重新加工定位孔并定位，叶片顶端有缺陷或磨损严重应重新修磨 ⑦配油盘内孔磨损严重，需换新配油盘 ⑧清洗液压管路或更换过滤器 ⑨重新安装油封，若损坏，则需更换，检查各处漏油情况采取措施防泄漏
噪声大	①定子内曲面拉毛 ②配油盘端面与内孔、叶片端面与侧面垂直度差 ③配油盘压油窗口的节流槽太短 ④传动轴上密封圈过紧 ⑤叶片倒角太小 ⑥进油口密封不严，混入空气 ⑦进油不通畅，泵吸油不足 ⑧泵轴与电动机轴不同轴 ⑨泵在超过规定压力下工作 ⑩电动机振动或其他机械振动引起泵振动	①抛光定子内曲面 ②修磨配油盘端面和叶片侧面，使其垂直度在0.01 mm以内 ③为清除困油及噪声，在配油盘压油腔处开有节流槽，若太短，可用锉修长，使得一片叶片过节流槽时，相邻的一片应开启 ④更换密封圈，紧固至规定程度 ⑤将叶片一侧倒角或加工成圆弧形，使叶片运动时减少作用力突变 ⑥更换进油口密封圈，并排净空气 ⑦清除过滤器污物，加足油液，加大进油管道面积，调换适当黏度的油液 ⑧校正两轴同轴度，其同轴度误差小于0.1 mm ⑨降低泵工作压力，须低于额定工作压力 ⑩泵和电动机与安装板连接时，应安装规定厚度的橡胶垫

2)叶片泵主要零件的修理

①定子的修理

当叶片泵工作时,叶片在压力油和离心力作用下,紧靠在定子内表面上,叶片与定子内表面接触压力大而产生磨损,特别是吸油腔部分,叶片根部有较高的压力油顶住,其内曲面最容易磨损。

定子内曲线表面磨损出现沟痕时,可先用粗砂纸磨平,消除沟痕,再用细砂纸抛光。若磨损严重或表面呈锯齿状时,可放在数控或专用的内圆磨床上修复,定子修理后,内表面与端面垂直度为0.008 mm,表面粗糙度 *Ra* 值为0.4 μm。若无磨床进行修复时,需更换新定子。

由于双作用叶片泵定子内表面由4段圆弧和4段过渡曲面线构成且对称。可以采用一种简单的方法,就是将定子翻转180°安装,并在对称位置重新加工定位孔,使定子上原来的吸油腔变为压油腔。

②转子的修理

转子两端面与配油盘端面有相对运动,容易产生磨损。端面磨损后间隙增大,内部泄漏增加,磨损不严重时,可用油石将拉毛处修光、研磨,或在平板上研磨平整。若磨损严重时,应将转子放在磨床上修磨两端面,消除磨损痕迹,两端面的平行度为0.008 mm,表面粗糙度 *Ra* 值为0.16 μm,端面与孔的垂直度为0.01 mm。

应注意转子端面磨削后也应对定子端面进行磨削,以保证转子与配油盘之间的正常间隙为0.04 ~ 0.07 mm;同时,应对叶片宽度接转子宽度配磨,并保证叶片宽度小于转子宽度0.005 mm。

转子的叶片槽因叶片在槽内频繁地往复运动,磨损量较大引起油液内泄。叶片槽磨损后,可在工具磨床上用超薄砂轮修磨,两侧面平行度误差为0.01 mm,粗糙度 *Ra* 值为0.1 μm,再单配叶片,以保证其配合间隙在0.013 ~0.018 mm。若叶片在槽内运动不够灵活,可用研磨的方法修复。

③叶片的修理

叶片与定子内曲线表面接触的顶端和与配油盘有相对运动的两侧面最容易磨损。磨损后,可用专用夹具装夹,磨修其顶部的倒角及两侧面。修磨后,需用油石修去毛刺。

叶片与转子槽接触的两平面磨损较缓慢,如有磨损,可放在平面磨床上进行修磨或进行研磨,应保证叶片与槽的配合间隙为0.013 ~0.018 mm,否则需要更换新的叶片再配磨或配研。

④配油盘的修理

配油盘的端面和内孔最易磨损,端面磨损轻微时,可在平板上研磨平整;磨损较为严重时,可采取切削加工方法修复,应保证端面与内孔的垂直度为0.01 mm,与转子接触平面的平面度为0.005 ~0.01 mm,端面粗糙度 *Ra* 值为0.2 μm。配油盘内孔磨损不多时,用金相砂纸磨光;磨损严重时,可采用扩孔镶套再加工到尺寸的方法,也可调换新的配油盘。

(3)柱塞泵的故障与修理

1)柱塞泵的主要故障

柱塞泵的主要故障是吸油量不足,以及形不成压力。引起故障的主要原因如下:

①柱塞泵内有关零件的磨损

柱塞与柱塞孔、缸体与配油盘最易磨损,磨损使间隙增大,内泄漏严重。

②柱塞泵变量机构动作失灵

由于柱塞泵伺服滑阀磨损、间隙太大或其他有关零件的损坏,使流量调节机构不能准确调节输出流量。

③泵的装配不良

由于主要零件的配合间隙太大或太小、密封圈安装不当、螺钉紧固力不均匀等装配原因,也会引起吸油不足,形不成压力。

2)柱塞泵主要零件的修理

①缸体修理

缸体上柱塞孔的修复,可使用研磨棒研磨,消除孔径的不圆度和锥度,经过抛光后再配柱塞。柱塞可以电镀、刷镀和喷镀。缸体与配油盘接触端面的修复,可在磨床上精磨,然后用抛光膏抛光。加工后粗糙度 *Ra* 值为 0.2 μm,端面平面度误差应在0.005 mm以内。

②配油盘的修理

配油盘的配油面必须保证与缸体接触面接触达85%。使用中产生磨损,出现磨痕数量不超过3个,环行刮伤深度为0.01~0.08 mm,经研磨修复后仍可使用。

修理方法:将配油盘放在二级精度平板上,用氧化铝研磨,边研磨边测平面度和两面平行度,然后在煤油中洗净,再抛光。端面修磨后表面粗糙度 *Ra* 的值为 0.05~0.2 μm,以利于储存润滑油,修后端面平面度误差应在 0.005 mm 以内,两端面平行度误差不大于 0.01 mm。

3)斜盘与滑靴的修理

斜盘与滑靴接触的表面会产生磨损和划痕。可在平板上研磨,使 *Ra* 值为 0.08 μm,平面度误差在 0.005 mm 之内。

球头松动的柱塞滑靴,当轴向窜动量不大于 0.15 mm 时,可使用专用工具推压或滚合,边推压(滚合)边用手转动。推拉柱塞杆,直到滑靴与球面配合间隙不大于 0.03 mm。

液压泵的密封圈、弹簧也是容易损坏的零件,在液压泵的修理中,应选择符合标准的元件进行更换。

7.2.3　液压缸的常见故障及修理

液压缸是将液压能转换为机械能的执行元件。液压缸分为活塞缸和柱塞缸两种类型。液压缸使用一段时间后,由于零件磨损、密封件老化失效等原因,而常发生故障,即使是新制造的液压缸,由于加工质量和装配质量不符合技术要求,也容易出现故障。

(1)活塞缸的常见故障及排除方法

1)活塞缸的常见故障及排除方法

活塞缸的常见故障及排除方法见表7.3。

表 7.3 活塞缸的常见故障及排除方法

故障征兆	故障原因分析	故障排除与检修
活塞杆(或液压缸)不能运动	①液压缸长期不用,产生锈蚀 ②活塞上装的"O"形密封圈老化、失效、内泄漏严重 ③液压缸两端密封圈损坏 ④脏物进入滑动部位 ⑤液压缸内孔精度差、表发面粗糙度值大或磨损,使内泄漏增大 ⑥液压缸装配质量差	①除锈或更换液压缸 ②更换"O"形密封圈 ③更换两端密封圈 ④清洗滑动部位 ⑤精磨液压缸内表面或更换液压缸 ⑥重新装配和安装,更换不合格零件
推力不足,工作速度太慢	①液压系统压力调整较低 ②缸体孔与活塞外圆配合间隙太大,造成活塞两端高低压油互通 ③液压系统泄漏,造成压力和流量不足 ④两端盖内的密封圈压得太紧 ⑤缸体孔与活塞外圆配合间隙太小,或开槽太浅,装上"O"形密封圈后阻力太大 ⑥活塞杆弯曲 ⑦液压缸两端油管因装配不良被压扁 ⑧导轨润滑不良	①调整溢流阀,使液压系统压力保持在规定范围内 ②根据缸体孔的尺寸重配活塞 ③检查系统内泄漏部位,紧固各管接头螺母,或更换纸垫、密封圈 ④适当放松压紧螺钉,以端盖封油圈不泄漏为限 ⑤重配缸体与活塞的配合间隙,车深活塞上的槽 ⑥校正活塞杆,全长误差在 0.2 mm 以内 ⑦更换油管,装配位置要合适,避免被压扁 ⑧研磨导轨,及时加润滑油
爬行或局部速度不均匀	①导轨的润滑不良 ②液压缸内混入空气,未能将空气排除干净 ③活塞杆全长或局部产生变形 ④活塞杆与活塞的同轴度差 ⑤液压缸安装精度低 ⑥缸内壁腐蚀、局部磨损严重、拉毛 ⑦密封压得过紧或过松	①适当增加导轨润滑油的压力或油量 ②打开排气阀,将工作部件在全程内作快速运动,强迫排除空气。若无排气装置,应装排气阀 ③校正变形的活塞杆,或调整两端盖螺钉,不使活塞杆变形 ④重新校正装配活塞杆与活塞,使其同轴度误差在 0.04 mm 以内 ⑤重新安装液压缸 ⑥轻微者除去锈斑、毛刺,严重的重新磨内孔、重配活塞 ⑦更换密封垫圈并按规定扭矩拧紧螺母
外泄漏	①活塞杆表面损伤,密封件损坏。装配不当,密封唇口装反、被损 ②缸盖处密封不良 ③管接头密封不严或油管挤裂	①修复或更换活塞杆,重新按规定装配密封唇口 ②更换缸盖密封垫 ③更换管接头密封及更换油管

续表

故障征兆	故障原因分析	故障排除与检修
快速进退液压缸缓冲装置产生故障	①活塞上的缓冲节流槽太短、太浅	①用60°的三角形整形锉修整三角节流槽的长度和深度
	②活塞上的缓冲节流槽过深、过长，不起节流阻尼作用	②将原三角节流槽用锡或铜焊平，再用60°的三角整形锉重新修整节流槽
	③污物堆积，使活塞上缓冲节流槽被阻塞	③清洗快速进退液压缸缓冲装置
	④快速进退液压缸的定位装置未调整好，使活塞行程不足，缓冲节流开口失去阻尼作用	④重新调整定位装置，将活塞与前端盖之间的间隙控制在0.02～0.04 mm，使活塞上的缓冲节流槽充分起阻尼作用
	⑤单向阀处于全开状态或钢球与阀座封闭不严，回油不经缓冲节流口而从单向阀直接回油	⑤更换钢球或修复单向阀阀座，使之封油良好
	⑥活塞外圆与缸体孔配合间隙太大或太小	⑥活塞外圆与缸体孔配合间隙应控制在0.02～0.04 mm。若两者间隙小，则修磨活塞外圆；若间隙大，重配活塞
	⑦缸内的活塞锁紧螺母松动	⑦拆下后端盖，拧紧锁紧螺母

2）活塞缸主要零件的修理

①缸体的修理

活塞缸内孔产生锈蚀、拉毛或因磨损成腰鼓形时，一般采用镗磨或研磨的方法进行修复。

修理之前，应使用内径千分表或光学平直仪检查内孔的磨损情况。测量时，沿缸体孔的轴线方向，每隔100 mm左右测量一次，再转动缸体90°测量孔的圆柱度，并做好记录。

缸体内孔的镗磨一般使用立式或卧式镗磨机。若无镗磨机，可用其他机床进行改装。一般镗磨头以10～12 m/min的速度作往复运动，缸体以100～200 r/min速度旋转，依靠对称嵌在镗磨头上的油石对缸体内孔进行镗磨。镗磨分粗、精镗磨两种，粗镗磨使用油石粒度为80号，精镗磨油石粒度为160～200号。

当缸体长度较短时，可用机动或手动研磨方法修复缸体内孔。手工粗研时，将缸体固定，操作者操作研磨棒作转动和往复运动。精研时，将研磨棒固定，操纵缸体作旋转和往复运动。研磨棒的长度应大于被研缸体长度的300 mm以上。一般粗研采用300号金刚砂粉，半精研采用600号金刚砂粉，精研采用800～1 200号金刚砂粉或研磨软膏。

经镗磨或研磨修复后的内孔应达到圆度误差为0.01～0.02 mm、直线度为100∶0.01、表面粗糙度 Ra 为0.16 μm等要求。

②活塞的修理

缸体孔修复后孔径变大，可根据缸体孔径重配活塞，或对活塞外圆进行刷镀修复。

(2)柱塞缸的常见故障及排除方法

柱塞缸依靠油液的压力推动柱塞向一个方向运动，称为单作用液压缸。其反向运动由弹簧、自重或反向柱塞缸实现。柱塞缸的常见故障及排除方法见表7.4。

表7.4　柱塞缸的常见故障及排除方法

故障征兆	故障原因分析	故障排除与检修
推力不足	①液压系统压力不足 ②柱塞和导套磨损后,间隙增大,漏油严重 ③进油口管接头损坏或螺母未拧紧,产生漏油	①适当提高系统工作压力 ②更换导套,其内孔与柱塞外圆配合间隙控制在0.02~0.03 mm ③更换管接头或按规定扭矩拧紧螺母
推不动	柱塞严重划伤	小型柱塞更换新件;大型柱塞用堆焊修复柱塞表面深坑,采用刷镀修复大面积划伤的工作表面。更换或修复配合件
泄漏	柱塞与缸筒间隙过大	对柱塞进行刷镀,可以减少间隙;也可以采用增加一道"O"形密封圈,并修改密封圈沟槽尺寸,使"O"形密封圈有足够的压缩量

7.2.4　液压元件修理后的测试

液压元件修理后,必须经过技术性能测试,通过试验来验证和确定其是否达到使用标准或达到使用要求。液压元件修理后应测试下列项目:

(1)液压泵测试项目

①压力。压力是液压泵的主要性能参数,需作额定压力测试。

②排量。排量是液压泵的主要性能参数,应在额定转速和额定压力下测试液压泵的排量。

③容积效率。容积效率是衡量液压泵修理装配质量的一个重要指标,不得低于规定值,其计算公式为

$$容积效率=\frac{满载排量(公称转速下)}{空载排量(公称转速下)}\times 100\%$$

④总效率。总效率是衡量液压泵修理质量的一个技术指标,其计算公式为

$$总效率=\frac{输出功率}{输入功率}\times 100\%$$

⑤运转平稳性。在额定转速下,空运转或负载运转都要平稳、无噪声和振动现象。

⑥压力摆差。压力摆差是液压泵的一个性能参数,压力摆差值不能超过技术标准。

⑦变量泵机构性能试验。对变量泵要作变量特性试验,要求变量机构动作灵敏、可靠,并达到技术要求。

⑧测量泵壳温度,其温升范围不得超过规定值。

⑨不得有外泄漏现象。

(2)液压缸测试项目

①运动平稳性。在空载下,对液压缸进行全行程往复运动试验,应达到运动平稳。

②最低启动压力。要求最低启动压力不超过规定值或满足使用要求。

③最低稳定速度。要求液压缸在最低速度运动时无“爬行”等不正常现象。

④内泄漏量。液压缸内泄漏量是指液压缸有负载时通过活塞密封处从高压腔流到低压腔的流量。测量在额定压力下进行，其值不得超过规定值或能满足使用要求。

⑤耐压试验。被测液压缸公称压力小于16 MPa时，试验压力为其公称压力的1.5倍，保压1 min以上；被测液压缸公称压力大于16 MPa时，试验压力为其公称压力的1.25倍，保压2 min以上。耐压试验均不得有外泄漏等不正常现象。

⑥缓冲效果。对带有缓冲装置的液压缸，要进行缓冲性能及效果的试验。试验时，按设计要求的最高速度往复运动，观察其缓冲效果，应达到设计要求或使用要求。

(3)方向阀的测试项目

①换向平稳性。换向阀在换向时应平稳，换向冲击不应超过规定值或满足使用要求。

②换向时间和复位时间。换向阀主阀芯换向时应灵活、复位迅速，换向压力和换向时间的调节性能必须良好。换向时间和复位时间不得超过规定值或达到使用要求。

③压力损失。在通过额定流量时，压力损失不得超过规定值或满足使用要求。

④内泄漏。在额定压力下，测量内泄漏量，不得超过规定值或满足使用要求。

⑤外泄漏。在额定压力下，在阀盖等处不得有外泄漏现象。

(4)压力控制阀测试项目

①调节压力特性。在最低压力至额定压力范围内均能调节压力，且压力值稳定。调节螺钉应灵敏、可靠。

②压力损失。在额定流量下，测量阀的压力损失，其值不得超过规定值或满足使用要求。

③压力摆差。压力摆差的大小反映该阀的稳定性，其值不得超过规定值。

④内泄漏与外泄漏测试要求与方向阀要求相同。

(5)流量控制阀测试项目

①调节流量特性。在最小流量至最大流量范围内均能调节流量，且流量值稳定。调节机构灵敏、可靠。

②稳定性。通过调速阀的流量变化要求小，以保证液压缸运动速度稳定。试验时，将节流开口调节到最小开度，测量通过调速阀的流量稳定情况，其变化值不得超过规定值或满足使用情况。

③内泄漏与外泄漏测试要求与方向阀要求相同。

7.2.5　液压元件与管道的安装

(1)液压元件的安装要求

修复或新更换的液压元件经测试合格后才可进行安装。安装前，液压元件应进行清洁，并准备好安装工具，按设计图纸的规定和要求进行安装。

1)液压泵的安装要求

①液压泵的轴与电动机轴的同轴度误差应在0.1 mm以内，倾斜角不得大于1°。安装联轴节时，不应敲打，以免损坏泵内零件。安装须正确、牢靠。

②安装时，应注意液压泵轴与电动机轴的旋转方向必须是泵要求的方向。

③紧固液压泵、电动机或传动机构的地角螺栓时，螺栓受力应均匀并牢固可靠。

④用手转动联轴节时，应感觉到液压泵转动轻松，无卡阻或异常现象，然后才可以配管。

2)液压缸的安装要求

①安装前,要严格检查液压缸本身的装配质量,确认装配质量合格后,才能进行安装。

②将液压缸活塞杆伸出并与被带动的机构(工作台)连接,用手推、拉工作台往复数次,并保证液压缸中心与移动机构(工作台)导轨面的平行度误差在0.1 mm以内。

③液压缸活塞杆带动工作台移动时要做到灵活轻便,在整个行程中任何局部均无卡滞现象。调整好后,将紧固螺钉拧紧,并应牢固可靠。

3)液压阀的安装要求

①检查板式阀结合面的平直度和安装密封件沟槽的加工尺寸和质量,若有缺陷,应修复或更换。

②要注意进、出、回、控、泄等油口的位置,防止装错。换向阀以水平安装较好。

③要对密封件质量精心检查,不要装错,避免在安装时损坏;紧固螺钉拧紧时,受力要均匀;对高压元件要注意螺钉的材质和质量,不合要求的螺钉不得使用。

④要注意清洁,不能戴手套进行安装,不能用纤维织品擦拭安装结合面,防止纤维类脏物侵入阀内。

⑤阀安装完毕应进行检查。用手推动换向阀滑阀,要达到复位灵活、正确;换向阀阀芯的位置尽量处于原理图上所示的位置状态;调压阀的调节螺钉应处于放松状态;调速阀的调节手轮应处于节流口较小开口状态;还应检查一下应该堵住的油孔是否堵上了,该安装油管的油口是否都安装了。

4)蓄能器安装要求

①安装前先将瓶内的气体放净,不能带气进行搬运或安装。

②蓄能器作为缓冲作用时,应将蓄能器尽可能垂直安装于靠近产生冲击的装置,油口应向下。

③为了便于蓄能器的检修和充气,必须在通油口的管道上安装截止阀。

④检查蓄能器连接口螺纹是否损坏,若有异常不准使用,油管接头、气管接头都要连接牢固可靠。

⑤直接安装于管路上的蓄能器,要用支承板牢固地支撑,以防产生"跳跃"事故。

(2)液压管道安装

液压管道安装一般分为两次:第一次为预安装,第二次为正式安装。管道安装质量好坏将影响整个液压系统的工作性能,因此,对各种管道的配管和安装均有不同的要求。

1)钢管

①配管方法

A. 检查钢管质量

首先应检查钢管材料、尺寸和质量是否符合设计规定;然后检查外观是否有严重压扁、弯曲或有裂缝,内外壁表面上是否有腐蚀。不符合要求或有严重缺陷的管子不得使用。

B. 测量配管尺寸

对已就位的液压泵、液压阀板、主机、辅机及有关部位的位置应仔细测量,力求准确。形状复杂的管子可先做一个样板,然后按尺寸或样板切割管子。

C. 弯管

根据管路布置图或施工现场情况弯管时,一般先做成样板,然后再按样板弯制管子。根据钢管的外径、弯曲角度和弯曲半径确定冷弯、热弯或焊弯。

a. 冷弯法

管子通径在25 mm以内时，可用手动弯管机弯制；管子通径为25～50 mm时，可用机动弯管机弯制。管子的允许弯曲半径见表7.5。

表7.5 钢管最小弯曲半径

管子外径 D		8	10	14	18	22	28	34	42	50	63	75	90	100
最小弯曲半径 R	热煨	—	—	35	50	65	75	100	130	150	180	230	270	350
	冷弯	25	35	70	100	135	150	200	250	300	360	450	540	700
最短找度 L		20	30	45	60	70	80	100	120	140	160	180	200	250

b. 热煨法

管子通径为 $D \geqslant 50$ mm时，一般采用热煨法。由于热煨管子容易变形，所以在管内必须填实干燥的砂子，以防止煨弯时管子被压扁、起皮。灌砂还能延长管子的冷却时间，使冷却速度均匀。灌砂时，先用木塞堵住管子一端，装入洁净、干燥、直径为3～4 mm的砂子，使管内无空隙，装满后需用塞子堵住另一端；然后将管子加热到850～950 ℃，加热过程中要经常转动管子，使其受热均匀，并在管子上面加盖用薄钢板做的保温罩。煨弯时可用人力或动力机械，直径大于65 mm时，一般使用动力机械煨制。等弯管冷却后，再进行清砂。

c. 焊制法

管子通径为 $D > 120$ mm时，用焊制法较多。推荐选用弯曲半径 $R = (1 - 1.5)D$。焊制弯头要严格检查焊缝质量，不得有缺陷，并将焊渣等杂物清除干净。

D. 耐压试验

对所有焊接的管道都要进行耐压试验。试验时，先将管子内的空气排净，然后分阶段进行加压。第一步加压至工作压力50%左右，保压3 min；第二步加压至工作压力，保压3 min；第三步加压至工作压力的1.5倍，保压3 min。每次加压检查焊缝质量均无异常，被试管件可认为合格。

E. 管子酸洗

钢管焊接后要进行酸洗，酸洗液可选用10%硝酸或20%硫酸溶液或用盐酸溶液，钢管酸洗之后要用温水清洗并烘干或吹干。

②安装要求

a. 安装管道必须按设计图纸或实际位置合理布置。

b. 安装时，要将经过酸洗的管子用气吹干净。

c. 安装时，管接头、法兰都应进行质量检查，合格件要用煤油清洗和用气吹干净。

d. 管道连接时，不得强压对接口，管子与连接件对接口应达到内壁整齐，局部错口不得超过管子壁厚的10%。

e. 各管子接头连接要牢固，各结合面密封要严密，不得有外漏。

f. 管子的交叉尽量少。对于平行或交叉的管子之间、管子和设备主体之间必须要相距12 mm以上的间隙，防止互相干扰和避免振动时引起敲击。整机(或全条自动线)管子排列要整齐、美观、牢固，并便于拆装和维修。对连接管道较长的管子，应分段安装并在中间增设中间接头,以便于拆装。法兰盘端面应与管子中心线垂直。

g. 加工弯曲的管道,其弯曲半径按表 7.5 规定。两段弯曲管道的焊接配管不能在圆弧部位焊接,必须在平直部位焊接。

h. 压力油管安装必须牢固、可靠和稳定。在容易产生振动的地方,要加橡胶垫或木块减振。管道安装后要在管子上相隔一定距离的地方安装管夹和固定支架,防止管道振动。

i. 安装时,要精心检查密封件质量,不符合要求的密封件不得使用。安装密封件时,要注意唇口方向;安装时,不要划伤或损坏密封件。

2)高压软管

①配管方法

A. 检查软管质量

要查明软管通径、钢丝层数和成套软管的规格尺寸,是否符合设计规定;检查胶管内外径表面,是否有脱胶、老化、破损等缺陷,有严重缺陷的不得使用。

B. 测量配管长度

管子长度要根据已就位的主机、辅机及有关部位的位置进行测量,并稍有富余。软管接上后,要避免软管受拉或扭曲。软管安装时的弯曲半径应大于软管外径的 9 倍,软管的弯曲半径中心距离接头为软管外径的 6 倍。

a. 软管装配

软管接头种类有可拆卸式、不可拆卸式和对壳式。软管与接头装配时要注意胶管的压缩量,并根据胶管内径和胶管钢丝层外径的变化和具体的接头形式进行计算,压缩率应符合规定要求。接头装配时,先将胶管外胶削去一段(为扣压长度),再将外胶按 1∶5 斜角磨去,但不得损伤钢丝。装入时,在胶管内壁上涂润滑油,然后平整地拧入接头体内,不能有胶管钢丝层外露现象,胶管内壁不能损伤和出现余胶堵住现象。

b. 清洗

对每根软管都要用气吹净,并将管接头两端用塑料布包住,以免侵入脏物。

②安装要求

a. 由于软管在工作压力变动下有 −4% ~ +2% 的伸缩变化,因此,安装时管子不允许出现拉紧状态。

b. 胶管不允许有扭曲现象。

c. 要在胶管外表面加导向保护装置,如用钢丝或钢板保护。

d. 要避免接头处急剧弯曲,装配时弯曲半径应大于软管外径的 9 倍,软管的弯曲中心距接头距离为直径的 6 倍。

7.2.6 液压系统调试

新制造和经过大修理后的液压设备,都要对液压系统进行各项技术指标和工作性能的调试。应及时排除和改善在调试过程中出现的缺陷和故障,使液压系统工作达到稳定可靠。

(1)调压方法及注意事项

合理调整压力是保证液压系统正常工作的重要因素之一。首先要了解设备结构及加工精度和使用范围,了解液压、机械、电气的相互关系;然后根据液压系统图及液压元件,制订调压方案和步骤,以及安全调压操作规程。

1)调压方法

调压前,先将所要调节的压力阀的调节螺钉放松(其压力值能推动执行机构即可),同时要调整好执行机构的极限位置(停止挡铁位置);然后将执行机构(工作台连同液压缸活塞)移动到终点或停止在挡铁限位处,或利用有关液压元件切断液流通道,使系统建立压力。调压时,要按设计要求的工作压力或按实际所需的压力进行调节,逐渐升压直到所需压力值为止,并将调节螺钉的背帽拧紧,以免松动。

2)调压范围

调压元件的调节压力值要根据设备使用说明书的规定或按实际使用条件确定,也可对液压系统实际管道、元件进行分析后计算确定。

装有压力继电器的系统,压力继电器的调定压力应比它所控制的执行机构的工作压力高0.3~0.5 MPa。装有蓄能器的液压系统,蓄能器工作压力调定值应和它所控制的执行机构的工作压力值一致。当蓄能器安置在液压泵站时,其压力调定值应比压力网调定的压力值低0.4~0.7 MPa。液压泵的卸荷压力,一般控制在0.3 MPa以内。为了确保液压缸运动平稳,增设背压阀时,其压力值一般在0.3~0.5 MPa。回油管道的背压一般在0.2~0.3 MPa范围内。

3)调压注意事项

①不得在执行元件(液压缸、液压马达)运动状态下调节系统工作压力。

②调压前,应先检查压力表是否正常,若有异常应更换压力表,然后再调压。无压力表的系统,不得调压;需要调压时,应装上压力表后再调压。

③按实际使用要求进行压力值调节时,其值不能大于使用说明书规定的压力值。

④压力调节后,应将调节螺钉锁紧,以防止松动。

(2)调试内容

①液压系统各个动作的每项参数要求(如力、速度、行程的始点与终点、各动作的时间和整个工作循环的总时间等)均应调到原设计要求。

②调整全线或整个液压系统,使工作性能达到稳定可靠。

③在调试过程中,要判别整个液压系统的功率损失和工作油液温度变化状况。

④要检查各可调元件的可靠性,以及各操作机构灵敏性和可靠性。

⑤修复、更换不合格元件,排除故障。

(3)调试步骤

1)调试前的准备与检查

①调试前,应仔细阅读设备使用说明书和液压原理图,熟悉设备和调试规程。

②调试前,应使设备运动部件处于规定的安全位置,各种按钮、手柄处于正确位置,做好各项安全保护措施。

③检查所用的油液是否符合使用说明书的要求。

④检查油箱中储存的油液是否达到油标高度。

⑤检查各液压元件的安装是否正确牢靠,各处管路的连接是否可靠,液压泵和各种阀的进出油口、泄漏口的位置是否正确。

⑥各控制手柄应处于关闭或卸荷位置。

2)空载调试

①启动液压泵电动机,观察其运动方向是否正确、运转是否正常、有无异常噪声、液压泵是否漏液。

②液压泵在卸荷状态下,其卸荷压力是否在规定范围内。

③调整压力控制阀,逐渐升高系统压力至规定值。

④系统内装有排气装置的应打开排气。

⑤开启开停阀,调节节流阀,使液压缸动作逐渐加速,行程由小至大,然后作全行程快速往复运动,以排除系统中的空气。

⑥关闭排气装置。

⑦检查各管道连接处、液压元件结合面及密封处有无泄漏。

⑧检查油箱油液是否因进入液压系统而减少太多,若油液不足,应及时补充,使液面高度始终保持在油标指示位置。

⑨检查各工作部位是否按工作顺序工作,各动作是否协调,运动是否平稳。

⑩当空载运转 2 h 后,检查油温及各工作部件的精度是否达到要求。

3)负载调试

①系统能否达到规定的工作要求。

②振动和噪声是否在容许范围内。

③检查各管路连接处、液压元件的内外泄漏情况。

④工作部件运动和换向时的平稳性。

⑤油液温度是否在规定范围内。

复习思考题

7.1　简述液压系统故障简易诊断方法。

7.2　简述液压系统故障精密诊断方法。

7.3　查定液压系统故障部位有哪些方法?

7.4　齿轮泵常见故障有哪些?如何排除?主要零件怎样修理?

7.5　叶片泵常见故障有哪些?如何排除?主要零件怎样修理?

7.6　柱塞泵的主要故障是什么?其主要原因是什么?主要零件怎样修理?

7.7　液压缸工作时,为什么会出现“爬行”现象?如何排除?

7.8　液压缸工作时,为什么会造成床身牵引力不足或速度下降现象?如何排除?

7.9　活塞缸常见故障有哪些?如何排除?主要零件怎样修理?

7.10　设备大修理时,液压系统应检修哪些内容?

7.11　液压元件修理后,应测试哪些内容?

7.12　修换的液压泵、液压缸、液压阀和蓄能器的安装要求是什么?

7.13　安装钢管和高压软管时应注意哪些事项?

7.14　经过大修理后的液压设备需要进行调试的内容有哪些?如何进行调试?

第8章 电气设备维修

随着现代制造装备自动化程度的不断提高,设备电气控制系统的重要性越来越突现出来,在这些高自动化、高集成化的设备上,电气控制系统的技术性能对机电设备的正常运行起着决定性的作用。在多数情况下,电气控制系统的故障都会造成设备故障停机。若电气系统工作可靠性不高,频繁发生故障且得不到快速排除,将造成较大的损失。因此,做好机床电器设备的维修工作,提高电气控制系统的工作可靠性,是机电设备维修的一项重要任务。

8.1 电气系统故障检测

电气系统的故障,一般是指电气控制线路的故障。电气控制线路是用导线将控制元件、仪表、负载等基本器件按一定规则连接起来,并能实现某种功能的电路。从结构上讲,电气控制线路由电气元件、电源、导线及连接的固定部分组成。引起电气系统故障的原因很多,由各种损耗引起的发热和散热条件的改变,电弧的产生,电源电压、频率的变化以及环境因素等,都会引发各种电气故障。

8.1.1 电气系统故障检查的准备工作

(1)电气控制电路的主要故障类型

1)电源故障

电源主要是指为电气设备及控制电路提供能量的功率源,是电气设备和控制电路工作的基础。电源参数的变化会引起电气控制系统的故障,在控制电路中电源故障一般占20%左右。当发生电源故障时,控制系统会出现以下现象:电器断开开关后,电器接线端子仍有电或设备外壳带电;系统的部分功能时好时坏,屡烧保险;故障控制系统没有反应,各种指示全无;部分电路工作正常,部分不正常;等等。由于电源种类较多,且不同电源有不同的特点,不同的用电设备在相同的电源参数下有不同的故障表现,因此,电源故障的分析查找难度较大。

2)线路故障

导线故障和导线连接部分故障均属于线路故障。导线故障,一般是由导线绝缘层老化破损或导线折断引起的;导线连接部分故障,一般是由连接处松脱、氧化、发霉等引起的。当发生线路故障时,控制线路会发生导通不良、时通时断或严重发热等现象。

3)元器件故障

在一个电气控制电路中,所使用的元器件种类有数十种甚至更多,不同的元器件发生故障的模式也不同。根据元器件功能是否存在,可将元器件故障分为两类:元器件损坏和元器件性能变差。

①元器件损坏

元器件损坏一般是由工作条件超限、外力作用或自身的质量问题等原因引起的。它能造成系统功能异常,甚至瘫痪。这种故障特征一般比较明显,往往从元器件的外表就可看到变形、烧焦、冒烟、部分损坏等现象,因此,诊断起来相对容易一些。

②元器件性能变差

元器件性能变差是一种软故障,故障的发生通常是由工作状况的变化、环境参量的改变或其他故障连带引起的。当电气控制电路中某个(些)元器件出现了性能变差的情况,经过一段时间的发展就会发生元器件损坏,引发系统故障。这种故障在发生前后均无明显征兆,查找难度较大。

(2)电气系统故障查找的准备工作

由于现代机电设备的控制线路如同神经网络一样遍布设备的各个部分,并且有大量的导线和各种不同的元器件存在,给电气系统故障查找带来了很大困难,使之成为一项技术性很强的工作。因此,要求维修人员在进行故障查找前作好充分准备。

通常准备工作的内容包括:

①根据故障现象对故障进行充分的分析和判断,确定切实可行的检修方案。这样做可以减少检修中的盲目行动和乱拆乱调现象,避免出现原故障未排除又造成新故障的情况发生。

②研读设备电气控制原理图,掌握电气系统的结构组成,熟悉电路的动作要求和顺序,明确各控制环节的电气过程,为迅速排除故障作好技术准备。

为了电气控制原理图的阅读和检修中的使用,通常对图纸要进行分区处理,即将整张图样的图面按电路功能划分为若干(一般为偶数)个区域,图区编号用阿拉伯数字写在图的下部;用途栏放在图的上部,用文字加以说明;图面垂直分区,用英文字母标注。

准备好电气故障维修用的各种仪表工具,具体如下:

1)验电器

验电器又称试电笔,分低压和高压两种。在机床电气设备检修时使用的为低压验电器,它是检验导线、电器和电气设备是否带电的一种电工常用工具。低压验电器的测试电压范围为60~500 V,其外形及结构如图8.1所示。使用验电器时,应以手指触及笔尾的金属体,使氖管小窗背光朝向自己,正确使用方法如图8.2所示。

验电器除可测试物体的带电情况外,还具有以下用途:

①区别电压的高低

测试时,可根据氖管发亮的强弱程度来估计电压的高低。

②区别直流电与交流电

交流电通过验电器时,氖管里的两个极同时发亮;直流电通过验电器时,氖管里只有一极发亮。

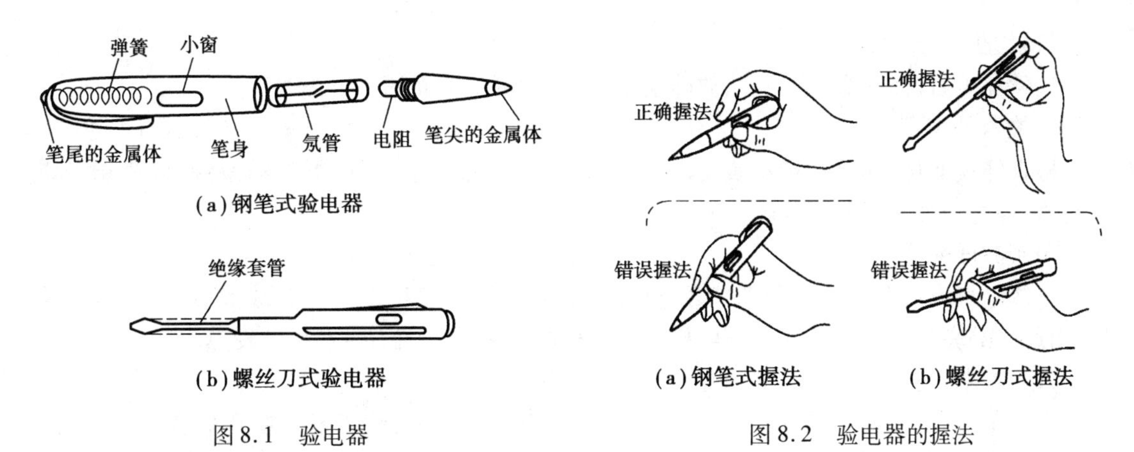

图8.1　验电器　　　　图8.2　验电器的握法

③区别直流电的正负极

将验电器连接在直流电路的正负极之间,氖管发亮的一端为直流电的正极。

④检查相线是否碰壳

用验电器触及电气设备的壳体,若氖管发亮,则说明相线碰壳,且壳体的安全接地或接零不好。

2)校火灯

校火灯又称试灯,利用校火灯可检查线路的电压是否正常、线路是否断路或接触不良等故障。用校火灯查找断路故障时,应使用较小功率的灯泡;查找接触不良的故障时,宜采用较大功率的灯泡(100～200 W)。这样,可根据灯泡的亮、暗程度来分析故障情况。此外,使用校火灯时,应注意灯泡的电压与被测部位的电压要相符,否则会烧坏灯泡。

3)万用表

万用表可以测量交、直流电压、电阻和直流电流,功能较强的万用表还可测量交流电流、电感、电容等。在故障分析中,使用万用表通过测量电参数的变化即可判断故障原因及位置。

4)电池灯

电池灯又称对号灯,它是用来检查线路的通断和检验线号的仪器。使用时应注意,若线路中串接有电感元件(如接触器、继电器的线圈),则电池灯应与被测回路隔离,以防在通电的瞬间因自感电势过高,使测试者产生麻电的感觉。

5)电路板测试仪

电路板测试仪是近年来出现在市场上的一种新型仪器,使用它对电路板进行故障检测,检测时间明显缩短,准确率大大提高。特别是在不知道电路原理的情况下,使用该仪器对电路板进行检测,故障查找的准确率可达90%以上。

8.1.2　现场调查和外观检查

现场调查和外观检查是进行设备电气维修工作的第一步,是十分重要的一个环节。对于设备的电气故障,维修并不困难,但是故障查找却十分困难,因此,为了能够迅速地查出故障原因和部位,准确无误地获得第一手资料,就显得十分重要。

现场调查和外观检查就是获得第一手资料的主要手段和途径,其工作方法可形象地概括为以下4个步骤:

(1)“望”

故障发生后,往往会留下一些故障痕迹,查看时可从下面两个方面入手。

1)检查外观变化

检查外观变化,如熔断指示装置动作、绕组表面绝缘脱落、变压器油箱漏油、接线端子松动脱落、各种信号装置发生故障显示等。

2)观察颜色变化

一些电气设备温度升高会带来颜色的变化,如变压器绕组发生短路故障后,变压器油受热,由原来的亮黄色变黑、变暗;发电机定子槽楔的颜色也会因为过热变色发黑。

(2)“问”

向操作人员了解故障发生前后的情况,一般询问的内容有:故障发生在开车前、开车后,还是发生在运行中?是运行中自行停车,还是发现异常情况后由操作人员停下来的?发生故障时,机床工作在什么工作程序,按动了哪个按钮,扳动了哪个开关?故障发生前后,设备有无异常现象(如响声、气味、冒烟或冒火等)?以前是否发生过类似的故障,是怎样处理的?等等。通过询问往往能得到一些很有用的信息,有利于根据电气设备的工作原理来分析发生故障的原因。

(3)“听”

电气设备在正常运行和发生故障时所发出的声音有所区别,通过听声音可以判断故障的性质。如电动机正常运行时,声音均匀、无杂声或特殊响声;如有较大的“嗡嗡”声时,则表示负载电流过大;若“嗡嗡”声特别大,则表示电动机处于缺相运行(一相熔断器熔断或一相电源中断等);如果有“咕噜咕噜”声,则说明轴承间隙不正常或滚珠损坏;如有严重的碰擦声,则说明有转子扫膛及鼠笼条断裂脱槽现象;如有“咝咝”声,则说明轴承缺油。

(4)“切”

所谓“切”,就是通过下面的方法对电气系统进行检查。

①用手触摸被检查的部位感知故障。如电机、变压器和一些电器元件的线圈发生故障时,温度会明显升高,通过用手触摸可以判断有无故障发生。

②对电路进行通、断电检查。其具体步骤如下:

A. 断电检查。检查前断开总电源,根据故障可能产生的部位逐步找出故障点。具体做法是:

a. 除尘和清除污垢,消除漏电隐患。

b. 检查各元件导线的连接情况及端子的锈蚀情况。

c. 检查磨损、自然磨损和疲劳磨损的弹性件及电接触部件的情况。

d. 检查活动部件有无生锈、污物、油泥干涸和机械操作损伤。

对以前检修过的电气控制系统,还应检查换装上的元器件的型号和参数是否符合原电路的要求,连接导线型号是否正确,接法有无错误,其他导线、元件有无移位、改接和损伤等。

电气控制电路在完成以上各项检查后,应将检查出的故障立即排除,这样就会消除漏电、接触不良和短路等故障或隐患,使系统恢复原有功能。

B. 通电检查。若断电检查没有找出故障,可对设备作通电检查。

a. 检查电源用校火灯或万用表检查电源电压是否正常,有无缺相或严重不平衡的情况。

b. 检查电路的顺序是先检查控制电路,后检查主电路;先检查辅助系统,后检查主传动系统;先检查交流系统,后检查直流系统;先检查开关电路,后检查调整系统。也可按照电路动作的流程,断开所有开关,取下所有的熔断器,然后从后向前,逐一插入要检查部分的熔断器,合上开关，观察各电气元件是否按要求动作，这样逐步地进行下去，直至查出故障部位。

c. 通电检查时，也可根据控制电路的控制旋钮和可调部分判断故障范围。由于电路都是分块的，各部分相互联系，但又相互独立，根据这一特点，按照可调部分是否有效、调整范围是否改变、控制部分是否正常、相互之间连锁关系能否保持等，首先大致确定故障范围，然后根据关键点的检测，逐步缩小故障范围，最后找出故障元件。

C. 对多故障并存的电路应分清主次，按步检修。有时电路会同时出现几个故障，这时就需要检修人员根据故障情况及检修经验分出哪个是主要故障，哪个是次要故障；哪个故障易检查排除，哪个故障较难排除。检修中，要注意遵循"分析—判断—检查—修理"的基本规律，及时对故障分析和判断的结果进行修正，本着先易后难的原则，逐个排除存在的故障。

8.1.3　利用仪表和诊断技术确定故障

(1)利用仪表确定故障

1)线路故障的确定

利用仪表确定故障的方法称为检测法，比较常用的仪表是万用表。使用万用表，通过对电压、电阻、电流等参数的测量，根据测得的参数变化情况，即可判断电路的通断情况，进而找出故障部位。

①电阻测量法

A. 分阶测量法

例 8.1　电路故障现象：如图 8.3 所示，按下启动按钮 SB2，接触器 KM1 不吸合。

测量方法：首先要断开电源，然后将万用表的选择开关转至电阻"Ω"挡。按下 SB2 不放松，测量 1—7 两点间的电阻，如电阻值为无穷大，说明电路断路。再分步测量 1—2、1—3、1—4、1—5、1—6 各点间的电阻值，当测量到某标号间的电阻值突然增大，则说明该点的触头或连接导线接触不良或断路。

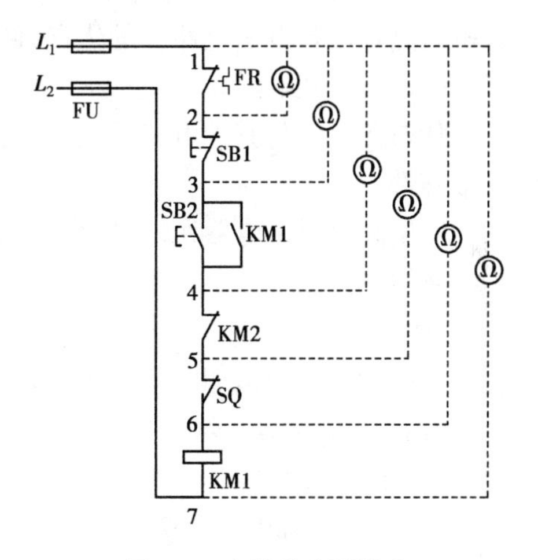

图 8.3　电阻分阶测量法

不同电气元件及导线的电阻值不同，因此，判定电路及元器件是否有故障的电阻值也不相同。如测量一个熔断器管座两端，若其阻值小于 0.5 Ω，则认为是正常的；若阻值大于 10 kΩ 认为是断线不通；若阻值为几个欧姆或更大，则可认为是接触不良。但这个标准对于其他元件或导线是不适用的。表 8.1 列出了常用元器件及导线的阻值范围供使用中参考。

表 8.1　常用阻值范围表

名　称	规　格	电　阻
铜连接导线	10 m、1.5 mm^2	<0.012 Ω
铝连接导线	10 m、1.5 mm^2	<0.018 Ω
熔断器	小型玻璃管式，0.1 A	<3 Ω
接触器触头		<3 Ω

续表

名　称	规　格	电　阻
接触器线圈		20 Ω ~ 10 kΩ
小型变压器绕组	高压侧绕组	10 Ω ~ 9 kΩ
	低压侧绕组	数 欧
电动机绕组	≤10 kW	1 ~ 10 Ω
	≤100 kW	0.05 ~ 1 Ω
	>100 kW	0.001 ~ 0.1 Ω
灯泡	220 V、40 W	90 Ω
电热器具	900 W	50 Ω
	2 000 W	20 ~ 30 Ω

B. 分段测量法

例 8.1 故障的电阻分段测量法如图 8.4 所示。测量时，首先切断电源，按下启动按钮 SB2，然后逐段测量相邻两标号点 1—2、2—3、3—4、4—5、5—6 间的电阻值。如测得某两点间的电阻值很大，说明该段的触头接触不良或导线断路。例如，当测得 2—3 两点间的电阻值很大时，说明停止按钮 SB1 接触不良或连接导线断路。

电阻测量法具有安全性好的优点，使用该方法时应注意以下三点：

a. 一定要断开电源。

b. 如被测电路与其他电路并联时，必须将该电路与其他电路断开，否则会影响所测电阻值的准确性。

c. 测量高电阻值电器元件时，将万用表的选择开关旋至适合的“Ω”挡。

②电压测量法

A. 分阶测量法

电压的分阶测量法如图 8.5 所示，测量时，将万用表转至交流电压 500 V 挡位上。

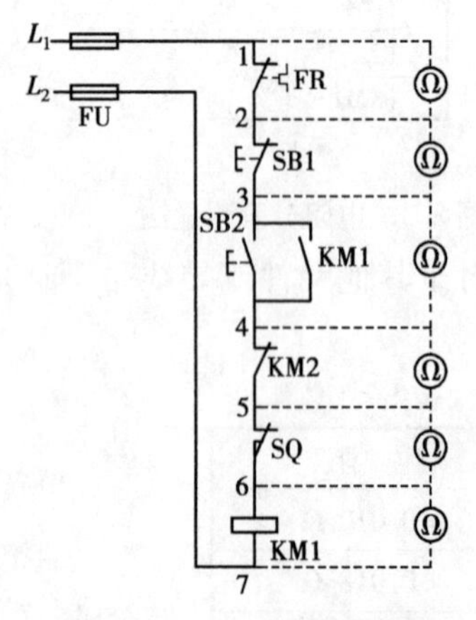

图 8.4　电阻的分段测量法

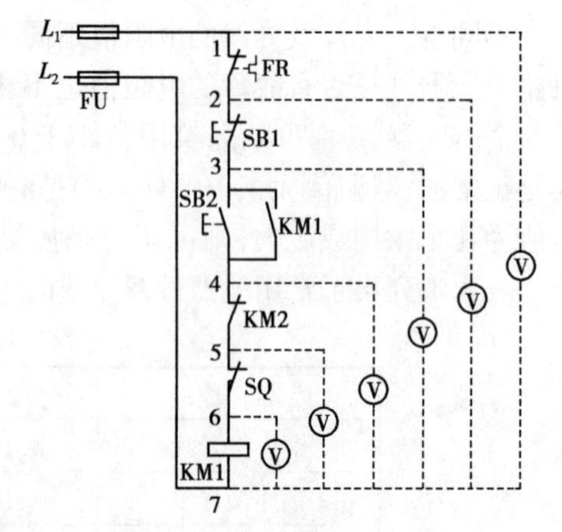

图 8.5　电压的分阶测量法

例 8.2　电路故障现象：按下启动按钮 SB2 接触器 KM1 不吸合。

检测方法：首先用万用表测量 1—7 两点间的电压，若电路正常应为正常电压（本例设为

380 V)；然后，按下启动按钮不放，同时将黑色表棒接到点 7 上，红色表棒按点 6,5,4,3,2 标号依次向前移动，分别测量 7—6、7—5、7—4、7—3、7—2 各阶之间的电压。电路正常情况下，各阶的电压值均为 380 V。如测到 7—6 之间无电压，说明是断路故障，此时，可将红色表棒向前移，当移至某点(如点 2)时电压正常，说明点 2 以前的触头或接线是完好的，而点 2 以后的触头或连线有断路。一般此点(点 2)后第一个触头(即刚跨过的停止按钮 SB1 的触头)连接线断路。根据各阶电压值检查故障可参照表 8.2 进行。

表 8.2　分阶测量法所测电压值及故障原因

故障现象	测试状态	7—6	7—5	7—4	7—3	7—2	7—1	故障原因
按下 SB2 时 KM1 不吸合	按下 SB2 不放松	0	380 V	380 V	380 V	380 V	380 V	SQ 触头接触不良
		0	0	380 V	380 V	380 V	380 V	KM2 常闭触头接触不良
		0	0	0	380 V	380 V	380 V	SB2 接触不良
		0	0	0	0	380 V	380 V	SB1 接触不良
		0	0	0	0	0	380 V	FR 常闭触头接触不良

这种测量方法像上台阶一样，因而称为分阶测量法。分阶测量法既可向上测量(即由点 7 向点 1 测量)，又可向下测量(即依次测量 1—2,1—3,1—4,1—5,1—6)。向下测量时，若测得的各阶电压等于电源电压，则说明刚测过的触头或连接导线有断路故障。

B. 分段测量法

例 8.2 故障的电压分段测量法如图 8.6 所示。

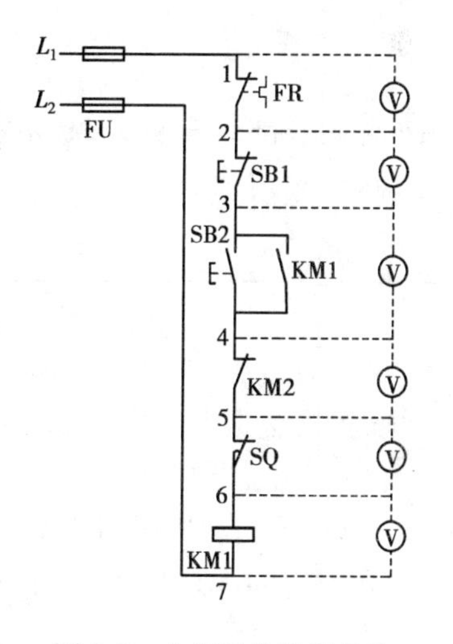

图 8.6　电压的分段测量法

先用万用表测试 1—7 两点，电压值为 380 V，说明电源电压正常；然后将万用表红、黑两根表棒逐段测量相邻两标号点 1—2、2—3、3—4、4—5、5—6、6—7 间的电压。若电路正常，则除 6—7 两点间的电压等于 380 V 之外，其他任何相邻两点间的电压值均为零。如测量到某相邻两点间的电压为 380 V 时，说明这两点间所包含的触头、连接导线接触不良或有断路。如若标号 4—5 两点间的电压为 380 V，说明接触器 KM2 的常闭触头接触不良。其详细测量方法见表 8.3。

表 8.3　分段测量法所测电压值及故障原因

故障现象	测试状态	1—2	2—3	3—4	4—5	5—6	故障原因
按下 SB2 时 KM1 不吸合	按下 SB2 不放松	380 V	0	0	0	0	FR 常闭触头接触不良
		0	380 V	0	0	0	SB1 接触不良
		0	0	380 V	0	0	SB2 接触不良
		0	0	0	380 V	0	KM2 常闭触头接触不良
		0	0	0	0	380 V	SQ 触头接触不良

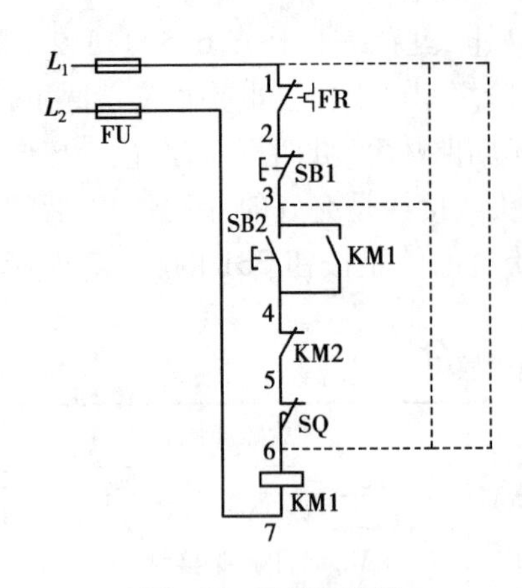

图 8.7　局部短接法

C. 利用短接法确定故障

短接法是用一根绝缘良好的导线，将所怀疑的部位短接，如电路突然接通，就说明该处断路。短接法有以下两种：

a. 局部短接法

用局部短接法检查上例故障的方法，如图 8.7 所示。

检查前先用万用表测量 1—7 两点间的电压值，若电压正常，可按下启动按钮 SB2 不放松，然后用一根绝缘好的导线，分别短接到某两点时，如短接 1—2、2—3、3— 4、4—5、5— 6。当短接到某两点时，接触器 KM1 吸合，说明断路故障就在这两点之间。具体短接部位及故障原因，见表 8.4。

表 8.4　局部短接法短接部位及故障原因

故障现象	短接点标号	KM1 动作	故障原因
按下启动按钮 SB2，接触器 KM1 不吸合	1—2	KM1 吸合	FR 常闭触头接触不良
	2—3	KM1 吸合	SB1 常闭触头接触不良
	3—4	KM1 吸合	SB2 常开触头接触不良
	4—5	KM1 吸合	KM2 常闭触头接触不良
	5—6	KM1 吸合	SQ 常闭触头接触不良

b. 长短接法

长短接法是指一次短接两个或多个触头来检查故障的方法，如图 8.8 所示。

例 8.2 中，当 FR 的常闭触头和 SB1 的常闭触头同时接触不良，如用上述局部短接法短接 1—2 点，按下启动按钮 SB2，KM1 仍然不会吸合，故可能会造成判断错误。而采用长短接法将 1—6 短接，如 KM1 吸合，说明 1—6 这段电路上有断路故障，然后再用局部短接法来逐段找出故障点。

长短接法的另一个作用是可将找故障点缩小到一个较小的范围。例如，第一次先短接 3—6，KM1 不吸合，再短接 1—3，此时 KM1 吸合，这说明故障在 1—3 间范围内。因此，利用长、短结合的短接法，能很快地排除电路的断路故障。

使用短接法检查故障时应注意：短接法是用手拿绝缘导线带电操作的，所以一定要注意安全，避免触电事故发生；短接法，只适用于检查压降极小的导线和触头之类的断路故障，对于压降较大的电器（如电阻、线圈、绕组等）断路故障，不能采用短接法，否则会出现短路故障。在确保电气设备或机械部位不会出现事故的情况下，才能使用短接法。

2）元件故障的查找确定

①电阻元件故障的查找

电阻元件的参数有电阻和功率，对怀疑有故障的电阻元件，可通过测量其本身的电阻加以判定。测量电阻值时，应在电路断开电源的情况下进行，且被测电阻元件最好与原电路脱离，以免因其他电路的分流作用使流过电流表的电流增大，影响测量的准确性。

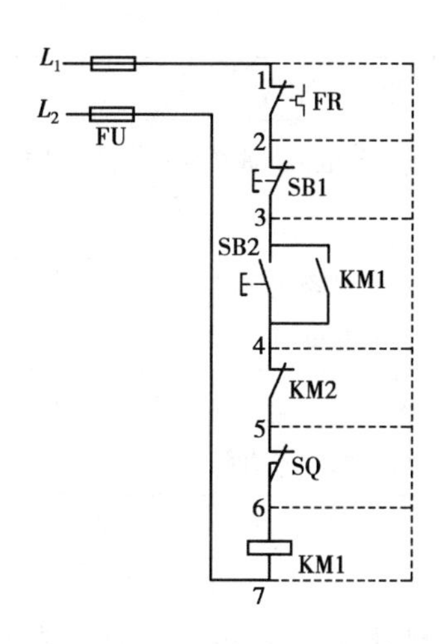

图8.8　长短接法

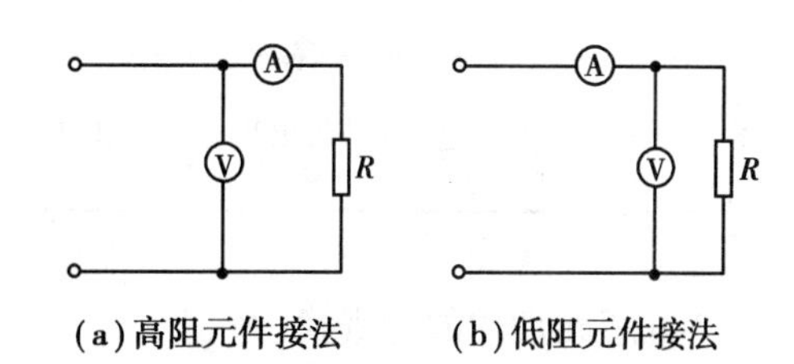

图8.9　伏安法测电阻接线方式

测量电阻元件的热态电阻采用伏安法，即在电阻元件回路中串接一只电流表、并联一只电压表，在正常工作状态下，分别读出二者数值，然后按欧姆定律求出电阻值。考虑电流表和电压表内阻的影响，对高阻元件和低阻元件应采用不同的接法，如图8.9所示。

对于阻值较小且需要精确测量的电阻阻值，应采用电桥法进行测量。

10 Ω以上可使用单臂电桥，10 Ω以下应使用双臂电桥。所测电阻为

$$R = kr \tag{8.1}$$

式中　R——被测电阻，Ω；

k——电桥倍率；

r——电桥可调电阻值。

②电容元件的故障查找

电容元件的参数有容量、耐压、漏电阻、损耗角等，一般只需测量容量和漏电阻（或漏电流）两个参数，如满足要求，则可认为元件正常。测电容的容量可用欧姆表简单测量，根据刚加电瞬间指针的偏摆幅度，大致估计出电容的大小；等指针稳定后，指针的读数即为漏电阻。但要精确测量，需使用专门的测电容仪表。用欧姆表测电容时的故障判断见表8.5。

表8.5　用欧姆表测电容时的故障判断

序号	欧姆表指针动作现象	电容器情况
1	各挡指针均没有反应	电容器容量消失或断路
2	低阻挡没有反应，高阻挡有反应	电容器容量减小
3	开始时表针向右偏转，然后逐渐回偏，最后指向无穷大处	基本正常
4	开始时表针向右偏转，然后逐渐回偏，最后不能指向无穷大处	电容器漏电较大
5	指针迅速向右偏转，且固定地指向某一刻度	电容器容量消失且漏电较大

续表

序号	欧姆表指针动作现象	电容器情况
6	指针向右偏转,逐渐回偏后,又向右偏转	电容器存在不稳定漏电流,漏电流随电压、温度等变化很大
7	指针迅速反偏,出现“打表”现象	电容器有初始电压,且该电压方向与欧姆表内电池极性方向相反,应放电后再测
8	指针迅速正偏,出现“打表”现象	电容器有初始电压,且该电压方向与欧姆表内电池极性方向相同,应放电后再测

③电感元件的故障查找

电感元件的基本参数有电感、电阻、功率和电压等。在实际测量时,一般可只核对直流电阻和交流电抗,如无异常,则可认为电感元件没有故障。电感元件的测量方法有以下两种:

a. 欧姆表的测量法中由于电感元件可以等效为一个纯电阻和纯电感的组合,因此可以用欧姆表大致估算电感量的大小。表的指针向右偏转的速度越快,说明电感量越小;指针向右偏转的速度越慢,说明电感量越大;当指针稳定后,所指示的数值即为电感元件的直流电阻值。

b. 为了实现对电感元件的准确测量,除可采用专门的仪器外,还可使用伏安法。伏安法的接线与测电阻时的伏安法接线基本相同。其计算公式为

$$Z = \frac{U}{I} \tag{8.2}$$

式中 Z——测量频率下的阻抗,Ω;

U——交流电压,V;

I——交流电流,A。

电感元件的阻抗与直流电阻和交流电抗之间的关系为

$$Z = \sqrt{X_L^2 + R^2} \tag{8.3}$$

式中 X_L——测量频率下的电抗,Ω;

R——直流电阻,Ω。

而电感元件的电感量与电抗之间的关系为

$$L = \frac{X_L}{\omega} = \frac{X_L}{2\pi f} \tag{8.4}$$

式中 L——电感元件的电感量,H;

ω——测量频率对应的角速度,rad/s;

f——测量频率,Hz。

按照以上公式,可以根据测得的直流电阻和交流电抗,求出电感元件的电感量,判断出电感元件的好坏。电感元件故障与参数变化见表8.6。

表8.6 电感元件故障与参数变化表

序号	故障种类	参数变化情况
1	匝间短路	直流电阻减小,电感量减小
2	铁芯层间绝缘损坏	直流电阻不变,电感量减小,被测元件有功功率增加
3	断路	直流电阻为无穷大
4	短路	直流电阻为零
5	介质损耗增加	直流电阻不变,电感量减小不明显,只有在高频时,电感量减少才较为明显,且被测元件有功功率增加

(2)利用经验确定故障

利用经验确定故障主要表现在以下九个方面:

1)弹性活动部件法

弹性活动部件法主要用于活动部件,如接触器的衔铁、行程开关的滑轮臂、按钮等的故障检查。这种方法通过反复弹压活动部件,检查哪些部件动作灵活,哪些有问题,以找出故障部位。另外,通过对弹性活动件的反复弹压,会使一些接触不良的触头得到摩擦,达到接触、导通的目的。例如,对于长期没有启用的控制系统,启用前采用弹压活动部件法全部动作一次,可消除动作卡滞与触头氧化现象。对于因环境污物较多或潮气较大而造成的故障,也应使用这一方法。但必须注意,采用这种方法,故障的排除常常是不彻底的,要彻底排除故障还需采用另外的措施。

2)电路敲击法

电路敲击法是在电路带电状态下进行故障确定的。检查时,可用一只小的橡皮锤轻轻敲击工作中的元件。如果电路故障突然排除,或者故障突然出现,都说明被敲击元件附近或者是被敲击元件本身存在接触不良现象。

3)黑暗观察法

电路存在接触不良故障时,在电源电压作用下,常产生火花并伴随着一定的声响。因为火花和声音一般比较微弱,所以,应在比较黑暗和安静的情况下,观察电路有无火花产生,聆听是否有放电时的"嘶嘶"声或"噼啪"声。如果有火花产生,则可以肯定产生火花的地方存在接触不良或放电击穿的故障。

4)非接触测温法

温度异常时,元件性能常发生改变,同时元件温度的异常也反映了元件本身存在过载、内部短路等现象。在实际中,可采用感温贴片或红外辐射测温计进行温度测量。感温贴片是一种温致变色的薄膜,具有一定的变色温度点,超过这一温度,感温贴片就会改变颜色(如鲜红色)。将具有不同变色温度点的感温贴片贴在一起,通过颜色的变化情况,就可以直接读出温度值。目前生产的感温贴片通常是每5 ℃一个等级,因此,用感温贴片可读出±5 ℃的温度值。

5)元件替换法

对被怀疑有故障的元件,可采用替换的方法进行验证。如果故障依旧,说明故障点怀疑不准,可能该元件没有问题。如果故障排除,则与该元件相关的电路部分存在故障,应加以确认。

6)对比法

如果电路有两个或两个以上的相同部分时,可以对两部分的工作情况进行对比。因为两个部分同时发生相同故障的可能性很小,所以通过比较,可以方便地测出各种情况下的参数差异,通过合理分析,即可确定故障范围和故障情况。例如,根据相同元件的发热情况、振动情况以及电流、电压、电阻及其他数据,可以确定该元件是否过载、电磁部分是否损坏、线圈绕组是否有匝间短路、电源部分是否正常等。

7)交换法

当有两个及以上相同的电气控制系统时,可将系统分成几个部分,对不同系统的部件进行交换。当换到某一部分时,电路恢复正常工作,而将故障部分换到其他设备上时,该设备也出现了相同的故障,则说明故障就在该部分。同理,当控制电路内部存在相同元件时,也可将相同元件调换位置,检查相应元件对应的功能是否得到恢复,故障是否又转到另外的部分。如果故障转到另外的部分,则说明调换元件存在故障;如果故障没有变化,则说明故障与调换元件没有关系。

8)加热法

当电气故障与开机时间呈一定的对应关系时,可采用加热法促使故障更加明显。由于随着开机时间的增加,电气线路内部的温度上升,在温度的作用下,电气线路中的故障元件的电气性能将发生改变,从而引起故障。因此,采用加热法,可起到诱发故障的作用。具体做法是:使用电吹风或其他加热方式,对怀疑元件进行局部加热,从而起到确定故障点的作用。如果诱发故障,则说明被怀疑元件存在故障;如果没有诱发故障,则说明被怀疑元件可能没有故障。使用这一方法时应注意安全,加热面不要太大,温度不能过高,以达到电路正常工作时所能达到的最高温度为限,否则,可能会造成绝缘材料及其他元件损坏。

9)分割法

首先将电路分成几个相互独立的部分,弄清其间的联系方式,再对各部分电路进行检测,确定故障的大致范围;然后再将电路存在故障的部分细分,对每一小部分再进行检测,确定故障的范围,继续细分至每一个支路,最终将故障查出来。

(3)电气故障的快速查找法

工作中有时很小的一个故障查找也十分费力,特别是走线分布复杂、控制功能多样、元件多、分布广的无图纸线路,要查找故障的难度就更大。当遇到这种情况时,发生故障后为快速查找,可按以下步骤进行。

1)检查线路状况

由于布线工艺的要求,故障常发生在导线的接头处,导线中间极少发生,因此,可首先检查导线接头,看有无导线松脱、氧化、烧黑等现象,并适当用力晃动导线,再紧固压紧螺钉。如有接触不良,应立即接好;如导线松脱,可首先恢复。然后检查是否有明显的损伤元件,如烧焦、变形等,当遇到这类元件,应及时更换,以缩小故障范围,便于下一步故障的查找。

2)检查电源情况

控制电路检查无误后,方可通电检查,通电时主要检查外部电源是否缺相,电压是否正常,必要时可检查相序和频率。查看熔断器是否正常是检查电源的一个很重要的方法,在控制电路电源故障中,熔断器故障占了相当比例。电源正常后,如果控制电路仍有故障,可进行下一步骤检查。

3)对易查件进行检查

检查按钮按下时,动合触头、动断触头是否有该通不通、该断不断的现象,接触器动作是否灵活,触头接触是否良好,保护元件是否动作等,必要时可多次操作进行验证。一般触头闭合时,接触电阻小于15 Ω,即认为是导通状态,大于100 kΩ,则认为是断开状态。如果没有外电路影响,阻值又介于15 Ω～100 kΩ,则应进行处理,以消除绝缘不良或接触不良的现象。

对于行程开关和其他检测元件,要试验其动作是否正常灵活,输出信号是否正常。因为它们是自动控制电路动作的依据,状态若不正常,则整个控制系统工作也不会正常。

经过以上检查后,如果仍不能解决问题,那就需要按图分析查线计算了。应按主回路确定元件名称、性质和功能,以便为控制回路粗略地划分功能范围提供条件。

8.1.4　故障的排除与修理

(1)绝缘不良

导线绝缘损坏后,易发生漏电、短路、打火等故障,其排除方法应视不同情况而定。

1)由污物渗入导线接头内部引起的绝缘不良故障

该故障处理方法是:在断电的情况下,用无水酒精或其他易挥发、无腐蚀的有机溶剂进行擦拭,将污渍清除干净即可。清除时应注意三个问题:一是溶剂的含水量一定要低,否则会因水分过多,造成设备生锈、干燥缓慢、绝缘材料吸水后性能变差等;二是注意防火,操作现场不允许有暗火和明火;三是选择合适的溶剂,不能损坏原有的绝缘层、标志牌、塑料外壳的亮光剂等。

2)由老化引起的绝缘不良

该故障是绝缘层在高温及有腐蚀的情况下长期工作造成的。绝缘老化发生后,常伴有发脆、龟裂、掉渣、发白等现象。遇到这种现象,应立即更换新的导线或新的元件,以免造成更大的损失;同时,还应查出绝缘老化的原因,排除诱发绝缘老化的因素。例如,若是因为导线过热引起的绝缘老化,除应及时排除故障外,还应注意检查导线接头处包裹的绝缘胶带是否符合要求。通常,绝缘胶带的厚度以3～5层为宜,不能过厚,否则接头处热量不易散发,很容易引起氧化和接触不良的现象。包裹时还应注意不能过疏、过松,要密实,以便防水、防潮。裸露的芯线要包扎好,线芯压好,不允许有翘起的线头、毛刺、棱角,以防刺破绝缘胶带造成漏电。

3)外力造成的绝缘损坏

这种情况应更换整根导线。如果外力无法避免,则应对导线采取相应的保护措施,如穿上绝缘套管、采用编织导线或将导线盘成螺旋状等。如果不能立即更换导线,作为应急措施,也可用绝缘胶带对受伤处进行包扎,但必须在工作环境允许时才能采用。

(2)导线连接故障

当遇到导线接触不良时,首先应清除导线头部的氧化层和污物,然后再清除固定部分的氧化层,重新进行连接。连接时应注意以下八点:

①避免两种不同的金属(如铝和铜)直接相连接,可采用铜铝过渡板。

②对于导线太细、固定部分空间过大造成压不紧的情况,可将导线来回折几下,形成多

股,或将导线头部弯成回形圈然后压紧,必要时可另加垫圈。

③当导线与固定部分不易连接时,可在导线上搪一层焊锡,固定部分也搪一层焊锡,一般就能良好接触。

④对特殊情况下的大电流长时间工作导线,为了增加其连接部分导电性能,可用锡焊将导线直接焊在一起。此外,采用较大的固定件(以利散热)、加一定的凡士林(以利隔绝空气)、增加导线的紧固力等,都能改善连接部分的导电性能。

⑤导线连接时,所有接头应在接线柱上进行,不得在导线中间剥皮连接,每个接线柱接线一般不得超过两根。导线弯成弧形时,应按顺时针方向缠绕在接线柱上,避免因螺帽未拧紧导线松脱。

⑥弱电连接比强电连接对可靠性的要求更高。由于弱电电压低,不易将导线之间微弱空气间隙和微小杂质击穿,因此,一般采用镀银插件、导线焊接的方式。

⑦在特殊情况下,对于电炉丝的连接,宜在加热丝弹簧中卡入一截面合适的铝丝作为引出线,然后再用螺栓(以增加散热能力)与外引线相连。这是因为铜丝熔点高,又易于氧化,生成的氧化铜几乎不导电,故不宜用作与电热元件直接连接的引出导线。

⑧对于细导线连接故障,如万用表表头线圈一般应予更换线圈。由于采用高压拉弧法使断头熔焊在一起,或采用手工连接,往往因机械强度不足和绝缘强度不够而导致寿命降低。

8.2 电气设备故障诊断常用的试验技术

电气设备种类繁多,故障也不尽相同,但是由绝缘、温升和老化引起的故障在电气设备中占有相当的比例。

8.2.1 电气设备的绝缘预防性试验

电气设备在制造、运输和检修过程中,由于材料质量、制造和维修工艺问题或发生意外碰撞等原因,会造成绝缘缺陷。正常运行的电气设备,受额定电压的长期作用和各种过电压(如工频过电压、雷电过电压、操作过电压)的作用,其绝缘材料会发生击穿或绝缘性能降低的现象。另外,导体的发热、机械力损伤、化学腐蚀作用、受潮或在运输及检修中的意外碰撞等,也都有可能使绝缘性能劣化,造成电气设备故障。因此,为了提高电气设备运行的可靠性,必须定期对设备绝缘进行预防性试验,以检测其电气性能、物理性能和化学性能,对其绝缘状况作出评价。

绝缘预防性试验指按规定的试验条件、试验项目和试验周期对电气设备进行的试验。其目的是通过试验,掌握设备的绝缘强度情况,及早发现电气设备内部隐蔽的缺陷,以便采取措施加以处理,保证设备正常运行,避免造成停电或设备损坏事故。电气设备的绝缘预防性试验包括以下内容:

(1)绝缘电阻和吸收比测量

电气设备的绝缘电阻反映了设备的绝缘情况,其值的大小是对试品施加一定数值的直流电压 1 min 时测得的电阻值。

由于电气设备的绝缘常常是由多种材料组成,即使是同一介质制成的绝缘,也会在制造和运行中发生电性能的变化，因而介质均是不均匀的。不均匀介质在直流电压的作用下，其中流过的电流会逐渐下降，经过 1 min 左右才趋于稳定，电流的这种变化会使绝缘电阻值产生变化。通常当绝缘受潮或有缺陷时，电流的变化会减小。因此，采用测量第 15 s 和第 60 s 的绝缘电阻值 R_{15} 和 R_{60}，求出比值。R_{60}/R_{15}，反映绝缘是否受潮或有绝缘缺陷，这个比值称为吸收比。一般绝缘干燥时，吸收比不小于 1.3。

试验步骤如下：

1）放电

试验前，先断开试品的电源，拆除一切对外连线，将试品短接后接地放电 1 min。对于电容量器较大的试品（如变压器、电容器、电缆等）至少放电 2 min，以免触电。

放电时，应使用绝缘工具（如绝缘手套、棒、钳等），先将接地线的接地端接地，然后再将另一端挂到试品上，不得用手直接触及放电的导体。

2）清洁试品表面

用干燥清洁的软布或棉纱擦净试品表面，以消除表面杂质对试验结果的影响。

3）校验兆欧表

将兆欧表水平放置，摇动手柄至额定转速（120 r/min），指针应指"∞"；然后再用导线短接兆欧表"线路"（L）端和"接地"（E）端，并轻轻摇动手柄，指针应指"0"，这样则认为兆欧表正常。

4）正确接线

兆欧表的 E 端接试品的接地端、外壳或法兰处，L 端接试品的被测部分（如绕组、铁芯柱等），注意 E 端与 L 端的两引线不得缠绕在一起。如果试品表面潮湿或脏污，应装上屏蔽环，即用软裸线在试品表面缠绕几圈，再用绝缘导线引接于兆欧表的"屏蔽"（G）端。

5）测量

以恒定转速转动手柄，兆欧表指针逐渐上升，待 1 min 后读取其绝缘电阻值。如测量吸收比，则在兆欧表达到额定转速时（即在试品上加上全部试验电压），分别读取 15 s 和 60 s 的读数。应将试品名称、规范、装设地点及气象条件等记录下来。试验完毕或重复进行试验时，必须将试品对地充分放电。

6）实验结果判断

测得的绝缘电阻值大于电气设备的绝缘电阻允许值时，说明绝缘状况符合要求。也可将测得结果与有关数据进行比较，如与同一设备的各相间数据、同类设备间的数据、出厂试验数据、耐压前后数据等比较。如发现异常，应立即查明原因或辅以其他测试结果进行综合分析判断。

（2）电介质损失的测量

电介质损耗的大小是衡量绝缘性能的一项重要指标。电场中电介质在单位时间消耗的电能称为介质损失。电介质就是绝缘材料在电场作用下，电介质有一部分电能不可逆转地转变为热能，如果介质损耗过大，绝缘材料的温度会升高，促使材料发生老化、变脆和分解，甚至使绝缘材料熔化、烧焦、丧失绝缘能力，导致热击穿的后果。介质损失的大小可以用功率因数角 ψ 反映，为了使用方便，工程上常用 ψ 的余角 δ 的正切 $\tan\delta$ 来反映电介质的品质，即

$$\tan\delta = \frac{1}{\omega CR} \tag{8.5}$$

式中　C——电容值,F;

R——电阻值,Ω。

当电介质、外加电压及频率一定时,介质损耗与 $\tan\delta$ 成正比。通过测量 $\tan\delta$ 的大小,可以判断绝缘的优劣情况。对于绝缘良好的电气设备,$\tan\delta$ 值一般都很小;当绝缘受潮、劣化或含有杂质时,$\tan\delta$ 值将显著增大。

$\tan\delta$ 值测试可用高压西林电桥和 2 500 V 介质损失角试验器等设备,测量的方法一般采用平衡电桥法、不平衡电桥法、低功率表法。下面介绍平衡电桥法。

平衡电桥法又称西林电桥法,所用设备为高压西林电桥,它是一种平衡交流电桥,具有灵敏、准确等优点,应用较为普遍。其接线原理如图 8.10 所示,图中 C_x,R_x,是试品并联等值电容及电阻,C_N 是标准空气电容器,R_3 是可调无感电阻箱,R_4 是可调电容箱,也是无感电阻,G 是检流计。

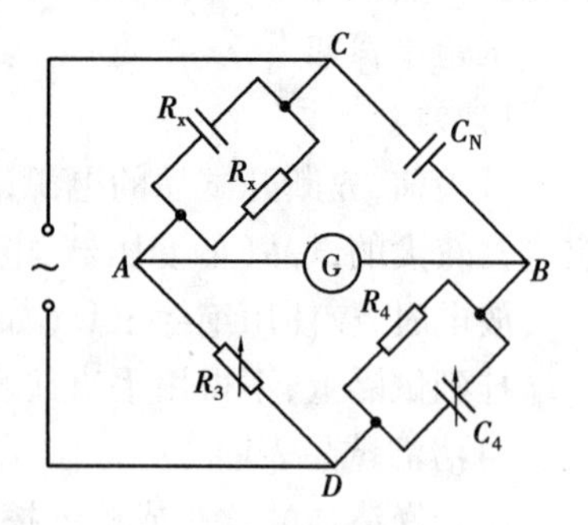

图 8.10　西林电桥原理图

根据交流电桥平衡原理,当检流计 G 的指示数为零时,电桥平衡。

为了保证 $\tan\delta$ 测量结果的准确性,应尽量远离干扰源(如电场及磁场),或者加电场屏蔽。测量结果可与被试设备历次测量结果相比较,也可与同类型设备测量结果相比较。若比值悬殊,$\tan\delta$ 值明显地升高,则说明绝缘可能有缺陷。

判断设备的绝缘情况,必须将各项试验结果结合起来,进行系统而全面的分析、比较,并结合设备的历史情况,对被试设备的绝缘状态和缺陷性质作出科学结论。例如,当用兆欧表和西林电桥分别对变压器绝缘进行测量时,若绝缘电阻和吸收比较低,$\tan\delta$ 值也可能不高,则往往表示绝缘中有局部缺陷;如果 $\tan\delta$ 值很高,则往往说明绝缘整体受潮。

(3)直流耐压和泄漏电流的测量

直流耐压试验是耐压试验的一种,其试验电压往往高于设备正常工作电压的几倍,这种试验既能考验绝缘的耐压能力,又能揭露危险性较大的集中性缺陷。

进行直流耐压试验的时间一般大于 1 min,所加试验电压值通常应参考该绝缘的交流耐压试验电压值,根据运行经验确定。例如,对电动机,通常取 2 ~2.5 U_e;对电力电缆,额定电压在 10 kV 及以下时常取 5 ~6 U_e,额定电压升高时,倍数逐渐下降。

直流耐压试验和泄漏电流试验的原理、接线及方法完全相同,只是直流耐压试验电压较高。因此,在进行直流耐压试验时,一般都兼作泄漏电流测量。

泄漏电流试验与绝缘电阻试验的原理相同,当直流电压加于被试设备时,即在不均匀介质中出现可变电流,此电流随时间增长而逐渐减小,在加压一定时间后(1 min)趋于稳定,此电流即为泄漏电流,其大小与绝缘电阻成反比,兆欧表就是根据这个原理将泄漏电流换算为绝缘电阻反映在刻度盘上。

泄漏电流试验与绝缘电阻测量相比具有以下特点:

①试验电压比兆欧表的额定电压高很多,容易使绝缘本身的弱点暴露出来。

②用微安表监视泄漏电流的大小,方法灵活、灵敏,测量重复性较好。测量泄漏电流的接线多采用半波整流电路,其接线如图 8.11 所示。

图 8.11 中微安表有两个不同的位置,微安表Ⅰ处于高电位,微安表Ⅱ处于低电位。微安

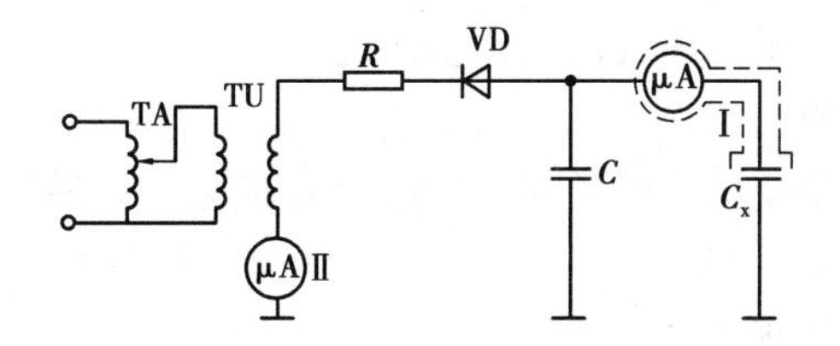

图8.11 泄漏电流实验原理接线图

TA—自耦变压器;TU—升压变压器;VD—高压硅堆;

R—保护电阻;C—稳压电容器;C_x—被试品

表处于高电位的接法适用于试品的接地端不能对地隔离的情况,此时将微安表放在屏蔽架上,并通过屏蔽与试品的屏蔽环相连,故测出的泄漏电流值准确,不受杂散电流的影响。这种方法存在的问题是试验中改变微安表的量程时,要使用绝缘棒,操作不便且微安表距人较远,读数不易看清。微安表处于低电位的接线,可以克服处于高电位时的缺点,在现场试验时采用较多,但此接线法不能消除试品绝缘表面的泄漏电源和高压导线对地的电晕电流对测量结果的影响。

直流耐压试验所必需的直流高压,是由自耦变压器及升压变压器产生的交流高压经整流装置整流获得的。整流装置包括高压整流硅堆和稳压电容器,高压硅堆具有良好的单向导电性,可将交流变为直流。稳压电容器的作用是使整流电压波形平稳,减小电压脉冲。其电容值越大,加在试品上的直流电压就越平稳,因此,稳压电容应有足够大的数值。一般在现场常取的电容最小值为:当试验电压为3~10 kV时,取0.06 pF;当试验电压为15~20 kV时,取0.015 pF;当试验电压为30 kV时,取0.01 μF。对于大型发电机、变压器及电力电缆等大容量试品,因其本身电容较大,可省去稳压电容。

该试验过程要注意以下三点:

①按接线图接好线后,应由专人认真检查,确认无误后方可通电及升压。在升压过程中,应密切监视试品、试验回路及有关计量仪,分阶段读取泄漏电流值。

②在试验过程中,若出现闪络、击穿等异常现象,应马上降压,断开电源后查明原因。

③在试验完毕、降压以及断开电源后,均应将试品对地充分放电。

对实验所得测量结果要进行分析,可以换算到同一温度下与历次试验结果,与规定值相比较,也可在同一设备各相之间相互比较。例如,对某台220 kV少油断路器,用兆欧表测得各相的绝缘电阻均在10 000 MΩ以上,当进行40 kV直流泄漏电流测量时,其中A、B两相为5 μA,C相为70 μA,三相电流显著不对称,检查C相,发现该相支持瓷套管有裂纹。

(4)交流工频耐压试验

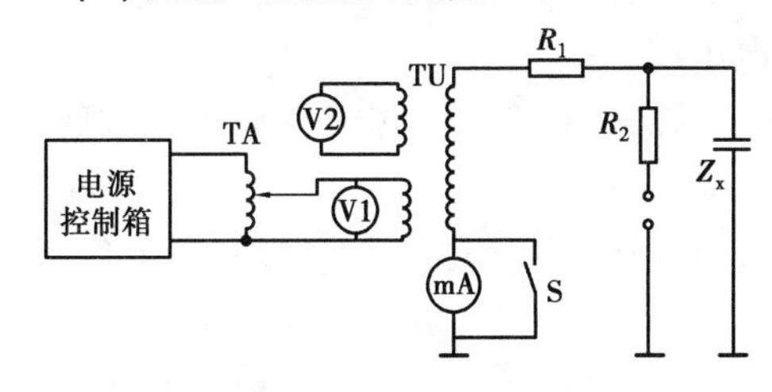

图8.12 交流工频耐压试验原理接线图

交流工频耐压试验与直流耐压试验一样,均在设备上施加比正常工作电压高得多的电压,它是考验设备绝缘水平和确定设备能否继续参加运行的可靠手段。GB 311.1—1997《高压输变电设备的绝缘配合》规定了各种电压等级设备的试验电压值,在现场可根据试验规程的要求选用。通常考虑到运行中绝缘的变化,试验电压值应取得比出厂试验电压低一些。常见的试验接线方法如图8.12所示。

交流高压电源由交流电源调压器及高压试验变压器组成。试验时,应根据被试设备的电容量和最高电压选择试验变压器。具体步骤如下:

1)电压

试验变压器的高压侧额定电压U_e应大于试品的试验电压U_s,而低压侧额定电压应能与现场的电源电压及调压器相匹配。

2)电流

试验变压器的额定输出电流 I_e 应大于试品所需的电流 I_s,且 I_s 可按试品电容估算,即

$$I_s = U_s \omega C_x \tag{8.6}$$

3)容量

根据试验变压器输出的试验电流及额定电压,即可确定变压器的容量。例如,对 10 kV 高压套管进行交流耐压试验,根据试验电压标准,试验电压为 46 kV,因此,可选用额定电压为 50 kV 的试验变压器。用西林电桥测得套管对地电容值为 0.04 μF,则试验变压器的容量为

$$P_e = U_e I_e = U_e U_s \omega C_x$$

$$= 50 \times 10^3 \times 46 \times 10^3 \times 314 \times 0.04 \times 10^{-6}\ \mathrm{V \cdot A} \approx 2.9\ \mathrm{kV \cdot A}$$

根据 JB 3570—1984 规定,可选取 YD5/50 型高压试验变压器。若在试验中试品突然发生击穿或沿面击穿,回路中的电流会在瞬间剧增,其产生的过电压将威胁变压器的绝缘,因此,在变压器高压侧出线端串联的限流电阻用于限制过电流和过电压。一般限流电阻选择 0.1 Ω/V,试验中常用玻璃管装水做成水电阻,水电阻最好采用碳酸钠加水配成,而不宜用食盐,因为食盐的化学成分是氯化钠,导电时会分解出一部分氯气,对人体有害,而且设备也容易被腐蚀。

常用的调压器有自耦变压器和移卷变压器。调压器的作用是将电压从零到最大值进行平滑的调节,保证电压波形不发生畸变,以满足试验所需的任意电压。

对于大电容量的电气设备(如发电机、电容器、电力电缆等),当试验电压很高时,所需高压试验变压器的容量很大,给试验造成困难,故一般不进行交流工频耐压试验,而进行直流耐压试验。

试验中要注意以下六点:

①试验前应将试品的绝缘表面擦拭干净。

②要合理布置试验器具,接线高压部分对地应有足够的安全距离,非被试部分一律可靠接地。

③试验时,调压器应置零位,然后迅速均匀地升高电压至额定试验电压,时间为 10 ~ 15 s。当耐压时间一到,应速将电压降至输出电压的 1/4 以下,然后切断电源,切勿在试验电压下切断电源,否则可能产生使试品放电或击穿的操作过电压。

④试验过程中,若发现电压表摆动,毫安表指示急剧增加、绝缘烧焦或冒烟等异常现象,应立即降下电压、断开电源、挂接地线,查明原因。

⑤试验前后,应用兆欧表测量试品的绝缘电阻和吸收比,检查试品的绝缘情况,前后两次测量结果不应有明显的差别。

⑥试验过程中,若由于空气的湿度、设备表面脏污等引起试品表面滑闪放电或空气击穿,不应认为不合格,应经处理后再试验。

4)交流耐压试验结果的判断

①在交流耐压持续时间内,试品不发生击穿为合格;反之,为不合格。试品是否击穿,可按下述情况分析:

a. 根据仪表的指示分析。若电流表指示突然上升,则表明试品击穿;当采用高压侧直接测量时,若电压表指示突然下降,也说明试品已被击穿。

b. 根据试品状况进行分析。在试验中,试品出现冒烟、闪络、燃烧等现象,或发出断续的放电声,可认为试品绝缘有问题或已被击穿。

②交流耐压试验结果必须与其他试验项目所得的结果进行综合分析判断,以确定设备的绝缘情况。

8.2.2 交流电动机和开关电器试验

(1)交流电动机试验

交流电动机分为同步及异步电动机两类。由于异步电动机在工农业生产中应用广泛,所以下面主要介绍异步电动机在安装前和经过修理后所要进行的有关试验。

1)测量绝缘电阻和吸收比

测量电动机绝缘电阻时,应先拆开接线盒内连接片,使三相绕组6个端头分开,分别测量各相绕组对机壳和各相绕组之间的绝缘电阻。测量时,应选择适当的兆欧表。对于500 V以下的电动机,可采用500 V的兆欧表;对于500~3 000 V电动机,可采用1 000 V的兆欧表;对于3 000 V以上电动机,可采用2 500 V的兆欧表。

电动机绝缘电阻值在冷、热状态下是不同的,其值随温度升高而降低。冷态(常温)下,额定电压1 000 V以下的电动机,绝缘电阻值一般应大于1 MΩ,下限值不能低于0.8 MΩ。电动机热态(接近工作温度)下,对于额定电压为380 V的低压电动机,其热态绝缘电阻不应低于0.4 MΩ。而对额定电压更高的电动机,功率稍大时,额定电压每增加1 kV,则绝缘电阻下限值增加1 MΩ。功率为500 kW以上的电动机应测量吸收比,一般吸收比大于1.3时,可不经干燥直接投入运行。

2)泄漏电流及直流耐压试验

对于额定电压为1 000 V以上、功率为500 kW以上的电动机,应对其定子绕组进行直流耐压试验,并测量泄漏电流。试验电压的标准为:大修或局部更换绕组时,3倍额定电压;全部更换绕组时,2.5倍额定电压。泄漏电流无统一标准,但一般要求各相间差别不大于10%;20 μA以下者,各相间应无显著差别。

3)工频交流耐压试验

工频交流耐压试验内容主要是定子绕组一相对地和绕组相间的耐压试验,其目的在于检查这些部位间的绝缘强度。该试验应在绕组绝缘电阻达到规定数值后进行。试验电压的标准为:大修或局部更换绕组时,1.5倍额定电压,但不低于1 000 V;全部更换绕组时,2倍额定电压再加上1 000 V,但不低于1 500 V。

该试验应在电动机静止状态下进行,接好线后将电压加在被试绕组与机壳之间,其余不参与试验的绕组与机壳连在一起,然后接地。若试验中发现电压表指针大幅度摆动,以及电动机绝缘冒烟或有异响,则应立即降压,断开电源,接地放电后进行检查。

4)测量绕组直流电阻

直流电阻测量工具为精密双臂电桥。测量绕组各相直流电阻时,应将各相绕组间连接线拆开,以得到实际阻值。若不便于拆开,则星形连接时从两出线间测得的是2倍相电阻,三角形连接时测得的是2/3倍相电阻。

运行中的电动机,测量直流电阻前应静置一段时间,在绕组温度与环境温度大致相等时再测。一般地,10 kW以下的电动机,静置时间不应少于5 h;10~100 kW的电动机,静置时间不应少于 8 h。测量结果应满足:电动机三相的相电阻与其三相平均值之比相差不超过 5%。

5)电动机空转检查和空载电流的测定

以上试验合乎要求后,启动电动机空转,其空转检查时间随电动机功率增加而增加,但最长不超过 2 h。在电动机空转期间,应注意:定子与转子是否相擦,电动机是否有过大的噪声及声响,铁芯是否过热,轴承温度是否稳定。检查结束时,滚动轴承温度不应超过 70 ℃。

在检查电动机空载状态的同时,应用电流表或钳形电流表测量电动机的三相空载电流。各种不同的电动机,空载电流的大小不同,空载电流占额定电流的百分比随电动机极数及功率而变化,其测得值应接近表 8.7 所列数值。若测得的空载电流过大,说明电动机定子匝数偏小,功率因数偏低;若空载电流过小,说明定子匝数偏多,这将使定子电抗过大,电动机力矩特性变差。

表 8.7 异步电动机空载电流占额定电流的百分比

功率/kW 极数	0.125	0.5 以下	2 以下	10 以下	50 以下	100 以下
2	70 ~ 95	45 ~ 70	40 ~ 55	30 ~ 45	23 ~ 35	18 ~ 30
4	80 ~ 96	65 ~ 85	45 ~ 60	35 ~ 55	25 ~ 40	20 ~ 30
6	85 ~ 98	70 ~ 90	50 ~ 60	35 ~ 65	30 ~ 45	22 ~ 33
8	90 ~ 98	75 ~ 90	50 ~ 70	37 ~ 70	35 ~ 50	25 ~ 35

(2)低压开关试验

机电设备使用的开关一般均是 1 kV 以下的低压开关,这些开关在交接及大修时均要进行绝缘电阻测量,其测量仪器是 1 000 V 兆欧表。

接触器和磁力启动器还要进行交流耐压试验,测试的部位是:主回路对地、主回路极与极之间、主回路进线与出线之间、控制与辅助回路对地之间;此外,还要检查触点接触的三相同期性,要求各相触点应同时接触,三相的不同期误差小于 0.5 mm,否则需要调整。

自动空气开关在交接和大修时,必须进行以下试验内容:

①检查操作机构的最低动作电压,是否满足合闸接触器不小于 30% 的额定电压、不大于 80% 额定电压;分闸电磁铁不小于 30% 额定电压,不大于 65% 额定电压的要求。

②测量合闸接触器和分、合闸电磁线圈的绝缘电阻与直流电阻,绝缘电阻值应不小于 1 MΩ,直流电阻值应符合制造厂家规定。

8.2.3 老化试验

所谓老化,是指电气设备在运行过程中,其绝缘材料或绝缘结构因承受热、电和机械应力等因素的作用使其性能逐渐变化,导致损坏的现象。实际中可通过热老化、电老化及机械老化试验等方法,测试出绝缘材料及绝缘结构的耐老化性能,保证电气设备长期安全、可靠地运行。

由于各种电气设备运行的条件不同,它们所承受的主要老化因素也不相同。例如,低压电动机,它承受的场强不高,其损坏主要是由电动机中产生的热造成的,因此,对这种电动机中的绝缘材料应进行热老化试验。又如,高压电力电缆,其绝缘材料承受较高的电场强度,对这种材料必须进行电老化试验。此外,各种老化因素往往会产生相互作用,为了使试验能反映设备的实际运行情况,应将各种老化因素组合起来,进行多因素老化试验。

(1)热老化试验

热老化是以热为主要老化因素,使绝缘材料或绝缘结构的性能发生不可逆变化的试验。通过热老化试验,可以研究、比较和确定绝缘材料或绝缘结构的长期工作温度或在一定工作温度下的寿命。

电气设备绝缘材料、绝缘结构和产品的长期耐热性用耐热等级来表征。属于某一耐热等级的电气产品,在该等级的温度下工作时,不仅短时间内不会有明显的性能改变,而且长期运行时绝缘也不会发生不该有的性能变化,并能承受正常运行时的温度变化。表8.8中列出了国际标准下绝缘的耐热等级和极限温度。

表8.8 绝缘的耐热等级

耐热等级	Y	A	E	B	F	H	200	220	250
极限温度/℃	90	105	120	130	155	180	200	220	250

1)热老化试验原理及试验设备

有机绝缘材料在热的作用下发生各种化学变化,包括氧化、热裂解、热氧化裂解以及缩聚等,这些化学反应的速率决定了材料的热老化寿命。因此,可应用化学反应动力学导出的材料寿命与温度的关系作为加速热老化的理论依据。绝缘材料寿命与温度的关系为

$$\log_2 \tau = a + \frac{b}{T} \tag{8.7}$$

式中 τ——绝缘材料的寿命,h;

a,b——常数;

T——热力学温度,K。

式(8.7)表明,寿命τ以2为底的对数与热力学温度T的倒数有线性关系。

老化试验是根据上述寿命与温度的关系进行的。显然,提高试验温度可以加速材料的老化,因此,老化试验是在使用温度高的情况下求取寿命与温度的关系曲线,然后求取工作温度下的寿命,或在规定寿命指标下求取其耐热指标,即温度指数。

老化试验用的主要设备是老化恒温箱。经验证明,绝缘材料的暴露温度升高10 ℃,热寿命降低一半。因此,要求老化恒温箱温度上下波动小,且分布均匀。箱内应备有鼓风装置,以防材料在空气中氧化,同时为了保证材料均匀承受温度,箱内装有转盘,材料放在转盘上。为使温度上下波动在(±2~±3)℃的范围内,恒温箱的温度控制应该灵敏可靠,一般装有防止温度超过允许范围的自动保护装置。

2)热老化试验方法

热老化试验常将温度作为变量,用提高温度来缩短试验时间,达到加速老化的目的。而其他因素(如机械应力、潮湿、电场以及周围媒质的作用)则维持在工作条件下的最高水平,在热暴露温度改变时也维持不变。

热暴露温度的选择很重要,选择不当将导致错误的结论。如上所述,为验证寿命的对数与绝对温度的倒数是否存在线性关系,至少选取3个热暴露温度。为了避免因试验温度过高导致老化机理的改变以及温度过低导致时间过长,必须限制最高与最低试验温度。一般规定

最高试验温度下,热老化寿命不小于100 h,最低试验温度下的寿命不小于5 000 h,两试验温度间隔20 ℃左右为宜。不同耐热等级或温度指数的绝缘材料的热暴露温度,可以参考国际电工委员会提供的参考温度进行选择。

在热老化试验过程中,经过一定时间间隔后要将绝缘材料或绝缘结构从恒温箱中取出,进行性能变化的测定,这样就把整个老化过程分为若干周期。周期的划分视所选取的老化因素不同而不同。例如,进行电动机模型线圈的热老化试验时,老化周期为:升温—热暴露—降温—机械振动—受潮—试验。又如,进行绝缘材料的热老化试验时,老化周期很简单,即为:升温—热暴露—降温—试验。为使不同试验温度下热以外的其他因素的作用保持不变,其老化周期数应相等或接近相等。国际电工委员会建议老化周期数为10,但对于不同耐热等级,推荐了不同热暴露温度下的周期长度供参考。

(2)电老化试验

以电应力为主要老化因素使绝缘材料或绝缘结构的性能发生不可逆变化的试验,称电老化试验。电老化效应的形式有局部放电效应、电痕效应、树枝效应和电解效应等,它们既会单独作用引起绝缘材料或绝缘结构的老化,也会联合作用引发绝缘老化。

局部放电效应产生的电老化及试验方法如下:

1)电老化机理与影响电老化寿命的因素

局部放电会引起绝缘材料性能下降,甚至绝缘完全被损坏。绝缘材料在放电下损坏机理很复杂,在绝缘材料的破坏过程中,常常留下不可逆的破坏痕迹,使材料的电气力学性能产生明显变化。例如,放电产生的低分子极性物质或酸类渗透到材料内部,使其体积电阻率下降,损耗因数上升;材料失去弹性而发脆或开裂;放电起始电压、放电强度逐渐下降。

不同绝缘材料的电老化寿命不同,其在放电作用下的老化速率除材料本身的结构以外,还受到频率、电场强度、温度、相对湿度和机械应力等因素的影响。由于绝缘材料的电老化机理十分复杂,因此,目前电老化试验只能用于一定条件下绝缘材料耐放电性的比较,或求材料的相对寿命。

2)电老化试验方法

绝缘材料耐局部放电性试验是电老化试验中的一种。其主要方法是击穿法,即在材料上加一定电压,直到材料击穿,记下所经历的时间,即失效时间;然后根据不同电压(或场强)下获得的材料失效时间绘制寿命曲线,即场强-寿命关系曲线。

恒定场强下寿命与场强的关系(即电老化寿命定律)为

$$t_E = \frac{k}{E^n} \tag{8.8}$$

式中 E——电场强度(简称“场强”),V/m(或 N/C);

k——标准恒定场强下的寿命,h;

t_E——被测绝缘材料在实际场强 E 的电老化寿命,h;

n——老化寿命系数,无量纲。

电老化寿命定律表明电老化寿命与场强不是线性关系。电老化试验就是以该寿命定律为基础,在强化电场强度下,测量寿命与场强的关系曲线,求出老化寿命系数 n。

8.3　常用电气设备故障诊断维修

机电设备的电气控制系统一般是以低压电器作为系统的电气元件,以电动机作为系统的动力源,因此,机电设备的电气故障主要发生在这两类电器设备上。此外,在数控机床等自动化程度较高的机电设备中,可编程控制器故障也是引起设备故障停机的重要原因。本节将对以上故障的维修诊断方法进行介绍。

8.3.1　低压电器常见故障与维修

低压电器是指在低压(1 200 V及以下)供电网络中,能够依据操作信号和外界现场信号的要求,自动或手动地改变电路的状况和参数,用以实现对电路或被控对象的控制、保护、测量、指示、调节和转换等的电气器械,它是构成低压控制电路的最基本元件。常用的低压电器有:保护类低压控制电器,如熔断器、漏电保护器等;控制类电器,如接触器、继电器、电磁阀和电磁抱闸等;主令电器,如万能转换开关、按钮、行程开关等。

(1)接触器

接触器是一种用来自动地接通或断开大电流电路的电器。它可以频繁地接通或切断交直流电路,并可实现远距离控制,按照所控制电路的种类,接触器可分为交流接触器和直流接触器两大类。

1)交流接触器

交流接触器是利用电磁吸力及弹簧反作用力配合动作使触头闭合与断开的一种电器,在机电设备控制电路中一般用它来接通或断开电动机的电源和控制电路的电源。接触器主要由触头系统和电磁系统组成。触头系统包括主触头和辅助触头,电磁系统包括电磁线圈、动铁芯、静铁芯和反作用弹簧等。

交流接触器电磁系统典型的吸合形式如图8.13所示。电磁吸合的基本过程是:电磁线圈不通电时,弹簧的反作用力或动铁芯的自身质量使主触头保持断开位置。当电磁线圈接入额定电压时,电磁吸力克服弹簧的反作用力将动铁芯吸向静铁芯,带动主触头闭合,辅助触头也随之动作。

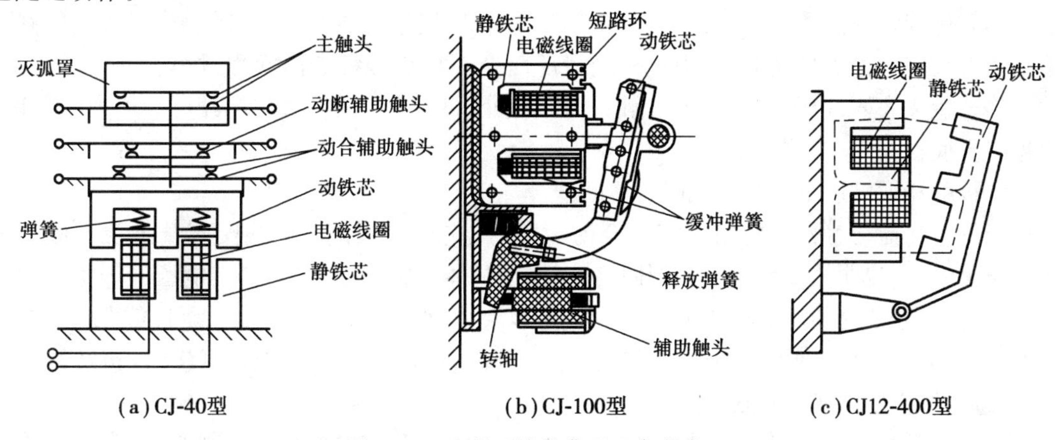

图8.13　电磁系统的典型吸合形式

交流接触器的故障一般发生在线圈回路、机械部分和接触部分等处。当故障发生后，应依照先易后难的原则，先查线圈，后查电源和机械部分，最后进行调整、研磨等，避免盲目拆卸。

①线圈故障

线圈故障可分为过热烧毁和断线。线圈烧毁的原因很多，例如，电源电压过高，超过额定电压的110%；电源电压过低，低于额定值的85%；两者都有可能烧毁接触器线圈。这是因为接触器衔铁吸合不上，线圈回路电抗值较小，电流过大所造成的。此外，电源频率与额定值不符、机械部分卡阻致使衔铁不能吸合、铁芯极面不平造成吸合磁隙过大，在环境方面如通风不良、过分潮湿、环境温度过高等原因，都会引起这种故障。线圈断线故障一般由线圈过热烧毁引起，也可能由外力损伤引起。

针对不同的故障原因，应采取不同的对策。如果是线圈不良故障，更换同型号线圈即可，如铁芯有污物或极面不平，可视情况清理极面或更换铁芯。

②接触器触头熔焊

a. 频繁启动设备，主触头频繁地受启动电流冲击，或者触头长时间通过过负载电流，均能造成触头过热或熔焊。前者，应合理操作，避免频繁启动，或者选择合乎操作频率及通电持续率的接触器；后者，则应减少拖动设备的负载，使设备在额定状态下运行，或者根据设备的工作电流重新选择合适的接触器。

如果被控对象是三相电动机，则应检查三相触头是否同步。如果不同步，三相电机启动时短时间内属于缺相运动，导致启动电流过大，应进行调整。

b. 负载侧有短路点。吸合时短路电流通过主触头，造成触头熔焊，此时应检查短路点位置，排除短路故障。

c. 触头接触压力不正常。因接触器吸合不可靠或振动会造成触头压力太小，使触头接触电阻增大，引起触头严重发热。调整触头压力时，可用纸条法检查压力的大小，方法是取一条比触头稍宽一点的纸条放在触头之间，交流接触器闭合时，若纸条很容易抽出，则说明触头压力不足；若将纸条拉断，则说明压力过大。小容量交流接触器稍用力能将纸条拉出并且纸条完好，大容量电器用力能拉出纸条但有破损，则认为触头压力合适。

d. 触头表面严重氧化及灼伤，使接触电阻增大，引起触头熔焊。触头上有氧化层时，如果是银的氧化物，则不必除去；如是铜的氧化物，应用小刀轻轻刮去。如有污垢，可用抹布醮汽油或四氯化碳将其清洗干净；触头烧灼或有毛刺时，应用小刀或整形锉整修触头表面，整修时不必将触头整修得十分光滑，因为过分光滑反而会使触头接触表面面积减小。另外，不要用砂纸修整触头表面，以免金刚砂嵌入触头，影响触头的接触。触头如有熔焊，必须查清原因，修理时更换触头。

③接触器通电后不能吸合或吸合后断开

当发生交流接触器通电后不能吸合的故障时，应首先测试电磁线圈两端是否有额定电压。若无电压，说明故障发生在控制回路，应根据具体电路检查处理；若有电压但低于线圈额定电压，使电磁线圈通电后产生的电磁力不足以克服弹簧的反作用力，则须更换线圈或改接电路；若有额定电压，则更大的可能是线圈本身开路，可用万用表欧姆挡测量；若接线螺丝松脱应紧固，线圈断线则应更换。

另外，接触器运动部位的机械机构及动触头发生卡阻或转轴生锈、歪斜等，都有可能造成接触器线圈通电后不能吸合或吸合不正常。前者,可对机械连接机构进行修整,修整灭弧罩,调整触头与灭弧罩的位置,消除两者的摩擦;后者,应进行拆检,清洗转轴及支承杆,必要时调换配件。组装时应装正,保持转轴转动灵活。

接触器吸合一下又断开,通常是由于接触器自锁回路中的辅助触头接触不良,使电路自锁环节失去作用。整修动合辅助触头,保证良好的接触即可消除故障。

④接触器吸合不正常

接触器吸合不正常是指接触器吸合过于缓慢、触头不能完全闭合、铁芯吸合不紧、铁芯发出异常噪声等不正常现象。接触器吸合不正常时,可从以下三个方面检查原因,并根据检查结果作出相应的处理。

a. 控制电路电源电压低于85%额定值,电磁线圈通电后所产生的电磁吸力较弱,不能将动铁芯迅速吸向静铁芯,造成接触器吸合过于缓慢或吸合不紧。此时应检查控制电路的电源电压,并设法调整至额定工作电压。

b. 弹簧压力不适当会造成接触器吸合不正常。弹簧的反作用力过强,会造成吸合过于缓慢;触头弹簧压力超程过大,会使铁芯不能完全闭合;触头的弹簧压力与释放压力过大,也会造成触头不能完全闭合。此时,应对弹簧的压力作相应的调整,必要时进行更换,即可消除以上故障。

c. 铁芯极面经过长期频繁碰撞,沿叠片厚度方向向外扩张且不平整,或者短路环断裂,造成铁芯发出异常响声。前者,可用锉刀整修,必要时更换铁芯;后者,应更换同样尺寸的短路环。

⑤接触器线圈断电后铁芯不能释放

这种故障危害极大,使设备运行失控,甚至造成设备毁坏,必须严加防范。其可能原因如下:

a. 接触器铁芯极面受撞击变形,“山”字形铁芯中间磁极面上的间隙逐渐消失,致使线圈断电后铁芯产生较大的剩磁,从而将动铁芯吸附在静铁芯上,使交流接触器断电后不能释放。处理时可锉平、修整铁芯接触面,保证铁芯中间磁极接触面有不大于0.15～0.2 mm的间隙,然后将“山”字形铁芯接触面放在平面磨床上精磨光滑,并使铁芯中间磁极面低于两边磁极面的0.15～0.2 mm,可有效地避免这种故障。

b. 铁芯极面上油污和尘屑过多,或者动触头弹簧压力过小,也会造成交流接触器线圈断电后铁芯不能释放。前者,清除油污即可;后者,可调整弹簧压力,必要时更换新弹簧。

c. 接触器触头熔焊也会造成交流接触器线圈断电后铁芯不能释放,可参阅前述方法进行排除。

d. 安装不符合要求或新接触器铁芯表面防锈油未清除也会出现这种故障。若是安装不符合要求,可重新安装,应使倾斜度不超过5°,若是铁芯表面防锈油粘连,则揩净油即可。

2)直流接触器

直流接触器按其使用场合可分为一般工业用直流接触器、牵引用直流接触器和高电感直流接触器。一般工业用直流接触器常在机床等机电设备中,用于控制各类直流电动机。直流接触器的基本结构如图8.14所示。直流接触器的常见故障与交流接触器基本相同,可对照上述交流接触器故障状况进行分析。

例8.3　一台CZQ-100/20直流接触器,吸合正常,释放缓慢、无力。

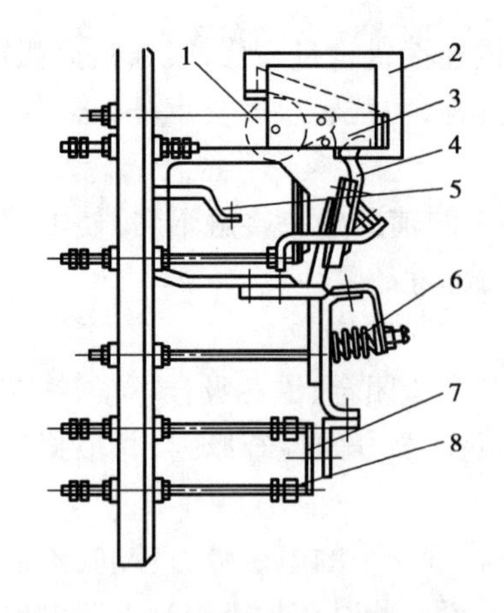

图 8.14　直流接触器的基本结构图
1—磁吹线圈;2—灭弧罩;3,8—静触头;
4,7—动触头;5—线圈;6—弹簧

分析:释放无力的原因有:①触头压力(也即触头反力)过小;②触头轻度熔焊;③机械可动部分被卡住;④反力弹簧失去弹性,或反力过小;⑤铁芯极面有污物,使铁芯活动不灵活;⑥非磁性垫片被磨薄或脱落,造成克服不了剩磁力而不易释放。

检修:①检查触头压力,未发现明显异常情况,触头无熔焊;②将直流接触器拆开,检查铁芯极面,表面干净。仔细检查,若发现非磁性片明显变薄,更换同型号铜片,故障排除。

(2)继电器

继电器主要作用是对电气电路或电气装置进行控制、保护、调节以及信号传递,它的触头容量较小,常在5 A或5 A以下,因而继电器不能用来切断负载,这也就是继电器与接触器的主要区别。根据输入信号的不同,继电器可分为根据温度信号动作的温度继电器、根据电流信号动作的电流继电器、根据压力信号动作的压力继电器、根据速度信号动作的速度继电器等多种类型。下面介绍几种常用继电器的故障诊断与维修方法。

1)热继电器

电动机在实际运行中,常遇到过载情况。若过载电流不大,过载时间也较短,电动机绕组温升不超过允许值,这种过载是允许的。若过载电流过大或时间过长,会使绕组温升超过容许值,造成绕组绝缘损坏,缩短电动机的使用年限,严重时甚至会使电动机的绕组烧毁。为了充分发挥电动机的过载能力,保证电动机的正常启动及运转,防止电动机绕组因过热而烧毁,通常采用热继电器作为电动机的过载保护。

常用的热继电器(温度继电器)是双金属片式。如图8.15所示为JR15系列热继电器结构,它主要由双金属片、电阻丝(发热元件)和触点组成。使用时,发热元件串接到电动机主电路中,常闭触头在控制电路中与接触器线圈串联。电动机过载时,发热元件3温度升高(超过正常运行温度),使双金属片2弯曲,推动导板4,导板推动温度补偿双金属片5,将推力传至推杆16,使热继电器常闭触头6断开,切断电动机的控制电路,主电路断开。若要使电动机再次启动,需经过一定的时间,待双金属片冷却后,按下手动复位按钮11,使触头复位(由7回到6)。调节螺钉8也能使继电器动作后不自动复位,而必须按动复位按钮才能使触点复位。

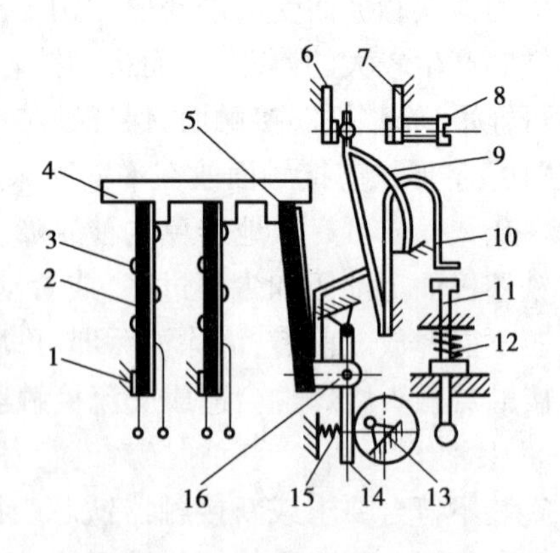

图 8.15　JR15 系列热继电器结构图
1—外壳;2—主双金属片;3—发热元件;4—导板;
5—补偿双金属片;6—常闭静触头;7—常开静触头;
8—再扣调节螺钉;9—动触头;10—再扣弹簧;
11—再扣按钮;12—再扣按钮复合弹簧;
13—整定电流调节凸轮;14—支持件;
15—弹簧;16—推杆

修理方法如下：

①热继电器接入主电路或控制电路不通

A.热元件烧断或热元件进出线头脱焊会造成热继电器接入主电路后不通,该故障排除可用万用表进行通路测量,也可打开热继电器的盖子进行外观检查,但不得随意卸下热元件。对于烧断的热元件需要更换同规格的元件,对脱焊的线头则应重新焊牢。

B.整定电流调节凸轮(或调节螺钉)转到不合适位置上,致使常闭触头断开;或者由于常闭触头烧坏,以及再扣弹簧或支持杆弹簧弹性消失,使常闭触头不能接触,造成热继电器接入后控制电路不通。前者,可打开热继电器的盖子,观察调节凸轮动作机构,并将其调整到合适的位置上;后者,则需要更换触头及相关的弹簧。

C.热继电器的主电路或控制电路中接线螺钉未拧紧,运行日久松脱,也会造成主电路或控制电路不通,检查接线螺钉拧紧即可。

②热继电器误动作

热继电器误动作是指电动机未过载,继电器就动作的现象。

A.由于热继电器所保护的电动机启动频繁,热元件频繁受到启动电流的冲击;或者电动机启动时间太长,热元件较长时间通过启动电流,这两种情况均会造成热继电器误动作。前者,应限制电动机的频繁启动,或改用半导体热敏电阻温度继电器;后者,则可按电动机启动时间的要求,从控制电路上采取措施,在启动过程中短接热继电器,启动运行后再接入。

B.热继电器电流调节刻度有误差(偏小)会造成误动作,此时应按下面的方法合理调整:将调节电流凸轮调向大电流方向,然后启动设备,待设备正常运转1 h后,将调节电流凸轮向小电流方向缓缓调节,直至热继电器动作,然后再将调节凸轮向大电流方向作适当旋转。

C.电动机负载剧增,致使过大的电流通过热元件,或者热继电器调整部件松动,致使热元件整定电流偏小,造成热继电器误动作。前者,应排除电动机负载剧增的故障;后者,则可拆开热继电器的盖板,检查动作机构及部件并加以紧固,重新进行调整。

D.热继电器安装所处的环境温度与电动机所处的环境温度相差太大;或者连接导线太细,接线端接触不良,致使接点发热,使热继电器误动作。前者,应加强热继电器安装处的通风散热,使运行环境温度符合要求;后者,则需合理选择导线,并保证良好的接触。

③电动机已烧毁而热继电器尚未动作

这种情况的可能原因有:

A.热继电器调节刻度有误差(偏大),或者调整部件松动引起整定电流偏大,当电动机过负载运行时,负载电流虽能使发热元件温度升高,双金属片弯曲,但不足以推动导板和温度补偿双金属片,使电动机长时间过负载运行而烧毁。处理方法与热继电器调节刻度误差(偏小)故障处理相同。

B.动作机构卡死,导板脱出;或者由于热元件通过短路电流,双金属片产生永久性变形,电动机过载时继电器无法动作,使电动机烧毁。处理时,应打开热继电器盖子,检查动作机构,重新放入导板,按动复位按钮数次,查看其机构动作是否灵活。若为双金属片永久变形,则应更换。

C.热继电器经检修后,由于疏忽将双金属片安装反了;或双金属片发热元件用错,致使电流通过热元件后双金属片不能推动导板,电动机过负载运行烧毁而热继电器不动作。处理时,应检查双金属片的安装方向,或更换合适的双金属片及发热元件。热继电器更换双金属

片及发热元件后,应进行保护性的校验与调整。其电路如图8.16所示,校验步骤如下:

a.合上开关QS,指示灯HL亮。

b.将整定值调节凸轮置于额定值处,然后调节变压器输出电压,使热元件通过的电流升至额定值,1 h内热继电器不动作,则应调节凸轮向整定值大的方向移动。

c.将电流升至1.2倍额定电流,热继电器应在20 min内动作,指示灯HL熄灭。若20 min内不动作,则应将调节凸轮向整定值小的方向移动。

d.将电流降至零,待热继电器复位并冷却后,再调升电流至6倍额定值,分断开关QS随即合上,其动作时间应大于5 s。

④电动机本体故障造成电动机烧毁而热继电器尚未动作

热继电器在安装时,应注意出线的连接导线粗细要适宜。如导线过细,轴向导热差,热继电器可能提前动作;反之,连接导线太粗,轴向导热快,热继电器可能滞后动作。一般规定:额定电流为10 A的热继电器,宜选用2.5 mm^2的单股塑料铜芯线;额定电流为20 A的热继电器,宜选用4 mm^2的单股塑料铜芯线;额定电流为60 A的热继电器,宜选用16 mm^2的多股塑料铜芯线。

2)时间继电器

时间继电器是一种利用电磁原理或机械动作原理来延时触头闭合或分断的自动控制电器。它的种类很多,有电磁式、电动式、空气阻尼式(又称"气囊式")及晶体管式等。电动式时间继电器的延时精确度高,延时时间较长(由几s到72 h),但价格较贵;电磁式时间继电器的结构简单,价格也较便宜,但延时较短(0.3~0.6 s),且只能用于直流电路和断电延时场合,体积和质量均较大;空气阻尼时间继电器的结构简单,延时范围较长(0.4~180 s),缺点是延时准确度较低。

常用的JS7-A系列时间继电器,利用空气通过小孔节流的原理获得延时动作。根据触头的延时特点,它可分为通电延时(如JS7-1A和JS7-2A)与断电延时(如JS7-3A和JS7-4A)两种。JS7-A系列时间继电器的结构如图8.17所示。时间继电器常见的故障及修理方法见表8.9。

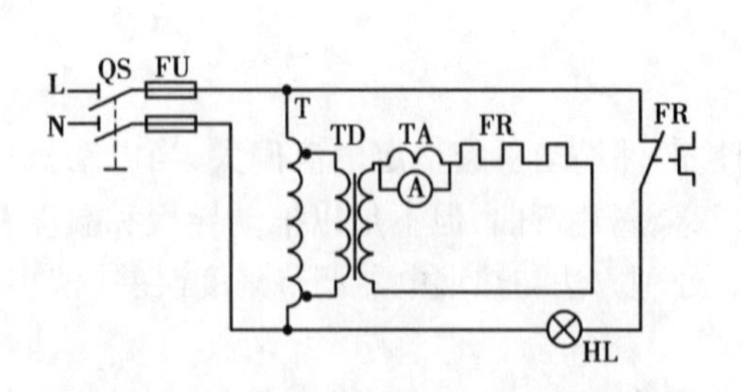

图8.16 热继电器保护特性校验接线图

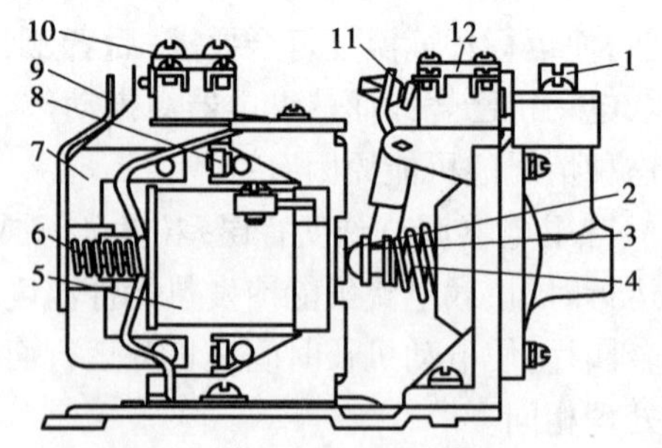

图8.17 JS7-A系列时间继电器

1—调节螺丝;2—推板;3—推杆;4—宝塔弹簧;5—线圈;6—反力弹簧;7—衔铁;8—铁芯;9—弹簧片;10—瞬时触头;11—杠杆;12—延时触头

表8.9　时间继电器常见的故障及修理方法

故障现象	产生原因	修理方法
延时触头不动作	电磁铁线圈断线	更换线圈
	电源电压低于线圈额定电压很多	更换线圈或调高电源电压
	电动式时间继电器的棘爪无弹性,不能刹住棘齿	更换棘爪
	电动式时间继电器的同步电动机线圈断线	更换同步电动机
	电动式时间继电器的游丝断裂	更调换游丝
延时时间缩短	空气阻尼式时间继电器的气室装配不严,漏气	修理或更换气室
	空气阻尼式时间继电器的气室内橡皮薄膜损坏	更换橡皮薄膜
延时时间变长	空气阻尼式时间继电器气室内有灰尘,使气道阻塞	消除气室内灰尘,使气道畅通
	电动式时间继电器的转动机构缺润滑油	加入适量润滑油

3)速度继电器

速度继电器又称反接制动继电器,它的作用是与接触器配合实现对电动机的制动。速度继电器由三个主要部分组成:定子、转子和触点。速度继电器原理如图8.18所示。

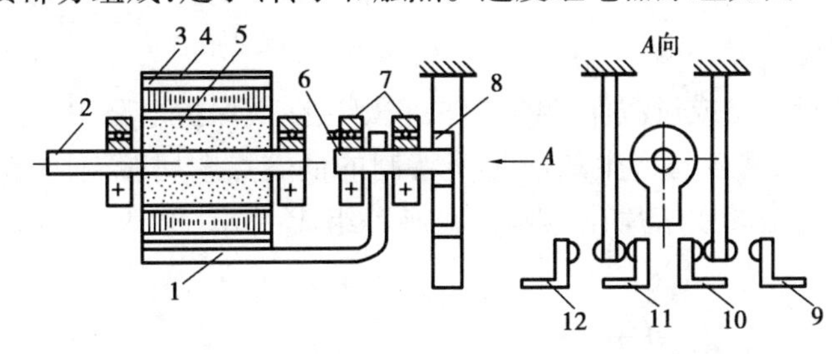

图8.18　感应式速度继电器结构原理图

1—支架;2,6—轴;3—短路绕组;4—定子;5—转子;7—轴承;
8—顶块;9,12—动合触头;10,11—动断触头

速度继电器的转子是一块永久磁铁,它与被控制的电机轴连接在一起;定子固定在支架上,由硅钢片叠成,并装有笼型的短路绕组。当轴转动时,转子随转轴一起旋转,在转子周围的磁隙中产生旋转磁场,使笼型绕组中感应出电流,转子转速越高,这一电流就越大。感应电流产生的磁场与旋转磁场相互作用,使定子受到一个与转子转向同方向的转矩,转速越高,转矩越大。

转子不转动时,定子在定子柄重力的作用下,停在中心稳定位置;转子转动后,定子受到转矩作用,将产生与转子同向的转动。转子转速越高,定子受到的同向力矩越大,转动的角度也越大。定子的转动带动支架,使反面的胶木摆杆发生偏转,转到一定的角度后,常闭触头断开,常开触头闭合。当轴上的转速接近零(小于100 r/min)时,胶木摆杆恢复原来状态,触头也随之复原。

常用速度继电器为JY1系列和JF20系列。JY1系列能以3 600 r/min的转速可靠工作,在JF20系列中,JF20-1型适用于转速为300～1 000 r/min的情况,JF20-2型适用于转速为1 000～3 600 r/min的情况,一般120 r/min即复位。

速度继电器常见的故障及排除方法见表8.10。

表8.10 速度继电器常见的故障及排除方法

故障现象	产生原因	排除方法
速度继电器转速较高时,动合触点不闭合	速度继电器胶木柄断裂	调换胶木柄或用环氧树脂黏合
	常开触头接触不良	修复触头,清洁触头表面,调整簧片位置与弹簧压力
	弹性动触片断裂	更换动触头
	正反触头接错	调换正反触头
	转子永久磁铁失磁	更换转子,转子充磁
动作值不正常	速度继电器的反力弹簧调整不当	重新调整簧片位置及形状,调节调整螺钉位置,螺钉向下旋,反力弹簧压紧,动作值增加,螺钉向上旋,反力弹簧放松,动作值减小
	部件松动	紧固各相关件
	触头接触不良	擦拭修理触头
	安装不良,有滑动现象	重新安装

(3)熔断器

熔断器是用来进行短路或过载保护的器件,它串接在被保护电路中。当通过熔断器的电流大于一定值时,它能依靠自身产生的热量使特制的低熔点金属(熔体)熔化而自动分断电路。其基本组成部分由熔丝或熔片、隔热物、底座等组成,如图8.19所示。熔断器的常见故障及排除方法如下:

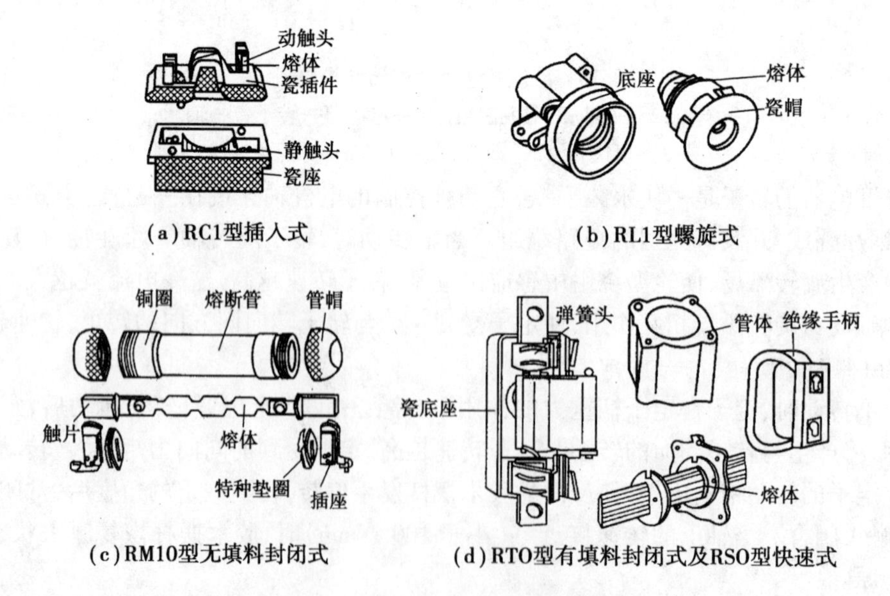

图8.19 低电压熔断器的结构图

①熔断器熔体误熔断

熔断器熔体在短路电流下熔断是正常的,但有时会在额定电流运行状态下熔断,这种情况称为误熔断。

产生误熔断的可能原因有：

a. 熔断器的动、静触头（RC1 型）、触片与插座（RM10 型）、熔体与底座（RL1、RTO 和 RSO 型）接触不良引起过热，使熔体熔断。因此，更换熔体时应对接触部位进行修整，保证上述部位接触良好。

b. 熔体氧化腐蚀或安装时有机械损伤，使熔体的截面变小，造成熔体误熔断。因此更换熔体时应细心操作，避免损伤。

c. 熔断器四周介质温度与被保护对象周围介质温度相差太大，造成熔体的误熔断。此时，应加强通风，使熔断器运行环境温度与被保护设备相接近。

根据熔体熔断后的情况，可以判断熔体熔断是短路电流造成的，还是长期过负载造成的，从而找出故障原因。

过负载时，因其电流比短路电流小得多，因而熔体发热时间较长，熔体的小截面处热量积聚较多，故多在小截面处熔断，而且熔断的部位较短。

短路时，由于短路电流比过负载电流大得多，所以，熔体熔断较快，熔断的部位较长，甚至熔体的大截面部位会被全部烧光；另外，由于短路时产生的热量大、时间快，在熔体中段产生的最高温升点来不及将热量传至两端。因此，熔体是在中间部位熔断的。

通电时的冲击电流会使熔丝在金属帽附近某一端熔断。

快速熔断器熔体的熔断与普通熔断器不同。快速熔断器过负载时发热量没有明显增加。因此，对熔体温升影响较大的是两端导线与熔体连接处的接触电阻，熔体上最高温升点在熔体两端，故往往在两端连接处熔断。

玻璃管密封型熔断器熔体熔断的特点是：长时间通过近似额定电流时，熔丝往往于中间部位熔断，但不伸长，熔丝汽化后附在玻璃管壁上；当有 1.6 倍左右额定电流反复通过和断开时，熔丝往往于某一端熔断并伸长；当有 2 ~ 3 倍额定电流反复通过和断开时，熔丝于中间部位熔断并气化，但无附着现象。

②熔体未熔断，但电路不通

这类故障的发生，通常是由熔体两端接触不良所致。对于 RM、RTO 型的熔断器，应检查熔体插刀与夹座的接触情况，调小开口触片的距离，使其与插刀紧密接触；对于 RC1 型熔断器，则应检查其熔丝连接情况，并旋紧熔丝连接端的连接螺钉；对于 RL1 型熔断器，应检查其螺帽盖是否拧紧，未拧紧的予以拧紧。

(4) 主令电器

主令电器包括按钮、行程开关、主令控制器等，它是依靠电路的通断来控制其他电器的动作，以“发布”电气控制的命令。利用主令电器可以实现人对控制电路的操作和顺序控制。各主令电器的常见故障及维修方法如下。

1）按钮

按钮是一种靠外力操作接通或分断电流的电气元件，它不能直接用来控制电气设备，只能用来发出“指令”。图 8.20 为按钮的结构原理图。按钮在正常情况下，静触头 1—2 由动触桥 5 使其闭合，而静触头 3—4 分断；当按下按钮时，静触头 1—2 分断，静触头 3—4 由动触桥 5 接通。由于在按钮正常情况下，静触头 1—2 接通，3—4 不通，而按钮动作时，静触头 1—2 分断，3—4 接通，故称静触头 1—2 为动断触头，静触头 3—4 为动合触头。按钮常见故障及

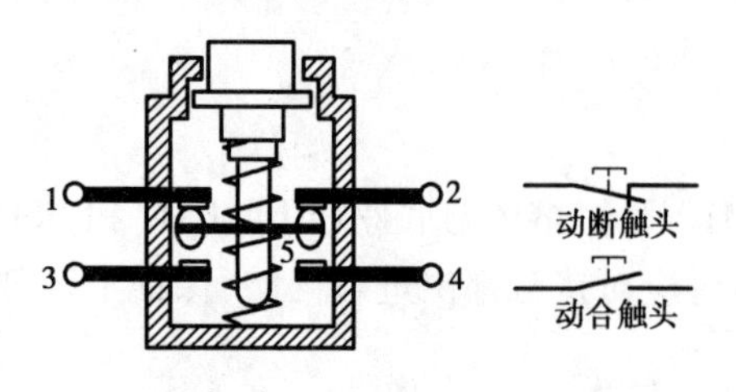

图 8.20 常用按钮结构原理图
1,2,3,4—静触头;5—动触桥

排除方法有:

①按启动按钮时有麻电感觉

a. 按钮防护金属外壳与带电的连接导线有接触,通过检查按钮内部导线连接情况,清除碰壳即可。

b. 在金属切削机床上,由于铁屑或金属粉末钻进按钮帽的缝隙间,使其与导电部分形成通路,产生麻电感觉。排除故障的方法是:经常清扫,或在按钮上护罩一层塑料薄膜,避免金属屑钻入。

②按停止按钮时不能断开电路

通常由于停止按钮动断触头已形成了非正常的短路,无论按或不按停止按钮,触头间都成为通路,自然不能断开电路。非正常的短路,由以下两个方面的原因造成:

a. 金属屑或油污短接了动断触头,清扫除去即可。

b. 按钮盒胶木烧焦碳化,动断触头短路。此时,应更换按钮,若一时无备用品或为应付生产急需,可用小刀刮除碳化部分,经测量短路消除后可暂时投入运行,待停机后调换新按钮。

③按停止按钮后再按启动按钮,被控电器不动作

通常由于停止按钮的复位弹簧损坏,以致在按停止按钮后,其动断触头不复位,处于常开状态,使控制回路失电,该故障调换复位弹簧即可消除。另外,启动按钮动合触头氧化,接触不良,也可能会造成故障的发生。应清扫、打磨动、静触头,使其接触良好。

2)行程开关

行程开关又称位置开关或限位开关,其触头的操作不是用手直接操作,而是利用机械设备某些运动部件的碰撞完成操作的。因此,行程开关是一种将行程信号转换为电信号的开关元件,广泛应用于顺序控制器及运动方向、行程、定位、限位以及安全等自控系统中。各类行程开关的分类及特点见表 8.11。

表 8.11 行程开关的分类及特点

序 号	类 别	特 点
1	按钮式	结构与按钮相仿 优点:结构简单,价格便宜。缺点:通断速度受操作速度影响
2	滚轮式	挡块撞击滚轮,带动触点瞬时动作 优点:开断电流大,动作可靠。缺点:体积大,结构复杂,价格高
3	微动式	由微动开关组成。优点:体积小,动作灵敏。缺点:寿命较短
4	组合式	几个行程开关组合在一起 优点:结构紧凑,接线集中,安装方便。缺点:专用性强

如图 8.21 所示,按钮式行程开关的动作过程同按钮一样,所以动作简单,维修容易,但不宜用于移动速度低于 0.4 m/min 的场合,否则会因为分断过于缓慢而烧损行程开关的触头。

如图 8.22 所示,滚轮式开关工作原理是当撞块向左撞击滚轮 1 时,上下转臂绕支点以逆时针方向转动,滑轮 6 自左至右地滚动,压迫横板 10,待滚过横板 10 的转轴时,横板在压缩弹簧 11 的作用下突然转动,使触头瞬间切换。5 为复位弹簧,撞块离开后带动触头复位。

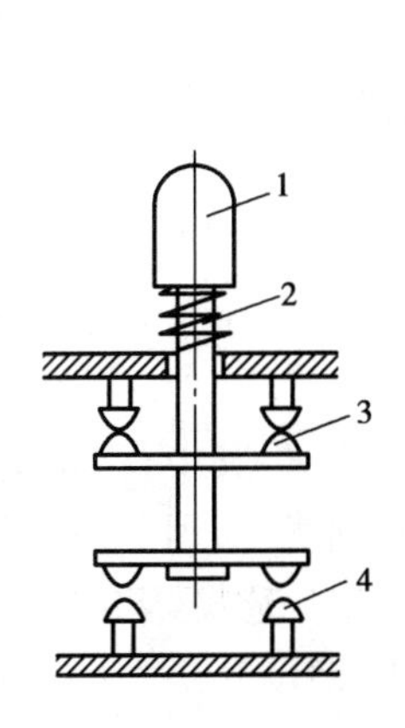

图 8.21　按钮式行程开关结构示意图

1—推杆;2—弹簧;3—动断触头;4—动合触头

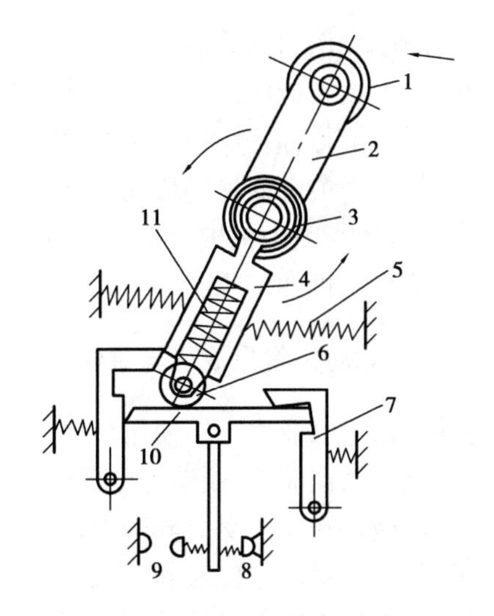

图 8.22　滚轮式行程开关结构示意图

1—滚轮;2—上转臂;3—盘形弹簧;4—下转臂;5—复位弹簧;6—滑轮;7—压板;8—动断触头;9—动合触头;10—横板;11—压缩弹簧

如图 8.23 所示,单断点微动开关与按钮式行程开关相比具有行程短的优点。双断点微动开关内加装了弯曲的弹簧铜片 2,使得推杆 1 在很小的范围内移动时,都可使触头因弹片的翻转而改变状态。

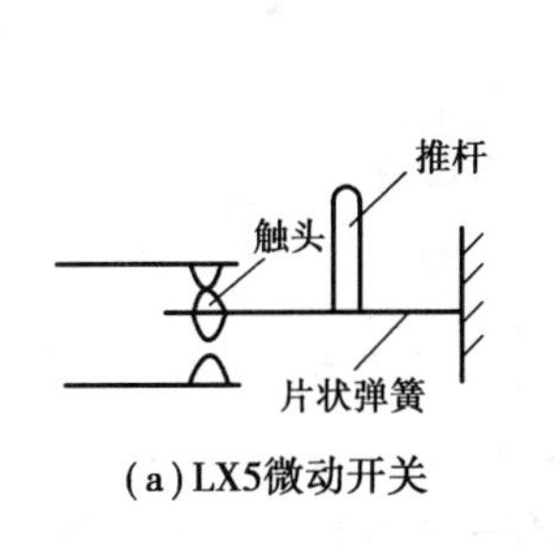

(a) LX5微动开关

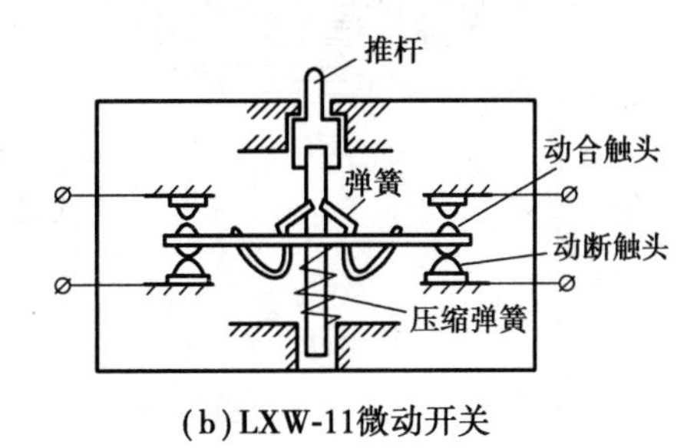

(b) LXW-11微动开关

图 8.23　微动开关结构示意图

行程开关常见的故障如下:

①碰撞行程开关,设备运行不受控这种故障的危害极大,它使行程开关起不到行程和限位控制的作用,会造成人身伤亡和设备损坏等事故。该故障可从以下三个方面着手检查:

a. 触头接触不良是正常运行中常见的故障原因,应定期检查和清洁行程开关,维护其触头的良好接触。

b. 行程开关或撞块本身安装位置不当;或者由于运行碰撞次数过多,行程开关、撞块的固定螺钉松动而移位,造成了即使碰撞行程开关滚轮(或触柱),也不能有效地推动触头到位或离位的现象。此时,应调整行程开关或撞铁位置,并紧固好固定螺钉。

c. 触头连接线松脱检查并紧固松脱的连接线。

②行程开关复位后,动断触头不闭合。发生此故障后,应及时拆卸行程开关,从以下三个方面的可能性着手检查:

a. 动断触头复位弹簧弹力减退或被杂物卡住,可更换弹簧或去除杂物。

b. 动断触头偏斜或脱落。触头偏斜或脱落通常是由于行程开关与撞块安装位置太近,以致碰撞时推力太大造成的。因此,排除这类故障时,要注意适当调整行程开关的安装位置。

c. 杠杆已偏转,但触头不动作。故障的发生通常是由于行程开关安装位置太低造成的,可采取在行程开关底面加垫板或提高安装位置的方法消除故障。

此外,行程开关内机械卡阻也会造成故障的发生。需检查清扫,重新装配调整,并对活动支点部位滴微量机油,使其动作灵活,消除机械卡阻。

8.3.2 电动机常见故障与维修

电动机是工农业生产中使用最多、使用面最广的动力驱动机械,其中,三相交流异步电动机由于其具有结构简单、制造方便、运行可靠、价格低廉等一系列优点,因此,在工厂电力拖动中得到广泛应用。三相交流异步电动机分为笼式和绕线式两种。笼式异步电动机启动线路简单,运行可靠,易于维修保养;绕线式异步电动机启动电流小,启动转矩大,适用于负载较重的设备。笼式异步电动机的结构如图 8.24 所示。

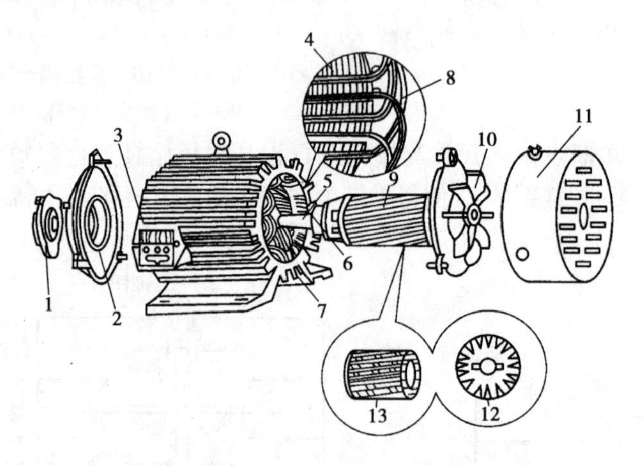

图 8.24 笼式异步电动机结构图

1—轴承盖;2—端盖;3—接线盒;4—定子铁芯;5—转轴;6—轴承;7—机座;
8—定子绕组;9—鼠笼转子;10—风叶;11—风罩;12—硅钢叠片;13—鼠笼条

三相异步电动机的故障一般可分为电气故障和机械故障两大类。电气故障包括定子绕组、转子绕组、电刷等故障,机械故障包括轴承、风扇、机壳、端盖、转轴及联轴结构等故障。正确判断电动机发生故障的原因是一项复杂细致的工作,因为在电动机运行时,不同的原因可以产生很相似的故障现象,这给分析、判断和查找故障原因带来较大困难。因此,维修人员应熟悉三相异步电动机常见故障的特点和诊断方法,以便快速排除故障。

(1)常见故障现象及原因

表 8.12 列出了电动机常见故障现象及原因。

表 8.12 电动机常见故障现象及原因

序 号	现 象	检查手段	故障原因
1	电动机不能启动	检查三相电源	电源未接通
		检查电动机绕组	绕组断路

续表

序号	现象	检查手段	故障原因
1	电动机不能启动	检查电动机绕组相间和相对地绝缘	绕组相间短路或接地
		检查各绕组电阻值和接线情况	绕组接线错误
		电动机正常,检查控制线路	控制线路接错
		检查过流保护设备	过流继电器整定值过小
2	电动机启动时熔断器动作	检查三相电源	电源缺相
		检查绕组对地绝缘	一相绕组对地短路
		检查熔断器	熔丝电流过小
		检查电源馈线	电源馈线断路
		检查拖带机械	机械设备卡住
3	通电后电动机“嗡嗡”响,不启动	检查电源电压	电压过低
		检查三相电源	电源缺相
		检查各绕组接线	绕组接错
		检查铭牌规定	三角形接线绕组错接成星形
		检查电动机轴承	装配不良、润滑不良
		检查机械负载	机械卡住或负载过大
4	电动机外壳带电	检查绕组对地绝缘	绕组受潮绝,缘被破坏
		检查绕组绝缘	绝缘严重老化
		检查电源接线	错将相线当成接地线
		检查接线盒	引出线与接线盒相碰短路
5	运动时振动过大	检查机座固定情况	地脚螺栓松动
		检查皮带轮、靠轮及齿轮、键槽	皮带轮、靠轮及齿轮安装不合格,配合键磨损
		拆检电动机	装配松动
6	绕组过热或冒烟	检查电源电压	电源过高或过低
		检查散热风道	风道堵塞,影响散热
		检查风扇	风扇被损坏
		检查周围环境	环境温度过高
		检查拖带机械	机械故障造成电动机过载
		询问操作情况	频繁启动、制动
		检测绕组电阻值及绝缘情况	绕组匝间短路或对地短路
		检查铁芯	检修时曾烧灼铁芯,铁损增大

续表

序　号	现　象	检查手段	故障原因
7	轴承发热（绕组不发热）	检查轴承室	油脂过多或过少
		检查润滑脂	油脂中有散杂质
		检查油封	油封过紧
		检查轴承与轴间配合	配合过松
		检查电动机与传动机构配合	连接处偏心,传动皮带过紧
8	启动困难,加额定负载时转速低于额定值	检查电源电压	电压过低
		核对接法	三角形接线绕组错接成星形
		检查绕组接线	部分绕组接错
		拆检电动机	鼠笼断条

(2)三相异步电动机常用维修技术

1)电动机的拆装

在检查、清洗、修理电动机内部或换润滑油、轴承时,均需将电动机拆开。下面介绍三相笼型转子异步电动机的拆卸工艺。

①拆卸前的准备

a.准备各种拆卸工具,清洁现场。在线头、轴承盖、螺钉和端盖等部件上做好记号。

b.拆卸电源线和保护接地线。拧下地脚螺母,将电动机移至解体现场。

②拆卸

a.拆卸皮带轮。将皮带轮上的固定螺栓或销松脱,用拉具将皮带轮慢慢拉出来。

b.拆下电动机尾部风罩和尾部扇叶。拆下前后轴承外盖,松开两侧端盖紧固螺栓,使端盖与机壳分离。

c.抽出转子。在抽出转子前,应在转子下面气隙和绕组端部垫上厚纸板,以免碰伤铁芯和绕组。小型电动机的转子可以直接用手抽出,大型电动机需用起重设备吊出。

d.拆下前后轴盖和轴承内盖。

③装配

a.装配电动机前应彻底清扫定子、转子间表面的尘垢。

b.装配端盖时,先要查看轴承是否清洁,并加入适量的润滑脂。端盖的固定螺栓应均匀地交替拧紧。在装配过程中,应保持各零部件的清洁,正确将原先拆下的零件原封不动地装回。

2)定子绕组的局部修理工艺

电动机定子三相绕组出现故障的可能性最大,其局部故障表现为:绕组绝缘电阻下降、绕组接地、绕组断路和绕组相间或绕组匝间短路等,出现故障后,一般可通过局部修理将其修复。

①绕组绝缘电阻下降的检修

绕组绝缘电阻下降的直接原因,除一部分是绝缘老化外,主要是受潮引起的,通常采用干燥处理即可修复。干燥绕组的方法很多,但本质是相同的,就是对绕组加热,使潮气随热气流移动和散发出去。常用的干燥方法有烘房干燥法、热风干燥法、灯泡干燥法等。

②绕组接地故障的检修

所谓接地,指绕组与机壳直接接通,俗称"碰壳"。造成绕组接地故障的原因很多,如电动机运行中因发热、振动、受潮使绝缘性能劣化,在绕组通电时被击穿;或因定子与转子相擦,使铁芯过热,烧伤槽楔和槽绝缘;或因绕组端部过长,与端盖相碰撞。绕组接地时,电动机启动不正常,机壳带电,接地点产生电弧,局部过热,并很快发展成为短路,烧断熔断器甚至烧坏电动机绕组。

绕组接地故障的检查方法很多,这里介绍用兆欧表检测的方法。对于500 V以下的电动机,可采用500 V的兆欧表;对于500~3 000 V的电动机,可采用1 000 V的兆欧表;对于3 000 V以上的电动机,可采用2 500 V的兆欧表。测量方法:测量前,应先校验兆欧表,然后正确接线,将"L"接线柱接至主绕组的一端,"E"接线柱接至电动机外壳上无绝缘漆的部位,最后转动手柄至额定转速,指针稳定后所指的数值即为被测绕组的对地绝缘电阻。若指针指到零,则表示绕组接地。若指针摇摆不定,则说明绝缘已被击穿,只不过尚存有某个电阻值而已。

③绕组短路故障的检修

定子绕组的短路分为相间短路和匝间短路两种。造成绕组短路故障的原因:通常是由于电动机电流过大、电源电压偏高或波动太大、机械力损伤、绝缘老化等。绕组发生短路后,使各相绕组串联匝数不等、磁场分布不匀,造成电动机运行时振动加剧、噪声增大、温升偏高甚至被烧毁。

绕组短路检查方法有短路侦察器法和电阻比值法两种。用短路侦察器检查的方法如图8.25所示。短路侦察器接交流电源,其端面紧贴槽齿,并沿圆周方向移动,当遇上短路线圈时,薄钢片因受交变磁场的作用而微微振动,并有轻微的"吱吱"声。用短路侦察器检查短路需对电动机进行解体,而应用电阻比值法,则无须对电动机进行解体,其具体步骤如下:

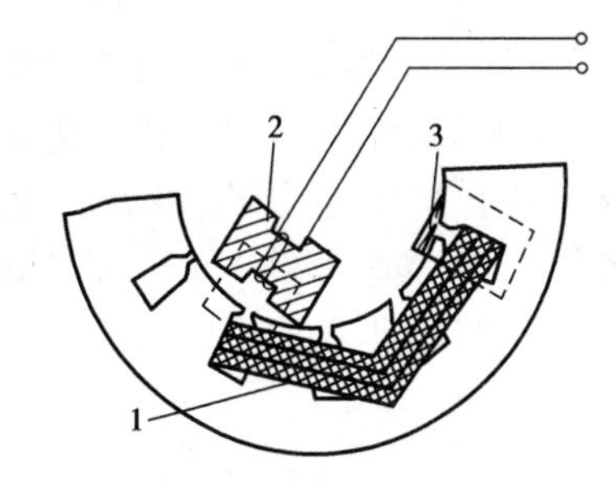

图8.25 用短路侦察器检查绕组短路
1—被测线圈;2—短路侦察器;3—薄钢片

a. 测量电动机绕组任意两相间的电阻值,设为R_1。

b. 测量电动机绕组任意短接的两相与第三相相间的电阻值,设为R_2。

c. 求出比值系数C,其值为$C=R_1/R_2$。电动机为星形连接时,$C_Y=0.75$。电动机为三角形连接时,$C_\triangle=0.5$。若C值小于C_Y(或$C_\triangle$)值,则说明定子绕组有短路。

3)三相绕组接线错误诊断

三相绕组首尾故障检查接线如图8.26所示,其方法有如下三种。

①用万用表分出每相绕组的两个出线端,然后将三相绕组按图8.26(b)连接,用手转动电动机的转子,若万用表(置于毫安挡)指针不动,说明三相绕组首尾的连接正确;若万用表指针动了,则说明三相绕组的首尾有一相反了,应逐相对调后重新试验,直到万用表指针不动为止。

②按图 8.26(c)接线,万用表置毫安挡。开关 S 接通的瞬间,若万用表指针正向偏转,说明接电池正极的一端与接万用表负极的一端是同名端;如果指针反向偏转,则接电池正极的一端与接万用表正极的一端是同名端。做好标记后,再将万用表接到第三相的两个出线端试验。这样便可区分各相绕组的首和尾。

③用万用表分出每相绕组的两个出线端,先假设每相绕组的首尾,并按图 8.26(d)接线。将一相绕组接通 12 V 低压交流电,另两相绕组串联起来接 36 V 灯泡,如果灯泡发亮,说明相连两相绕组首尾的假设是正确的;若灯泡不亮,则说明相连两相绕组不是首尾相连。因此,这两相绕组的首尾便确定了,然后用同样的方法判断第三相。

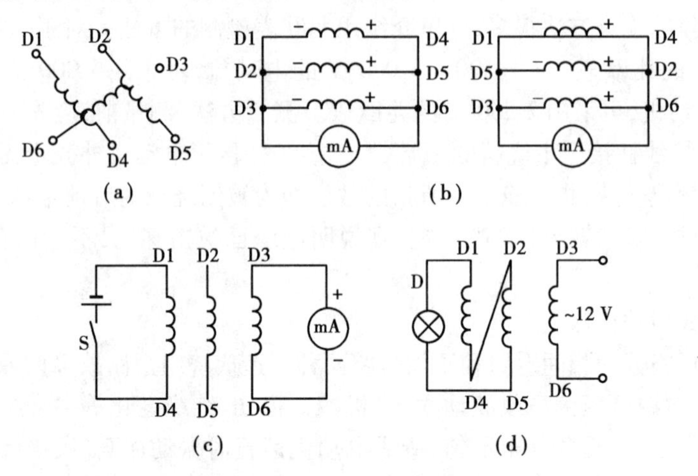

图 8.26　三相绕组首尾故障的检查方法

4)聚氨酯胶和耐磨胶修复电动机零部件的方法

①用聚氨酯胶修复电动机端盖裂缝

a. 钻“止缝孔”。用汽油清除裂缝周围的污垢,并在裂缝线的始末端点上钻“止缝孔”各 1 个,不要钻透,留壁厚约 1 mm 以防胶液漏出。

b. 开出“U”形斜面。用凿子沿裂缝开出约 135°的斜面,至“止缝孔”为止,斜面深度以端盖厚度的 60% 为宜。

c. 清洁“U”形斜面的黏结面。先用酒精湿润棉花粗擦黏结面(沿“U”形斜面的周围,宽度各为 25 mm 为宜)2 ~ 3 次,再用丙酮润湿脱脂棉签,彻底清擦黏结面,越清洁越好。

d. 选胶选用 101 甲、乙两组聚氨酯胶,体积比为甲∶乙 = 2∶1。

e. 调胶与涂胶在玻璃器皿中彻底拌匀,沿着“U”形斜面倒满黏结剂,与端盖表面平齐,用油漆刮刀加力擀平、压实、压紧。

f. 固化用灯泡或电吹风加热,用水银温度计进行监视,将温度控制在 100 ℃,2 h 后就能完成固化。

g. 修整黏结面的表面先用锉刀后用砂布,将高出端盖表面的黏结剂锉去砂平。

在被黏结的固化“U”形斜面上粘贴 3 层玻璃布,可以起到补强作用。具体做法是:将细薄玻璃布剪成 35 mm × 80 mm 的长方形条 3 块放进烘箱里,将温度控制在 180 ℃,1 h 后除去表层蜡状物,使织物具有良好的浸渍胶液的能力;将处理过的玻璃布浸渍在胶液中(也可将胶液倒在玻璃布上),用油漆刮刀来回刮涂几次,使之完全被胶液浸透,然后把涂有胶液的玻璃布贴在“U”形斜面上,用油漆刮刀来回擀平、压实;继续粘贴 3 层,再用一面涂有硅油的铝板紧贴在玻璃布上,使之处于一定压力之下,以使黏结强度更高。

②用耐磨胶修复电动机端盖止口面

a.清洁端盖止口与机座止口。当磨损的止口面氧化锈蚀时,可先用细钢丝刷将止口面刷除干净,然后再用400号水砂纸擦光,直到止口面呈现金属光泽为止。用汽油润湿棉团,先在两止口面上粗擦2~3遍,再用丙酮精擦1次,直至彻底清洁为止,然后晾干待粘。

b.测量端盖止口与机座止口的配合公差值。在端盖止口和机座止口清洁处理后,用游标卡尺测量机座止口内径和端盖止口外径,以确定刮涂胶泥的厚度。

c.调胶。将AR-4耐磨胶黏剂甲、乙两组分别按体积比1∶1置于干燥清洁的玻璃器皿中调匀。

d.涂胶用塑料铲将胶涂在端盖止口和机座止口面上,来回涂刮2~3遍,尽量使涂胶均匀一致,不得漏涂,并需在30 min内涂完,要使止口尺寸大于配合尺寸1 mm。黏结场所应清洁干燥,避免尘土、油污,否则将严重影响黏结质量。

e.固化在室温固化24 h后,按技术标准将内外止口分别加工至配合尺寸,即可进行组装。

③耐磨胶修复端盖轴承孔

端盖轴承孔磨损会造成轴承与端盖轴孔的松动,应用耐磨胶黏结修复,与传统的机械修理方法相比,省工节料,性能良好。具体修复方法如下:

a.车圆端盖轴承孔,其表面粗糙度 *Ra* 值为60 μm或40 μm,使表面凹凸适宜,为黏合创造条件。控制轴承孔与轴承外径的配合间隙为0.5 mm。

b.清洁端盖轴承孔黏结面。先用布蘸酒精粗擦3遍,后用丙酮进行仔细精擦,将污垢彻底清除为止。

c.涂刷耐磨胶黏剂。将AR-5耐磨胶黏剂按甲∶乙两组体积比1∶1从软管中挤出,置于干燥清洁的镀锌钢板上调匀,用塑料铲将胶黏剂在0.5 h内涂于端盖轴承孔位置上,其厚度在1 mm以上,力求均匀一致。

d.固化和车削。在室温下固化24 h后,按公差要求车端盖轴承孔达到配合尺寸。

8.3.3 PLC常见故障与维修

目前,采用可编程控制器(PLC)进行运行控制的机电设备越来越多。PLC实质上是一种专用计算机,它的结构形式与计算机相同,由中央处理单元CPU、存储器、输入/输出(I/O)模块及编程器等组成。有资料表明,PLC控制系统中发生故障的比例为:CPU及存储器占5%,I/O模块占15%,传感器和开关占45%,执行装置占30%,接线等其他方面占5%。由此可见,PLC常见故障分为功能性故障和硬件部分故障两大类,且硬件部分故障占80%以上。

PLC硬件部分包括外围线路、电源模块、I/O模块等,其中外围线路由现场输入信号(如按钮开关、选择开关、行程开关及其一些传感器输出的开关量、中间继电器输出触点或经模数转换的模拟量等)和现场输出信号(如电磁阀、继电器、接触器、电热器、电变换器和电机等),以及一些导线、接线端子及接线盒等组成。硬件部分常见故障有:

(1)元器件损伤

在控制系统回路中一旦发生元器件损伤,PLC控制系统就会自动停止工作,因此,应尽快查清故障元件并予以更换。一般维修中只需更换同样的元器件即可,但是实际中,常常发生短时间无法找到同样元器件的情况,此时,应采用元器件替换法,将损坏的元器件替换下来,以减少设备的故障停机时间,进行元器件替换时,应按照以下原则操作。

1)电阻器的替换

在数字电路中,通常对电阻阻值范围的要求不高,替换的电阻器只要满足额定功率的要求即可,一般采用较多的是金属膜电阻。但是,在振荡、定时、分压等电路中,应采用精密电阻,以使电阻值与元器件精度相适应。

2)电容器的替换

进行电容器替换时,首先应考虑电容的标称容量和耐压,而电容介质材料对替换并无太大影响。在振荡、定时、带通滤波等电路的电容器替换时,应严格遵守同等容量电容器替换这一原则;在其余电路中,对电容容量的要求均不高,可采用相近容量的电容替换。滤波电容的容量要求更宽一些。电解电容的替换,要注意耐压正、负极性。

3)半导体元器件的替换

半导体元器件一般应尽量选择同一型号的产品进行替换。若不能满足这一要求时,可通过器件手册查找元器件的主要参数,选择替代品。替代品应满足下述四个条件:

①材料相同,即锗-锗,硅-硅替代;

②极性相同,即PNP-PNP,NPN-NPN替代;

③种类相同,即三极管—三极管、场管效应—场管效应替代;

④特性相同,即最大直流耗散功率P_{cm}应大于或等于原器件的P_{cm},且应大于原器件的实际功耗P_c;最大允许直流电流I_{cm}应大于原损坏件的I_{cm},且应大于实测电流I_c;在最高耐压方面,替代元器件的几个主要参数(如晶体管的U_{CBO},U_{CEO},U_{BEO}等)应大于原器件;频率特性的主要参数(如f_t或f_{ab}),应大于或等于原器件。

在进行半导体元器件的替代时,还应注意以下三点:

①半导体元器件较难拆卸,故拆卸时注意不要损坏相邻元器件。

②拆下的元器件要再次确认是否损坏,且应记录各电极的位置。

③由于同一型号元器件的性能相差较多,即使是同一厂家也不例外,因此,在以元器件手册为准选定替换件后,还应进行实测,以确定其性能是否符合要求。

4)集成电路的替换

①数字集成电路。由于数字集成电路已经标准化,因此只要系列、序号相同,各制造厂商的产品均可替换。在TTL电路中,当工作电压为+5 V时,各系列可互换,但在速度上一般以高代低。若以低代高时,应考虑能否满足线路要求。在CMOS电路中,应同时考虑速度和工作电压两个指标。

②模拟集成电路最好采用同一厂家、同一型号的器件予以替换。一般不同厂商制造的器件,在型号字头相同、序号相同时可以替换,有些器件虽然型号字头不同,但序号相同的也可替换。在寻找替换器件时,应根据器件手册提供的特性参数查找同类品和类似品。

(2)端子接线接触松动

外围线路中经PLC控制系统的控制柜或操作面板(台)到输入(输出)部件,往往需经接线端子或中间接线盒,由于使用中的振动等原因,接线或元器件接头易产生松动引起故障。这类故障排除的方法是使用万用表,借助系统原理图或逻辑梯形图进行维修。对一些重要部件端子接线,为保证连接可靠,可采用焊接方法。

(3)PLC **功能性故障**

1)PLC 受干扰引起的故障

PLC 受干扰将会影响系统信号,造成控制精度降低、PLC 内部数据丢失、机器误动作,严重时可能发生人身设备事故。采取相应的技术措施,增强 PLC 系统抗干扰能力是很有必要的。

干扰有外部干扰和内部干扰。在现场环境中外部干扰是随机的,与系统结构无关,只能针对具体情况对干扰源加以限制;内部干扰与系统结构有关,通过精心设计系统线路或系统软件滤波等处理,可使干扰得到最大限度的抑制。PLC 生产现场的抗干扰技术措施,通常从接地保护、接线安排、屏蔽和抗噪声等四个方面着手考虑。

对供电系统中的强电设备,其外壳、柜体、框架、机座及操作手柄等金属构件必须保护接地;PLC 内部电路包括 CPU、存储器和其他接口共接数字地,外部电路包括 A/D、D/A 等共接模拟地,并用粗短的铜线将 PLC 底板与中央接地点星形连接防噪声干扰。PLC 非接地工作时,应将 PLC 的安装支架容性接地,以抑制电磁干扰。

在 PLC 系统中,导线主要有 PLC 和负载电源线,交流电压的数字量信号线,直流电压的数字量信号线,模拟量信号线等。根据接线的功能,其防干扰措施如下:

①电气柜内的接线安排

只有屏蔽的模拟量输入信号线才能与数字量信号线装在同一电缆槽;直流电压数字量信号线和模拟量信号线不能与交流电压线同在一电缆槽内,只有屏蔽的 220 V 电源线才能与信号线装在同一槽内;电气柜进出口的屏蔽一定要接地。

②电气柜外的接线安排

直流和交流电压的数字量信号线和模拟量信号线(要用屏蔽电缆)一定要各自用独立的电缆;信号线电缆可与电源电缆同装在一电缆槽内,但为改进抗噪性,建议将它们间隔 10 cm。

③屏蔽

a. PLC 机壳屏蔽。一般将机壳与电气柜浮空,在 PLC 机壳底板上加装一块等位屏蔽板,保护地与底板保持一点连接,使用铜导线,其截面积不少于 10 mm^2,以构成等位屏蔽板,有效地消除电磁场的干扰。

b. 电缆屏蔽。一般对载送小信号(mV 或 μV)的模拟量信号线,要将其电气柜内电缆屏蔽体的一端连接到屏蔽母体;数字量信号线,屏蔽不超出屏蔽母体;对模拟量信号的屏蔽总线可绝缘,并将中央点连到参考电位或地;数字量信号线的电缆两端接地,可保证较好地排除高频干扰。

④抗噪声的措施

对处于强磁场(例如变压器)的部分进行金属屏蔽,电控柜内不采用荧光灯具照明。此外,PLC 控制系统电源也应采用相应的抗干扰措施。因为 PLC 控制系统电源一般都是220 V 市电,市电电网的瞬变过程是经常发生的,电源波动大的感性负载或晶闸管装置的切换,很容易造成电压缺口或毛刺,如直接供电给 PLC 及 I/O 模板,将引起不良后果。PLC 控制系统电源抗干扰的方法有采用隔离变压器、低通滤波器及应用频谱均衡法等三种。其中,隔离变压器是最常用的,因为 PLC、I/O 模板电源常用 DC/24 V,须经隔离变压器降压,再经整流桥整流供给。

2)PLC 周期性死机

PLC 周期性死机的特征是:PLC 每运行若干时间就出现死机,程序混乱,出现不同的中断故障显示,重新启动后又一切正常。现场实践认为,长时间的积灰是造成 PLC 周期性死机的最常见原因,应定期对 PLC 机架插槽接口处进行清扫。清扫时,可先用压缩空气或“皮老虎”将控制板上、各插槽中的灰尘吹净,再用 95% 酒精洗净插槽及控制板插头。清扫完毕后细心组装,恢复开机便能正常运行。

3)PLC 程序丢失

PLC 程序丢失通常是由于接地不良、接线有误、操作失误和干扰等几个方面的原因造成的。

①PLC 主机及模块必须有良好的接地,通常采用的是主机外壳与开关柜外壳连接的接地方式,当出现接地不良时,应考虑改用多股铜芯线,采用从主机接地端子直接与接地装置引线端连接的接地方式,确保良好的接地。此外,还应注意保证 I/O 模块 24 V 直流电源负极有良好的接地。

②主机电源接线端子相线必须接线正确,不然也会出现主机不能启动、时常出错或程序丢失的现象。

③为防止程序丢失,需准备好程序包,一个完好的程序需提前打入程序包,以备急需。

④使用编程器查找故障时,应将锁定开关置于垂直位置,拔出时可起到保护内存的功能。如果要断开 PLC 系统电源,则应先断开主机电源,然后再断开 I/O 模块电源;如果先断开 I/O 部分电源或 I/O 部分和主机电源同时断开,则会使断电处理时存入不正确的数据而造成程序混乱。

⑤由于干扰的原因造成 PLC 程序丢失,其处理方法可参照 PLC 受干扰引起故障的处理,尽可能地抑制和削弱干扰。

复习思考题

8.1 电气系统故障包括哪些?其产生的原因是什么?

8.2 电气系统故障处理中的“望、问、听、切”的含义是什么?

8.3 对电路进行通、断电检查时有哪些注意事项?

8.4 电阻测量法和电压测量法检测电路故障的原理是什么?实际中如何应用?

8.5 当机电设备发生电气故障时,一般应从哪几个方面进行分析检查?试举例说明。

8.6 在电气控制电路维修中,什么情况下应采用替换法修复电路?采用元器件替换时应考虑哪几个方面的问题?

8.7 三相绕组接线错误的诊断方法有哪几种?请说明各种方法的实施步骤及原理。

8.8 当运行中的电动机有冒烟现象时,应如何处理?

8.9 测量绝缘电阻使用什么仪器?设备的绝缘电阻取何时的测量读数?为什么?

第 9 章 数控系统的维护与管理

9.1 常用数控系统简介

进口数控系统中具有代表性的有日本的 FANUC 数控系统和德国的 SIEMENS 数控系统，国产数控系统有 SKY 数控系统等。为了用好这些产品，就需对产品的主要功能、参数有所了解。下面对 FANUC 数控系统、SIEMENS 数控系统和 SKY 数控系统作简单介绍。

9.1.1 FANUC 系统的数控装置

FANUC 公司的数控装置有 F0(即 FANUC 0)、F10、F11、F12、F15、F16、F18 等系列，每个系列的数控装置都可提供多种可选择的功能，适应于多种机床使用。从结构上看，数控装置已由大块板结构转向模块化结构，电路板采用多层板和高密度表面安装技术(SMT)，使用专用大规模集成电路芯片(LSI)，LSI 有总线仲裁控制器(BAC)、输入/输出控制器(IOC)、位置控制 MB87103。MB87103 包括数字积分法(DDA)插补、误差寄存器、基准计数器、脉宽调制和检测倍率(DMR)。制造自动化协议(MAP)接口可实现与上级单元控制器或主计算机通信。有些数控装置的故障诊断采用了专家诊断系统。

(1)F0 系列

F0 系列数控装置是多微处理器系统。F0A 系列的主 CPU 为 80186，F0B 系列的主 CPU 为 80286，F0C 系列的主 CPU 为 80386。内置可编程序控制器(PLC)的 CPU 为 8086。F0C 系列是 F0 系列的中高档产品，它除了有标准的串行通信 RS-232 接口外，还增加了具有高速串行接口的远程缓冲器，实现计算机分布式直接控制(DNC)。

F0 系列数控装置适用于各种中小型数控机床：

①F0 MA、F0 MB、F0 MEA、F0 MC 数控装置用于加工中心、镗床、铣床。

②F0 MF 是对话型数控装置，用于加工中心、镗床、铣床。

③F0 TA、F0 TB、F0 TEA、F0 TC 数控装置用于车床。

④F0 TO、F0 TF 是对话型数控装置，用于车床。

⑤F0 TTA、F0 TTB、F0 TTC 数控装置用于主轴双刀架或两个主轴双刀架的四轴车床。

⑥F0 GA、F0 GB 数控装置用于磨床。

⑦F0 PB 数控装置用于回转头压力机。

(2)F10、F11、F12 系列

F10、F11、F12 系列有 M、T、TT 等型号。M 型数控装置用于加工中心、铣床、镗床,T 型数控装置用于车床,TT 型数控装置用于双刀架车床。

F10、F11 系列数控装置的主板采用大板结构,其他模块采用了小板,插在主板上。F12 系列数控装置中所有电路板分别安装在两个底板上。F10、F11、F12 系列为多处理器系统,主 CPU 和 PLC 的 CPU 是 68000。电路板使用专用 LSI 芯片,包括了 BAC、系统支持单元(SSU)、IOC、操作面板控制器(OPC)、MB87103,系统有 RS-232、RS-422 接口。

(3)F15 系列

F15 系列是 32 位人工智能(AI)型数控装置,其结构为模块化多主控总线(FANUC Bus),主 CPU 为 68020,在 PLC、轴控制、图形控制、通信、自动编程功能中都有各自的 CPU。PS15 系列可构成 2 ~ 15 轴系统,适用于大型机床、多系统和多轴控制的数控机床。

(4)F16 系列

F16 系列的性能位于 F15 系列和 F0 系列之间,结构为多主控总线,在采用了 32 位 CISC(Complex Instruction Set Computer)处理器的基础上增加了用于高速运算处理的 32 位 RISC(Reduced Instruction Set Computer)高速处理器。

(5)F18 系列

F18 系列是在 F16 系列之后推出的 32 位数控装置,其性能位于 F15 系列和 F0 系列之间,但低于 F16 系列。其特点是:可进行四轴伺服和两轴主轴控制。

9.1.2 SIEMENS 系统的数控装置

SIEMENS 公司有 SIN3、8、810、820、850、880、805、840 等系列数控装置,每个系列都有适用于不同性能和功能的机床的数控装置。SIEMENS 数控装置采用模块化结构,具有接口诊断功能和数据通信功能。

(1)SIN810 系列

SIN810 系列按功能分,有 810T、810G、810N;按型号分,有 810Ⅰ、810Ⅱ、810Ⅲ型。810 系列适用于中、低档的中、小型机床。810Ⅰ型适用于车床和铣床,可控制 3 轴,联动 2 轴。810Ⅱ型适用于车床、铣床和磨床,可控制 4 轴,联动 3 轴。810Ⅲ型适用于车床、铣床、磨床和冲压类机床,可控制 5 轴,联动 3 轴。

SIN810 系列数控装置的主 CPU 为 80186,系统分辨率为 1 μm,内置 PLC 为 128 点输入、64 点输出。该系统具有轮廓监控、主轴监控和接口诊断等功能。

(2)SIN3 型

SIN3 型是标准 16 位微处理机系统,CPU 为 8086,可控制 4 轴,联动 3 轴。内置 PLC 输入、输出各 512 点。该数控装置适用于多种机床,3T 型用于车床和车削加工中心,3TT 型用于双刀架车床及双主轴车床,3M 型用于钻床、镗床、铣床或加工中心,3G 型用于磨床,3N 型用于冲压类机床。

(3)SIN850、880 型

SIN850、880 型是多微机轮廓轨迹控制数控装置,具有机器人功能,适用于复杂功能机床以及FMS、CIMS需要。SIN850、880型主CPU为80386，内置PLC输入、输出点数为1024，有256个定时器和128个计数器。数控装置采用SINEC H1总线连线方式联网，SINEC是以以太网为基础开发的具有很强的通信功能，可在加工的同时与柔性制造系统交换信息。880型数控装置可控制24轴，比850型数控装置能控制的轴数多一倍。

(4)SIN840C型

SIN840C型数控装置是32位微处理机系统，具有计算机辅助设计(CAD)功能，能控制多轴，可5轴联动。内置PLC用户程序存储器的容量为32 KB，可扩展到256 MB。840C型数控装置可用于全功能车床、铣床、加工中心以及FMS和CIMS。目前，SIEMENS推出的840D、840U数控装置，其性能优于840C。

(5)SIN8型

SIN8型数控装置是用于柔性制造的控制系统，它采用多微处理器，CPU均为8086。该数控装置可扩展到控制12个轴，适用于车床、镗床、铣床和加工中心。

9.1.3　SKY系统的数控装置

(1)SKY2000-Ⅰ型数控系统

SKY2000-Ⅰ型数控系统的开发基于Windows平台，控制核心为32位CPU和DSP，支持PC标准网络，采用中文操作界面，实现了实时图形跟踪和错误智能诊断，可进行程序的仿真运行和二维或三维刀具动态轨迹的显示。此外，SKY2000-Ⅰ型的系统分辨率可达0.1 μm，拥有超大规模的程序容量(20 GB以上)，可通过全闭环光栅对闭环丝杆螺距及间隙的制造误差进行补偿，而且还具备对空间几何误差的补偿功能以及机电一体化的CAD/CAM/CNC功能。SKY2000-Ⅰ型数控系统具有易操作、大容量、高精度和稳定可靠等优势，自其问世以来，深得广大用户的喜爱和信赖。

(2)SKY数控系统的面板

SKY数控系统的显示装置由14 in(1 in = 2.54 cm)CRT彩色显示器和SKY控制系统专用按钮共同组成，如图9.1所示。

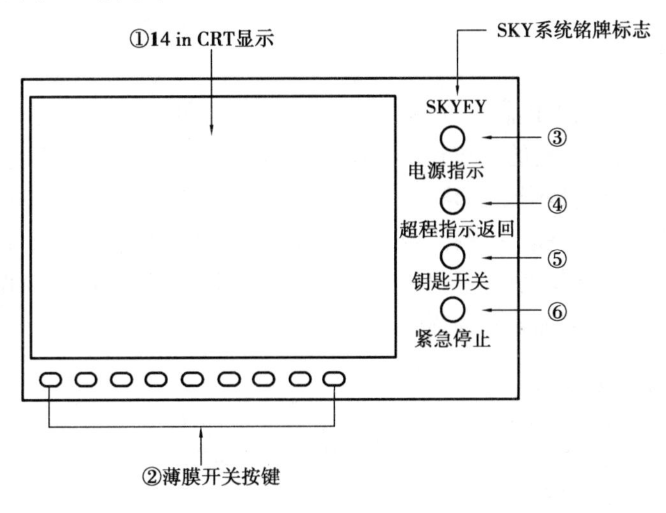

图9.1　显示装置外观图

①14 in CRT 显示器为标准的 PC 台式显示器。

②薄膜开关采用平面触摸式按键(底色为黑色),共包括 9 个功能键,从左向右依次排列为:主轴正转、主轴停、主轴反转、冷却开、冷却关、开、关、机床工作和机床锁住。当机床和系统均处于上电准备已完成状态时,按下以上任一功能键,则可打开相应的机床功能。

③电源指示为一白色小灯:机床总电源接通(机床上电),则显示为橙色,并且在机床正常的运行过程中一直为橙色。

④超程指示返回为一绿色小灯:在机床运作过程中,如果工作行程超出正常规定范围时,该绿色小灯则呈现高亮状态,以示意操作人员及时作出调整,直至消除高亮,从而避免发生意外事故。

⑤钥匙开关:同时配有银色钥匙两把,用以控制伺服驱动及计算机等系统部分电源的通断状况。顺时针方向转动钥匙,打开计算机和伺服驱动,完成机床的工作准备;逆时针方向转动钥匙,关闭计算机并切断伺服上电,机床停止工作。

⑥紧急停止为一红色旋转按钮,上面标有指示方向的箭头。该旋转按钮是数控机床用于救急和保护的特别设置,当系统或机床在运作过程中由于错误操作而陷入系统报警或失控状态时,将该旋钮立即按下锁住机床,可暂时避免事态的恶化,在对错误及故障进行排除解决后重新打开机床工作;顺着旋钮上箭头所示方向(即顺时针方向)旋转打开,则机床处于联机开启状态,可以进行下一步对机床的操作。此外,当需要结束机床工作以及系统操作时,要求首先按下紧急停止旋钮锁住机床,以保证机床在开关机过程中的操作安全。

注意:在所有机床工作打开之前,紧急停止按钮必须置于打开状态,否则,机床处于锁住状态,无法打开机床工作。

9.2 数控系统的常见故障分析

根据数控系统的结构、工作原理和特点,分析常见的故障部位及故障现象。

9.2.1 位置环

位置环是数控系统发出控制指令,并与位置检测系统的反馈值相比较,进一步完成控制任务的关键环节,它具有很高的工作频度,并与外设相连接,因此,容易发生故障。

①位控环报警。可能是测量回路开路,测量系统损坏,位控单元内部损坏。

②不发指令就运动。可能是漂移过高,正反馈、位控单元故障,测量元件损坏。

③测量元件故障。一般表现为无反馈值,机床回不到基准点,高速时漏脉冲产生报警可能的原因是光栅脏、读头脏和光栅损坏。

9.2.2 伺服驱动系统

伺服驱动系统与电源电网、机械系统等相关联,而且在工作中一直处于频繁的启动和运行状态,因而这也是故障较多的部分。

(1)系统损坏

一般由于网络电压波动太大或电压冲击所造成的。我国大部分地区电网质量不好,会给机床带来电压超限,尤其是瞬间超限,如无专门的电压监控仪,则很难测到,在查找故障原因时,要加以注意,还有一些是由于特殊原因造成的损坏。如华北某厂的工厂变电站,由于雷击电压窜入电网而造成多台机床伺服系统损坏。

(2)无控制指令而电机高速运转

这种故障的原因是速度环开环或正反馈。如某厂引进的德国 WOTAN 公司转子铣床在调试中,机床 X 轴在无指令的情况下高速运转,经分析认为是正反馈造成的,因为系统零点漂移,在正反馈情况下,就会迅速累加,使电机在高速下运转,而按标签检查线路后完全正确,机床厂技术人员认为不可能接错,在充分分析与检测后将反馈线反接,结果机床运转正常。又如,一台自进厂后一直无法正常工作的精密磨床,其故障是:机床一启动电机就运转,而且越来越快,直至最高转速。分析认为是由于速度环开路,系统漂移无法抑制造成的,经检查其原因是速度反馈线接到了地线上造成的。

(3)加工时工件表面达不到要求

走圆弧插补,轴换向时出现凸台,电机低速爬行或振动这类故障一般是由于伺服系统调整不当,各轴增益系统不相等或与电机匹配不合适引起的,解决的办法是进行最佳化调节。

(4)保险烧断或电机过热,以致烧坏

这类故障一般是由于机械负载过大或卡死造成的。

9.2.3 电源部分

电源是维持系统正常工作的能源支持部分,它失效或故障的直接结果是造成系统的停机或毁坏整个系统。在欧美国家,这类问题比较少,在设计上这方面的因素考虑得不多,但在我国由于电源波动较大、质量差,还隐藏有高频脉冲这一类的干扰,加上人为的因素(如突然拉闸断电等),这些原因可造成电源故障监控或损坏。另外,数控系统部分运行数据、设定数据以及加工程序等一般存储在 RAM 存储器内,系统断电后,靠电源的后备蓄电池或锂电池来保持。因而,停机时间比较长,拔插电源或存储器都可能造成数据丢失,使系统不能运行。

9.2.4 可编程序控制器逻辑接口

数控系统的逻辑控制(如刀库管理、液压启动等)主要由 PLC 来实现,要完成这些控制就必须采集各控制点的状态信息,如断电器、伺服阀、指示灯等。由于它与外界种类繁多的各种信号源和执行元件相连接,变化频繁,因此,发生故障的可能性就比较多,而且故障类型也千变万化。

由于环境条件(如干扰、温度、湿度)超过允许范围,操作错误,参数设定不当,也可能造成停机或故障。有一工厂的数控设备,开机后不久便失去数控准备信号,系统无法工作,经检查发现机体温度很高,原因是通气过滤网已堵死,引起温度传感器动作,更换滤网后,系统正常工作。不按操作规程拔插线路板或无静电防护措施等,都可能造成停机故障甚至毁坏系统。

一般在数控系统的设计、使用和维修中,必须考虑对经常出现故障的部位给予报警,报警电路工作后,一方面在屏幕或操作面板上给出报警信息,另一方面发出保护性中断指令,使系统停止工作,以便查清故障和进行维修。

9.3 FANUC 数控系统的故障诊断

数控机床经过近年来发展,技术已日臻成熟,功能越来越强,维修越来越方便。作为数控系统的最终用户(加工工厂)来说,应加强数控系统的维护保养,利用有效的设备资源,充分开发系统潜能,最大限度地为企业创造利润。

9.3.1 FANUC 各系统的共性故障

对于 FANUC 系统,当数据输入/输出接口(RS-232C)工作不正常且报警时,不同系统的报警号也不同。

①3/6/0/16/18/20/power-mate,显示 85 ~ 87 号报警。

②10/11/12/15,当发生报警时,显示 820 ~ 823 号报警。

当数据输出接口不能正常工作时,一般有以下七种情况及处理方法:

1)输入数据操作时系统没有反应

①检查系统工作方式对不对,将系统的工作方式置于 EDIT 方式,且打开程序保护键;或者在输入参数时,也可置于急停状态。

②按 FANUC 系统出厂时的数据单,重新输入功能选择参数(0 系统类的 900 号以后的参数,16 系统类的 9900 号以后的参数,15 系统类的 9100 号参数)。

③检查系统是否处于 RESET 状态。

2)输入/输出数据操作时系统发生了报警

①按表 9.1 检查系统参数。

表 9.1 FANUC 各系统输入/输出接口的参数表

<table>
<tr><th>系 统</th><th>项目设定</th><th colspan="4">CNC 侧的设定</th><th>便携式 3 in 软磁盘驱动器或计算机侧的设定</th></tr>
<tr><td rowspan="5">16/18/21/0i</td><td>插头</td><td colspan="2">JD5A</td><td colspan="2">JD5B</td><td rowspan="9">波特率,停止位应与 CNC 侧一致,奇偶校验位 = 偶校验,通道 = RS-232</td></tr>
<tr><td>I/O 通道号
(参数号:#20)</td><td>0</td><td>1</td><td>2</td><td>3</td></tr>
<tr><td>设定项目</td><td colspan="4">参数号</td></tr>
<tr><td>输入/输出设备</td><td>#101/0</td><td>#111/0</td><td>#121/0</td><td>#131/0</td></tr>
<tr><td>波特率</td><td>#102</td><td>#112</td><td>#1122</td><td>#1132</td></tr>
<tr><td rowspan="4">10/11/12/15</td><td>插头</td><td colspan="2">CD4A 或 JD5A(15B)</td><td colspan="2">CD4B 或 JD5B(15B)</td></tr>
<tr><td>设定项目</td><td colspan="4">参数号</td></tr>
<tr><td rowspan="2">I/O 通道号</td><td colspan="2">#020</td><td colspan="2">#020</td></tr>
<tr><td colspan="2">#021</td><td colspan="2">#021</td></tr>
</table>

续表

<table>
<tr><th>系　统</th><th>项目设定</th><th colspan="4">CNC 侧的设定</th><th>便携式 3 in 软磁盘驱动器或计算机侧的设定</th></tr>
<tr><td rowspan="6">10/11/12/15</td><td>设定项目</td><td colspan="4">参数号</td><td rowspan="18">波特率，停止位应与 CNC 侧一致，奇偶校验位 = 偶校验，通道 = RS-232</td></tr>
<tr><td rowspan="2">输入/输出设备</td><td colspan="2">#5001</td><td colspan="2">#5001</td></tr>
<tr><td colspan="2">#5110</td><td colspan="2">#5110</td></tr>
<tr><td>停止位</td><td colspan="2">#5111</td><td colspan="2">#5111</td></tr>
<tr><td>波特率</td><td colspan="2">#5112</td><td colspan="2">#5112</td></tr>
<tr><td>控制码</td><td colspan="2">#0000</td><td colspan="2">#0000</td></tr>
<tr><td rowspan="6">OA/OB/OC/OD</td><td>插头</td><td colspan="2">M5</td><td colspan="2">M74</td></tr>
<tr><td>I/O 通道号</td><td>0</td><td>1</td><td>2</td><td>3</td></tr>
<tr><td>设定项目</td><td colspan="4">参数号</td></tr>
<tr><td>停止位</td><td>#2/0</td><td>#12/0</td><td>#50/0</td><td>#51/0</td></tr>
<tr><td>输入/输出设备</td><td colspan="2">#38/6.7</td><td>#38/4.5</td><td>#38/1.2</td></tr>
<tr><td>波特率</td><td>#552</td><td>#553</td><td>#250</td><td>#251</td></tr>
<tr><td rowspan="3">3</td><td>I/O 通道号</td><td colspan="4">0</td></tr>
<tr><td>停止位</td><td colspan="4">#5 号参数</td></tr>
<tr><td>波特率</td><td colspan="4">#68 号参数</td></tr>
<tr><td rowspan="3">6</td><td>通信通道</td><td colspan="2">INPUTDEVICE = 0</td><td colspan="2">INPUTDEVICE = 0</td></tr>
<tr><td>输入/输出设备</td><td colspan="2">#340 号参数</td><td colspan="2">#341 号参数</td></tr>
<tr><td>停止位/波特率</td><td colspan="2">#312 号参数</td><td colspan="2">#313 号参数</td></tr>
</table>

②按图 9.2 检查电缆接线。图 9.2 是机床面板的中继插头(25 芯)到外部输入/输出设备(例如计算机)插头的信号电缆连接。

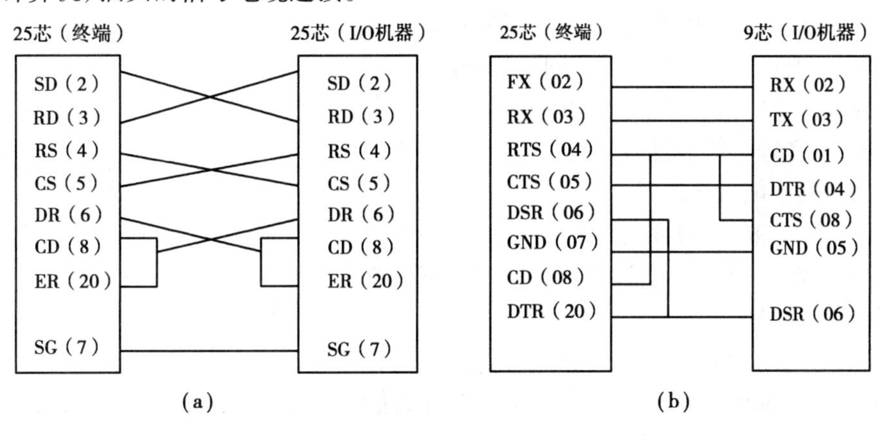

图 9.2　电缆接线图

3)外部输入/输出设备的设定错误或硬件故障

外部输入/输出设备有便携式磁盘驱动器,FANUC 通信软件和计算机等设备,在进行传输时,需确认以下五点:

①电源是否打开。

②波特率与停止位是否与 FANUC 系统的数据输入/输出参数设定匹配。

③硬件有无故障。

④传输的数据格式是否为 ISO。

⑤数据位设定是否正确,一般为 7 位。

4)CNC 系统与通信接口有关的印制板

CNC 系统与通信接口有关的印制板见表 9.2。

表 9.2　FANUC 各系统与通信接口有关的印制板

型　号	印制板
0	存储板或主板
3	主板
6	显示器屏幕 C 板
11	主板或显示器屏幕/MDI 控制板
15A	BASE 0
15B	MAIN CPU 板或 OPTI 板
16/18	MAIN 板上的通信接口模块
0i	I/O 接口板
21	I/O 接口板
161/181	主板
POWER MATE	基板

5)CNC 系统与计算机进行通信

当 CNC 系统与计算机进行通信时,需注意以下四点:

①计算机的外壳与 CNC 系统需同时接地。

②不要在通电的情况下插拔连接电缆。

③不要在打雷时进行通信作业。

④通信电缆不能太长。

6)显示 85、86、87 号报警

如果发生 85、86、87 号报警,原因大致有以下三点:

①85 号 ALARM:

a. CNC 系统波特率、停止位等参数的设定不正确。

b. 外部输入/输出设备的通信参数与 CNC 的通信参数不匹配。

c. 外部输入/输出设备故障。

②86 号 ALARM：

a. 通信参数的设定不正确。

b. 外部通信设备未通电。

c. 电缆连接不正确，按照图 9.2 连接电缆，并插入正确插口。

d. 外部传输设备不良。

e. CNC 的通信接口已坏。

③87 号 ALARM：

a. 外部输入/输出设备的通信参数与 CNC 的通信参数不匹配。

b. 外部传输设备不良。

c. CNC 的通信接口已坏。

7) CNC 电源单元不能通电

CNC 单元的电源上有两个灯：一个是电源指示灯，是绿色的；另一个是电源报警灯，是红色的。这里说的电源单元，包括电源输入单元和电源控制部分。

①当电源不能接通时，若电源指示灯（绿色）不亮。

a. 电源单元的保险 F1、F2 已熔断。这是因为输入高电压引起的，或者是电源单元本身的元器件已损坏。

b. 输入电压低。检查进入电源单元的电压，电压的容许值为 AC220(1 +10%) V，(50 ±1) Hz。

c. 电源单元不良，内有元件损坏。

②电源指示灯亮，报警灯也消失，但电源不能接通。这时是因为电源接通（ON）的条件不满足，如图 9.3 所示的开关电路，电源的接通条件有三个：电源"ON"按钮闭合、电源"OFF"按钮闭合和外部报警接点打开。

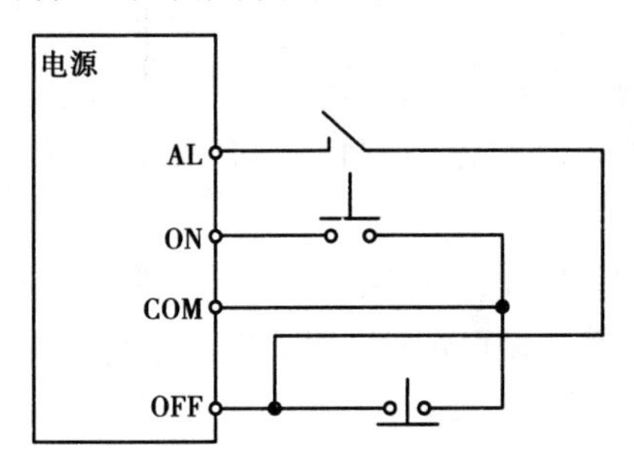

图 9.3　电源开关电路

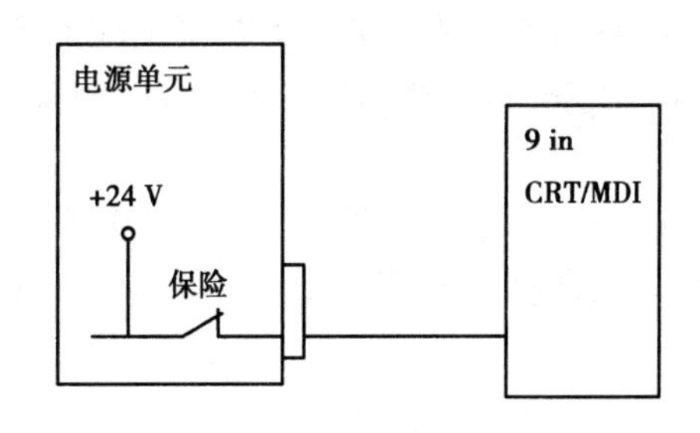

图 9.4　显示器电路

③电源单元报警灯亮。

A. 24 V 输出电压的保险熔断。

a. 9 in 显示器屏幕使用 +24 V 电压，如图 9.4 所示，检查 +24 V 与地是否短路。

b. 显示器/手动数据输入线路板不良。

B. 电源单元不良，此时，可按下述步骤进行检查。

a. 将电源单元所有输出插头拔掉，只留下电源输入线和开关控制线。

b. 将机床所有电源关掉，电源控制部分整体拔掉。

c. 再开电源，此时，如果电源报警灯熄灭，那么可以认为电源单元正常；如果电源报警灯仍然亮，那么电源单元损坏。

注意:16/18 系统电源拔下的时间不要超过 30 min,因为 SRAM 的后备电源在电源单元上。

C. 24 V 的保险熔断。

a. +24 V 是供外部输入/输出信号用的,按照图 9.5 检查外部输入/输出回路是否短路。

b. 外部输入/输出开关引起 +24 V 短路或系统 I/O 板接触不良。

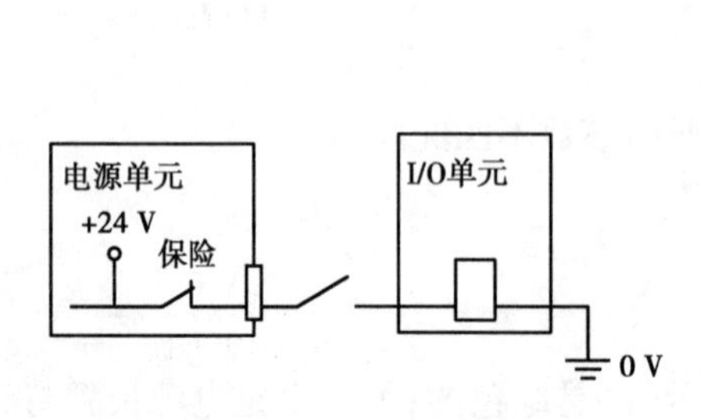

图 9.5 输入/输出信号电路

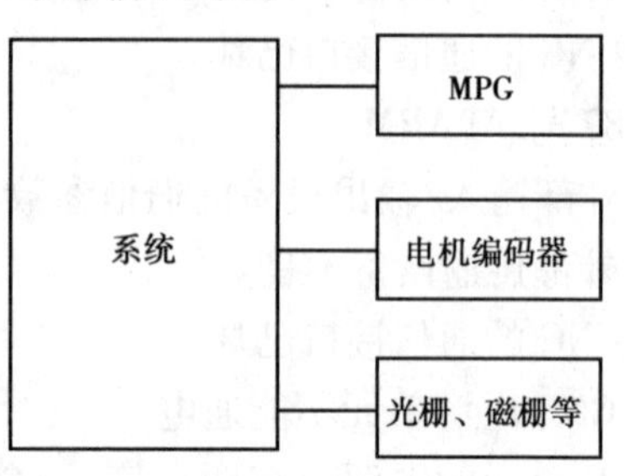

图 9.6 4.5 V 电源的电路检查图

D. 4.5 V 电源的负荷短路。

检查方法:将 +5 V 电源所带的负荷一个一个地拔掉,每拔一次,必须先关闭电源再打开电路,如图 9.6 所示。

当拔掉任意一个 +5 V 电源负荷后,电源报警灯熄灭,可以说明该负荷及其连接电缆出现故障。

请注意:当拔掉电机编码器的插头时,如果是绝对位置编码器,还需要重新回零,机床才能恢复正常。

E. 系统的印制板上有短路,需用万用表测量 +5 V、±15 V、+24 V 与 0 V 之间的电阻,必须在电源关的状态下测量。

a. 将系统各印制板一个一个地往下拔,再打开电源,确认报警灯是否亮。

b. 如果当某一印制板拔下后电源报警灯不亮,从而说明该印制板有问题,应更换该印制板。

c. 对于 0 系统,如果 +24 V 与 0 V 短路,更换时一定要将输入/输出板与主板同时更换。

d. 当计算机与 CNC 系统进行通信作业时,若 CNC 通信接口烧坏,有时也会使系统电源不能接通。

④返回参考点时出现偏差。

a. 参考点位置偏差一个栅格,其故障原因和排除方法见表 9.3。

表 9.3 参考点位置偏差 1 个栅格时的故障原因和排除方法

项 目	可能原因	如何检查	解决办法
1	减速挡块位置不正确	用诊断功能监视减速信号,并记下参考点位置与减速信号起作用的那点位置	这两点之间的距离应该等于电机转一圈时机床所走的距离的一半
2	减速挡块太短	按 FANUC 维修说明书中叙述的方法,计算减速挡块的长度	按计算长度,安装新的挡块

续表

项　目	可能原因	如何检查	解决办法
3	回零开关不良	在一个栅格内，*DECX 发生变化	*DECX电气开关性能不良，更换
		在一个栅格内，*DECX 信号不发生变化	挡块位置安装不正确

b. 参考点返回位置是随机变化的，其故障原因和排除方法见表9.4。

表9.4　参考点返回位置是随机变化时的故障原因和排除方法

项　目	可能原因	如何检查	解决办法
1	干扰	检查位置编码器反馈信号线是否屏蔽，检查位置编码器的信号线是否与电机的动力线分开	位置编码器的反馈信号线用屏蔽线，位置编码器的反馈信号线与电机的动力线分开走线
2	位置编码器的供电电压太低	检查编码器供电电压	供电电压不能低于4.8 V
3	电机与机械的联轴节松动	在电机和丝杠上分别做一个记号，然后再运行该轴，观察其记号	拧紧联轴节
4	位置编码器不良	—	更换位置编码器，并观察偏差更换后故障是否消除
5	电动机代码输入错，电动机力矩小	开机后可以听到电动机“嗡嗡”的响声	正确输入电动机代码，重新进行伺服的初始化
6	回参考点计数器容量设置错误	重新计算并设置参考点计数器的容量	特别是在0.1 μm的系统里，更要按照说明书仔细计算
7	伺服控制板或伺服接口模块不良	—	更换伺服控制板或接口模块

⑤返回参考点异常，显示器屏幕上出现90号报警。

A. 参考点返回时，位置偏差量未超过128个脉冲时位置误差量可以在诊断画面里确认。3/6/0系统诊断号为800~803;16/18系统的诊断号为300。

a. 检查确认快进速度。

b. 检查确认快进速度的倍率选择信号(ROVl、ROV2)。

c. 检查确认参考点减速信号。

d. 检查确认外部减速信号离参考点距离太近。

B. 参考点返回时，位置偏差量超过128个脉冲。

a. 位置反馈信号的输出信号没有输出。

b. 位置编码器不良。

c. 位置编码器的供给电压偏低,要求一般不能低于4.8 V。

d. 伺服控制部分和伺服接口部分不良。

⑥FAPT 编程功能不能使用,主要是因为子 CPU 出现奇偶报警错误,致使 FAPT 的参数和程序丢失。若要重新恢复 FAPT 编程功能,必须重新输入 FAPT 编程的数据。FAPT 数据包括:系统参数(FAPT-SYS PARAM)、MTF(FAPT-MTF)、SETTING 数据(FAPT-SETTING)、工具数据(FAPT-TOOL)、图形数据(FAPT-GRAPHIC)、程序(FAPT-FAMILY)和材质文件(FAPT-MATERIAL)。

A. 恢复的方法之一:

a. 按住 MDI 上的"SP"键,打开电源。

b. 用 FANUC 便携式 3 in 软磁盘驱动器输入数据时,按"AUXIIIARY"软键,输入 RSTR、B、INPUT。

c. 用 FANUC PPR 时,按"AUXIIIARY"软键,输入 RSTR、P、INPUT。

d. 如果是输出 FAPT 数据,按"AUXIIIARY"软键,输入 DUMP、N、INPUT(N = B 或 P)。

B. 恢复的方法二:

a. 按住 MDI 上的"SP"键,重新开机,然后一项一项地输入 FAPT 数据。

b. 在初始画面上,按"DATA SETTING"键,再按表 9.5 第一项,输入下表的数据。

表 9.5　系统与参数表

项　目	操作方法
FAPT 数据	3、N、INPUT 键
MIF	7、N、INPUT 键
工具数据	11、N、INPUT 键
设定数据	14、N、INPUT 键
图形数据	16、N、INPUT 键

c. 在初始画面上,按"DADA SETTING"软键,输入 5、N、INPUT,就可以输入材质数据。

d. 在初始画面上,按"PROGRAM"软键,输入 2、N、INPUT,就可以输入 FAPT 程序。

e. 位置画面的位置数值是否变化,如位置画面的数值不变化,见表 9.6;如位置画面的数值变化,见表 9.7。

f. CNC 的内部状态。

g. 利用 PMC 的诊断功能,确认输入/输出信号的状态。

⑦在自动方式下系统不运行。

自动运行启动灯不亮时的检查点:

确认 CNC 的状态,具体见表 9.8。

机床操作面板上自动运行启动灯是否亮,具体见表 9.9。

表9.6 位置画面的数值不变化

项目	原因	有关地址和参数		
		0	16/18/0i	11/12/15
1	系统处于急停状态 * ESP	G121.4	G8.4 或 G1008.4	G0.4
2	系统处于复位状态 外部复位 ERS 置 1 MDI 的复位键置 1	G121.7 G104.6	G8.7 G8.6	G0.0 G0.6
3	确认工作方式信号 MD4、MD2、MD1 的组合值: JOG = 101, AUTO = 001 EDIT = 011, MDI = 000	G122#2.1.0	G43#2.1.0	G3
4	JOG 的轴方向选择信号: +X, -X, +Y, -Y, +Z, -Z, +4, -4 诊断内部状态,确认是否: a. 倍率为 b. 正在执行到位检查 c. 主轴速度到达信号(SAR)未置 1(梯形图用该信号时) d. 机床锁住信号置 1	G116#3.2 G118#3.2 诊断号 700	G100 G102 诊断号 15	诊断号 1000 ~ 1001
5	正在执行到位检查 条件:位置误差值大于到位宽度设定值	诊断号 800 参数号 500	诊断号 300 参数号 1826	
6	输入了互锁信号 * ILX	G117.0	G8.0 参数号 3003#0	G0.0
	* ITX	G128 参数号 8#7	参数号 3003#2	
	+ MITX	G42 参数号 24#7	G132 G134 参数号 3003#3	
7	JOG 速度为 0(JV0 ~ JV7)	G121 参数号 3#4	G010 G011	
8	系统有报警			

表 9.7　位置画面的数值变化

<table>
<tr><th rowspan="2">项　目</th><th rowspan="2">原　因</th><th colspan="3">有关地址和参数</th></tr>
<tr><th>0</th><th>16/18/0i</th><th>11/12/15</th></tr>
<tr><td>1</td><td>MLK 信号输入系统</td><td>G117.1</td><td>G44.1
G108</td><td></td></tr>
</table>

表 9.8　CNC 的状态表

<table>
<tr><th rowspan="2">项　目</th><th rowspan="2">原　因</th><th colspan="3">有关地址和参数</th></tr>
<tr><th>0</th><th>16/18/0i</th><th>11/12/15</th></tr>
<tr><td>1</td><td>确认方式选择开关,MD4、MD2、MD1 的组合值在自动方式时等于 001</td><td>G122# 2.1.0</td><td>G43# 2.1.0</td><td>G3</td></tr>
<tr><td>2</td><td>自动运行启动“START”(ST)按钮信号没输入到系统</td><td>G120#2</td><td>G7.2</td><td>G5.0</td></tr>
<tr><td>3</td><td>自动运行停止信号(＊SP)输入系统</td><td>G121.5</td><td>G8.5</td><td>G0.5</td></tr>
</table>

表 9.9　自动运行启动指示灯点亮

<table>
<tr><th rowspan="2">项　目</th><th rowspan="2">原　因</th><th colspan="3">有关地址和参数</th></tr>
<tr><th>0</th><th>16/18/0i</th><th>11/12/15</th></tr>
<tr><td>1</td><td>确认 CNC 的内部状态</td><td>诊断号 700
诊断号 701</td><td>诊断号 0～15</td><td>诊断号 1000
诊断号 1001</td></tr>
<tr><td>2</td><td>正在等待辅助功能已完信号(FIN)</td><td>G121.3</td><td>G4.3</td><td>G5.1</td></tr>
<tr><td>3</td><td>自动运行时,正在执行读取轴移动指令</td><td></td><td></td><td></td></tr>
<tr><td>4</td><td>自动运行时,正在执行(G04)暂停指令</td><td></td><td></td><td></td></tr>
<tr><td>5</td><td>正在执行到位检查条件,位置误差值大于参数设定值</td><td>诊断号 800
参数号 500</td><td>诊断号 300
参数号 1826</td><td></td></tr>
<tr><td>6</td><td>进度速度为 0(FV0～FV7)</td><td>G121</td><td>G12
参数号 3.4</td><td>G12</td></tr>
<tr><td>7</td><td>启动锁住信号输入系统 STLK</td><td>G120.1</td><td>G7.1</td><td>G4.6</td></tr>
<tr><td rowspan="2">8</td><td>互锁信号输入系统
＊ILK</td><td>G117.0</td><td>G8.0
参数号 3003#0</td><td>G0.0</td></tr>
<tr><td>＊ITX</td><td>参数号 8#7
G128</td><td>参数号 3003#2
G130</td><td></td></tr>
</table>

续表

项　目	原　因	有关地址和参数		
		0	16/18/0i	11/12/15
9	CNC 正在等待主轴速度到达信号(SAR)	G120.4 参数号 24#2	G29#4 参数号 3708#10	
10	确认快进速度 ROV1 ROV2	参数号 518～521 G116#7 G117#7 1420G14G96	参数号 1420 G14 G96	
11	确认切削进给速度,如果设定为每转进给时,必须有主轴位置编码器,且必须启动主轴运转	参数号 527	参数号 1422	

⑧手摇脉冲发生器进给(MPG)方式下机床不运行,其原因见表9.10。

表9.10　手摇脉冲发生器进给时机床不运行

项　目	原　因	有关地址和参数		
		0	16/18/0i	11/12/15
1	选择开关信号 MD4、MD2、MD1 在 MPG 方式时的组合值等于100	G122#2.1.0	G43#2.1.0	G3
2	手脉的轴选择信号 HX	G116#72 G119#7	G18,G19	G11
3	手脉的倍率选择信号 MP2,MP1	G120#1.0(M系) G117.0 G118.0(T系) 参数号 121 参数号 699	G19#4.5 参数号 7113 参数号 7114	G6#4.3.2
4	手动脉冲发生器的确认 a.信号线断线、短路 b.手脉不良			

⑨显示器上显示电池电压不足警告(BAT)。FANUC 系统在工作一段时间以后(1～2年)电压不足时,就在显示屏上显示警告信息“BAT”,这时要及时(在一周内)更换电池。FANUC 系统建议一年更换一次电池。FANUC 系统所用电池的规格和用途见表9.11。

表 9.11 FANUC 系统所用电池的规格和用途

NC 机种	用途	规格	备注
FS0	系统用	干电池 1.5 ×3	盒:A02B-0236-C281
	绝对位置编码器用	干电池 1.5 ×4	盒:A02B-6050-K060
FS16/18-A	系统用(旧型号)	A98L-0031-0007(3 V)	旧型号
	系统用(新型号)	A98L-0031-0012(3 V)	新型号
	绝对位置编码器用	干电池 1.5 ×4	盒:A02B-6050-K060
FS16/18-B/C	系统用(旧型号)	A98L-0031-0007(3 V)	旧型号
	系统用(新型号)	A98L-0031-0012(3 V)	新型号
	C 系列电源用电池	A98L-0031-0006(3 V)	C 系列电源,+24 V 输入
	绝对位置编码器用	干电池 1.5 ×4	盒:A02B-6050-K060
	α 系列伺服用电池	A98L-0001-0902(6 V)	锂电池
FS16i/18i-A/B	系统用	A98L-0031-0012(3 V)	
FPMi-D/H	绝对位置编码器用	干电池 1.5 ×4	盒:A02B-6050-K060
FS15i-A	α 系列伺服用电池	A98L-0001-0902(6 V)	锂电池
FS20-F	系统用	A98L-0031-0006(3 V)	
	绝对位置编码器用	干电池 1.5 ×4	盒:A02B-6050-K060
FS21-TA/MA	系统用	A98L-0031-0006(3 V)	
	绝对位置编码器用	干电池 1.5 ×4	盒:A02B-6050-K060
FS21-TB/MB	系统用	A98L-0031-0006(3 V)	
	绝对位置编码器用	干电池 1.5 ×4	盒:A02B-6050-K060
FPM-A/B/C/D	系统用	A98L-0031-0006(3 V)	
FPM-F/H	绝对位置编码器用	干电池 1.5 ×4	盒:A02B-6050-K060
FS15-A	系统用		
	绝对位置编码器用	干电池 1.5 ×4	盒:A02B-6050-K060
FS15-B	系统用(旧型号)	A98L-0031-0007(3 V)	旧型号
	系统用(新型号)	A98L-0031-0012(3 V)	新型号
	绝对位置编码器用	干电池 1.5 ×4	盒:A02B-6050-K060
FS10/11/12	系统用	干电池 1.5 ×3	盒:A02B-0236-C281
	绝对位置编码器用	干电池 1.5 ×4	盒:A02B-6050-K060
FS2/3	系统用	干电池 1.5 ×3	盒:A02B-0236-C281
β 系列伺服电机	绝对位置编码器用	A98L-0031-0011(6 V)	

⑩加工精度差,表面光洁度不好。

A. 车床车削螺纹时不能执行或者加工的螺纹尺寸短，系统参数设定错误，螺纹加工的加/减速时的起始速度设得太高。0系统的参数是#528和#529，16系统的参数是#1627。

B. 车床车削的螺纹精度不好。

a. 正确选择伺服电动机，高精度螺纹应选用α或αm型电动机，这两类电动机的快速性(加减速特性)好。

b. 使用主轴电动机。

主轴与位置编码器(1 024脉冲/r)1∶1安装，而且尽量用刚性连接，若用皮带相连，应调好松紧，运转中不要抖动。

c. 检查伺服电动机上脉冲编码器的安装是否松动，特别是使用分离型编码器(2 000脉冲/r、2 500脉冲/r、3 000脉冲/r)时，其安装方法与(1 024脉冲/r)的要求一样。

d. 主轴参数调整。主要是比例增益、积分增益和加减速时间常数。有的软件版本有前反馈功能，此时，可加大前馈系数，具体参见"FANUC主轴参数说明书"。

e. 伺服参数调整。

根据实际的工作台情况，调整电动机的负载惯量比。机床传动机构的惯量(电动机的负载)与电动机的惯量不匹配，是加工精度差的主要原因。因此，必须根据实际的电动机负载计算惯量比。0系统是8n21号参数，16系统是2021号参数，15系统是1875号参数。

使用PI控制。0系统是8n03#3号参数，16系统是2003#3号参数，15系统是1808#3号参数。

使用HRV控制。目前FANUC已开发了HRV1、HRV2和HRV3，不同的软件(伺服控制)版本用不同的HRV。具体参见"FANUC伺服电动机说明书"。

使用250 μs加速反馈。0系统是8n66号参数，16系统是2066号参数，15系统是1894号参数。

使用速度回路高速端比例处理功能。0系统无此功能，16系统为2017#7号参数，15系统为1959#7号参数。

增加伺服增益。0系统是517号参数，16系统1825号参数，15系统1825号参数。

设定工作台的反向间隙值。0系统为535～538号参数，16系统为1851号参数，15系统为1851号参数。

根据伺服软件版本，还可以使用伺服的前馈功能和精细加减速功能。前馈系数可调至0.95以上。

C. 铣床和加工中心加工的精度和光洁度差：除了进行A条目中所述的调整之外，还可以使用G08、G05功能。为此，须首先调整G08、G05的有关参数。具体见系统参数说明书。

⑪车床：G02或G03加工轨迹不是圆，X轴尺寸值。

a. 半径编程输入的是直径值，直径编程输入的是半径值。

b. 半径编程用了直径刀补值，直径编程用了半径刀补值。

⑫车床加工的尺寸不对，用刀尖半径补偿时。

a. G41和G42使用不对。

b. 走刀变向后未修改G41和G42。

c. 刀具与工件的相对位置方位号设定错，解决办法见车床的操作说明书。

d. 对刀不对，对刀时应考虑是否含有刀尖半径尺寸。

⑬车床不能用 MDI 键盘输入刀补量、坐标系偏移量和宏程序变量,原因是参数设定不对。

a. 0 系统应设定 78#0-3 位。

b. 16 系统应设定 3290 号参数。

⑭车床不能用 MDI 键盘输入刀补量和坐标系偏移量,原因是参数设定不对,应检查如下参数:

a. 0 系统 728 号参数和 729 号参数。

b. 16 系统 5013 号参数和 5014 号参数。

⑮加工螺纹时主轴转数不对,梯形图编制不对或参数设定不对,修改梯形图和参数,使主轴速度倍率为 1 时对应程序输入的 S 值。

⑯G00、G01、G02 均不能执行有如下原因:

a. CNC 已置于每转进给,但是未启动主轴。

b. 梯形图中使用了主轴速度到达信号,但该信号未置 1。

c. 速度倍率值为 0。

解决办法如下:

a. 启动主轴或用每分钟进给。

b. 检查倍率值。

⑰不能显示实际主轴转数有如下原因:

a. 参数设定不对。

b. 主轴上没有位置编码器。

c. 系统未选择主轴控制的有关功能。

解决办法如下:

a. 必须选择主轴的有关控制功能(主轴与进给的同步),并装上主轴位置编码器。

b. 设定相应参数,对于模拟主轴:0 系统要设定参数 71#0,16 系统要设定参数 3105#2 和 3111#6,且同时要将参数 3106#5 置 0。

⑱系统运行不正常,功能不按指令执行。

原因:CNC 系统参数丢失。

解决办法:系统全清零,重新输入系统参数。

⑲T、M、S 功能有时不执行。

原因:TMF 和 TFIN 的时间短。

解决办法:一般 TMF 和 TFIN 时间设为 100 ms。

⑳全闭环时系统振荡,响声大。

原因:传动链(包括机械、电气)的刚性不足(有间隙、皮带松、变形大、导轨与工作台间的摩擦大、润滑不良等)。

解决办法:解决上述有关问题,主要是机械问题。

㉑主轴能以较低速度转几转,然后就会出现 408#(0 系统)、710#(16 系统)参数报警。

原因:主轴电动机无反馈或反馈断线。

解决办法:检查反馈电缆或反馈电路。

㉒按下急停按钮,系统无任何反应,在诊断画面(或梯形图)上检查*ESP 信号,其状态不变。

原因:系统死机,印制板未插好。

解决办法:插好印制板。

㉓给1个、2个脉冲机床不动,3个脉冲走了4 μm或5 μm。

原因:机床爬行。

解决办法:处理机床导轨和工作台之间的摩擦与润滑,适当加大伺服增益。

㉔车床:刀具长度补偿加不上。

原因:T代码的位数设定不对,使用哪一位T代码的补偿参数设定不对。

解决办法:

a. T代码可设为4位或2位。T代码设为4位时,补偿代码可用前两位或后两位:T代码设为2位时,补偿代码可用前一位或后一位。0系统设参数14#0和13#1,16系统设参数为5002#0、5002#1和3032#参数。

b. 在编译梯形图时,应注意译码指令的使用:0系统为BCD译码指令,16系统为二进制译码指令。

㉕MDI键盘的输入与显示器的显示字符不相符。

原因:大、小键盘的参数设定不对。

解决办法:检查参数,设定相应值。

㉖PMC程序(梯形图)不能传送。

原因:

a. 电缆不对。0系统与16系统用的电缆(计算机与CNC的RS-232C口间)接线不同。

b. 波特率不对。计算机与CNC两边的波特率值不一样。

c. 梯形图软件不对。不同系统用的软件不一样。

解决办法如下:

a. 按上述原因解决。

b. 2.0系统的梯形图从CNC传至计算机时,必须在CNC上插有PMC编辑卡。

9.3.2 系统维修的方法

(1)报警的显示

当产生报警时,CNC显示画面可以直接切换至报警画面,由参数确定。

16系统的参数是3111#7(NAP),0系统的参数是64#5(NAP)。

一般设定该参数,使产生报警时切换至报警画面。

取下控制轴电动机,如果需要将控制轴的其中一个轴的放大器和电机取下,有以下几种方法。

如果在自动和手动方式下运行程序时,位置画面的显示的位置值还能变化,则修改下列参数或PMC信号。

16系统:

参数2009#0(SDMY)(内装PMC)=1

参数2205#2(PDMY)(分离型PMC)=1

参数1800#1(CVR)=1

PMC信号:MLK(机床锁住G44.1)信号接通(=1)

0 系统：

参数 8n09#0 位（n = 1,2,3,4 轴号）= 1

参数 10#2（OFFVY）= 1

PMC 信号：MLK（机床锁住 G117.1）信号接通（= 1）

如果欲将 α 双轴伺服放大器做单轴伺服放大器使用时，应将电机伺服放大器的插头作如下处理：

16 系统（其短接见表 9.12），或者将参数“1023”设为“-128”。若用分离型编码器，还须将参数 1815#5（APC）= 0。

表 9.12　FANUC 16 系统管脚短接表

α 双轴伺服放大器	短接管脚	插　头
Type A 接口	短接 8 和 10 短接	JVx
Type B 接口	短接 8 和 10 短接	JSx
TSSB 接口	短接 11 和 12 短接	JFx

0 系统用 α 伺服电机时须将 M184、M187、M194、M197 的脚⑦、脚⑫短接。

如果要使系统处于锁住状态，应设定以下参数：

16 系统：参数 1005#7（RMB）、参数 0012#7（RMV）、参数 1005#6（MCC）；

0 系统：无以上对应参数，只能用机床锁住。

是否使用硬超程（OT）维修时，为了方便，可以去掉硬超程报警，其方法是用参数设定。

16 系统：参数 3004#4（OTH）；

0 系统：参数 15#2（车床）、参数 57#5（铣床和加工中心）。

解除风扇报警（报警 701）。

16 系统：用参数 8901#0（FAN）设定。

0 系统：无相应参数。

互锁（INTERLOCK）信号的选择，维修时为了判断故障，可以利用或取消互锁信号，此时可设定以下参数：

16 系统：参数 3003#0（ITL）。

IT 信号：参数 3003#1（RILK）；

RILK 信号：参数 3003#2（ITx）；

IT1 ~ IT8：参数 3003#3（DIT）、+ MIT1 ~ - MIT4。

0 系统：

ITx：参数 8#7 和 12#1（铣床和加工中心）、参数 8#7（车床）。

+ MIT1 ~ - MIT4：参数 49#0（铣床和加工中心）、参数 24#7（车床）。

卸掉串行主轴电动机。是否使用串行主轴电动机（指 FANUC 的数字式控制主轴电动机），由以下参数确定：

16 系统：参数 3701#1（ISI）。

0 系统：参数 71#7（FSRSP）。有时为了尽快找出故障，可以用该参数去掉串行主轴电动机。

(2) 伺服电动机初始化的方法

如果伺服控制参数丢失或初始参数值不对，会使电动机的力矩小，运行时产生很大的噪声,或有416#、417#报警,按下述方法进行初始化,首先需要设定系统参数,以显示出伺服的初始化画面。

16系统:设定参数3111#0 =1。

0系统:设定参数389#0 =0。

显示出伺服初始化画面"Servo Initiate"后,按该画面提示的步骤操作,输入各项的要求值。

将伺服初始化位置"0",表明须进行初始化设定。

输入电动机的代码,FANUC已将其生产的各类、各规格的电动机编码,按各控制轴使用的型号输入相应的代码。

AMR =00000000。

CMR(给伺服的控制指令的倍乘比),一般设为"2"。

柔性变速比的分子项N。

柔性变速比的分母项M。其算法如下:计算时应考虑电动机与滚珠丝杠之间的变速比。

进给方向。运行后若发现进给方向相反,可将"111"改为" -111"。

速度脉冲数,设为"8 192"。

位置脉冲数,设为"12 500"。

参考计数器容量,设为电动机转动一周工作台的移动量,按以上步骤对各进给轴一一设定,设完后关机,再开机。

9.4　SIEMENS数控系统的故障分析

西门子有许多系统,且每个系统有几百至几千条报警名称、结果、说明及排除方法,在本书无法详细说明,只能以SIN810、SIN850系统为例说明故障诊断与维修。

9.4.1　SIN810 GA3系统的故障分析

(1)简述

控制装置采取主动监控,能及早发现数控装置、机床和其他装置的故障,以消除对工件、刀具或机床的损害。出现故障时,首先中断正在加工的程序,切断驱动器装置,保存故障的原因,并发出报警,同时通知PLC,出现NC的报警号。在下列情况下,存在监控:

读进	电压、温度
格式	微机处理
测量回路电缆	串行接口
位置编码器与驱动	NC和PLC之间的数据传输
轮廓	缓冲区电池状态
主轴转速	系统程序存储器
使能信号	用户程序存储器

(2)诊断软键显示所有信息或报警

当监视器发出报警时,可能同时出现许多不同故障。屏幕上报警栏中只显示最小的报警号。按下列步骤操作,可获得其他有关报警的信息。

①在七种工作方式中选择软键“诊断”—选择软键“NC 报警”或“PLC 报警”或“PLC 报告”。

②在试车原始清除模式下:选择基本图形→按“ > ”键→选软键“NC 报警”。

(3)报警号与报警组/报警的清除

报警分成以下八个报警组,见表 9.13(五个 NC 报警组,两个 PLC 报警组)。

表 9.13　报警号与清除报警号方式配置表

报警号	报警组	解除报警方法
1 ~ 15 40 ~ 99	接通电源报警	接通控制装备
16 ~ 39	24 V(RS-232) 报警	①调入包括“数据输入/输出”菜单 ②按软键“数据输入/输出” ③按软键“停止”
100 * ~196 *	Reset 报警/轴 专用(* 二轴名称)	按“Reset”键
132 *	Reset 报警/轴 专用(* 二轴名称)	开/关控制装置
2 000 ~ 2 999	Reset 报警/通用	按“Reset”键
3 000 ~ 3 055	Reset 报警可清除	按应答键
6 000 ~ 6 063 6 100 ~ 6 163	PLC 用户报警 PLC 故障报警	按应答键
7 000 ~ 7 063	PLC 操作信息	这些信息由 PLC 程序自动复位

①NC 报警:电源接通报警、24 V 报警、Reset 报警/轴专用、Reset 报警/通用、Erase 报警。

②PLC 报警:PLC 故障信息、PLC 操作信息、PLC 故障信息和操作信息存储 CPU 的 RAM 中,在试车原始清除模式下输入(参考 MD5012)。

9.4.2　2SIN850 系统的故障分析

(1)故障表现

①CRT 上显示报警“1040 DAC LIMIT REACHED”(报警号 1040,数据量与模拟量转换器已达到了极限)。

②机床工作台往 X 轴正方向运动时,突然油泵关闭,工作台正常运行中断。

③按复位键清除故障后,油泵又自动关闭,CRT 上又重复显示出上次的报警信息。由于数控调节器输出的模拟量为 10 V,不得超过极限值。

1040 报警表明 X 轴数控调节器输出的模拟量已超过 10 V,根据 SIEMENS 报警说明,可以确定在整个数控驱动调节回路中出现了断路,从而引起了 X 轴闭环控制中断。

(2)确定故障范围

由上述现象及报警内容得知，这个故障是出在X轴进给伺服系统。

(3)选择信号接口法

①选择坐标轴专用接口数据的数据块DB32。

②选择由控制部件发出到坐标轴的接口信号。

(4)选择接口数据

①选择“坐标轴进给禁止”的接口数据，见表9.14。

表9.14　坐标轴进给禁止接口数据

进给禁止位	DL　$K+3$							
FEED INHIBIT BIT	15	14	13	12	11	10	9	8
DW $K+3$	$n+7$	$n+6$	$n+5$	$n+4$	$n+3$	$n+2$	$n+1$	$n+0$
进给禁止位	DL　$K+3$							
FEED INHIBIT BIT	7	6	5	4	3	2	1	0
DW $K+3$	$n+15$	$n+14$	$n+13$	$n+12$	$n+11$	$n+10$	$n+9$	$n+8$

②选择“晶闸管伺服启动”的接口数据，见表9.15。

表9.15　晶闸管接口数据

晶闸管	接口数据															
DW $K+1$	DL $K+1$								DR $K+1$							
	15	14	13	12	11	10	9	8	7	6	5	4	3	2	1	0
						伺服启动 Servo ENABLE										

③选择适用的接口数据。从表9.16中选择X轴的接口数据，即K为0，$n=8200$，并代入表9.14和表9.15，见表9.17、表9.18。查阅荧光屏中有关菜单，可显示“禁止进给报警窗口”，如图9.7所示。

表9.16　地址

序号	坐标轴名	地址 K	报警单地址 n	用于该处理的PLC机床参数	
				PLC Ⅰ	PLC Ⅱ
1	X	0	8200	6016.0 =0	6116.0 =0
2	Y	4	8220	6016.10 =0	6116.10 =0
3	Z	8	8240	6016.2 =0	61016.2 =0
4	W	12	8260	6016.3 =0	6116.3 =0
5	A	16	8280	6016.4 =0	6116.4 =0

表 9.17　按地址的坐标轴进给禁止的接口数据

进给禁止位	接口数据(DL1)							
FEED INHIBIT BIT	15	14	13	12	11	10	9	8
DW3	8207	8206	8205	8204	8203	8202	8201	8200
进给禁止位	接口数据(DL1)							
FEED INHIBIT BIT	7	6	5	4	3	2	1	0
DW3	8215	8214	8213	8212	8211	8210	8209	8208

表 9.18　按地址的晶闸管伺服启动的接口数据

晶闸管	接口数据															
	DL1								DR1							
DW1	15	14	13	12	11	10	9	8	7	6	5	4	3	2	1	0
						伺服启动 Servo ENABLE										

(Servo ENABLE)

8200	FEED INHIBIT NO MOTION COMMAND	* 表示 8200 无 NC 运行指令
8201	NO CONTROLLER ENABLE	* 表示 8201 PLC 控制器未启动
8202	BRAKE NOT OFF	* 表示 8202 刹车未释放
8204	"NO FEED ENABLE2"	* 表示 8204 进给"⊙"键未启动

图 9.7　禁止进给报警单

表 9.19 和表 9.20 是查 CRT 上显示的菜单后,得到的有关故障源所在机床 X 轴接口数据(以"0"表示未使用位)。

表 9.19　DL3 占用位

X 轴	占用位															
	DL3								DR3							
接口数据	15	14	13	12	11	10	9	8	7	6	5	4	3	2	1	0
									0	0	0	0	0	0	0	0
	0	0	0	进给⊙键未启动	0	刹车未释放	PLC 控制器未启动	NC 无运行指令								
DW1	未用位			占用位	未用位	占用位	占用位	占用位	未用位							

注:占用位 8:逻辑状态"1"表示 NC 无运行指令,逻辑状态"0"表示 NC 发出运行指令;

占用位 9:逻辑状态"1"表示 PLC 控制器未启动,逻辑状态"0"表示 PLC 控制器启动;

占用位 10:逻辑状态"1"表示刹车未释放,逻辑状态"0"表示刹车释放;

占用位 12:逻辑状态"1"表示进给"0"键启动,逻辑状态"0"表示进给"⊙"键未启动。

表9.20 DL1 占用位

<table>
<tr><td>X 轴</td><td colspan="16">占用位</td></tr>
<tr><td rowspan="3">接口
数据</td><td colspan="8">DL1</td><td colspan="8">DR1</td></tr>
<tr><td>15</td><td>14</td><td>13</td><td>12</td><td>11</td><td>10</td><td>9</td><td>8</td><td>7</td><td>6</td><td>5</td><td>4</td><td>3</td><td>2</td><td>1</td><td>0</td></tr>
<tr><td></td><td></td><td></td><td></td><td></td><td>伺服启动
Servo ENABLE</td><td></td><td></td><td></td><td></td><td></td><td></td><td></td><td></td><td></td><td></td></tr>
<tr><td>DW1</td><td colspan="5">未用位</td><td>占用位</td><td colspan="2">未用位</td><td colspan="8">未用位</td></tr>
</table>

注:占用位10:逻辑状态“1”表示伺服启动,逻辑状态“0”表示伺服未启动。

(5)接口逻辑信号分析

当X轴启动时,接口信号状态变化流程如图9.8所示。CRT也可能显示出标准接口数据,本例所显示的标准接口数据如图9.9所示。

(6)接口信号故障状态分析

当X轴处于对故障状态而停止运行时,CRT上可能显示出故障接口数据,如图9.9所示。

“I”:INPUT 输入接口。

“O”:OUTPUT 输出接口。

ⓐ:控制面板上进给键启动,相应接口数据DW3/BIT12:“O”→“I”表示ⓐ过程实现。

ⓑ:NC向PLC发出运行指令(NC启动),相应的接口数据DW3/BIT8:“I”→“O”,表示ⓑ过程(CN→PLC)实现。

ⓒ:PLC向晶闸管发出指令(PLC启动),相应的接口数据DW3/BIT9:“I”→“O”表示ⓒ过程(PLC→晶闸管)实现。

ⓓ:晶闸管伺服启动。相应接口数据DW3/BIT10:“O”→“I”表示ⓓ过程(晶闸管伺服启动)实现。

ⓔ:刹车系统释放。相应的接口数据DW3/BIT10:“I”→“O”表示ⓔ过程实现。

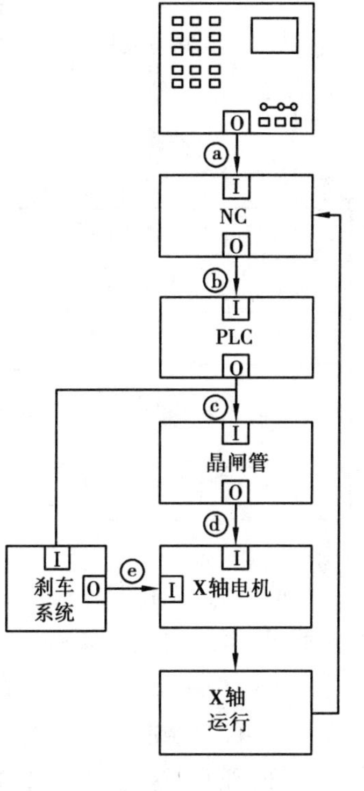

图9.8 接口信号状态变化图

(7)确定故障点

当X轴停止运行时,可根据CRT显示的数据,将可能出现的故障点列于表9.21。

(8)排除故障

按表9.21中出现的五种可能故障源进行故障测试。当X轴启动后,使故障再次重复出现,保持该故障的瞬间,观察各接口的变化,发现DW3/BIT8、BIT9、BIT10的状态依次由“1”跳变为“0”,并且DW3/BIT12也由状态“0”跳变到“1”,而DW1/BIT10仍维持为“0”状态,即可确定故障点为ⓔ的情况,即晶闸管伺服系统有故障。

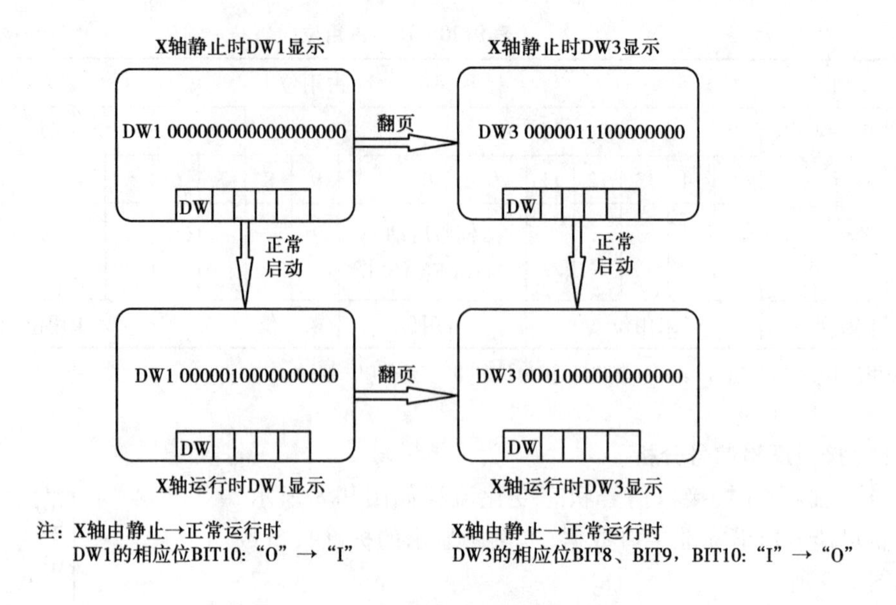

图 9.9　CRT 显示标准接口数据图

表 9.21　故障点判别

晶闸管	数据字/位	故障位状态	可能的故障情况	故障点
DW3	12	0	ⓐ	控制面板①键
	8	1	ⓑ	NC、PLC
	9	1	ⓒ	PLC
	10	0	ⓓ	刹车系统
DW1	10	0	ⓔ	晶闸管伺服系统

经检查后,发现晶闸管有输入信号,但无输出信号,判断为输出端子可能松动,接触不良。拧紧端子,再次启动机床,则一切恢复正常,故障已排除。

从对这个故障诊断的全过程可以看出,故障中很多信息就在接口数据中。此故障从报警内容中就可以想到位置反馈信号没有,可能导致偏差计数器中的数字过大,超过了 D/A 转换器的允许极限。这时,就可以想到伺服可能有断路现象,立即去查伺服系统就可能很快查到故障。但是,没有充分地利用 LNC 诊断系统提供的信息,如果熟练地掌握这些数据,在维修中就能更加迅速地解决问题。

9.5　数控系统的维护与保养

9.5.1　概述

数控系统的维修概念,不能单纯局限于数控系统发生故障时如何排除故障和及时修复,不可否认维修是很重要的方面,但另一方面还应包括正确使用和日常保养等。数控系统使用寿命的长短、效率的高低固然取决于系统的性能，很大程度上也取决于它们的使用和维护。正确地使用可以避免突发事故，延长无故障工作时间。精心维护可使其处于良好的技术状态，延缓劣化的进程。及时发现和消灭隐患于萌芽状态，确保系统安全运行。因此，正确使用和精心维护是很重要的。

9.5.2　正确操作和使用

用户初次使用数控机床时，大多是由于操作技术不熟练或使用不当而引起数控系统故障造成数控机床的停机。因此，操作人员在操作、使用数控系统以前，应详细阅读所附的各说明书，详细了解数控系统的性能，熟练地掌握数控系统和机床操作面板上的各个开关的作用，从而避免一些不必要的人为故障。

9.5.3　数控系统的日常维护及保养

应尽量少开数控系统电柜的门，因为数控加工车间中的空气含有油雾、漂浮的灰尘甚至金属粉末，一旦它们落在数控系统的印制电路板或电子器件上，容易引起元器件间绝缘电阻下降，并导致元器件及印制电路板的损坏。如果为了使系统能超负荷长期工作，采取打开数控系统柜门进行散热，这也是一个不可取，其最终将导致系统的加速损坏。

(1)正确的方法是降低数控系统的外部环境温度

应该有一种严格的规定，除非进行必要的调整和维修，否则，不允许随意地开启柜门，更不允许加工时敞开柜门。

(2)定时清理数控系统的散热通风系统

应每天检查数控系统上各个冷却风扇工作是否正常。根据工作环境的状况，每半年或每季度检查一次风道过滤是否有堵塞现象。如灰尘积聚过多，需及时清理，否则，将会引起数控系统内温度过高，致使数控系统不能可靠地工作。

(3)数控系统的输入/输出装置的定期维护

软磁盘应注意以下两点：

①软盘应避热、避灰、避潮、避磁，不用时立即装入盒内保持清洁。

②不能用手或其他物体触碰软盘读写窗口内的薄膜表面。

键盘上按键灵活与否、内部接点的好坏直接影响输入信息时的准确性和速度。同时，键盘又是计算机上与操作者接触最多的部分，每个键的四周都有缝隙，又是封闭性最差的部分。因此，使用时，应当十分注意保持清洁与干燥，在系统关闭后键盘一定要放回原来的位置，以防落入灰尘。

9.5.4　数控系统长期不使用时的维护及保养

数控机床长时间不用时应将机床按规定封存起来，应将数控系统的内部及外部清洁干净，套上防护罩，切断电源。

为提高系统的利用率和减少系统的故障率，数控机床长期闲置不用是不可取的。若CNC系统处在长期闲置的情况下，需注意经常给系统通电，特别是在环境湿度较大的梅雨季节更是如此。在机床锁住不动的情况下，让系统空运行。利用电器元件本身的发热来驱散数控装置内的潮气，保证电子部件的性能稳定可靠。实践证明：在空气湿度较大的地区，经常通电是降低故障率的一个有效措施。

9.5.5 数控系统故障检测和维修工具

(1)维修工具

维修数控设备除了必要的测量仪器仪表之外,一些维修工具是不可缺少的,主要有以下七种:

①电烙铁:电烙铁是最常用的焊接工具,用于IC芯片时,可选30 W左右的电烙铁。在使用电烙铁时,接地线要可靠,防止电烙铁漏电出现意外事故或损坏元器件。

②吸锡器:吸锡器是用来将元器件从电路板上分离出来的一种工具。吸锡器有手动和电动两种:手动的吸锡器价格便宜,但在一些场合吸锡效果不好,如拆多层电路板上芯片的接地和电源引脚时,因散热快,难以吸净焊锡;电动吸锡器带电热丝和吸气泵,使用效果较好。

③螺丝刀:常用的螺丝刀有平口和十字口,有时需要专用螺丝刀,如拆下SIEMENS伺服模块,需用头部为六角形的螺丝刀。

④钳类工具:常用的是平头钳、尖嘴钳、斜口钳、剥线钳。

⑤扳手:大小活络扳手、各种尺寸的内六角扳手。

⑥化学用品:松香、纯酒精、清洁触点用喷剂、润滑油等。

⑦其他:剪刀、镊子、刷子、吸尘器、清洗盘、带鳄鱼钳的连接线等。

(2)技术资料

维修人员平时应该认真整理和阅读有关数控系统的重要技术资料。维修工作做得好坏,排除故障的速度快慢,主要决定于维修人员对系统的熟悉程度和运用技术资料的熟练程度。

下面分五个方面介绍进行数控维修所必需的技术资料和技术准备。

1)数控装置

有关数控装置的技术资料有数控装置安装、使用(包括编程)、操作和维修技术说明书,其中包括数控装置操作面板布置及其操作、装置内各电路板的技术要点及其外部连接图、系统参数的意义及其设定方法、数控装置的自诊断功能和报警清单、装置接口的分配及其含义等。通过熟悉上述资料,维修人员应掌握CNC原理框图、结构布置、各电路板的作用;板上各指示发光管的意义;通过面板对系统进行各种操作,进行自诊断检测;检查和修改参数并能作好备份。维修人员要能熟练地通过报警信息确定故障范围,进行系统供维修的检测点的测试,会使用随机的系统诊断程序对其进行诊断测试。

2)PLC装置

有关PLC装置的技术资料有PLC装置及其编程器的连接、编程、操作方面的技术说明书,还应包括PLC用户程序清单或梯形图、I/O地址及意义清单,报警文本以及PLC的外部连接图。维修人员应熟悉PLC编程语言,能看懂用户程序或梯形图,会操作PLC编程器,通过编程器或CNC操作面板(对内装式PLC)对PLC进行监控,有时还需对PLC程序进行某些修改。还应熟练地通过PLC报警号检查PLC有关的程序和I/O连接电路,确定故障的原因。

3)伺服单元

有关伺服单元的技术资料有进给和主轴伺服单元原理、连接、调整和维修方面的技术说明书,其中包括伺服单元的电气原理框图和接线图,主要故障的报警显示,重要的调整点和测试点,伺服单元参数的意义和设置。维修人员应掌握伺服单元的原理,熟悉其连接,能从单元板上故障指示发光管的状态和显示屏显示的报警号及时确定故障范围;能测试关键点的波形和状态,并作出比较;能检查和调整伺服参数,对伺服系统进行优化。

4)机床部分

机床部分的技术资料有机床安装、使用、操作和维修方面的技术说明书,其中包括机床的操作面板布置及其操作,机床电气原理图、布置图以及接线图。对电气维修人员来说,还需要有机床的液压回路图和气动回路图。维修人员应了解机床的结构和动作,熟悉机床上电气元器件的作用和位置,会手动操作机床,编写简单的加工程序并进行试运行。

5)其他

数控设备所用的元器件清单、备件清单以及各种通用的元器件手册,可以帮助维修人员熟悉各种常用的元器件,一旦需要,能较快地查阅有关元器件的功能、参数及代用型号,对一些专用器件可查出其订货编号。

维修人员要做好数据和程序的备份工作,将系统参数、PLC 程序、PLC 报警文本、机床必须使用的宏指令程序、典型的零件程序、系统的功能检查程序等存放在计算机内。

(3)备件

对于数控系统的维修,备件是一个必不可少的物质条件。如果维修人员手头上备有一些易损的电气元器件(如熔断器、保险丝、开关、电刷、功率模块和印制电路板等),将为排除故障带来许多方便。另外,加强同行业单位之间的联系和合作,在备件上相互支持,是一种经济实用的方法。

复习思考题

9.1　数控系统常见故障有哪些?

9.2　数控系统故障的一般判别方法是什么?

9.3　什么是数控机床自诊断功能?

9.4　开机后数控系统电源指示灯不亮的维修方法是什么?

9.5　数控系统电源接通后显示器无显示的维修方法是什么?

9.6　数控机床开机后不能动作的主要原因可能是什么? 如何处理?

9.7　手摇脉冲发生器不能正常工作的处理方法是什么?

9.8　FANUC0 数控系统通电后,ERR 闪烁,故障指示器闪亮,系统无法工作,但是显示器无报警号及错误代码,其故障原因是什么? 如何排除?

9.9　FANUC0 数控系统通电后,无法进入初始化,主电路板电源故障指示器发亮,其故障原因是什么? 如何排除?

9.10　SKY 数控系统因过电流而使开关元件异常,分析故障原因和处理方法。

第 10 章 数控机床故障诊断与维修

10.1 概　述

10.1.1 故障的分类

根据机床部件、故障性质以及故障原因等对常见故障作如下分类。

(1)按数控机床发生故障的部件分类

1)主机故障

数控机床的主机部分,主要包括机械、润滑、冷却、排屑、液压、气动与防护等装置。常见的主机故障有:因机械安装、调试、实际操作使用不当等引起的机械传动故障,以及导轨运动摩擦过大而引起的故障。其故障表现为传动噪声大、加工精度差、运行阻力大。例如,轴向传动链的挠性联轴器松动,齿轮、丝杠与轴承缺油,导轨塞铁调整不当,导轨润滑不良,以及系统参数设置不当等原因均可造成以上故障。尤其应该引起重视的是,机床各部位标明的注油点(注油孔)须定时、定量加注润滑油,这是机床各传动链正常运行的保证。另外,液压润滑与气动系统的故障主要是管路阻塞和密封不良,因此,数控机床更应加强污染控制并根除"三漏"现象的发生。

2)电气故障

电气故障可分为弱电故障和强电故障。弱电部分主要指 CNC 装置、PLC 控制器、CRT 显示器以及伺服单元、输入/输出装置等电路,这部分又有硬件故障与软件故障之分。硬件故障主要指上述各装置的印制电路板上的集成电路芯片、分离元件、接插件以及外部连接组件等发生的故障。常见的软件故障有加工程序出错、系统程序和参数的改变或丢失、计算机的运算出错等。强电部分是指继电器、接触器、开关、熔断器、电源变压器、电动机、电磁铁、行程开关等电器元件以及所组成的电路,这部分的故障十分常见,必须引起足够的重视。

(2)按数控机床发生的故障的性质分类

1)系统故障

系统故障通常是指只要满足一定的条件或超过某一设定的限度,工作中的数控机床必然会发生故障,这类故障经常发生。例如,液压系统的压力值随着液压回路过滤器的阻塞而降到某一设定参数时,必然会发生液压系统故障报警,使系统断电停机。又如,机床加工中因切削量过大达到某一极限值时必然会发生过载或超温报警,致使系统迅速停机。因此,正确地使用与精心维护是杜绝或避免这类系统故障发生的切实保障。

2)随机性故障

随机性故障通常是指数控机床在同样条件下工作时只偶然发生一次或两次的故障,有的文献上称为"软故障"。由于此类故障在各种条件相同的状态下只偶然发生一两次,因此随机性故障的原因分析和故障诊断较其他故障困难得多。一般而言,这类故障的发生往往与安装质量、组件排列、参数设定、元器件的质量、操作失误、维护不当以及工作环境影响等因素都有关。例如,连接插件与连接组件因疏忽未加锁定,印制电路板上的元件松动变形或焊点虚脱,继电器触点、各类开关触点因污染锈蚀以及直流电动机电刷不良等造成的接触不可靠等。另外,工作环境温度过高或过低、湿度过大、电源波动与机械振动、有害粉尘与气体污染等原因均可引发此类偶然性故障。因此,加强数控系统的维护检查,确保电气箱门的密封,以及严防工业粉尘及有害气体的侵袭等,均可避免此类故障的发生。

(3)按报警发生后有无报警显示分类

1)有报警显示的故障

这类故障可分为两种:硬件报警显示与软件报警显示。

①硬件报警显示故障

这种故障通常是指各单元装置的警示灯(一般由LED发光管或小型指示灯组成)的指示。在数控系统中有许多用于指示故障部位的警示灯,如控制操作面板、位置控制印制电路板、伺服控制单元、主轴单元、电源单元等部位,以及光电阅读机、穿孔机等外设都常设有这类警示灯。一旦数控系统的这些警示灯指示故障状态后,借助相应部位上的警示均可大致分析判断出故障的部位与性质,这无疑给故障分析诊断带来极大的方便。因此,维修人员日常维护和排除故障时,应认真检查这些警示灯的状态是否正常。

②软件报警显示故障

这种故障通常是指在CRT上显示出来的报警号和报警信息。由于数控系统具有自诊断功能,一旦检测到故障,立即按故障的级别进行处理,同时在CRT上以报警号形式显示该故障信息。这类报警常见的有:存储器警示、过热警示、伺服系统警示、轴超程警示、程序出错警示、主轴警示、过载警示以及断线警示等。通常少则几十种,多则上千种,这无疑为故障判断和排除提供了极大的帮助。

上述软件报警有来自NC的报警和来自PLC的报警。前者,为数控部分的故障报警,可通过所显示的报警号,对照维修手册中有关NC故障报警及原因方面内容,确定可能产生该故障的原因;后者,PLC报警显示由PLC的报警信息文本所提供,大多数属于机床侧的故障报警,可通过所显示报警号,对照维修手册中有关PLC的故障报警信息、PLC接口说明以及PLC程序等内容,检查PLC有关接口和内部继电器的状态,确定该故障所产生的原因。通常,PLC报警发生的可能性要比NC报警高得多。

2)无报警显示的故障

这类故障发生时由于无任何软件和硬件的报警显示,因此分析诊断难度较大。例如,机床通电后,在手动方式或自动方式运行时,X轴出现爬行,无任何报警显示。又如,机床在自动方式运行时突然停止,而在CRT上又无任何报警显示。还有在运行机床某轴时发出异常声响,一般也无故障报警显示等。一些早期的数控系统由于自诊断功能不强,尚未采用 PLC 控制器,无 PLC 控制器,无 PLC 报警信息文本,出现无报警显示的故障情况会更多一些。

对于无报警显示故障,通常要具体情况具体分析,要根据故障发生的前后变化状态进行分析判断。例如,上述 X 轴在运行时出现爬行现象,可首先判断是数控部分故障还是伺服部分故障。具体做法:在手摇脉冲进给方式中,可均匀地旋转手摇脉冲发生器,同时观察比较 CRT 显示器上 Y 轴、Z 轴与 X 轴进给数字的变化速率。通常,如数控部分正常,三个轴的上述变化速率应基本相同,从而可确定爬行故障是 X 轴的伺服部分还是机械传动所造成的。

(4)按故障发生的原因分类

1)数控机床自身故障

这类故障的发生是由数控机床自身的原因引起的,与外部使用环境条件无关。数控机床所发生的绝大多数故障均属此类故障,但应区别有些故障并非机床本身而是外部原因所造成的。

2)数控机床外部故障

这类故障是由外部原因造成的。例如,数控机床的供电电压过低,波动过大,相序不对或三相电压不平衡;周围环境温度过高,有害气体、潮气、粉尘侵入;外来振动和干扰,如电焊机所产生的电火花干扰;这些因素均有可能使数控机床发生故障。另外,还有人为因素所造成的故障,如操作不当,手动进给过快造成超程报警,自动进给过快造成过载报警;又如,操作人员不按时按量给机床机械传动系统加注润滑油,易造成传动噪声或导轨摩擦系数过大,而使工作台进给电机过载。

除上述常见故障分类外,还可按故障发生时有无破坏性来分,可分为破坏性故障和非破坏性故障;按故障发生的部位分,可分为数控装置故障,进给伺服系统故障,主轴系统故障,刀架、刀库、工作台故障,等等。

10.1.2 故障的诊断原则

在故障检测过程中,应充分利用数控系统的自诊断功能,如系统的开机诊断、运行诊断、PLC 的监控功能等,同时还应掌握以下原则。

(1)先外部后内部

数控机床是机械、液压、电气一体化的机床,故其故障的发生必然要从这三个方面反映出来,数控机床的检修要求维修人员掌握"先外部后内部"的原则,即当数控机床发生故障后,维修人员应先用望、听、闻等方法,由外向内逐一进行检查。比如,数控机床中外部的行程开关、按钮开关、液压气动元件以及印制电路板连接部位,因其接触不良造成信号传递失灵,是产生数控机床故障的重要因素。此外,工业环境中,由于温度、湿度变化较大,油污或粉尘对印制电路板的污染、机械的振动等,对于信号传送通道的接插件都将产生严重影响,检修中要重视这些因素,首先检查这些部位。另外,尽量减少随意地启封、拆卸,尤其是不适当地大拆大卸。

(2)先机械后电气

由于数控机床是一种自动化程度高、技术复杂的先进机械加工设备,一般来讲,机械故障较易察觉,而数控故障诊断则难度较大些。"先机械后电气"就是在数控机床的维修中,首先检查机械部分是否正常、行程开关是否灵活、气动液压部分是否正常等。数控机床的故障中有很大一部分是机械动作失灵引起的,因此,在故障检修之前,应首先注意排除机械的故障。

(3)先静后动

维修人员本身要做到“先静后动”,不可盲目动手,应先询问机床操作人员故障发生的过程及状态,阅读机床说明书、图纸资料,进行分析后才可动手查找和处理故障。对有故障的机床也要本着“先静后动”的原则,先在机床断电的静止状态下,通过观察、测试和分析,确认为非恶性循环性故障或非破坏性故障后,方可给机床通电;在通电后的运行工况下进行动态的观察、检验和测试,查找故障。而对恶性破坏性故障,必须先排除危险,方可通电,在运行工况下进行动态诊断。

(4)先公用后专用

公用问题往往会影响全局,而专用问题只影响局部。如当机床的几个进给轴都不能运动,这时应首先检查和排除各轴公用的 CNC、PLC、电源、液压等公用部分的故障,然后再设法排除某轴的局部问题。又如,电网或主电源是全局性的,因此,一般应首先检查电源部分,检查熔丝是否正常,直流电压输出是否正常。总之,只有先解决影响一大片的主要矛盾,局部的、次要的矛盾才可迎刃而解。

(5)先简单后复杂

当出现多种故障互相交织掩盖而一时无从下手时,应首先解决容易的问题,后解决难度较大的问题。在解决简单故障过程中,难度大的问题也可变得容易,或者在排除简易故障时受到启发,对复杂故障的认识更为清晰,从而也有了解决办法。

(6)先一般后特殊

在排除某一故障时,要首先考虑最常见的可能原因,然后再分析很少发生的特殊原因。例如,一台 FANUC-0T 数控车床 Z 轴回零不准,常常是由于减速挡块位置走动造成的。一旦出现这种故障,应先检查该挡块位置,在排除这一常见的可能性之后,再检查脉冲编码器、位置控制环节。

10.1.3　故障的诊断步骤

数控机床的维修人员在长期的工作中,自觉地形成一种适合自己的思维、性格的工作顺序,在诊断故障时所采用的步骤会因人而异;但一般来说,还是有其共性的步骤。当机床出现故障时,从管理的角度,应使操作人员停止机床运行,保留现场,除非系统电气严重的故障(如短路、元件烧毁),都不应切断机床的电源。由维修人员到现场分析机床当时的运行状态,对故障进行确认,在此过程中应注意以下的故障信息。

①故障发生时,报警号和报警提示是什么?哪些指示灯和发光管指示了什么报警?

②如无报警,系统处于何种状态?系统的工作方式诊断结果(如 FANUC-0C 系统的 DGN700、DGN701、DGN712 号诊断内容)是什么?

③故障发生在哪一个程序段?执行何种指令?故障发生前进行了何种操作?

④故障发生在何种速度下?轴处于什么位置?与指令的误差量有多大?

⑤以前是否发生过类似故障?现场有无异常现象?故障是否重复发生?

⑥有无其他偶然因素,如突然停电、外线电压波动较大、某部位进水等。

在调查故障现象,掌握第一手材料的基础上分析故障的起因,故障分析可采用归纳法和演绎法。归纳法是从故障原因出发,寻找其功能联系,调查原因对结果的影响,即根据可能产生该故障的原因分析,看其最后是否与故障现象相符来确定故障点。演绎法是从所发生的故障现象出发,对故障原因进行分割式的分析方法,即从故障现象开始,根据故障机理,列出可能产生该故障的原因,然后对这些原因逐点进行分析,排除不正确的原因,最后确定故障点。

10.1.4 故障的诊断方法

下面简单介绍在数控机床的维修中经常用到的一些方法,结合后面各节的具体维修模块,说明各种方法的适应范围。

(1)观察检查法

观察检查法指检查机床的硬件的外观、特性、连接等直观及易测的部分,检查软件的参数数据等。

(2)PLC 程序法

PLC 程序法指借助 PLC 程序分析机床故障,这要求维修人员必须掌握数控机床的 PLC 程序的基本指令和功能指令及接口信号的含义。

(3)接口信号法

接口信号法要求维修人员掌握数控系统的接口信号含义及功能、PLC 和 NC 信号交换的知识。

(4)试探交换法

试探交换法适用对某单元、模块进行故障判断时,要求维修人员确定插拔这些单元和模块可能造成的后果(如参数丢失等),事先采取措施,确定更换部件的设定,交换后应将这些设定值设置成与交换前一致。

还有其他一些方法,在此不再赘述。

10.2 利用 PLC 进行数控机床的故障检测

10.2.1 与 PLC 有关的故障特点

PLC 在数控机床上起到连接 NC 与机床的桥梁作用。一方面,它不仅接受 NC 的控制指令,还要根据机床侧的控制信号,在内部顺序程序的控制下,给机床侧发出控制指令,控制电磁阀、继电器、指示灯,还要将状态信号发送到 NC;另一方面,在这大量的开关信号处理过程中,任何一个信号不到位,任何一个执行元件不动作,都会使机床出现故障。在数控机床的维修过程中,这类故障占有较大的比例,掌握用 PLC 查找故障是很重要的,在本书中用较大篇幅介绍 PLC 与接口知识也是基于这一点。

与 PLC 有关的故障,应首先确认 PLC 的运行状态。例如,一台 FANUC-10 系统的加工中心,机床通电后,所有外部动作都不能执行(没有输出动作),因为该系统可以调用梯形图编辑功能,在编辑状态 PLC 是不能执行程序的,也不会有输出,经过检查,系统设定为 PLC 手动启动状态。在正常情况下,PLC 应该设为自动启动状态,将相应设置改为自动启动后,机床正常。还有当 PLC 因异常原因产生中断,自己不能完成自启动过程,需要通过编程器进行启动,这就要求维修人员维修数控系统前对相应数控系统的运行原理有一定的了解。

在 PLC 正常运行情况下,分析与 PLC 相关的故障时应先定位不正常的输出结果。例如,机床进给停止,是因为PLC向系统发出了进给保持的信号;机床润滑报警,是因为PLC输出了润滑监控的状态;换刀中间停止,是因为某一动作的执行元件没有接到PLC的输出信号。定位了不正常的结果,即故障查找的开始,这一点说起来很简单,做起来需要维修人员掌握PLC接口知识,掌握数控机床的一些顺序动作的时序关系。从输出点开始检查系统是否有输出信号,如果有但没执行,则从强电部分的电路图去查;如果该步动作没输出,则检查PLC程序。

大多数有关PLC的故障是外围接口信号故障,PLC在数控系统的执行有它自身的诊断程序,当程序存储错误、硬件错误都会发出相应的报警,所以,在维修时,只要PLC有些部分控制的动作正常,都不应该怀疑PLC程序,因为它毕竟安装调试完成运行了一段时间。如果通过诊断确认运算程序有输出,而PLC的物理接口没有输出,则为硬件接口电路故障,应检查或更换电路板。

硬件故障多于软件故障,例如当程序执行M07(冷却液开),而机床无此动作,大多是由外部信号不满足或执行元件故障,而不是CNC与PLC接口信号的故障。

10.2.2　与PLC有关故障检测的思路和方法

(1)根据故障号诊断故障

数控机床的PLC程序属于机床制造商的二次开发,即制造商根据机床的功能和特点,编制相应的动作顺序以及报警文本,对控制过程进行监控。当出现异常情况时,会发出相应报警。在维修过程中,要充分利用这些信息。

(2)根据动作顺序诊断故障

数控机床上刀具及托盘等装置的自动交换动作都是按照一定的顺序来完成的,因此,观察机械装置的运动过程,比较正常和故障时的情况,就可发现疑点,诊断出故障的原因。

(3)根据控制对象的工作原理诊断故障

数控机床的PLC程序是按照控制对象的工作原理来设计的,可通过对控制对象的工作原理的分析,结合PLC的I/O状态来检查。

(4)根据PLC的I/O状态诊断

数控机床中,输入/输出信号的传递一般都要通过PLC接口来实现,因此,许多故障都会在PLC的I/O接口这个通道反映出来。数控机床的这个特点为故障诊断提供了方便,不用万用表就可以知道信号的状态,但要熟悉有关控制对象的正常状态和故障状态。

(5)通过梯形图诊断故障

根据PLC的梯形图来分析和诊断故障是解决数控机床外围故障的基本方法,用这种方法诊断机床故障,首先应搞清机床的工作原理、动作顺序和连锁关系,然后利用系统的自诊断功能或通过机外编程器,根据PLC梯形图查看相关的输入/输出及标志位的状态,从而确定故障原因。

(6)动态跟踪梯形图诊断故障

有些数控系统带有梯形图监控功能,调出梯形图画面,可以看到I/O点的状态,梯形图执行的动态过程有的需要利用机外编程器,在线状态下监控程序的运行。当有些PLC发生故障时,因过程变化快,查看I/O及标志无法跟踪,此时需要通过PLC动态跟踪,实时观察I/O及标志位状态的瞬间变化,根据PLC的动作原理作出诊断。

要做好用PLC对数控机床故障检测,需注意以下三点:

①机床各组成部分检测开关的安装位置,如加工中心的刀库、机械手和回转工作台,数控车床的旋转刀架和尾架,机床的气、液压系统中的限位开关、接近开关和压力开关等,弄清检测开关作为PLC输入信号的标志。

②执行机构的动作顺序,如液压缸、汽缸的电磁换向阀等,弄清对应的PLC输出信号标志。

③各种条件标志,如启动、停止、限位、夹紧和放松等标志信号,借助必要的诊断功能,必要时用编程器跟踪梯形图的动态变化,搞清故障原因,根据机床的工作原理作出诊断。

10.3 系统的故障诊断及维修技术

数控机床数控系统的诊断及维修,也就是指系统的硬件及软件故障诊断及维修。在维修之前,首先应了解数控系统的工作原理,即硬件和软件的工作原理,在此基础上能够分析、确定一些故障原因。对于软件,应了解系统的软件结构,包括数据输入/输出、插补控制、刀具补偿控制、加减速控制、位置控制、伺服控制、键盘控制、显示控制、接口控制的知识,以及机床参数、PLC程序和参数、报警文本等的存储和恢复方法。对于硬件,则要了解系统各模块的功能和作用、各模块接口连接的来龙去脉,能够做到将故障定位到模块或电路板级。

10.3.1 系统维修的基础

数控机床的维修,需要维修人员事前做大量的基础工作,这包括基础知识、系统知识的培训和学习,机床资料的学习与消化吸收。

(1)对维修人员素质的要求

①专业知识面广,掌握或了解计算机原理、电子技术、电工原理、自动控制与电力拖动、检测技术、机械传动及机加工工艺方面的基础知识。掌握数字控制、伺服驱动及PLC的工作原理,懂得PLC、NC编程。

②具有专业英语的阅读能力。

③勤于学习,善于分析。

④具有较强的动手能力和实践技能。

要做到胆大心细,既敢于动手,又要做到细心、有条理。只有敢于动手,才能深入理解数控系统原理、故障机理,才能一步步缩小故障范围,找到故障原因。所谓心细,就是在动手检修时,要先熟悉情况后动手,不可盲目蛮干,在动手过程中要稳、准。

(2)必要的技术资料和技术准备

维修人员应在平时认真整理和阅读有关数控系统的重要技术资料。维修工作做得好坏,排除故障的速度快慢,主要决定于维修人员对系统的熟悉程度和运用技术资料的熟练程度。

1)数控装置部分

应有数控装置安装、使用(包括编程)、操作和维修方面的技术说明书,其中包括数控装置操作面板布置及其操作,装置内各电路板的技术要点及其外部连接图,系统参数的意义及其设定方法,装置的自诊断功能和报警清单,装置的接口分配及其含义。通过以上资料,维修人员应掌握CNC原理框图、结构布置、各电路板的作用,以及板上各发光元件指示的意义。通过面板对系统进行各种操作,进行自诊断检测、检查和修改参数并能作出备份,能够通过报警信息确定故障范围。

2)PLC装置部分

应有PLC装置及其编程器的连接、编程、操作方面的技术说明书,还应包括PLC用户程序清单或梯形图、I/O地址及意义清单、报警文本以及PLC的外部连接图。维修人员应熟悉PLC编程语言,能看懂用户程序或梯形图,会操作PLC编程器,通过编程器或CNC操作面板(对内装式PLC)对PLC进行监控,有时还需要对PLC程序进行某些修改,还应熟练通过PLC报警号检查PLC有关的程序和I/O连接电路,确定故障原因。

3)伺服单元部分

应有进给和主轴伺服单元原理、连接、调整和维修方面的技术说明书,其中包括伺服单元的电气原理框图和连接图、主要故障的报警显示、重要的调整点和测试点、伺服单元参数的意义和设置。维修人员应掌握伺服单元的原理,熟悉其连接。能从单元板上故障指示发光管的状态和显示屏显示的报警号及时确定故障范围;能测试关键点的波形图和状态,并作出比较;能检查和修改调整伺服参数,对伺服系统进行优化。

4)机床部分

应有机床安装、使用、操作和维修方面的技术说明书,其中包括机床的操作面板布置和操作、机床电气原理图、布置图及连线图。对机床维修人员还需要机床的液压回路及气动回路图,应当了解机床的结构和动作。熟悉机床上电气元器件的作用和位置,会操作机床,编制简单的加工程序并进行试运行。

此外,做好数据和程序的备份十分重要,除了系统参数、PLC程序、PLC报警文本,还有机床必须使用的宏指令程序、典型的零件程序、系统的功能检查程序。对于一些装有硬盘驱动器的数控系统,应有硬盘的备份,并且能对数控系统进行输入和输出的操作。

10.3.2　数控系统的软件故障及维修

数控机床运行的过程就是在数控软件控制下机床的动作过程。完好的硬件和完善的软件以及正确的操作,是数控机床能够正常进行工作的必要条件。因此,数控机床在出现故障以后,除了硬件控制系统故障之外,还可能是软件系统出现了问题。

(1)软件配置

下面以西门子系统为例,说明系统软件的配置,系统软件包括三部分(见表10.1):

①数控系统的生产厂家研制的启动芯片、基本系统程序、加工循环、测量循环等。出于安全和保密的需要,这些程序在出厂前被预先写入EPROM。用户可以使用这部分内容,但不能修改它。如果因为意外破坏了该部分软件,应注意所使用的机床型号和所使用的软件版本号,及时与系统的生产厂家联系,要求更换或复制软件。

②由机床厂家编制的针对具体机床所用的NC机床数据、PLC机床数据、PLC用户程序、PLC报警文本、系统设定数据。这部分软件是由机床厂家在出厂前分别写入到RAM或EPROM,并提供有技术资料加以说明。由于存储于RAM中的数据由电池进行保持,因此要作好备份。

③由机床用户编制的加工主程序、加工子程序、刀具补偿参数、零点偏置参数、R参数等

组成。这部分软件或参数被存储于 RAM 中,与具体的加工密切相关的。因此,对它们的设置、更改是机床正常完成加工所必备的。

表 10.1 系统软件的组成

分类	名称	传输识别符		说明	制造者
		820/810	850/880		
Ⅰ	启动芯片	—	—	存储或固化到 EPROM 中	系统生产厂
	基本系统程序	—	—		
	加工循环	—	—		
	测量循环	—	—		
Ⅱ	NC 机床数据	%TEA1	TEA1	存储或固化到 EPROM 或 RAM 中	机床生产厂
	PLC 机床数据	%TEA2	TEA2		
	PLC 用户程序	%PCP	—		
	PLC 报警文本	%PCA	—		
	系统设定数据	%SEA	SEA		
Ⅲ	加工主程序	%MPF	MPF	存储在 RAM 中	机床用户
	加工子程序	%SPF	SPF		
	刀具补偿参数	%TOA	TOA		
	零点偏置参数	%ZOA	ZOA		
	R 参数	%RPA	RPA		

以上几部分软件均可通过多种存储介质(如软盘、硬盘、磁带、纸带等)进行备份,以便出现故障时进行核查和恢复。

(2)软件故障发生的原因

软件故障是由软件变化或丢失而形成的。机床软件故障形成的可能原因如下:

1)误操作

在调试用户程序或修改机床参数时,操作者删除或更改了软件内容或参数,从而造成软件故障。

2)供电电池电压不足

为 RAM 供电的电池经过长时间的使用后,电池电压降低到监测电压以下,或在停电情况下拔下为 RAM 供电的电池、电池电路断路或短路、电池电路接触不良等,都会造成 RAM 达不到维持电压,从而使系统丢失软件和参数。这里要特别注意以下六点:

①应对长期闲置不用的数控机床定期开机,以防电池长期得不到充电,造成机床软件丢失,实际上机床开机也是对电池充电的过程。

②当为 RAM 供电电池出现电量不足报警时,应及时更换新电池。

③干扰信号引起软件故障。有时电源的波动及干扰脉冲会窜入数控系统总线,引起时序错误或造成数控装置停止运行等。

④软件死循环。运行复杂程序或进行大量计算时，有时会造成系统死循环，引起系统中断，造成软件故障。

⑤操作不规范。这里指操作人员违反了机床操作的规程，从而造成机床报警或停机现象。

⑥用户程序出错。由于用户程序中出现语法错误、非法数据，运行或输入中出现故障报警等现象。

(3)软件故障的排除

对于软件丢失或参数变化造成的运行异常、程序中断、停机故障，可对数据程序更改或清除，重新输入，以恢复系统的正常工作。

对于程序运行或数据处理中发生中断而造成的停机故障，可对硬件复位或关掉数控机床总电源开关，再重新开机，以排除故障。

NC复位、PLC复位能使后继操作重新开始，而不会破坏有关软件和正常处理的结果，以消除报警。也可采用清除法，但对NC,PLC采用清除法时，可能会使数据全部丢失，应注意保护不想清除的数据。

开关系统电源是清除软件故障的常用方法，但在出现故障报警或开关机之前一定要将报警的内容记录下来，以便排除故障。

10.3.3　系统的硬件及维修

硬件故障检查过程因故障类型而异，以下所述方法无先后次序之分，可穿插进行，综合分析，逐个排除。

(1)常规检查

1)外观检查

系统发生故障后，首先进行外观检查。运用自己的感官感受判断明显的故障，有针对性地检查可疑部分的元器件，查看空气断路器、继电器是否脱扣，继电器是否有断开现象，熔丝是否熔断，印制线路板上有无元件破损、断裂、过热，连接导线是否断裂、划伤，插拔件是否脱落等；若已检修过电路板，还得检查开关位置、电位器设定、短路棒选择、线路更改是否与原来状态相符，并注意观察故障出现时的噪声、振动、焦煳味、异常发热、冷却风扇是否转动正常等。

2)连接电缆、连接线检查

针对故障有关部分，用一些简单的维修工具检查各连接线、电缆是否正常。尤其注意检查机械运动部位的接线及电缆，这些部位的接线易因受力、疲劳而断裂。

例如，WY203型自动换箱数控组合机床Z轴一启动，即出现跟随误差过大报警而停机。经检查发现，位置控制环反馈元件光栅电缆由于运动中受力而拉伤断裂，造成丢失反馈信号。

3)连接端及接插件检查

针对故障有关部位，检查接线端子、单元接插件。这些部件容易因松动、发热、氧化、电化腐蚀而造成断线或接触不良。

例如，TC1000型加工中心启动后出现114号报警。经检查发现，Y轴光栅适配器电缆插头松脱。

4）恶劣环境下工作的元器件检查

针对故障有关部位，检查在恶劣环境下工作的元器件。这些元器件容易因受热、受潮、受振动、粘灰尘或油污而失效或老化。

例如，WY203 型自动换箱数控组合机床一次 X 轴报警跟随误差太大。经检查发现，受冷却水及油污染，光栅标尺栅和指示栅都变脏。清洗后，故障消失。

5）易损部位的元器件检查

数控机床的空气开关、继电器等的熔断器、触头是否有熔断或烧蚀，光栅、磁栅、印刷电路板等是否有油污、划伤、断裂，插接件是否有松动、脱落，按钮、开关等的触头是否有热粘接、污染或氧化等，应优先检查，逐一排除。

6）元器件易损部位应按规定定期检查

直流伺服电机电枢、电刷及整流子，测速发电机电刷及整流子，都容易磨损粘污物，前者造成转速下降，后者造成转速不稳。纸带阅读机光电读入部件光学元件透明度降低，发光元件及光敏元件老化，都会造成读带出错。

例如，WY203 型自动换箱数控组合机床出现一次 X 轴电机不能启动故障。打开电机检查发现，炭刷磨损，电缆接头电化学腐蚀，接触不良。

7）定期保养的部件及元器件的检查

有些部件、元器件应按规定及时清洗润滑，否则容易出现故障。如果冷却风扇不及时清洗风道等，则易造成过负载。如果不及时检查轴承，则在轴承润滑不良时，易造成通电后转不动。

例如，TC1000 型加工中心 NC 系统运行异常，经检查，NC 系统冷却风扇未能按时清除污物，管路堵塞，风扇过负载而烧坏，导致冷却对象过热，出现异常。

8）电源电压检查

电源电压正常是机床控制系统正常工作的必要条件。电源电压不正常，一般会造成故障停机，有时还造成控制系统动作紊乱。硬件故障出现后，检查电源电压不可忽视，检查步骤可参考调试说明，方法是参照上述电源系统，从前（电源侧）向后检查各种电源电压。应注意到电源组功率大、易发热，容易出故障。多数情况电源故障是由负载引起，因此，更应该在仔细检查后继环节后再进行处理，熔丝断了只换熔丝是不行的，应该查明短路或过流过负载的真正原因。检查电源时，不仅要检查电源自身馈电线路，还应检查由它馈电的无电源部分是否获得了正常的电压；不仅要注意到正常时的供电状态，还要注意到故障发生时电源的瞬时变化。

（2）故障现象分析法

故障分析是寻找故障的特征。最好组织机械、电子技术人员及操作人员“会诊”，捕捉出现故障时机器的异常现象，分析产品检验结果及仪器记录的内容，必要（会出现故障发生时刻的现象）和可能（设备还可以运行到这种故障再现而无危险）时可以让故障再现，经过分析可能找到故障规律和线索。

（3）面板显示与指示灯显示分析法

数控机床控制系统多配有面板显示器和指示灯。面板显示器可将大部分被监控的故障识别结果以报警的方式给出。对于各个具体的故障，系统有固定的报警号和文字显示给予提示。特别是彩色 CRT 的广泛使用及反衬显示的应用，使故障报警更为醒目。出现故障后，系统会根据故障情况、故障类型,提示或者同时中断运行而停机。对于加工中心运行中出现的故障,必要时,系统会自动停止加工过程,等待处理。指示灯只能粗略地提示故障部位及类型等。程序运行中出现的故障,程序显示报警出现时程序的中断部位,坐标值显示提示故障出现时运动部件坐标位置,状态显示能提示功能执行结果。在维修人员未到现场前,操作人员尽量不要破坏面板显示状态、机床故障后的状态,并向维修人员报告自己发现的面板瞬时异常现象。维修人员应抓住故障信号及有关信息特征,分析故障原因。故障出现的程序段,可能是指令执行不彻底而应答。故障出现的坐标位置,可能有位置检测元件故障、机械阻力太大等现象发生。维修人员和操作人员要熟悉本机床报警目录,对于有些针对性不强、含义比较广泛的报警,要不断总结经验,掌握这类报警发生的具体原因。

(4)系统分析法

判断系统存在故障的部位时,可对控制系统方框图中的各方框单独考虑。根据每一方框的功能,将方框划分为一个个独立的单元。在对具体单元内部结构了解不透彻的情况下,可不管单元内容如何,只考虑其输入和输出。这样就简化了系统,便于维修人员判断故障。首先检查被怀疑单元的输入,如果输入中有一个不正常,该单元就可能不正常。这时应追查提供给该输入的上一级单元;在输入都正常的情况下而输出不正常,那么故障即在本单元内部。在将该单元输入和输出与上下有关单元脱开后,可提供必要的输出电压,观察其输出结果(也请注意有些配合方式将相关单元脱开后,给该单元供电会造成本单元损坏)。当然,在使用这种方法时,要求了解该单元输入/输出的电信号性质、大小、不同运行状态信号及它们的作用。用类似的方法可以找出独立单元中某一故障部件,将怀疑部分由大缩到小,逐步缩小故障范围,直至将故障定位于元件。在维修的初步阶段及有条件时,对怀疑单元可采用换件诊断修理法。但要注意,换件时应该对备件的型号、规格、各种标记、电位器调整位置、开关状态、跳线选择、线路更改及软件版本是否与怀疑单元相同,并确保不会由于上下级单元损坏造成的故障而损坏新单元;此外,还要考虑可能要重调新单元的某些电位器,以保证该新单元与怀疑单元性能相近。一点细微的差异都可能导致失败或造成损失。这里要特别强调的是,系统若带有分立的PLC时,系统产生故障后,首先应该确定故障发生在系统本身还是发生在内装的PLC中,这就要求熟悉NC与PLC信息交换的内容,搞清楚某一动作不执行是由于NC没给PLC指令,还是由于NC给了PLC指令而PLC未执行,或者是由于PLC无准备好应答信号,NC不可能提供该指令等。

(5)信号追踪法

信号追踪法是指按照控制系统方框图从前往后或从后向前地检查有关信号的有无、性质、大小及不同运行方式的状态,与正常情况比较,查看有什么差异或是否符合逻辑。如果线路由各元件"串联"组成,则出现故障时"串联"的所有元件和连接线都值得怀疑。在较长的"串联"电路中,适宜的做法是将电路分成两半,从中间开始向两个方向追踪,直到找到有问题的元件(单元)为止。两个相同的路线,可以对它们部分地交换试验。这种方法类似于将一个电机从其电源上拆下,接到另一个电源上试验电机。类似地,在其电源上另接一电机试该电源,这样可以判断出电机有问题还是电源有问题。但对数控机床来讲,问题就没有这么简单,交换一个单元一定要保证该单元所处大环节(如位置控制环)的完整性,否则可能闭环受到破坏,保护环节失效,PI调节器输入得不到平衡。例如,只改用Y轴调节器驱动X轴电机,若只换接X轴电机及转速传感器于Y轴调节器,而不改接X轴位置反馈于Y轴反馈上,改接X轴转速设定于 Y 轴调节器上(或在 NC 中改 X 轴为 Y 轴号),给指令于 Y 轴,这时 X 轴各限位开关失效,且 X 轴移动无位置反馈,可能机床一启动即产生 X 轴测量回路硬件故障报警,且 X 轴各限位开关不起作用。

1)接线系统(继电器-接触器系统)信号追踪法

硬接线系统具有可见接线、接线端子、测试点。故障状态可以用试电笔、万用表、示波器等简单测试工具测量电压、电流信号大小、性质、变化状态、电路的短路与断路、电阻值变化等,从而判断出故障的原因。举简单的例子加以说明:由一个继电器线圈 K 在指定工作方式下,其控制线路为经 X、Y、Z 三个触点接在电源 P、N 之间,在该工作方式中 K 应得电,但无动作,经检查 P、N 间有额定电压,再检查 X-Y 接点与 N 间有无电压,若有电压,则向下测 Y-Z 接点与 N 间有无电压;若无电压,则说明 Y 轴点可能不通。其余类推,可找出各触点、接线或 K 本身的故障。例如,控制板上的一个三极管元件,若 c 极、e 极间有电源电压,b 极、e 极间有可使其饱和的电压,接法为射极输出。如果 e 极对地间无电压,就说明该三极管有问题。当然,对一个比较复杂的单元来讲,问题就会更复杂一些,但道理是一样的,影响它的因素更多一些,关联单元相互间的制约要多一些。

2)NC、PLC 系统状态显示法

NC、PLC 程序是软件结构,有些机床面板、显示器、编程器可以进行状态显示,显示其输入、输出及中间环节标志位等的状态,用于判别故障位置。例如,PLC 的输出 Q 由输入 I0.0、中间标志位 F0.1 和来自 NC 的信号 F0.2 的与逻辑控制,可分别检查 I0.0、F0.1、F0.2 的状态。若 I0.1 = 0,则要检查 F0.1 的软件线路;若 F0.2 = 0,则要检查 NC 为什么不使其为“1”。这种检查要比硬接线系统方便得多,但由于 NC、PLC 功能很强而较复杂,因此,要求维修人员熟悉具体机型控制原理,PLC 程序中多有触发器支持,有的置位信号和复位信号都维持时间不长,有些环节动作时间很短,不仔细观察,很难发现已起过作用但状态已经消失的过程。

3)硬接线系统的强制

在追踪中也可以在信号线上加上正常情况的信号,以测试后继线路,但这样做是很危险的,因为这无形中忽略了许多环节。因此,要特别注意以下问题:

①要将涉及前级的线断开,避免所加电源对前级造成损害。

②要尽量地移动可能移动的机床部分于可以较长时间移动而不至于触限位,以免飞车碰撞。

③弄清楚所加信号是什么类型。例如,是直流还是脉冲,是恒流源还是恒压源等。

④设定要尽可能小些(因为有时运动方式和速度与设定关系很难确定)。

⑤密切注意可能忽略的连锁环节导致的后果。

⑥要密切观察运动情况,勿使飞车超程。

4)NC、PLC 控制变量强制

例如,SIN8 的 ST 方式和 SS 系列编程仪 CONTR VAR 方式同强制 PLC 输出,标志位置位或复位,借以区分故障在 NC 内、PLC 内还是外设。接在 PLC 输出上的执行元件不动作,可强制该输出为“1”,查看该元件是否带电;程序不执行若是由于 PLC 的一个中间标志位不为“1”所致,可以强制该标志位为“1”。当然,若程序中的该元素定义不可能为“l”,强制只能得到瞬间效果。若相对标志位或输出长期强制,最好在程序中清除它的定义程序段,或使该程序段虽有而不被执行。在诊断出故障单元后,也可利用系统分析法和信号追踪法将故障缩小到单元内部的某个插件、芯片、元件。

(6)静态测量法

静态测量法主要使用万用表测量元器件的在线电阻及晶体管上的 PN 结电压,用晶体管测试仪检查集成电路块等元件的好坏。

(7)动态测量法

动态测量法是通过直观检查和静态测量后,根据电路原理图印制电路板上加上必要的交直流电压、同步电压和输入信号,然后用万用表、示波器等对电路板的输出电压、电流及波形等全面诊断并排除故障。动态测量法有电压测量法、电流测量法及信号注入及波形观察法。

①电压测量法是对可疑电路的各点电压进行普遍测量,根据测量值与已知值或经验值进行比较,再应用逻辑推理方法判断出故障所在。

②电流测量法是通过测量晶体管、集成电路的工作电流、各单元电路和电源负载电流来检查电子印制电路板的常规方法。

③信号注入及波形观察法是利用信号发生器或直流电源在待查回路中的输入信号,用示波器观察输出波形。

10.4　伺服系统的故障及维修技术

在自动控制系统中,将输出量能够以一定的准确度跟随输入量的变化而变化的系统,称为随动系统。数控机床的伺服系统是指以机床移动部件的位移和速度作为控制量的自动控制系统。驱动系统与 CNC 的位置控制部分构成了位置伺服系统,数控机床的驱动系统主要有两种:进给驱动和主轴驱动。进给驱动控制机床各坐标的进给运动,主轴控制主轴旋转运动。因此,驱动系统的性能在较大程度上决定着数控机床的性能,数控机床的最大移动速度、定位精度等指标主要取决于驱动系统及 CNC 位置控制部分的动态和静态性能。

10.4.1　伺服系统的工作原理

数控机床的伺服系统一般由驱动单元、机械传动部件、执行件和检测反馈环节等组成。驱动控制单元和驱动元件组成伺服驱动系统,机械传动部件和执行元件组成机械传动系统,检测元件和反馈电路组成检测装置,也称检测系统,如图 10.1 所示。

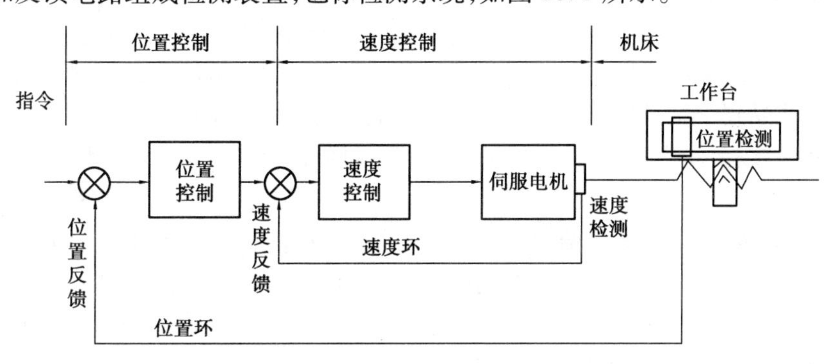

图 10.1　闭环控制系统框图

伺服系统是一个反馈控制系统,它以指令脉冲为输入给定值与反馈脉冲进行比较,利用比较后产生的偏差值对系统进行自动调节,以消除偏差,使被调量跟踪给定值。因此,伺服系统的运动来源于偏差信号,必须具有负反馈回路,始终处于过渡过程状态。伺服系统必须有一个不断输入能量的能源,外加负载可视为系统的扰动输入。

10.4.2 进给伺服的故障及诊断

(1)进给伺服的故障形式

进给伺服系统的任务是完成各坐标轴的位置控制,在整个系统中它又分为:位置环、速度环和电流环。位置环接收控制指令脉冲和位置反馈脉冲且进行比较,利用其偏差,产生速度环的速度指令;速度环接收位置环发出的速度指令和电机的速度反馈,同样,速度环将速度偏差信号进行处理,产生电流信号;电流环将电流信号及从电机电流检测单元发出的反馈信号进行处理,再驱动大功率元件,产生伺服电机的驱动电流。在这些环节中,任一环节出现异常或故障,都会对伺服系统的正常工作造成影响。

当进给伺服系统出现故障时,通常有三种表现形式:一是在 CRT 或操作面板上显示报警内容或报警信息;二是在进给伺服驱动单元上用报警灯或数码管显示驱动单元的故障;三是运动不正常,但无任何报警。对于第一、二种形式,因为有些报警的含义比较明确,可根据相应的系统说明书进行检查;对于第三种形式,就要综合分析伺服系统的各个环节可能造成这种现象的原因,再逐步检查、排除直至查到真正的原因,或优化各种因素直至恢复正常。进给伺服的常见故障有以下九种。

1)超程

超程是机床厂家为机床设定的保护措施,一般有软件超程、硬件超程和急停保护。不同机床所采用的措施会有所区别。硬件超程是为了防止在回零之前手动误操作而设置的,急停是最后一道防线,当硬件超程限位保护失效时它会起到保护作用,软件限位在建立机床坐标系后(机床回零后)生效,软件限位设置在硬件限位之间。不同系统的具体恢复方法有所区别,根据机床说明书即可排除。

2)过载

当进给运动的负载过大、频繁正反向运动,以及进给传动的润滑状态和过载检测电路不良时,都会引起过载报警。一般会在 CRT 上显示伺服电机过载、过热或过流的报警,或在电柜的进给驱动单元上,用指示灯或数码管提示驱动单元过载、过流信息。

3)窜动

在进给时会出现窜动现象:测速信号不稳定,如测速装置、测速反馈信号干扰等;速度控制信号不稳定或受到干扰;接线端子接触不良,如螺丝松动等。当窜动发生在由正向运动向反向运动瞬间时,一般是由进给传动链的反向间隙或伺服系统增益过大所致。

4)爬行

发生在启动加速段或低速进给时,一般是进给传动链的润滑状态不良、伺服系统增益过低以及外加负载过大等因素所致。尤其要注意的是,伺服电机和滚珠丝杠连接用的联轴器,如连接松动或联轴器本身缺陷(如裂纹等),会造成滚珠丝杠转动和伺服电机的转动不同步,从而使进给运动忽快忽慢,产生爬行现象。

5)振动

分析机床振动周期是否与进给速度有关。若与进给速度有关,振动一般与该轴的速度环增益太高或速度反馈故障有关;若与进给速度无关,振动一般与位置环增益太高或位置反馈故障有关;若振动在加减速过程中产生,往往是系统加减速时间设定过小造成。

6)伺服电机不转

数控系统至进给单元除了速度控制信号外,还有使能控制信号,使能信号是进给动作的前提,可参考具体系统的信号连接说明。检查使能信号是否接通,通过PLC梯形图,分析轴使能的条件;检查数控系统是否发出速度控制信号;对带有电磁制动的伺服电动机应检查电磁制动是否释放;检查进给单元故障;检查伺服电机故障。

7)位置误差

当伺服运动超过允许的误差范围时,数控系统就会产生位置误差过大报警,包括跟随误差、轮廓误差和定位误差等。主要原因是:系统设定的允差范围过小,伺服系统增益设置不当,位置检测装置有污染,进给传动链累积误差过大,以及主轴箱垂直运动时平衡装置不稳。

8)漂移

当指令为零时,坐标轴仍在移动,从而造成误差,可通过漂移补偿或驱动单元上的零速调整来消除。

9)回基准点故障

基准点是机床在停止加工或交换刀具时机床坐标轴移动到一个预先指定的准确位置。机床返回基准点是数控机床启动后首先必须进行的操作,然后机床才能转入正常工作。机床不能正确返回基准点是数控机床常见的故障之一。机床返回基准点的方式随机床所配用的数控系统不同而异,但多数采用栅格方式(在用脉冲编码器作为位置检测元件的机床中)或磁性接近开关方式。下面介绍四种机床在返回基准点时的故障。

①机床不能返回基准点。一般有三种情况:

a.偏离基准点一个栅格距离。造成这种故障的原因有三种:一是减速板块位置不正确;二是减速挡块的长度太短;三是基准点用的接近开关的位置不当。该故障一般在机床大修后发生,可通过重新调整挡块位置来解决。

b.偏离基准点任意位置,即偏离一个随机值。这种故障与这些因素有关:外界干扰,如电缆屏蔽层接地不良,脉冲编码器的信号线与强电电缆靠得太近;脉冲编码器用的电源电压太低(低于4.75 V)或有故障;数控系统主控板的位置控制部分不良;进给轴与伺服电机之间的联轴器松动。

c.微小偏移。其原因有两个:一个是电缆连接器接触不良或电缆损坏;另一个是漂移补偿电压变化或主板不良。

②机床在返回基准点时发出超程报警。这种故障有三种情况:

a.无减速动作。无论是发生软件超程还是硬件超程,都不减速,一直移动到触及限位开关而停机。可能是返回基准点减速开关失效,开关触头压下后不能复位,或减速挡块处的减速信号线松动,返回基准点脉冲不起作用,致使减速信号没有输入到数控系统。

b.返回基准点过程中有减速,但以切断速度移动(或改变方向移动)到触及限位开关而停机。可能原因有:减速后,返回基准点标记指定的基准脉冲未出现。其中,一种可能是:光栅在返回基准点操作中没有发出返回基准点脉冲信号;或返回基准点标记失效;或由基准点标记选择的返回基准点脉冲信号在传送或处理过程中丢失;或测量系统硬件故障,对返回基准点脉冲信号无识别和处理能力。另一种可能是:减速开关与返回基准点标记位置错位,减速开关复位后,未出现基准点标记。

c.返回基准点过程有减速,且有返回基准点标记指定的返回基准脉冲出现后的制动到零速时的过程,但未到基准点就触及限位开关而停机。该故障原因可能是返回基准点的返回基准点脉冲被超越后,坐标轴未移动到指定距离就触及限位开关。

③机床在返回基准过程中,数控系统突然变成"NOT READY"状态,但CRT画面却无任何报警显示。出现这种故障也多为返回基准点用的减速开关失灵。

④机床在返回基准点过程中,发出"未返回基准点"报警,其原因可能是改变了设定参数所致。

(2)故障的维修方法

1)模块交换法

由于伺服系统的各个环节都具有模块化,不同轴的模块有的具有互换性,因此,可采用模块交换法来进行一些故障的判断,但要注意遵从要求:模块的插拔是否会造成系统参数丢失,是否应采取措施;各轴模块的设定可能有所区别,更换后保证设定和以前一致;遵循"先易后难"的原则,先更换环节中较易更换的模块,确认不是这些模块的问题后,再检查难以更换的模块。通过这种方法,比较容易确定故障的部位。

2)外界参考电压法

当某轴进给发生故障时,为了确定是否为驱动单元和电机故障,可以脱开位置环,检查速度环。

3)满足三个使能条件,电机才能工作

a.脉冲使能63无效时,驱动装置立即禁止所有轴运行,伺服电机无制动的自然停止。

b.驱动器使能64无效时,驱动装置立即置所有进给轴的速度设定值为零,伺服电机进入制动状态,200 ms后电机停转。

c.轴使能65无效时,对应轴的速度设定值为零,伺服电机进入制动状态,200 ms后电机停转。

正常情况下,伺服电机在外加参考电压的控制下转动,调节电位改变指令电压,可控制电机的转速,参考电压的正、负决定电机的旋转方向。这时,可判断驱动器和伺服电动机是否正常,以判断故障是在位置环还是在速度环。

(3)伺服电机维护

目前,数控系统的伺服电机主要有两种:直流伺服电机和交流伺服电机。

1)直流伺服电机的维护

直流伺服电机的维护主要指的是对电机电刷、换向器、测速电机电枢等定期检查和维护。数控铣床、加工中心、数控车床的直流伺服电机应每年检查一次;频繁加、减速的机床(如冲床等)中的直流伺服电机应每两个月检查一次。

2)交流伺服电机的维护

交流伺服电机不存在电刷的维护问题,故称为免维护电机。它的磁极是转子,定子与三相交流感应电机的电枢绕组一样,电机的检测元件有转子位置检测元件和脉冲编码器。转子位置检测元件一般是霍尔元件或具有相位检测的光电脉冲编码器,由于伺服系统通过转子位置信号来控制电机定子绕组的开关组件,因此检测元件的松动错位以及元件故障都会造成伺服电机无法工作。脉冲编码器,作为速度和位置检测元件为系统提供反馈信号。交流伺服电机常见的故障有:

①接线故障

由于接线不当,在使用一段时间后就可能出现故障,主要为插座接线脱焊、端子接线松动引起接触不良。

②转子位置检测元件故障

检测元件故障会造成电动机的失控、进给有振动,由于转子位置检测元件的位置安装要求比较严格,因此应由专业人员进行调整设定。

③电磁制动故障

带电磁制动的伺服电机,当制动器出现故障时,出现得电不松开、失电不制动的情况。

3)交流电机故障判断方法

①电阻测量

用万用表测量电枢的电阻,查看三相之间电阻是否一致,用兆欧表测量绝缘是否良好。

②电机检查

脱开电给予机械装置,用手转动电机转子,正常时感觉有一定的均匀阻力,如果在旋转过程中出现周期性的不均匀的阻力,应该更换电机进行确认。

在检查交流伺服电机时,对采用编码器换向的如原连接部分无定位标记的,编码器不能随便拆除,不然会使相位错位;对采用霍尔元件换向的,应注意开关的出线顺序。平时不应敲击电动机上安装位置检测元件的部位,因为伺服电机在定子中埋设热敏电阻,作为过热报警检测,出现报警时,应检查热敏电阻是否正常。

4)进给系统的故障诊断

不同厂家、不同系统系列的伺服系统的结构及信号连接有很大差别。前面章节介绍了FANUC 及 SIEMENS 两种伺服系统的结构和连接以及故障诊断,总的来说,对于伺服系统的故障诊断,应以区分内因和外因为前提。所谓外因,指的是伺服系统启动的条件是否满足,例如,供给伺服系统的电源是否正常,供给伺服系统的控制信号是否出现,伺服系统的参数设置是否正确;所谓"内因",指的是确认伺服驱动装置故障,在满足正常供电及驱动条件下,伺服系统能不能正常驱动伺服电机的运动。

对于外因,必须明白系统正常工作所应满足的条件、控制信号的时序关系等。随着数字化、集成化的进一步提高,用户对元器件的维修将越来越难,应将学习的重点放在调整和诊断技术上。

由于伺服系统大都具有模块化结构,因此可采用模块更换法进行故障诊断。当怀疑到某一个轴的进给模块准备进行更换时,必须明白相互更换的模块型号是否一致。这可在模块上或机床配置上查到;相互交换的模块的设定是否一致,检查设定开关,做好记录;在拆下连接模块的插头、电缆时,确认标记是否清晰,否则重作标记,以防出现接线错误。

10.4.3　主轴伺服的故障及诊断

主轴伺服系统主要完成切削加工时主轴刀具旋转速度的控制,现在有些系统还具有 C 轴功能,即主轴的旋转像进给轴一样进行位置控制,它可完成主轴任意角度的停止以及和 Z 轴联动完成刚性攻丝等功能,这类主轴系统的结构中,装有脉冲编码器作为主轴位置反馈。

主轴伺服系统分为直流主轴系统和交流主轴系统。由于直流主轴电机为他励直流电机,因此直流主轴控制系统要为电机提供励磁电压和电枢电压。在恒转矩区,励磁电压恒定,通过增大电枢的电压来提高电机速度;在恒功率区,保持电枢电压恒定,通过减小励测电压来提高电机转速。目前数控机床采用得较多主轴驱动为交流电机配变频控制的方式,它是通过改变电机的工作频率来改变电机的转速。

主轴伺服系统发生故障时,通常有三种表现形式:一是在 CRT 或操作面板上显示报警内容或报警信息;二是在主轴驱动装置上用报警灯或数码管显示主轴驱动装置的故障;三是主轴工作不正常但无任何报警信息。对于报警提示,可根据系统说明书详查可能的原因,常见的主轴单元的故障有以下六种:

(1)主轴不转

可能的原因:机械故障。如机械负载过大,主轴系统外部信号未满足;又如,主轴使能信号、主轴指令信号、主轴单元或主轴电机故障。

(2)电动机转速异常或转速不稳定

可能的原因:速度指令不正常,测速反馈不稳定或故障,过负载,主轴单元或电机故障。

(3)外界干扰

由于受电磁干扰,屏蔽或接地不良,主轴转速指令或反馈受到干扰,使主轴驱动出现随机或无规律的波动。判断方法:当主轴转速为零时,主轴仍往复转动,调整零速平衡和漂移补偿也不能消除。

(4)主轴转速与进给不匹配

当进行螺纹切削或用每转进给指令切削时,会出现停止进给、主轴仍继续运转的故障。要执行每转进给指令,主轴必须有每转一个脉冲的反馈信号,一般情况下认为主轴编码器有问题,可用以下方法来确定:CRT 画面上有报警指示;通过 CRT 调用机床数据或 I/O 状态,观察编码器的信号状态;用每分钟进给指令代替每转进给指令来执行程序,观察故障是否消失。

(5)主轴异常噪声或振动

首先区别异常噪声的来源是机械侧还是电气驱动部分。在减速过程中产生,一般是由驱动装置造成的,如交流驱动装置中的再生回路故障;在恒转速时产生,可通过观察主轴电动机在自由停车过程中是否有噪声和振动来区分,若存在,则主轴机械侧部分有问题。检查主轴振动周期是否与转速有关,若无关,一般是主轴驱动装置未调整好;若有关,应检查主轴机械侧是否良好,测速装置是否良好。

(6)主轴定位抖动

主轴准停用于刀具交换,精镗退刀及齿轮变挡。有三种实现形式:

①机械准停控制。由带“V”形槽的定位盘和定位用的液压缸配合动作。

②磁性传感器的电气准停控制。励磁体装在主轴的后端,磁传感器装在主轴箱上,其安装位置决定了主轴准停点,励磁体和磁传感器之间的间隙为(1.5 ±0.5) mm。

③编码器型的准停控制。通过主轴电机内置或在主轴上直接安装一个光电编码器来实现准停控制,准停角可任意设定。

上述的过程要经过减速的过程,如减速或增益等参数设置不当,均可引起定位抖动。另外,定位开关、励磁体及磁传感器的故障或设置不当也可能引起定位抖动。

10.5　检测装置的故障及诊断

检测元件是数控机床伺服系统的重要组成部分,它的作用是检测位置、位移和速度,向控制装置发送反馈信号,构成闭环控制。闭环数控机床的加工精度主要由检测环节的精度决定,检测环节的精度通过分辨率来体现,分辨率是位置检测装置所能检测到的最小移动单位。分辨率越小,说明检测精度越高,它不仅取决于检测元件本身,也取决于测量电路。

测量方式分为直接测量和间接测量。若检测装置所测量的对象就是被测量本身,例如,直线式检测装置测量直线位移,旋转式检测装置测量角位移,则该测量方式称为直接测量。典型的检测装置有光栅尺、感应同步器或磁尺,以及用编码器测主轴的旋转。若旋转时检测装置测量的回转运动只是中间值,由它再推算出与之相关联的工作台的直线位移,那么该测量方式称为间接测量。

目前数控机床上用得较多的为直线光栅尺和光电编码器,因此,本节对其他类型的测量装置不再介绍。

10.5.1　直线光栅尺的工作原理

(1)光栅尺的结构

光栅尺是在玻璃或金属基体上均匀地刻画很多等节距的条纹而制成的。它的制作工艺是在一块长形玻璃上用真空镀膜的方法镀上一层不透光的金属膜,再涂上一层均匀的感光材料,然后用照相腐蚀法制成等节距的透光和不透光相间的条纹,这些线纹与运动方向垂直,线纹间距离为栅距。

光栅尺由定尺(标尺光栅)和扫描头(指示光栅)组成,如图10.2所示。当数控机床的坐标轴移动时,使其定尺和扫描头相对运动。由于动尺与指示光栅的位置有一定的角度,这种相对运动产生了莫尔效应,将位置移动量转化成亮暗相间的光的摩尔条纹移动,再由光电转化成数字量的电信号。

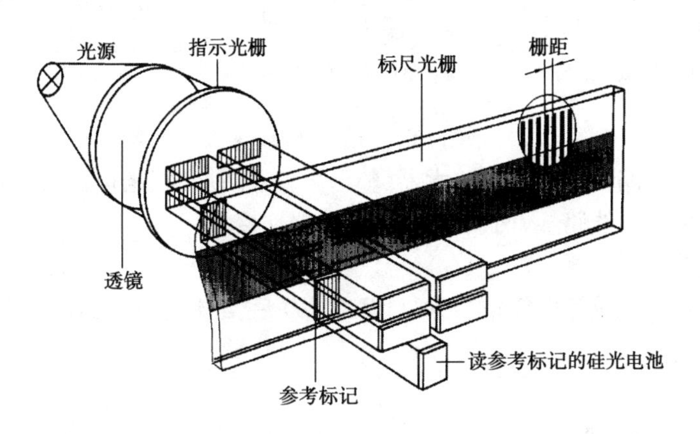

图10.2　光栅尺

定尺的测长方向上有两组光栅线轨迹,主光栅线和每隔50 mm一组的基准标记光栅线。这使得光栅尺起到两个作用:一是当轴移动时由主光栅线产生两组相位相差90°的正弦和余弦的电信号,用于决定轴的移动方向和位移量;二是当轴回零点时,由基准标记线产生一个基准信号,以确定机床的机床零点。主光栅所产生的两组位置信号还要经过一个放大整形和插值倍频的专门装置,使其转变成一系列位置数字脉冲。

(2)信号处理电路

1)输出信号

增量式旋转测量装置或直线测量装置的输出信号有两种形式:一是电压或电流正弦信号,其中 EXE 为脉冲整形插值器;二是 TTL 电平信号。

机床在运动过程中,从扫描单元输出三组信号:两组增量信号由 4 个光电池产生,将两个相差 180°的光电池接在一起,它们推挽就形成了相位差 90°、幅值为 11 μA 左右的 Ie1 和 Ie2 两组近似正弦波;另一组基准信号也由两个相差 180°的光电池接成推挽形式,输出为一尖峰信号 Ie0,其有效分量为 5.5 μA,此信号只有经过基准标志时才会产生。所谓基准标志,是在光栅尺外壳上装有一块磁铁,在扫描单元上装有一只干簧管,在接近磁铁时,干簧管接通,基准信号才能输出。

两组增量信号 Ie1、Ie2 经传输电缆和接插件进入 EXE,经放大、整形后,输出两路相差 90°的方波信号 Ua1、Ua2 及参考信号 Ua0,这些信号经适当组合处理,即可在一个信号周期内产生 5 个脉冲,即 5 倍频处理,经连接器送至 CNC 位控模块。

2)EXE 信号处理

如图 10.3 所示,脉冲整形插值器 EXE 的作用是将光栅尺或编码器输出的增量信号 Ie1、Ie2 和 Ie0 进行放大、整形、倍频和报警处理,输出至 CNC 进行位置控制。EXE 由基本电路和细分电路组成。

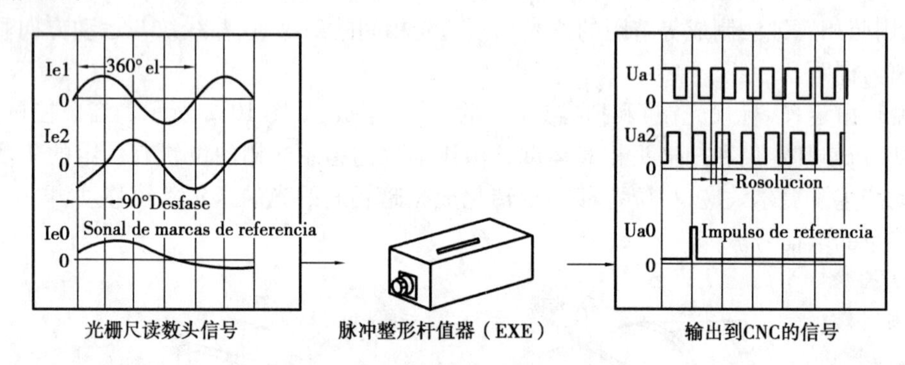

图 10.3 信号处理过程

基本电路印制电路板内含通道放大器、整形电路、驱动和报警电路等,细分电路作为一种任选功能单独制成一块线路板,两板通过 J3 连接器连接。

①通道放大器

当光栅检测产生正弦波电流信号 Ie1、Ie2 和 Ie0 后,经通道放大器,输出一定幅值的正弦电流电压。

②整形电路

在对 Ie1、Ie2 和 Ie0 放大的基础上,经整形电路转换成与之相对应的三路方波信号 Ua1、Ua2 及 Ua0,其 TTL 高电平不低于 2.5 V,低电平不高于 0.5 V。

③报警电路

当光栅由于输入电缆断裂、光栅污染或灯泡损坏等原因，造成通道放大器输出信号为零，这时，报警信号经驱动电路驱动后，由连接器J2输出至CNC系统。

④细分电路

在某些精度要求很高的数控机床，如数控磨床的位置控制中，要求位置测量有较高的分辨率，如仅靠光栅尺本身的精度是不能满足的，因此，必须采用细分电路来提高分辨率，以适应高精度机床的需要：基本电路通道放大器的输出信号经连接器J3接入细分电路，经细分电路处理后，又通过连接器J3输出在一个周期内两路相差90°、占空比为1:1的细分方波信号。这两路方波信号经基本电路中的驱动电路驱动后，即为对应的Ua1、Ua2通道信号，由连接器J2输出至CNC系统。

另外，同步电路的目的是获得与Ua1和Ua2两路方波信号前后沿精确对应的方波参考脉冲。

10.5.2　位置检测元件的维护

(1)光栅尺的维护

光栅尺本身具有一定的防护措施，有的需要给尺盒里面通入洁净的气源，保持尺内气压大于外部气压，防止潮气进入，由于机床是在生产线上，限于现场的生产环境及机床本身的加工条件(如高压力的切削液等)，还需做好维护工作。其维护工作包括以下两点：

1)防污

光栅尺由于直接安装于工作台和机床床身上，因此，极易受到冷却液的污染，从而造成信号丢失，影响位置控制精度。

①冷却液在使用过程中会产生轻微结晶，这种结晶在扫描头上形成一层薄膜且透光性差，不易清除，故在选用冷却液时要慎重。

②加工过程中，冷却液的压力和流量过大，容易形成大量的水雾，会污染光栅尺。

③光栅尺最好通入低压空气，以免扫描头运动时形成的负压将污物吸入光栅，压缩空气必须净化，滤芯保持洁净并定时更换。

2)防振

光栅尺拆装时要用静力，不能用硬物敲击，以免引起光学元件的损坏。

(2)光电脉冲编码器的维护

光电脉冲编码器是在一个圆盘的边缘上开有间距相等的缝隙，在其两边分别装有光源和光敏元件，当圆盘转动时，光线的明暗变化，经过光敏元件检测变成电信号的强弱，从而得到脉冲信号。编码器的输出信号有：两个相位信号输出，用于辨向；一个零信号(又称一转信号)用于机床回参考点的控制，另外还有+5 V电源和接地端，编码器的维护主要应注意以下两个问题。

1)防振和防污

编码器是一个精密的测量元件，本身密封很好，使用环境和拆装时要与光栅尺一样应注意防振和防污。污染容易出现在导线引出段、接插头，应做好这些部位的防护措施，而振动容易造成内部紧固件松动脱落，造成内部短路。

2)连接问题

连接问题分为连接松动和连接调整不当。编码器的连接方式有内装式和外装式。内装式与伺服电机同轴安装,如西门子1FT5、1FT6伺服电机上的ROD320编码器;外装式安装于传动链的末端,当传动链较长时,这种安装方式可以减小传动链累积误差对位置检测精度的影响。连接松动,往往会影响位置控制精度。另外,在有些交流伺服电机内装式编码器除了位置检测外,还同时具有测速和交流伺服电机转子位置检测作用。因此,编码器连接松动还会引起进给运动的不稳定,影响交流伺服电动机的换向控制,致使机床的振动。另外,编码器通过皮带与传动连接,传动皮带调整过紧,给编码器轴承施加力过大,容易损坏编码器。

复习思考题

10.1　诊断数控系统的故障应遵照哪些原则?

10.2　列举进行数控系统故障诊断的一般步骤。

10.3　写出与PLC有关的数控系统故障的特点。

10.4　常用PLC故障的诊断方法有哪些?

10.5　容易造成数控系统软件故障的原因有哪些?如何排除软件故障?

10.6　数控系统硬件故障的诊断方法有哪些?简要说明如何应用这些方法指导维修操作。

10.7　伺服系统有哪些常见故障?如何维修伺服系统故障?

10.8　如何诊断伺服电机的故障?伺服电机的维护应注意哪些方面?

10.9　主轴伺服系统故障有哪些表现形式?如何排除常见主轴系统故障?

10.10　如何对常用位置检测元件——光栅尺和光电编码器进行维护?

第11章 数控机床的运行状态维修与设备运行监测

11.1 数控系统运行状态保障基础

当数控机床运行时的状态偏离了规定的标准运行状态(称之为运行状态异常),但未达到故障状态时,为复现标准运行状态、保证加工精度,避免故障的出现,对数控机床的运行状态进行评估和预测后,进行必要的维护或修理,成为数控机床的运行状态维修。

11.1.1 数控机床运行状态诊断的基本条件

(1)人员条件

从事数控机床维修的工程技术人员首先要具备高度的责任感和良好的职业道德,要充分掌握数控机床的工作原理、结构组成与工作状况,尤其是数控机床数控系统的结构与特点。

(2)工作条件

①准备好常用的条件,并保证随时可以得到微电子元件或其他机械、液压、气动元器件的支持与供应。

②具备必要的维修工具、测试仪器、仪表及微型计算机,最好有便携式在线故障检测仪。如果有必要,可以用数字维修测试仪器。例如:逻辑分析仪、仿真器、特征分析仪、故障检测仪等。

③具备充分和必要的资料。例如:线路图册,维修保养手册,设备说明书,接口、调整与诊断、参数设置记录手册与资料,位检及传感器手册与资料,HC 说明书与用户程序单,元器件手册与表格等。

④做好现场信息收集工作。应了解出现异常运行状态前的操作与机床的运行情况,听取操作人员的介绍,对现场检查要有记录。

11.1.2 数控装置运行状态异常的处理

(1)处理步骤

①操作人员做好运行状态异常的详细记录,尤其应对出现运行状态异常时的数控装置工

作方式做详细的记录。

②及时与专业维修部门联系,严禁盲目拆卸及非专业人员的调试。

③专业维修人员在获得详细报告后,做好现场检测、维修、调试等工作准备,包括工具及资料的准备。

(2)运行状态异常判断和分析

1)利用外部现象判断运行状态异常

观察运行状态异常发生后的各种外部现象,做好运行状态异常的详细记录,并判断运行状态异常的可能部位。一般情况下,简单运行状态异常通过这种直接观察就能排除。另外,检查系统各电缆接头是否有松脱或断开,接触不良是处理数控系统运行状态异常时首先要考虑的因素。

2)利用软件报警功能

该功能在系统运行中能定时用自诊断程序对系统进行快速诊断,一旦检测到运行状态异常,能立即进行故障分类,并显示在GRT上,点亮面板上的报警指示灯,停止机床的运行。维修时可根据报警类别提示来查找问题所在。

3)利用硬件报警功能

对于通用的各类数控系统,为了提高系统的维护性,在数控系统中设置有众多的报警指示装置,通过指示灯、数码管的显示状态来为维修人员提示运行状态异常所在位置及类型。因此,在前两种方法不能解决的时候,可以借助各报警装置,观察有无报警指示,然后根据指示查阅随机说明书来处理运行状态异常。

另外,也可充分利用同类元器件置换来判断运行状态异常并排除之。

11.1.3 软件运行状态异常的处理

数控机床出现软件运行状态异常后,一般采取以下方法予以排除:

(1)对于软件丢失或变化造成的运行异常、程序中断、停机运行状态异常,可采取对数据、程序更改补充法,也可采用清除再输入法

这类运行状态异常主要指存储于RAM中的NC机床数据、设定数据、机床程序、零件程序出错运行状态异常或丢失。这些程序是确定系统功能的依据,也是系统适配于机床所必需的,出错后会造成系统运行状态异常或某些功能失效。PLC机床程序出错也可能造成运行状态异常停机。在这种情况下,找出出错位置或丢失位置,更改补充后即可排除运行状态异常。若出错或丢失较多,则采用清除重新写入法恢复更好。必须注意到,许多系统在清除所有软件后会使报警消失。因此,在清除前应有充分准备,必须将现行可能被清除的报警内容记录下来,以便清除后恢复它们。

(2)对于数控机床程序和数据处理中发生运行中断而造成的故障停机,可采取硬件复位法、开关系统电源法

NC RESET和PLC RESET可分别对系统、PLC复位,使后续操作重新开始,且它们不会破坏有关软件及正常的中间处理结果。无论任何时候都允许这样做,以消除报警。也可采取清除法,但对NC、PLC采用清除法时,可能会使数据、程序全部丢失,这时应注意保护不欲清除的部分。开关一次系统电源的作用与使用RESET法类似,系统出现运行状态异常后有必要这样做。

运行状态异常举例:TOC100型加工中心,某一运行状态异常现象是屏幕显示紊乱,重新输入机床数据，机床恢复正常，但停机后数小时再启动，运行状态异常再现，经检查是电源板上的电池电压降至下限以下，更换电池重新输入数据后运行状态异常消失。

11.1.4　驱动伺服系统的运行状态异常处理

数控机床的驱动伺服系统包括进给驱动与主轴驱动。主轴驱动又分直流与交流两类不同的装置。

(1)进给驱动系统运行状态异常的处理

1)软件报警

软件报警现象包括：伺服进给系统出错报警（大多数是由速度控制单元运行状态异常引起，或是主控印刷电路板内与位置控制或伺服信号有关部分发生运行状态异常）检测单元（如测速发电机、旋转变压器或脉冲编码器等）有运行状态异常或检测信号引起运行状态异常，以及过热报警（包括伺服单元过热、变压器过热及伺服电机过热）等三种情况。

运行状态异常举例：WY203 型数控组合机床 Z 轴一启动，即出现跟随误差过大报警而停机。经检查发现，位置控制环反馈元件的光栅电缆由于在运动中受力而拉伤断裂，造成丢失反馈信号。将光电缆连接好，再开机运行状态异常消失。

2)硬件报警

硬件报警现象包括：高压报警（电网电压不稳定）、大电流报警（晶闸管损坏）、低压报警（大多为输入电压低于额定值的 85% 或电源线连接不良）、过载报警（机械负载过大）、速度反馈断线报警、保护开关动作有误报警等。这些运行状态异常在处理中应按具体情况分别对待，只要采取有针对性的措施，就会顺利排除运行状态异常。

3)无报警显示

无报警显示的运行状态异常现象包括：机床失控、机床振动、机床过冲（参数设置不当）、噪声过大（电机运行状态异常）、快进时不稳定等现象。这些运行状态异常要从检查速度控制单元、参数设置、传动副间隙、异物侵入、电机轴向窜动、电刷接触等做起，去查找运行状态异常根源。

运行状态异常举例：WY203 型数控组合机床出现 X 轴电机转速下降。打开电机发现，电刷粘有污物，使其接触不良，将污物清除后，再开机运行状态异常消失。

(2)主轴驱动系统运行状态异常的处理

1)直流主轴控制系统的运行状态异常

直流主轴控制系统的运行状态异常现象包括：主轴停止旋转（触发线路运行状态异常）、主轴速度不正常（测速发电机运行状态异常或数/模转换器运行状态异常）、主电机振动或噪声过大（相序不对或电源频率设定有错误）、过电流报警、速度偏差过大（速度过高或主轴被制动）等。

2)交流主轴控制系统的运行状态异常

交流主轴控制系统的运行状态异常现象包括：电机过热（负载超标、冷却系统过脏、冷却风扇损坏或电机与控制单元间接触不良等）、交流输入电路及再生回路熔丝烧断（这类运行状态异常原因很多，如阻抗过高、浪涌吸收器损坏、电源整流桥损坏、逆变器用的晶体管模块损坏、控制单元印刷电路板损坏、电机加减速频率过高等）、主电机振动或噪声过大、电机速度超标或达不到正常速度等运行状态异常。同样，对待这些运行状态异常必须先从检测开始，查找并分析运行状态异常原因，找出运行状态异常源，针对这些运行状态异常采取措施排除之。

11.1.5 数控机床机械部分的运行状态异常处理

数控机床机械部分的运行状态异常,与普通机床机械部分相同的可按普通机床运行状态异常处理。由于数控机床多采用电气控制而使机械结构简单化,所以机械运行状态异常率明显降低。主要有以下几个方面:

(1)进给传动链运行状态异常

因为数控机床的传动链大多采用滚动摩擦副,所以大多表现为因运动品质下降而造成各种运行状态异常,如反向间隙增大、定位精度达不到要求、机械爬行、轴承噪声大等。因此,这部分的维修常与运动副的预紧、松动和补偿环节的调整有密切关系。

(2)主轴部件运行状态异常

这部分运行状态异常多与刀柄的自动拉紧装置、自动变挡装置及主轴运动精度下降有关。

(3)ATC 刀具自动交换装置运行状态异常

据统计 ATC 刀具自动交换装置运行状态异常占数控机床运行状态异常的一半以上。该运行状态异常现象包括定位误差超差、机械手夹持刀柄不稳、刀库运动运行状态异常、机械手运动动作不准等。所有这些运行状态异常,都会导致换刀动作紧急停止。

(4)行程开关压合运行状态异常

数控机床配备了许多限位运动的行程开关,使用一段时间后,会使运动部件的运动特性发生变化。压合行程开关的机械可靠性与行程开关的品质、特性都会影响整机的运动。

(5)配套附件可靠性下降运行状态异常

数控机床的配套附件包括排屑装置、防护装置、冷却装置、主轴冷却恒温箱及液压油箱等。这些部件的损坏或动作不灵都会产生运行状态异常,使机床运动停止。如加工中心换刀动作依靠压缩空气,若气泵供压不足或储气罐漏气,使机床换刀动作暂停,机床的运动约束条件也会产生报警而停机。只要排除了这些因素,使机床约束条件得到满足,就会消除报警,转入正常工作。

11.1.6 数控系统的日常维护

(1)机床电气柜的散热通风

通常安装在电气柜门上的热交换器或轴流风扇能对电气柜的内外进行空气循环,促使电气柜内的发热装置或元器件(如驱动装置等)进行散热。应定期检查电气柜上的热交换器或轴流风扇的工作状况,以及风道是否堵塞,否则会引起柜内温度过高,使系统不能可靠运行,甚至引起过热报警。

(2)尽量少开电气柜门

加工车间飘浮的灰尘、油雾和金属粉末落在电气柜上容易造成元器件间绝缘电阻值下降,从而出现运行状态异常。因此,除了定期维护和维修外,平时应尽量少开电气柜门。

(3)纸带阅读机的定期维护

纸带阅读机是数控系统信息输入的一个重要部件。CNC 系统的参数、零件程序等数据都可通过它输入到 CNC 系统的寄存器中。如果其读带部分有污染物,会使读入的纸带信息出现错误。为此,要定期对光电头、纸带压板等部件进行清洁。纸带阅读机也是数控系统内唯一的运动部件,为使其传动机构运行顺利,必须对主动轮滚轴、导向轮滚轴和压紧轮滚轴等定期进行清洁和加注润滑剂。

(4)支持电池的定期更换

数控系统存储参数用的存储器采用 CMOS 器件,其存储的内容在数控系统断电期间靠支持电池供电保存。在一般情况下,即使电池尚未消耗完,也应每年更换一次,以确保系统能正常工作。电池的更换应在 CNC 系统通电状态下进行。

(5)备用印刷电路板的定期通电

对于已经购置的备用印刷电路板,应定期安装到 CNC 系统中通电运行。实践证明,印刷电路板长期不用易出现运行状态异常。

(6)数控系统长期不用时的保养

数控系统处于长期闲置,要经常给系统通电。在机床锁住不动的情况下,让数控系统空运行。数控系统通电可利用电器元件本身的发热来驱散电气柜内的潮气,保证电器元件性能的稳定可靠。实践证明,在空气湿度较大的地区,经常通电是降低运行状态异常的一个有效措施。

11.1.7　诊断用仪器仪表

(1)测量用仪器仪表

1)交流电压表

交流电压表用于测量交流电源电压,测量误差应在 ±2% 以内。

2)直流电压表

直流电压表用于测量直流电源电压,其最大量程分别为 1 V 和 30 V,测量误差应在 ±2% 以内。

3)相序表

在维修晶闸管直流驱动装置时,相序表用于检查三相输入电源的相序。

4)示波器

示波器的频带宽度应在 5 MHz 以上,双通道便于波形的比较。

5)万用表

万用表有机械式和数字式两种,其中机械式应是必备的。

6)钳形电流表

在不断电的情况下,钳形电流表用于测量电动机的驱动电流。

7)机外编程器

机外编程器用于监控 PLC 的 I/O 状态和梯形图。

8)振动检测仪

振动检测仪用于检测机床的振动情况,如电子听诊器及频谱分析仪等。

(2)使用仪器仪表注意事项

万用表和示波器是维修时经常要用到的仪器,使用时应特别注意,因为印刷线路元件的密度是很高的,元件间的间隙很小,所以,一不小心就会将表笔与其他元件相碰引起短路,甚至造成元件损坏。在使用示波器时,要注意被测电路是否能与地相连,否则应将示波器作浮地处理,以免引起元器件不必要的损坏。

11.1.8 技术资料

从数控机床技术资料的完整性方面考虑，作为数控机床生产厂家，必须向用户提供与使用及维修有关的技术资料，其主要有以下十种：

①数控机床电气使用说明书；

②数控机床电气原理图；

③数控机床电气互连图；

④数控机床结构简图；

⑤数控机床电气参数；

⑥数控机床 PLC 控制程序；

⑦数控系统操作手册；

⑧数控系统编程手册；

⑨数控系统安装及维修手册；

⑩伺服驱动系统使用说明书。

维修人员必须认真仔细地阅读这些资料，对照数控机床本身，将实物与图纸资料联系起来，做到心中有数。当数控机床出现运行状态异常时，根据运行状态异常的性质，一方面找到数控机床运行状态异常发生的区域，另一方面翻阅相应的技术资料，作出正确的判断。

11.1.9 运行状态异常处理

数控机床的运行状态异常有软运行状态异常和硬运行状态异常之分。

所谓软运行状态异常，就是运行状态异常并不是由硬件损坏引起的，而是由于操作、调整处理不当引起的。这类运行状态异常在设备使用初期发生的频率较高，这与操作和维护人员对设备不熟有关。

所谓硬运行状态异常，就是由外部硬件损坏引起的运行状态异常，包括检测开关、液压系统、气动系统、电气执行元件及机械装置等运行状态异常，这类运行状态异常是数控机床常见的运行状态异常。

数控机床发生运行状态异常时，除非出现影响设备及人身安全的紧急情况，不要立即切断电源，而要充分观察运行状态异常现象，从系统的外观、CRT 显示的内容、状态报警指示及有无烧灼痕迹等方面进行检查。在确认系统通电无危险的情况下，可按系统复位键，观察系统是否有异常，报警是否消失，如能消失，则运行状态异常多为随机性，或是由操作错误造成的。CNC 系统发生运行状态异常，往往同一现象、同一报警号有多种起因，有的运行状态异常根源在数控机床上，但现象却反映在系统上。所以，无论是 CNC 系统、数控机床电气，还是机械、液压及气动装置等，只要有可能是引起该运行状态异常的原因，都要尽可能全面地列出来进行综合判断，确定最有可能的原因，再通过必要的试验，达到确诊和排除运行状态异常的目的。

当运行状态异常发生后，要对运行状态异常的现象作详细的记录，这些记录往往可为分析运行状态异常原因和查找运行状态异常源提供重要依据。当数控机床出现运行状态异常时，往往从以下诸方面进行调查：

(1)检查数控机床的运行状态

①机床运行状态异常时的运行方式；

②MDV/CRT 显示的内容；
③各报警状态指示的信息；
④出现运行状态异常时轴的定位误差；
⑤刀具轨迹；
⑥轴助机能运行状态；
⑦CRT 显示有无报警及相应的报警号。

(2)检查加工程序及操作

①是否为新编制的程序；
②运行状态异常是否发生在子程序部分；
③检查程序单和 CNC 内存中的程序；
④程序中是否有增量运动指令；
⑤程序段跳步功能使用是否正确；
⑥刀具补偿量及补偿指令是否正确；
⑦运行状态异常是否与换刀有关；
⑧运行状态异常是否与进给速度有关；
⑨运行状态异常是否与螺纹切削有关；
⑩操作人员的训练情况。

(3)检查运行状态异常的出现率和重复性

①运行状态异常发生的时间和次数；
②加工同类工件时运行状态异常出现的概率；
③将引起运行状态异常的程序段重复执行多次,观察运行状态异常的重复性。

(4)检查系统的输入电压

①输入电压是否有波动,电压值是否在正常范围内；
②系统附近是否有使用大电流的装置。

(5)检查环境状况

①系统周围温度；
②电气控制柜的空气过滤器的状况；
③系统周围是否有能引起系统振动的振动源。

(6)外部因素

①运行状态异常前是否修理或调整过机床；
②运行状态异常前是否修理或调整过 CNC 系统；
③机床附近是否有干扰源；
④操作人员是否调整过 CNC 系统的参数；
⑤CNC 系统以前是否发生过同样的运行状态异常。

(7)检查运行情况

①在运行过程中是否改变工作方式；
②系统是否处于急停状态；
③熔丝是否熔断；
④机床是否作好运行准备；
⑤系统是否处于报警状态；

⑥方式选择开关设定是否正确；
⑦速度倍率开关是否设定为零；
⑧机床是否处于锁住状态；
⑨进给保持按钮是否按下。

(8)检查机床状况

①机床是否调整好；
②运行过程中是否有振动产生；
③刀具状况是否正常；
④间隙补偿是否合适；
⑤工件测量是否正确；
⑥电缆是否有破裂和损伤；
⑦信号线和电源线是否分开布线。

(9)检查接口情况

①电源线和CNC系统内部电缆是否分开布线；
②屏蔽线接线是否正确；
③继电器、接触器的线圈和电动机等处是否加装有噪声抑制器。

11.2 数控机床的运行状态维护

11.2.1 主轴部件的维护

数控机床主轴部件是影响机床加工精度的重要部件，它的回转精度影响机床的加工精度；它的功率大小与回转速度影响机床的加工效率；它的自动变速、准停和换刀等影响机床的自动化程度。因此，要求主轴部件具有与本机床工作性能相适应的高回转精度、刚度、抗振性、耐磨性和低的温升。在结构上，必须很好地解决刀具和工件的装夹、轴承的配置、轴承间隙调整和润滑密封等问题。

主轴的结构根据数控机床的规格、精度采用不同的主轴轴承。一般中、小规格的数控机床的主轴部件，多采用成组高精度波动轴承；重型数控机床，采用液体静压轴承；高精度数控机床，采用气体静压轴承；转速达20 000 r/min的主轴采用磁力轴承或氮化硅材料的陶瓷滚珠轴承。

(1)主轴润滑

为了保证主轴有良好的润滑，减少摩擦发热，同时又能将主轴组件的热量带走，通常采用循环式润滑系统，即用液压泵供油强力润滑，并在油箱中使用油温控制器控制油液温度。近年来有些数控机床的主轴轴承采用高级润滑油和润滑脂隔离方式润滑，每加注一次油脂可以使用7~10年。这种系统简化了结构，降低了成本且维护保养简单；但需防止润滑油和润滑脂混合，因此通常采用迷宫式密封方式。为了适应主轴转速向更高速化发展的需要，新的润滑冷却方式相继开发出来。这些新型润滑冷却方式不但要减少轴承温升，还要减少轴承内外部的温差，以保证主轴热变形微小。

1）油气润滑方式

油气润滑是定时定量地将油雾送进轴承空隙中，这样既实现了油雾润滑，又不至于因油雾太多而污染周围空气。

2）喷注润滑方式

喷注润滑用较大流量的恒温油（每个轴承3～4 L/min）喷注到主轴轴承上，以达到润滑、冷却的目的。这里要特别指出的是，较大流量喷注的油不是自然回流，而是用排油泵强制排油。同时，采用专用高精度大容量恒温油箱，油温变动范围控制在±0.5 ℃。

（2）防泄漏

在密封件中，被密封的介质往往是以穿透、渗透或扩散的形式越界泄漏到密封连接处的另一侧的。造成泄漏的基本原因是流体从密封面上的间隙中溢出；或是由于密封部件内外两侧密封介质的压力差或浓度差，致使流体向压力或浓度低的一侧流动。如图11.1所示为卧式加工中心主轴前支承的密封结构。

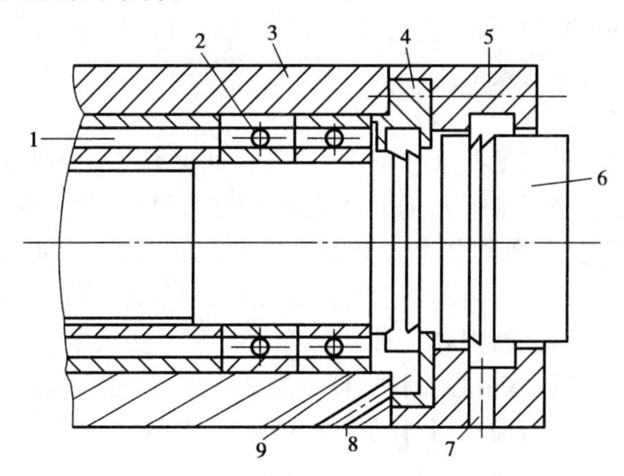

图11.1　主轴前支承的密封结构

1—进油孔；2—轴承；3—套筒；4、5—法兰盘

6—主轴；7—泄漏孔；8—回油斜孔；9—泄油孔

卧式加工中心主轴前支承处采用的是双层小间隙密封装置。主轴前端车出两组锯齿形护油槽，在法兰盘4和5上开沟槽及泄漏孔，当喷入轴承2内的油液流出后被法兰盘4的内壁挡住，并经其下部的泄油孔9和套筒3上的回油斜孔8流回油箱，少量油液沿主轴6流出时，主轴护油槽在离心力的作用下被甩至法兰盘4的沟槽内，经回油斜孔8重新流回油箱，达到了防止润滑介质泄漏的目的。

当外部切削液、切屑及灰尘等沿主轴6与法兰盘5之间的间隙进入时，经法兰盘5的沟槽由泄漏孔7排出；少量的切削液、切屑及灰尘进入主轴前锯齿沟槽，在主轴6高速旋转的离心力作用下仍被甩至法兰盘5的沟槽内由泄漏孔7排出，达到了主轴端部密封的目的。

要使间隙密封结构能在一定的压力和温度范围内具有良好的密封防漏性能，必须保证法兰盘4和5与主轴6及轴承端面的配合间隙适当。

①法兰盘4与主轴6的配合间隙应控制在0.1～0.2 mm（单边）范围内。如果间隙偏大，则泄漏量将按间隙的3次方扩大；若间隙过小，由于加工及安装误差，则容易与主轴6局部接触，使主轴6局部升温并产生噪声。

②法兰盘4内端面与轴承端面的间隙应控制在0.15～0.2 mm。小间隙可使压力油直接

被挡住并沿法兰盘4内端面下部的泄油孔9经回油斜孔8流回油箱。

③法兰盘5与主轴6配合间隙应控制在0.15~0.25 mm(单边)范围内。间隙太大,进入主轴6内的切削液及杂物会显著增多;间隙太小,则容易与主轴6接触。法兰盘5的槽深度应大于10 mm(单边);泄漏孔7的直径应大于6 mm并位于主轴6下端靠近沟槽内壁处。

④法兰盘4的槽深度应大于12 mm(单边),主轴上的锯齿尖而深,一般应在5~8 mm范围内,以确保具有足够的甩油空间。法兰盘4处的主轴锯齿应向后倾斜,法兰盘5处的主轴锯齿应向前倾斜。主轴锯齿应向前倾斜。

⑤法兰盘4上的沟槽与主轴6上的护油槽应对齐,以保证被主轴6甩至法兰盘4的沟槽内腔的油液能可靠地流回油箱。

⑥套筒3前端的回油斜孔8及法兰盘4的泄油孔9的流量应为进油孔1的2~3倍,以保证压力油能顺利地流回油箱。

这种主轴前端密封结构也适用于普通卧式车床的主轴前端密封。在油脂润滑方式使用该密封结构时,取消了泄油孔及回油斜孔,并可将有关配合间隙适当放大,经正确加工及装配后同样可达到较为理想的密封效果。

(3)刀具夹紧

在自动换刀机床的刀具自动夹紧装置中,刀具自动夹紧装置的刀杆常采用7:24的大锥度锥柄,既利于定心,也为松刀带来方便。用碟形弹簧通过拉杆及夹头拉住刀柄的尾部,使刀具锥柄和主轴锥孔紧密配合,夹紧力达10 000 N以上。松刀时,通过液压缸活塞推动拉杆来压缩碟形弹簧,使夹头张开,夹头与刀柄上的拉钉脱离,刀具即可拔出进行新、旧刀具的交换。新刀装入后,液压缸活塞后移,新刀具又被碟形弹簧拉紧。在活塞推动拉杆松开刀柄的过程中,压缩空气由吸气头经过活塞中心孔和拉杆中的孔吹出,将锥孔清理干净,防止主轴锥孔中掉入切屑和灰尘将主轴锥孔表面和刀杆的锥柄划伤,同时保证刀具的正确位置。因此,主轴锥孔的清洁十分重要。

11.2.2 主传动链的维护

①熟悉数控机床主传动链的结构、性能参数,严禁超性能使用。

②主传动链出现不正常现象时,应立即停机,排除运行状态异常。

③操作人员应注意观察主轴箱温度,检查主轴恒温油箱,调节温度范围,使油量充足。

④使用带传动的主轴系统,需定期观察调整主轴驱动皮带的松紧程度,防止因皮带打滑造成的丢转现象。

⑤对由液压系统平衡主轴箱重力的平衡系统,需定期观察液压系统的压力表,当油压低于要求值时,要进行补油。

⑥使用液压拨叉变速的主传动系统,必须在主轴停车后变速。

⑦使用啮合式电磁离合器变速的主传动系统,其离合器必须在低于1~2 r/min的转速下变速。

⑧注意保持主轴与刀柄连接部位及刀柄的清洁,防止对主轴的机械碰撞。

⑨每年对主轴润滑恒温油箱中的润滑油更换一次,并清洗过滤器。

⑩每年清理润滑油池底一次,并更换液压泵滤油器。

⑪每天检查主轴润滑恒温油箱,使其油量充足,工作正常。

⑫防止各种杂质进入润滑油箱,保持油液清洁。

⑬经常检查轴端及各处密封情况,防止润滑油液的泄漏。

⑭刀具夹紧装置长时间使用后,会使活塞杆和拉杆的间隙加大,造成拉杆位移量减少,使碟形弹簧的张闭伸缩量不够,影响刀具的夹紧,故需要及时调整液压缸活塞的位移量。

⑮经常检查压缩空气气压,并调整到标准要求值。足够的气压才能使主轴锥孔中的切屑和灰尘清理彻底。

11.2.3　双螺母滚珠丝杠副的维护

(1)轴向间隙的调整

为了保证反向传动精度和轴向刚度,必须消除轴向间隙。双螺母滚珠丝杠副消除间隙的方法:利用两个螺母的相对轴向位移,使两个滚珠螺母中的滚珠分别贴紧在螺旋道的两个相反的侧面上。用这种方法预紧消除轴向间隙时,应注意预紧力不宜过大,预紧力过大会使空载力矩增加,从而降低传动效率,缩短使用寿命。此外,还要消除丝杠安装部分和驱动部分的间隙。常用的双螺母滚珠丝杠副消除间隙的方法有垫片调隙式、螺纹调隙式和齿差调隙式。

(2)支承轴承的定期检查

应定期检查丝杠支承与床身的连接是否有松动,以及支承轴承是否损坏等。如有以上问题,要及时紧固松动部位并更换支承轴承。

(3)滚珠丝杠副的润滑

润滑剂可提高耐磨性及传动效率。润滑剂可分为润滑油和润滑脂两大类。润滑油一般为全损耗系统用油,润滑脂可采用锂基润滑脂。润滑脂一般加在螺纹滚道和安装螺母的壳体空间内,而润滑油则经过壳体上的进油孔注入螺母的空间内。每半年对滚珠丝杠上的润滑脂更换一次,清洗丝杠上的旧润滑脂,涂上新润滑脂。用润滑油润滑的滚珠丝杠副,可在每次机床工作前加油一次。

(4)滚珠丝杠副的防护

滚珠丝杠副和其他滚动摩擦的传动元件一样,应避免硬质灰尘或污物进入。因此,必须有防护装置。如果滚珠丝杠副在机床上外露,就应采用封闭的防护罩。如采用螺旋弹簧钢带套管、伸缩套管以及折叠式套管等;安装时将防护罩的一端连接在滚珠螺母的端面,另一端固定在滚珠丝杠的支承座上。如果滚珠丝杠副处于隐蔽的位置,则可采用密封圈防护,密封圈装在螺母的两端。接触式的弹性密封圈是用耐油橡胶或尼龙制成,其内孔做成与丝杠螺纹滚道相配的形状。接触式密封圈的防尘效果好,但因有接触压力,故使摩擦力矩略有增加。非接触式密封圈又称迷宫式密封圈,它用硬质塑料制成,其内孔与丝杠螺纹滚道形状相反,并稍有间隙,这样可避免摩擦力矩,但防尘效果稍差。工作中应避免碰击防护装置,防护装置一旦损坏要及时更换。

11.2.4　导轨副的维护

(1)间隙调整

导轨副维护很重要的一项工作是保证导轨面之间具有合理的间隙。若间隙过小,则摩擦阻力大,导轨磨损加剧;若间隙过大,则运动失去准确性和平稳性,失去导向精度。间隙调整的方法有以下三种:

1)压板调整间隙

压板用螺钉固定在动导轨上,常用钳工配合刮研及选用调整垫片、平镶条等机构,使导轨面与支承面之间的间隙均匀,达到规定的接触点数。对于压板结构,如果间隙过大或过小,可以通过刮研不同接触面的方法进行调整。

2)镶条调整间隙

对全长厚度相等横截面为平行四边形(用于燕尾形导轨)或矩形的平镶条,通过侧面的螺钉调节和螺母锁紧,以横向位移来调整间隙。由于收紧力不均匀,故在螺钉的着力点有挠曲,可以采用斜镶条的调节螺钉,以其斜镶条的纵向位移来调整间隙。斜镶条在全长上支承,其斜度为1∶40或1∶100,由于楔形的增压作用会产生过大的挤压力,因此调整时应细心。

3)压板镶条调整间隙

"T"形压板用螺钉固定在运动部件上,在运动部件内侧和"T"形压板之间放置斜镶条,镶条不是在纵向有斜度,而是在高度方面做成倾斜。调整时,借助压板上的几个推拉螺钉,使镶条上下移动,从而调整间隙。

三角形导轨的上滑动面能自动补偿;下滑动面的间隙调整和矩形导轨的下压板底面间隙的调整方法相同。圆形导轨的间隙不能调整。

(2)滚动导轨的预紧

为了提高滚动导轨的刚度,对滚动导轨应预紧。预紧可提高接触刚度,消除间隙。在立式滚动导轨上,预紧可防止滚动体脱落和歪斜。常见的预紧方法有以下两种:

1)采用过盈配合

预加载荷大于外载荷,预紧力产生的过盈量应为2~3 μm,过大会使牵引力增加。若运动部件较重,其重力可以起预加载荷作用,若刚度满足要求,可不施预加载荷。

2)调整法

利用螺钉、斜块或偏心轮调整来进行预紧。

(3)导轨的润滑

导轨面经过润滑后,可降低摩擦系数,减少磨损,并且可防止导轨面锈蚀。导轨常用的润滑剂有润滑油和润滑脂,对滑动导轨采用前者,而对于滚动导轨两种都适用。

1)润滑方法

导轨最简单的润滑方法是人工定期加油或用油杯供油。这种方法简单、成本低,但不可靠,一般用于调节辅助导轨及运动速度低、工作不频繁的滚动导轨。

运动速度较高的导轨大都采用润滑泵,以压力油强制润滑。这样不但可连续或间歇供油给导轨进行润滑,而且可利用油的流动冲洗并冷却导轨表面。为实现强制润滑,必须备有专门的供油系统。

2)对润滑油的要求

在工作温度变化时,润滑油黏度要小,要有良好的润滑性能和足够的油膜刚度,油中杂质要尽量少且不侵蚀机件。常用的润滑油有全损耗系统用油L-AN10、L-AN15、L-AN32、L-AN42、L-AN68,精密机床导轨油L-HG68,汽轮机油L-TSA32、L-TSA46等。

(4)导轨的防护

为了防止切屑、磨粒或冷却液散落在导轨面上而引起磨损、擦伤和锈蚀,导轨面上应有可靠的防护装置。常用的有刮板式、卷帘式和叠层式防护罩,大多用于长导轨上。在机床使用过程中,应防止损坏防护罩,对叠层式防护罩应经常用刷子蘸机油清理移动接缝,以避免碰壳现象的产生。

11.2.5　刀库及换刀装置的维护

加工中心刀库及自动换刀装置的运行状态异常表现:刀库运动运行状态异常、定位误差过大、机械手夹持刀柄不稳定和机械手运动误差过大等。这些运行状态异常最后都造成换刀动作卡位,整机停止工作,机械维修人员对此要有足够的重视。

刀库与换刀机械手的维护要点如下:

①严禁将超重、超长的刀具装入刀库,防止在机械手换刀时掉刀或刀具与工件、夹具等发生碰撞。

②采用顺序选刀方式时,必须注意刀具放置在刀库上的顺序要正确。采用其他选刀方式时,也要注意所换刀具号是否与所需刀具一致,防止因换错刀具而导致事故发生。

③用手动方式往刀库上装刀时,要确保刀具安装到位、牢靠。检查刀座上的锁紧是否可靠。

④经常检查刀库的回零位置是否正确,检查机床主轴回换刀点位置是否到位,并及时调整,否则不能完成换刀动作。

⑤要注意保持刀具、刀柄和刀套的清洁。

⑥开机时,应先使刀库和机械手空运行,检查各部分工作是否正常,特别是各行程开关和电磁阀能否正常动作,检查机械手液压系统的压力是否正常,刀具在机械手上的锁紧是否可靠,发现不正常应及时处理。

11.2.6　液压系统的维护

(1)驱动对象

数控机床上的液压系统主要驱动对象有液压卡盘、静压导轨、液压拨叉、变速液压缸、主轴箱的液压平衡、液压驱动机械手和主轴上的松刀液压缸等。液压系统的维护及其工作正常与否对数控机床的正常工作十分重要。

(2)液压系统的维护要点

①控制油液污染、保持油液清洁是确保液压系统正常工作的重要措施。据统计,液压系统的运行状态异常中有 80% 是由于油液油污引发的,油液油污还会加速液压元件磨损。

②控制液压系统中油液的温升是减少能源消耗,提高系统效率的一个重要环节。一台机床的液压系统,油温变化范围过大的后果:a. 影响液压泵的吸油能力及容积效率;b. 系统工作不正常,压力、速度不稳定,动作不可靠;c. 液压元件泄漏增加;d. 加速油液的氧化变质。

③控制液压系统泄漏极为重要,因为泄漏和吸空是液压系统常见的运行状态异常。要控制泄漏,首先要提高液压元件零部件的加工精度和元件的装配质量,以及管道系统的安装质量;其次要提高密封件的质量,注意密封件的安装使用与定期更换;最后要加强日常维护。

液压系统中管接头漏油是经常发生的。一般的 B 型薄壁管扩口式管接头是由具有 74°外锥面的接头体、带有 66°内锥孔的螺母、扩过口的冷拉纯铜管等组成,具有结构简单、尺寸紧凑、重量轻,使用简便等优点,适用于机床行业的中低压(3.5 ~ 16 MPa)液压系统管路,使用时将扩过口的管子置于接头体 74°外锥面和螺母 66°内锥孔之间,旋紧螺母,使管子的喇叭口受压并挤贴于接头体外锥面和螺母内锥孔的间隙中实现密封。在维修液压设备过程中,经常发现因管子喇叭口被磨损而使接头处漏油或渗油,这往往是由于扩口质量不好或旋紧用力不当引起的。

④防止液压系统振动与噪声,振动影响液压元件的性能,使螺钉松动、管接头松脱,从而引起漏油,因此,要防止和排除振动现象。

⑤严格执行日常点检制度。液压系统运行状态异常具有隐蔽性、可变性和难以判断性,因此,应对液压系统的工作状态进行点检,将可能产生的运行状态异常现象记录在日检维修卡上,并将运行状态异常排除在萌芽状态,减少运行状态异常的发生。

⑥严格执行定期紧固、清洗、过滤和更换制度,液压设备在工作过程中,由于冲击振动、磨损和污染等因素,会使管件松动、金属件和密封件磨损,因此,必须对液压元件及油箱等实行定期清洗和维修,对油液、密封件执行定期更换制度。

(3)液压系统的点检和定检

1)液压系统的点检

①各液压阀、液压缸及管接头处是否有外漏。

②液压泵或液压马达运转时是否有异常噪声等现象。

③液压缸移动时工作是否正常平稳。

④液压系统各测压点的压力是否在规定的范围内,压力是否稳定。

⑤油液的温度是否在允许的范围内。

⑥液压系统工作时有无高频振动。

⑦电气控制或撞块(凸轮)控制的换向阀工作是否灵敏可靠。

⑧油箱内油量是否在油标刻线范围内。

⑨行程开关或限位挡块的位置是否有变动。

⑩液压系统手动或自动工作循环时是否有异常现象。

2)液压系统的定检

①定期对油箱内的油液进行取样化验,检查油液质量,定期过滤或更换油液。

②定期检查蓄能器工作性能。

③定期检查冷却器和加热器的工作性能。

④定期检查和紧固重要部位的螺钉、螺母。

⑤定期检查、更换密封件。

⑥定期检查、清洗或更换液压元件。

⑦定期检查、清洗或更换滤芯。

⑧定期检查、清洗油箱和管道。

11.2.7 气动系统的维护

(1)驱动对象

数控机床上的气动系统用于主轴锥孔吹气和开关防护门中。有些加工中心依靠气液转换装置实现机械手的动作和主轴松刀。

(2)气动系统维护的要点

1)保证供给洁净的压缩空气

压缩空气中通常都含有水分、油分和粉尘等杂质。水分,使管道、阀和汽缸腐蚀;油分,会使橡胶、塑料和密封材料变质;粉尘,会造成阀体动作失灵。选用合适的过滤器,可以清除压缩空气中的杂质,在使用过滤器时,应及时排除积存的液体,否则,当积存液体接近挡水板时,气流仍可将积存物卷起。

2)保证空气中含有适量的润滑油

大多数气动执行元件和控制元件都要求适度的润滑。如果润滑不良,将会发生以下运行状态异常:①由于摩擦阻力增大而造成汽缸推力不足,阀芯动作失灵。②由于密封材料的磨损而造成空气泄漏。③由于生锈而造成元件的损伤及动作失灵。一般采用油雾器进行喷雾润滑,油雾器一般安装在过滤器和减压阀之后。油雾器的供油量不宜过多,通常每 10 m^3 的自由空气供 1 mL 的油量(即 40 ~ 50 滴油)。检查润滑是否良好的一个方法是:找一张清洁的白纸放在换向阀的排气口附近,如果在阀体工作 3 ~ 4 个循环后,白纸上只有很轻的斑点,就表明润滑是良好的。

3)保持气动系统的密封性

漏气不仅增加了能量的消耗,也会导致供气压力的下降,甚至造成气动元件工作失常。严重的漏气在气动系统停止运行时,由漏气引起的响声很容易发现;轻微的漏气,则应利用仪表或用涂抹肥皂水的办法进行检查。

4)保证气动元件中运动零件的灵敏性

从空气压缩机排出的压缩空气中包含有粒度为 0.01 ~ 0.8 μm 的压缩机油微粒,在排气温度为 120 ~ 220 ℃的高温下,这些油粒会迅速氧化,氧化后油粒颜色变深,黏性增大,并逐步由液态固化成油泥。这种微米级以下的颗粒,一般过滤器无法滤除。当它们进入到换向阀后便附着在阀芯上,使阀的灵敏度逐步降低,甚至出现动作失灵。为了清除油泥,保证阀的灵敏度,可在气动系统的过滤器之后安装油雾分离器,将油泥分离出来。此外,定期清洗阀腔也可以保证阀的灵敏度。

5)保证气动装置具有合适的工作压力和运动速度

调节工作压力时,压力表应当工作可靠,读数准确:减压阀与节流阀调节好后,必须紧固调压阀盖或锁紧螺母,以防止松动。

(3)气动系统的点检与定检

1)管路系统的点检

点检的主要内容是对冷凝水和润滑油的管理。冷凝水的排放,一般应当在气动装置运行之前进行。但是,当夜间气温低于 0 ℃时,为防止冷凝水冻结,气动装置运行结束后,就应开启放水阀门,将冷凝水排出。补充润滑油时,要检查油雾器中油的质量和滴油量是否符合要求。此外,点检还应包括检查供气压力是否正常,有无漏气现象等。

2)气动元件的定检

定检的主要内容是彻底处理系统的漏气现象。例如,更换密封元件,处理管接头或连接螺钉松动等,定期检验测量仪表、安全阀和压力继电器等。气动元件的定检包括:

①气缸

a. 活塞杆与端盖之间是否漏气。

b. 活塞杆是否划伤、变形。

c. 管接头、配管是否松动、损伤。

d. 汽缸动作时有无异常声音。

e. 缓冲效果是否合乎要求。

②电磁阀

a. 电磁阀外壳温度是否过高。

b. 电磁阀动作时,阀芯工作是否正常。

c. 汽缸行程到末端时是否漏气。

d. 紧固螺钉及管接头是否松动。

e. 电压是否正常,电线有无损伤。

f. 润滑是否正常。

③油雾器

a. 油杯内油量是否足够,润滑油是否变色、混浊,油杯底部是否沉积有灰尘和水。

b. 滴油量是否适当。

④减压阀

a. 压力表读数是否在规定范围内。

b. 调压阀盖或锁紧螺母是否锁紧。

c. 有无漏气。

⑤过滤器

a. 贮水杯中是否积存冷凝水。

b. 滤芯是否应该清洗或更换。

c. 冷凝水排放阀动作是否可靠。

⑥安全阀及压力继电器

a. 在调定压力下动作是否可靠。

b. 校验合格后是否有铅封或锁紧。

c. 电线是否损伤,绝缘是否合格。

11.3 数控机床典型运行状态修复

下面通过几个数控机床典型运行状态异常维修案例,说明数控系统、进给传动链、主轴变速齿轮挂挡、工作台自动交换装置、接口信号和由局部硬件引起的运行状态异常诊断的方法,对数控机床的运行状态异常诊断进行整体性和综合性的分析。

11.3.1 数控系统运行状态异常诊断

(1)运行状态异常现象

一配置 SINUMERIK 820T 数控系统的车床在通电后,数控系统启动失败,所有功能操作键都失效,CRT 上只显示系统页面并锁定,同时,CPU 模块上的硬件出错红色指示灯点亮。

(2)运行状态异常诊断

1)运行状态异常了解

经过对现场操作人员的询问,了解到运行状态异常发生之前,有维护人员在机床通电的情况下,曾经按过系统位置控制模块上伺服位置反馈的插头,并用螺钉旋具紧固插头的紧固螺钉,之后就造成了上述运行状态异常。

2)运行状态异常分析

无论在断电、通电的情况下,如果用带电的螺钉旋具或操作人员的肢体去触摸数控系统的连接接口,都容易使静电窜入数控系统而造成电子元器件的损坏。在通电的情况下紧固或插拔数控系统的连接插头，很容易引起接插件短路，从而造成数控系统的中断保护或电子元器件的损坏，故判断运行状态异常是由上述原因引起的。

(3)解决方法

①在机床通电的状态下，一手按住电源模块上的复位按钮，另一手按数控系统启动按钮，系统即恢复正常，页面可翻转。另一种方法是，在按下系统启动按钮的同时，按住系统面板上的“眼睛键”，直到 CRT 上出现页面，该方法同样适用于 810 系统。

②通过 INITIAL CLEAR(初始化)及 SET UP END PW(设定结束)软键操作，进行系统的初始化，系统即进入正常运行状态。

如果上述解决方法无效，则说明系统已损坏，必须更换相应的模块甚至整个系统。

(4)运行状态异常总结

①安装、调试和维修人员必须熟悉相关数控系统及技术资料。

②安装、调试和维修人员必须严格按照规范操作。

③记录运行状态异常发生的经过，以便能及时查找运行状态异常原因。

11.3.2　进给传动链运行状态异常诊断

(1)运行状态异常现象

由某龙门数控铣削中心加工的零件，在检验中发现工件 Y 轴方向的实际尺寸与程序编制的理论数据之间存在不规则的偏差。

(2)运行状态异常分析

从数控机床控制角度来判断，Y 轴尺寸偏差是由 Y 轴位置偏差造成的。该机床数控系统为 SINUMERIK 810M，伺服系统为 SIMODRIVE 611A 驱动装置，Y 轴进给电动机为 1FT5 交流伺服电动机(带内装式的 ROD320)。

①检查 Y 轴有关位置参数，如反向间隙、夹紧允差等均在要求范围内，故可排除由于参数设置不当引起运行状态异常的因素。

②检查 Y 轴进给传动链。传动链中任何连接部分存在间隙或松动，均可引起位置偏差，从而造成加工零件尺寸超差。

(3)运行状态异常诊断

①将一个千分表座吸在横梁上，表头找正主轴 Y 运动的负方向；并使表头压缩到 50 μm 左右，然后将表头复位到零。

②将机床操作面板上的工作方式开关置于增量方式(INc)的 ×10 倍挡，轴选择开关置于 Y 轴挡，按负方向进给键，观察千分表读数的变化。理论上应该每按一下，千分表读数增加 10 μm。在补偿了反向间隙的情况下，每按一下正方向进给键，千分表的读数应减掉 10 μm。经测量，Y 轴正、负两个方向的增量运动都存在不规则的偏差。

③找一粒滚珠置于滚珠丝杠的端部中心，用千分表的表头顶住滚珠。将机床操作面板上的工作方式开关置于手动方式(JOG)，按正、负方向的进给键，主轴箱沿 Y 轴正、负方向连续运动，观察千分表读数无明显变化，故排除滚珠丝杠轴向窜动的可能。

④检查与 Y 轴伺服电机和滚珠丝杠连接的同步齿形带轮，发现与伺服电动机转子轴连接的带轮锥套有松动，使得进给传动与伺服电动机驱动不同步。由于在运行中松动是不规则的，从而造成位置偏差的不规则，最终使零件的加工尺寸出现不规则的偏差。

(4)运行状态异常总结

由于Y轴通过ROD320编码器组成半闭环的位置控制系统,因此编码器检测的位置值不能真正反映Y轴的实际位置值,位置控制精度在很大程度上由进给传动链的传动精度决定。

①在日常维护中要注意对进给传动链的检查,特别是有关连接元件,如联轴器、锥套等有无松动现象。

②根据传动链的结构形式,采用分步检查的方式,排除可能引起运行状态异常的因素,最终确定运行状态异常的部位。

③通过对加工零件的检测,随时监测数控机床的动态精度,以决定是否对数控机床的机械装置进行调整。

11.3.3 加工中心主轴变速齿轮挂挡运行状态异常诊断

(1)运行状态异常现象

加工中心通过齿轮换挡变速而获得很宽的调速范围,以适应不同加工要求的需要。加工中心主轴齿轮换挡是通过液压缸活塞带动拨叉来完成的,在执行M38或M39指令换刀时,出现滑移,齿轮不能正确地与相应的齿轮啮合,以致挂挡失败的运行状态异常。

(2)运行状态异常分析

图11.2为该加工中心主轴变速的顺序框图。

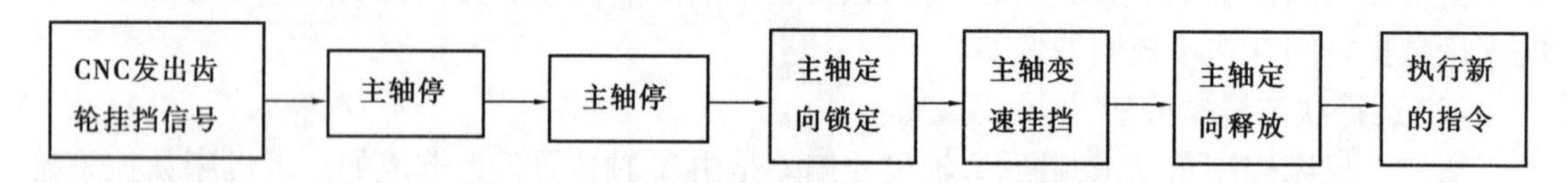

图11.2 加工中心主轴变速的顺序框图

由图11.2可知,主轴变速齿轮的挂挡是与主轴的定向位置有直接关系的。主轴只有在接受齿轮挂挡信号后准确定向,挂挡工作方可顺利完成,新的指令才能执行。主轴定向控制如图11.3所示。

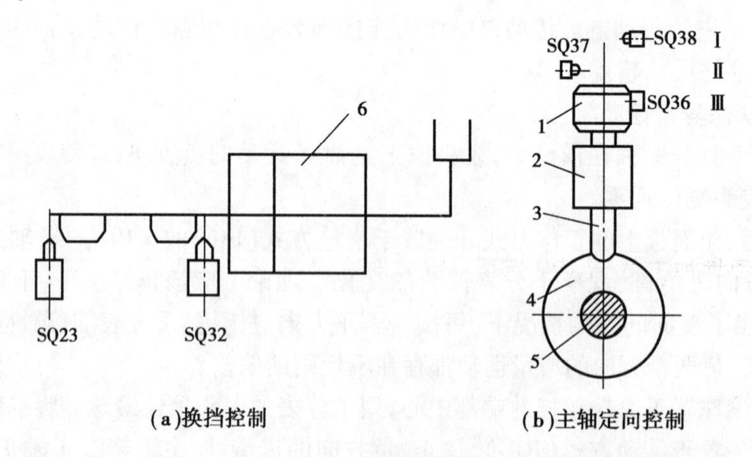

图11.3 主轴定向控制

1—撞块;2—定向液压缸;3—定向活塞;4—定位盘;5—主轴;6—换挡液压缸

从主轴停到新的S指令执行,全部是由CNC系统控制并根据应答信号按顺序完成的。当发出齿轮挂挡信号后,定向液压缸上的撞块由Ⅰ位置到Ⅱ位置,开关SQ38释放。主轴停,主轴蠕动开关 SQ37 接通后，主轴开始蠕动直至到位后，撞块由Ⅱ位置到Ⅲ位置，液压缸定向活塞下端的定向销插入主轴定向机构的缺口内，主轴锁定，开关 SQ36 向数控系统发出定向完成的信号，主轴变速齿轮开始挂挡。完成挂挡后，撞块由Ⅲ位置返回至Ⅰ位置，主轴开始执行新的指令。主轴变速的执行机构是通过液压系统实现的，其动作及时序如图 11.4 所示。

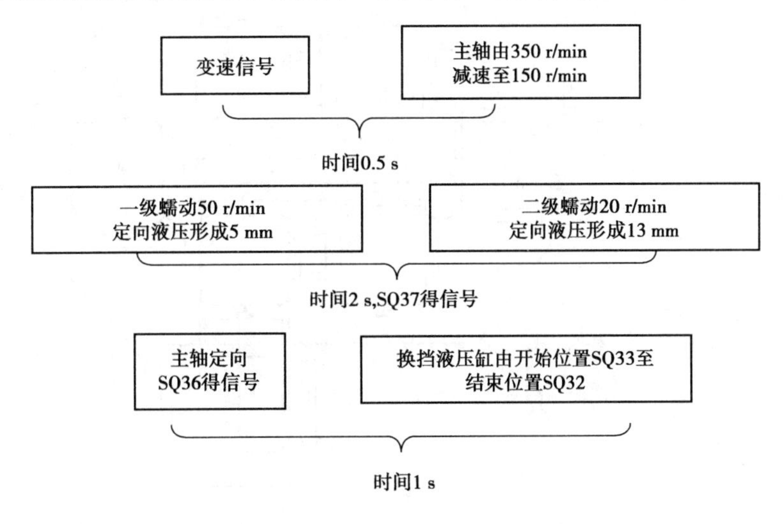

图 11.4　主轴变速时序

从图 11.4 可知，从收到主轴变速信号 3.5 s 后，新的 S 指令才开始执行。从表面上看，运行状态异常出现在主轴定向完成后，齿轮变速油缸的活塞本应经过 1 s 后在新的齿轮挡位上，也就是换挡活塞从行程开关 SQ33 脱开到行程开关 SQ32 闭合 1 s 后，挂挡结束。但实际上活塞在从开关 SQ33 脱开 0.6 s 左右时就突然停止，活塞距 SQ32 开关尚有 0.4 s 左右的移动距离。造成这种状况的原因是由于主轴定向位置与齿轮挂挡位置出现了偏差，因此，在定向位置不改变的情况下，会出现变速齿轮相互干涉或顶齿现象，造成挂不上挡的运行状态异常。

(3) 运行状态异常总结

引起挂挡运行状态异常的原因有：

①主轴换挡定向控制电路运行状态异常，造成挂挡信号发出后，主轴尚在蠕动时就发出了挂挡定向完成信号。由于主轴蠕动时的位置是任意的，因此很容易产生错误挂挡。

②齿轮错位，挂挡位置与正确位置出现角度偏差，致使原挂的齿轮挡脱不开，却又与需挂的齿轮发生顶齿，因而造成挂不上挡的运行状态异常。

11.3.4　柔性加工单元 APC 运行状态异常诊断

工作台自动交换(APC)装置是柔性加工单元重要的组成部分，它可以使工件加工和装卸同时进行，提高加工效率。APC 的控制是顺序逻辑定位控制。其中，机床侧传送器，可实现机床与交换器之间工作台的交换；工件装卸侧传送器，可实现工件装卸站与交换器之间工作台的交换，以便零件的拆装。

(1) 运行状态异常现象

设托盘交换器的起始位置如图 11.5 所示，现要求Ⅲ号工作台经托盘运动至 A 位。当按下控制面板上的托盘回转启动按钮后，托盘即顺时针转动，当Ⅱ号托盘高速经过 A 位时。交换器的旋转运动紧急停止，如再按启动按钮，交换器又顺时针转动，在Ⅲ号托盘将到达 A 位时,就开始减速,然后慢速到达A位停止。若一开始就选择Ⅱ号托盘,则Ⅱ号托盘在到达A位前也开始减速,然后慢速到达A位停止,不出现上述运行状态异常。若需要Ⅳ号托盘到A位,则Ⅱ号、Ⅲ号托盘经过A位时将出现两次急停的运行状态异常。

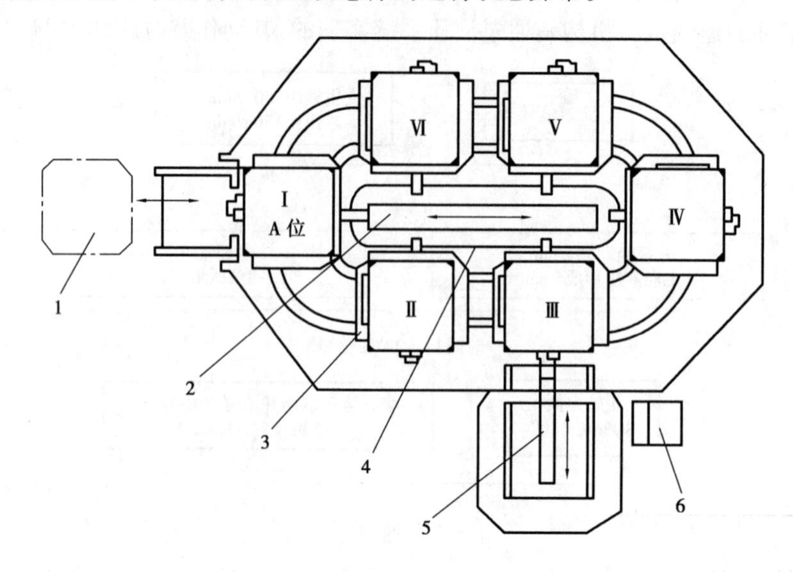

图11.5 柔性加工单元APC示意
1—工作台;2—机床侧传送器;3—托盘;4—导向轨道
5—工件装卸侧传送器;6—控制面板

(2)运行状态异常诊断

1)机械方面

由于托盘能够高速、减速运动及定位,故可以排除机械卡死的因素。

2)电气方面

运行状态异常后再启动,托盘仍能回转,说明运行状态异常前后的电气逻辑是合理的。

运行状态异常现象一个很重要的特征就是:托盘高速回转到A位时,运行状态异常就产生;而减速定位时,无运行状态异常产生。这说明高速回转时,由于某逻辑条件没有被满足而产生保护动作紧急停止。

分析托盘回转的运动过程如下:

托盘回转的条件是拉杆后退到“位停止”时,撞块压在“位停止”行程开关上。由于托盘上的工作台在回转时要产生向外的离心力,所以托盘上的工作台在拐弯处是依靠导向轨道回转,在托盘高速经过A位的瞬间,即处于缺口处时,工作台脱离导向轨道,依靠拉杆上的拉爪导向回转,此时,工作台对拉爪产生一个向外的撞击力。如果拉杆的制动不佳,则撞击力使拉杆抖动,从而引起行程开关的抖动,托盘回转条件失效,回转急停。

为确定判断,调用控制梯形图实时观察,发现由行程开关输入的开关信号在运行状态异常出现前的瞬间闪烁了一下,这一现象与前述的判断分析相符。

为此,将运行状态异常诊断的重点放到拉杆的制动问题上,检查制动器有何问题,并作相应的修理。

(3)运行状态异常总结

①数控机床有些装置的运行状态异常表面看起来是电气运行状态异常,但最终是机械上

的运行状态异常引起的。

②要多观察，熟悉机床各种运动的电气逻辑条件及机械运动过程，利用必要的检测手段作出相应的诊断。

11.3.5 SINUMERIK 850 接口信号运行状态异常诊断

SINUMERIK 850 数控系统由数据中央处理单元 NC-CPU 1、NC-CPU 2 和 COM-CPU 存储模块、可编程控制器中央处理单元 PLC-CPU 和 PLC 输入/输出模块等组成。在数据中央处理单元中采用了 32 位的 80386，而且由于通信中央处理单元的使用，使整个 CNC 系统具有极强的数据管理、传送和处理能力。SINUMERIK 850 PLC 机床数据见表 11.1。

表 11.1 SINUMERIK 850 PLC 机床数据一览表

名　称	机床数据地址	名　称	机床数据地址
操作系统用数据	0 ~ 399	PLC 共用数据位	6400 ~ 6699
功能块专用数据	2000 ~ 2499	功能块专用数据位	7000 ~ 7499
用户数据	4000 ~ 4199	用户数据	8000 ~ 8099
操作系统数据位	6000 ~ 6199		

由于数控机床各环节均代表着一个控制部分，同时各环节之间又是通过输入/输出接口来互相控制的，因此，利用机床各环节输入/输出接口的信号分析，就可以找出运行状态异常出现在哪个控制环节，并诊断出运行状态异常的原因。

(1)运行状态异常现象

①CRT 上显示的报警内容为“1040 DAC LIMIT REACHED”。

②工作台往 X 轴正向运行时，润滑油泵突然关闭，工作台正常运行中断。

③按复位键，清除报警信息后，重新启动 X 轴，X 轴仍静止。油泵在持续约 10 s 以后又自动关闭，CRT 上又重新显示上述报警信号及内容。

(2)运行状态异常分析

1040 报警表示了数控系统输出的 X 轴模拟量超出了 10V 极限值，根据手册中的报警说明，可以确定在整个驱动回路中出现了断路，从而引起了 X 轴闭环控制的中断。由于这种开环现象，使 X 轴未能接受到 CNC 的运行指令，或 X 轴未能将测量信号反馈至 CNC，从而引起 X 轴中断运行。

1)确定运行状态异常范围

通过上述分析可知，运行状态异常是由于闭环控制中断而引起的 X 轴停止运行。因此，确定该运行状态异常范围为：有关 X 轴的进给控制。

2)接口信号分析

①接口信号选择

选择“坐标轴专用接口信号”的数据块 DB32，见表 11.2。

表 11.2　坐标轴专用信号的数据块 DR32

	位	15 7	14　6	13 5	12　4	11　3	10　2	9　1	8 0
从坐标轴来的信号	DL　K		坐标的位置控制		参考点到达	运行命令 +	运行命令 -	位置到达精定位	位置到达粗定位
	DR　K								
到坐标轴去的信号	DL　K+1	镜像							
	DR　K+1	JOG+	JOG-		减速至参考点	坐标轴停	伺服使能	软件限位+	软件限位-
	DL　K+2				进给倍率1:100	轴锁定	手轮执行3	手轮执行2	手轮执行1
	DR　K+2								
	DL　K+3	进给禁止							
		n+7	n+6	n+5	n+4	n+3	n+2	n+1	n+0
	DR　K+2	n+15	n+14	n+13	n+12	n+11	n+6	n+5	n+8

表中 DL 和 DR 分别表示数据字 DW 的高 8 位(8－15 位)和低 8 位(0～7 位),表中所列的坐标地址 K 和报警文本地址 n 的含义,见表 11.3。其中 PLC Ⅰ 和 PLC Ⅱ 的 PLC 机床数据位在数据块 DB63 中设定。

表 11.3　坐标轴地址 K 和报警文本地址 n

轴	地址 K	报警文本地址 n	用于处理的 PLC 数据	
			PLC Ⅰ	PLC Ⅱ
1	0	8200	6016.0	6016.0
2	4	8220	6016.1	6016.1
3	8	8240	6016.2	6016.2
4	12	8260	6016.3	6016.3
5	16	8280	6016.4	6016.4
6	20	8300	6016.5	6016.5
7	24	8320	6016.6	6016.6
8	28	8340	6016.7	6016.7
9	32	8360	6017.0	6017.0
10	36	8380	6017.1	6017.1
11	40	8400	6017.2	6017.2
12	44	8420	6017.3	6017.3

由于运行状态异常发生在 X 轴,所以坐标轴地址 K＝0,则对应的 DB2 中的字为 DW1

(DL1 和 DR1)和 DW3(DL3 和 DB3)。从表 11.2 中查控制部分至坐标轴的接口信号,影响 X 轴运动的位为 DL1.2(或 DW1.10)伺服使能信号和 DW3 进给禁止信号,DW3 对应的报警文本见表 11.4。

表 11.4　进给禁止报警文本

DW3	15	14	13	12	11	10	9	8
报警文本	8207	8206	8205	8204	8203	8202	8201	8200
DW3	7	6	5	4	3	2	1	0
报警文本	8215	8214	8213	8212	8211	8210	8209	8208

从 CRT 上查阅"用户数据位"中有关"进给禁止"内容,见表 11.5。

表 11.5　"进给禁止"CRT 显示内容

CODE	FEED	INHIBIT	COMMAND
8200	NO	MOTION	
8201	NO	CONTROLLER	
8202	BRAKE	NOT	OFF
8204	NO	FEED	ENABLE

其中 8200 号,即 DW3.8 位,逻辑状态"1"表示 CNC 无 X 轴运行指令,逻辑状态"0"表示 CNC 发出运行指令。

8201 号,即 DW3.9 位,逻辑状态"1"表示 PLC 控制器未启动,逻辑状态"0"表示 PLC 控制器启动。

8202 号,即 DW3.10 位,逻辑状态"1"表示刹车未释放,逻辑状态"0"表示刹车释放。

8204 号,即 DW3.12 位,逻辑状态"1"表示进给键启动,逻辑状态"0"表示进给键未启动。

同时,DW1.10 位,逻辑状态"1"表示伺服启动,逻辑状态"0"表示伺服未启动。

②接口信号状态分析

当 X 轴启动时,接口信号状态变化流程如图 11.6 所示。

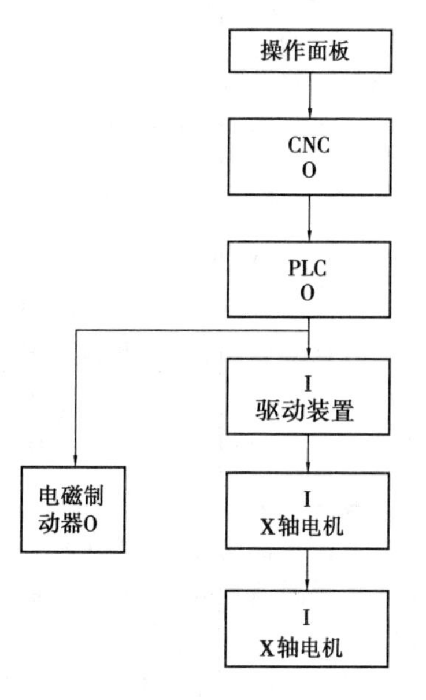

图 11.6　接口信号状态化流程图

图 11.6 中,"I"为轴入接口,"O"为输出接口。

操作面板上进给键启动,相应的接口数据 DW3.12 为"1",表示本过程的 0→1 实现。

a. CNC 向 PLC 发出运行指令,相应的接口数据 DW3.8 为"0",表示本过程的 0→1 实现。

b. PLC 向驱动装置发出指令,相应的接口数据 DW3.9 为"0",表示本过程的 0→1 实现。

c.驱动装置伺服启动,相应的接口数据DW1.10为“1”,表示本过程的0→1实现。

d.刹车系统释放,相应的接口数据DW3.10为"0”,表示本过程的0→1实现。

通过CRT可以显示出标准接口数据,比较正常状态和静止状态,见表11.6。

表11.6　DW1和DW3接口数据

X轴状态	DW1	DW3	X轴状态	DW1	DW3
静止	000000000000000	0000011000000000	正常运行	00000010000000	00010000000000

(3)运行状态异常确定

当X轴发生运行状态异常而停止时,根据CRT所显示的数据,列出可能会出现的运行状态异常点,见表11.7。按表11.7所示对5种运行状态异常源进行运行状态异常测试。当X轴启动后,使运行状态异常再次重复出现,保持该运行状态异常的瞬间,观察各接口信号的变化,结果发现DW3.8、DW3.9、DW3.10的状态依次由“1”变为“0”,且DW3.12也由状态“0”跳变为“1”,但DWl.10仍维持为“0”状态,即可确定运行状态异常点为接口4,即驱动装置运行状态异常。测试驱动装置的输入/输出端,进一步认定上述判断的正确性,即可对驱动装置进行检查。

表11.7　运行状态异常点判别

数据字位	运行状态异常位状态	运行状态异常接口	运行状态异常点	数据字位	运行状态异常位状态	运行状态异常接口	运行状态异常点
DW3.12	0	1	进给键	DW1.10	1	4	驱动位置
DW3.8	1	2	NC→PLC	DW3.10	0	5	电磁制动器
DW3.9	1	3	PLC→驱动装置				

11.3.6　用软件方式排除由加工中心局部硬件引起的运行状态异常

某数控加工中心MIKRON WF32D-TNC407在加工过程中,启动主轴时突然提示“Spindle drive not ready”错误信息并自动停机。重新启动后系统没有错误提示,但进入加工程序启动主轴时,再次提示上述的错误信息,导致该系统无法工作。

(1)运行状态异常现象分析

①主轴不启动,手动调整X、Y、Z三轴动作,各轴运动均正常;或X、Y、Z三轴运动,工作情况正常。因此,初步确定为主轴相关系统运行状态异常。

②改用手动方式启动主轴,在高于800 r/min转速方式时,加速过程再次出现上述相同的错误信息并自动停机;而介于500~800 r/min转速方式时,启动主轴基本上正常,偶尔会出现相同的错误信息并自动停机;低于500 r/min转速方式时,主轴启动过程正常并可正常地进行切削加工。

③在500 r/min转速下手动方式启动主轴,之后逐渐缓慢提高转速至1 200 r/min的工作方式,系统工作仍正常,但直接停止主轴转动时,会再次出现相同的错误信息并自动停机。同样用手动方式在500 r/min下启动主轴,将转速较快提高至1 200 r/min,此加速过程中再次出

现相同的运行状态异常。经过多次调试:用手动方式在 500 r/min 下启动主轴,逐渐将转速缓慢提高至 1 200 r/min 时,系统工作正常,但停止主轴转动时必须先逐渐将转速缓慢降低至 500 r/min 以下才能正常地停转。因此,基本确定为主轴系统在加、减速控制过程中出现运行状态异常。

(2)故障现象跟踪分析与调试

对主轴传动系统进行分析可知,其变速过程是通过变频器结合 9 级齿轮换挡实现的。通过调整主轴转速,观察齿轮换挡情况正常,将变频控制部分作为运行状态异常点进行重点检测单元。为了确认错误信息的运行状态异常反馈来源,在确认 24 V 工作电源正常的情况下,根据主轴驱动电路原理图,短接相关单元的报警触点 BTB1 和 BTB2,对可能出现的报警信号进行屏蔽。高速启动主轴,则变频驱动模块 SPM17-TA 出现过载保护信号并自动切断动力供给,数控系统提示"Spindle drive overload";同时,检测主轴机械传动部分动作及电机工作参数均无异常,故基本确定运行状态异常提示是变频驱动模块 SPMI7-TA 出现过载保护信号所致。

手动调试验证过程中,因 PLC 单元是通过 DA 模块输出电压信号,并通过 SPM17-TA 模块的 SW + 、SW - 接线柱来控制主轴电机的转速,为验证上述分析结果的正确性,采用手动调整控制电压的方法来调整电机转速。

在实际调试过程中,断开由 PIC 单元至变频动模块 SPM17-TA 的 SW + 、SW - 接线柱的控制电压,然后通过 1 个 4.7 kΩ 的可调电位器对 12 V 的输入电压进行分压后直接加到 SW + 、SW - 接线柱端作为调节信号。在各个速度段,当调节电压由 0 V 开始逐渐缓慢提高时,相应的电机转速能准确地同步提高,而调节电压由较高开始逐渐缓慢降低时,相应的电机转速也能准确地同步降低。但如果控制电压由低电压快速调至高电压或由高电压快速调至低电压时,则再次出现相同的运行状态异常。操作面板调整转速时,PLC 单元通过 DA 模块输出的电压信号经测试正常,电机在启动正常的情况下也能正常工作。调试结果证明:运行状态异常现象与 PLC 控制过程、电机及相应的机械结构无关,由此判定运行状态异常点在变频驱动模块 SPM17-TA 上。

(3)运行状态异常的排除方法

由于运行状态异常提示是由变频驱动模块在主轴加、减速过程中出现过载保护信号所致,所以可能有如下两种原因:

①变频驱动模块中电路运行状态异常导致在主轴加、减速过程中,因工作电流异常而产生报警信号。

②变频驱动模块中对电流阈值的设定不当或过小,导致在主轴加、减速过程中将正常工作电流视为异常而产生报警信号。

上述原因①,可对变频驱动模块电路进行维修或更换;上述原因②,可对变频驱动模块电路的相应设定进行调整。由于该变频驱动模块为 BOSCH 的产品,没有相关的资料,所以无法进行常规的维修或参数调整;若更换变频驱动模块,费用也较高。

在测试过程中,当电机缓慢提速至额定转速后,其切削能力正常,在无法对 SPMI7 = TA 进行调整的情况下,可采用硬件或软件方法对 SW + 、SW - 接线柱端控制电压的变化串进行控制,保证控制电压值只能缓慢地变化。

一种方法是以硬件方式在 SW + 、SW - 接线柱端增加一个类似 RC 电路,从而达到抑制由 PLC 输出的控制电压的变化串的目的。采用该方法,其 RC 电路的电路特性与原有电路的匹配问题较难解决,而且在原装配箱上必须作相应的修改安装。

在实际改造过程中,可采用修改 PLC 有关参数的方法,以软件方式控制 PLC 输出电压的变化规律。通过对 PLC 参数表功能的研究,修改其中的 4 个参数。

机器中原缺省参数值均为 0.005 0,经多次实际调试后改变设置值为 0.000 2,主轴电机在各转速段均能正常启动,加、减速和停转时,整个数控加工系统工作正常。

(4)运行状态异常总结

通过逐渐缩小检测范围,并且采用外加控制信号的方法,能够有效地找出运行状态异常点。同时,在没有相关资料的情况下,不修改原有硬件电路,采用调整 PLC 参数的方法,用软件方式克服由硬件运行状态异常引起的系统问题。采用该方法,大大节省了硬件维修的费用和工作量。该系统经维修后工作半年来无异常,工作性能稳定。这种由局部硬件运行状态异常引起数控系统无法正常工作的情况,在许多数控系统维修实例中经常出现,上述检测方法及软件的解决方式对处理相关设备运行状态异常有一定的参考意义。

11.4 设备状态监测与故障诊断的结合

设备状态监测与故障诊断思想的酝酿,可以追溯到很久以前,但真正形成一种技术并应用到生产实际中,还是近几十年的事。随着现代科学技术的进步与发展,设备越来越大型化,功能越来越多,结构越来越复杂,自动化程度越来越高。随之而来的问题是,一旦关键设备发生故障,不仅会造成巨大的经济损失,而且可能危及人身安全,产生重大的社会影响。因此,人们对设备的安全、稳定、长周期、满负荷运行的要求也越来越迫切,希望能及时了解设备运行状态,预防故障,杜绝事故,延长设备运行周期,缩短维修时间,最大限度地发挥设备的生产潜力。这就对设备管理提出了更高的要求,同时也是新形势下设备管理与设备故障诊断领域所面临的新的机遇和挑战。将设备状态监测与故障诊断技术应用于生产实践,使其在现代设备管理过程中发挥越来越大的作用,为国民经济建设服务,是故障诊断领域科研人员与广大现场工程技术人员所肩负的任务与使命。

在实际工作中遇到的问题通常需要综合各学科的知识才能够解决,设备状态监测与故障诊断技术也不例外。它需要借助机械振动、转子动力学等理论来深入研究设备的故障机理,运用现代测试技术来监测设备运行的振动、噪声、温度、压力、流量等参量,利用信号分析与数据处理技术对这些信息进行分析处理,建立动态信息与设备故障之间的联系,并以计算机技术为核心,建立设备状态监测与故障诊断系统,进行故障的分析诊断。由此可见,这项技术是一项复杂的系统工程。

设备状态监测与故障诊断技术是一种了解和掌握设备在使用过程中的状态,确定其整体或局部正常或异常,早期发现故障及其原因,并能预报故障发展趋势的技术。通俗地讲,就是一种给设备"看病"的技术。这里所说的"设备"是广泛意义上的设备,不仅包括各类旋转的机器,还包括管道、阀门、工业炉等静态设备以及电气设备等。

设备状态监测与故障诊断技术最初形成于英国,由于其实用性以及为企业和社会带来的效益,日益受到企业和各国政府的重视。特别是近 30 年来,随着科学技术的不断进步和发展,尤其是测试技术、计算机技术的迅速发展和普及,它已逐步成为一门较为完整的学科。该学科以设备管理、状态监测和故障诊断为内容,以建立新的维修体制为目标,在欧美地区、日本以不同形式得到推广,在国际上成为一大热门学科。

一台设备从设计、制造到安装、运行、维护、检修有许多环节,任何环节的偏差都会造成设备性能劣化或产生故障。同时,运行过程中设备处于各种各样的条件下,其内部必然会受到力、热、摩擦等多种物理、化学作用,使其性能发生变化,最终导致设备产生故障。

早期的设备维修体制基本上是事后维修,即设备发生故障后再进行维修。随着流程化工业的推广,这种落后的管理模式往往会造成巨大的经济损失,因此,又逐步推行定期维修,比如通常实行的年度大修。随着对设备故障机理的研究和设备管理水平的提高,人们又进一步认识到,定期维修实际上既不经济又不合理,最大的问题是无法解决“维修不足”和“维修过剩”二者之间的矛盾。

美国国家统计局提供的资料表明,1980 年美国工业设备维修花掉 2 460 亿美元巨资,但这一年美国全国的税收总额只不过为7 500亿美元。据美国设备维修专家分析,有将近 1/3 的维修费用(数百亿美元)属于“维修过剩”造成的浪费,原因在于预防性定期维修的局限。维修周期是根据统计结果确定的,在这个周期内仅有 2% 的设备可能出现故障,而 98% 的设备还有剩余的运行寿命,这种谨慎的定期大修反而增加了停机率。美国航空公司对 235 套设备调查的结果表明,66% 的设备由于人的干预破坏了原来的良好配合,降低了可靠性,造成故障率上升。因此,将预防性定期维修逐步过渡到“状态维修”已经成为提高生产率的一条重要途径,也是现代设备管理的需要。

近年来,振动与噪声理论、测试技术、信号分析与数据处理技术、计算机技术及其他相关基础学科的发展,为设备状态监测与故障诊断技术打下了良好的基础,而工业生产逐步向大型化、高速化、自动化、流程化方向发展,又为设备状态监测与故障诊断技术开辟了广阔的应用前景。可以预见,这项源于生产实际、又与近代科学技术发展密切相关的新兴学科在实际生产中必将发挥越来越大的作用。

11.4.1　状态监测与故障诊断技术

设备状态监测与故障诊断技术的实质是了解和掌握设备在运行过程中的状态,评价、预测设备的可靠性,早期发现故障,并对其原因、部位、危险程度等进行识别,预报故障的发展趋势,并针对具体情况作出决策。由此可见,设备状态监测与故障诊断技术包括识别设备状态和预测发展趋势两方面的内容。具体过程分为状态监测、分析诊断和治理预防三个阶段,如图 11.7 所示。

在实际生产中,有时将对设备状态的初步识别也包括在“状态监测”中,只将识别异常后的精密诊断作为“分析诊断”的内容。

(1)状态监测

状态监测是在设备运行中,对特定的特征信号进行检测、变换、记录、分析、处理并显示,是对设备进行故障诊断的基础工作。检测的信号主要是机组或零部件在运行中的各种信息(振动、噪声、转速、温度、压力、流量等),通过传感器将这些信息转换为电信号或其他物理量信号,送入信号处理系统中进行处理,以便得到能反映设备运行状态的特征参数,从而实现对设备运行状态的监测和下一步诊断工作。

由传感器或人的感官所获取的信息需要记录下来,供分析和日后对比、查阅,这就需要进行数据采集和简单的处理、显示。大多数传感器输出的信号属于模拟信号,在磁带记录仪上记录时不需要进行数字转换,而输入计算机或进行分析处理时,还需要转换为数字信号(即进行 A/D 转换),这些是数据采集的主要工作。

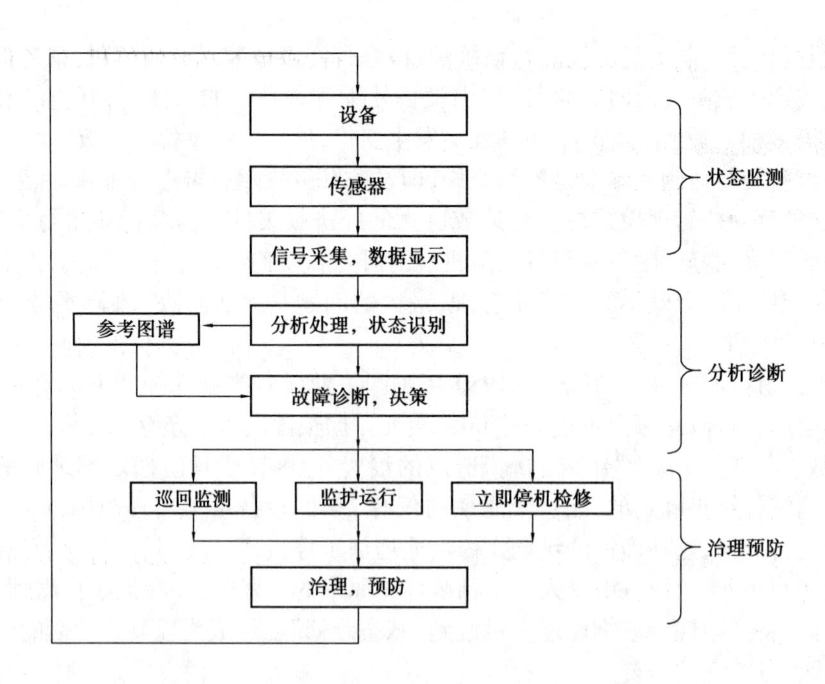

图 11.7 设备状态监测与故障诊断的三个阶段

在这信息和信号中,有些是有用的,能反映设备故障发生部位的症状,这种信息称为征兆或故障征兆;有些并不是诊断所需要的信号,因而需要处理和排除。为了提取征兆信号,需要做一些特征信号的提取工作,这是由信号处理系统来完成的。

(2)分析诊断

分析诊断实际上包括两方面的内容:信号分析处理和故障诊断。由传感器或人的感官获取的信息往往特征不明显、不直观,很难直接进行故障诊断。

信号分析处理的目的是将获得的信息通过一定的方法进行变换处理,从不同的角度提取最直观、最敏感、最有用的特征信息。分析处理可用专门的分析仪器或计算机进行,一般情况下,要从多重分析域、多个角度来分析观察这些信息。分析处理方法的选择、处理过程的准确性以及表达的直观性都会对诊断结果产生较大影响。

故障诊断是在状态监测与信号分析处理的基础上进行的。进行故障诊断需要根据状态监测与信号分析处理所提供的能反映设备运行状态的征兆或特征参数的变化情况,有时还需要进一步与某些故障特征参数(模式)进行比较,以识别设备是运转正常还是存在故障。如果存在故障,要诊断故障的性质和程度、产生原因或发生部位,并预测设备的性能和故障发展趋势。这是设备诊断的第二阶段。

(3)治理预防

治理预防措施是在分析诊断出设备存在异常状态(即存在故障)时,就其原因、部位和危险程度进行研究后所采取的治理措施和预防办法。通常包括调整、更换、检修、改善等方面的工作。如果经过分析认为设备在短时间内尚可继续维持运行时,那就要对故障的发展加强监测,以保证设备运行的可靠性。

根据设备故障情况,治理预防措施有巡回监测、监护运行、立即停机检修三种。

发现故障、诊断故障并不是状态监测与故障诊断工作的全部目的,确定故障原因、采取合理的治理措施。在确保安全的前提下,将不采用状态监测与故障诊断技术时的立即停机检修,转化为采用状态监测与故障诊断技术后的维持运行,避免不必要的停机,延长设备运行周期,才是状态监测与故障诊断的真正目的,也是这项技术能够迅速发展、推广的根本原因。

(4)设备状态监测与故障诊断的区别与联系

设备状态监测与故障诊断,既有区别又有联系,在生产实际中,有时又将二者统称为设备故障诊断。实际上,没有监测就没有诊断,诊断是目的,监测是手段;监测是诊断的基础和前提,诊断是监测的最终结果。

状态监测通常是通过监视和测量设备或部件运行状态信息和特征参数(例如振动、温度、压力等),并以此来判断其状态是否正常。例如,当特征参数小于允许值时,便认为是正常,否则为异常;还可以用超过允许值的多少来表示故障严重程度,当它达到某一设定值(极限值)时,就应立即停机检修,这个过程的前半部分就是状态监测。

某些情况下,监测结果不需要更进一步地处理和分析,仅以有限的几个指标就可以确定设备的状态,这就是以监测为主的简易诊断,也属于诊断的范围。通常情况下,当简易诊断发现设备或零部件发生异常时,应转入精密诊断。此时,应该对异常状态进行多方面的分析,这种分析包括收集设备运行的历史资料,对简易诊断的结果进行审核;同时,进一步合理地选择测量仪器对设备的各种参数进行监测,对监测得到的特征信号在时域、频率、幅值域以至到频域等各个方面进行全面分析,以便从特征信号中提取各种征兆,对设备作出综合判断。通常所称的"故障诊断"不是简易诊断,而是指比较复杂的精密诊断。

设备故障诊断不仅要检查出设备是否正常,还要对设备发生故障的部位、产生故障的原因、故障的性质和程度给出深入的分析和判断,即要作出精密诊断。这就不仅仅要求对状态监测和故障诊断理论有比较系统的了解,更重要的是对设备本身的结构、特性、动态过程、故障机理以及故障发生后的后续处理(包括维修与管理)有比较清楚的了解。从这一角度来看,故障诊断技术与状态监测系统又有比较大的区别,有着十分不同的专业倾向。

(5)故障诊断方法的分类

故障诊断方法的分类是一门非常重要的研究课题,许多学者提出了不同的分类方法,例如,可以按诊断的对象分类、按诊断的目的和要求分类、按采用的诊断手段分类、按诊断方法的完善程度分类、按识别故障的模式分类等。表11.8列出了一些学者的不同分类方法,以供参考。

表11.8　故障诊断方法的分类

分类依据	分类内容
诊断的对象	①旋转机械故障诊断　②往复机械故障诊断　③机械零件故障诊断 ④工程结构故障诊断　⑤电气设备故障诊断
诊断的目的和要求	①在线诊断和离线诊断　②功能诊断和运行诊断　③定期诊断和连续诊断 ④直接诊断和间接诊断　⑤常规诊断和特殊诊断
诊断的手段	①振动诊断　②声学诊断　③温度诊断 ④强度诊断　⑤污染诊断　⑥光学诊断 ⑦电参数诊断　⑧压力诊断　⑨金相诊断

续表

分类依据	分类内容		
诊断方法的完善程度	①简易诊断	②精密诊断	③系统综合诊断
识别故障的模式	①统计识别诊断 ④模糊识别诊断	②函数识别诊断 ⑤灰色识别诊断	③逻辑识别诊断 ⑥神经网络识别诊断

11.4.2 状态监测与故障诊断技术的发展与应用

(1)国外状态监测与故障诊断技术的发展概况

美国是最早开展设备状态监测与故障诊断工作的国家之一。1961 年开始执行阿波罗计划后,发生了一系列由设备故障酿成的悲剧,引起了美国军方和政府有关部门的重视。1967 年 4 月,在美国国家航空航天局(NASA)的倡导下,由美国海军研究局(ONR)主持,召开了美国机械故障预防小组(MFPG)成立大会。会议的中心议题:组织问题和明确课题的含义,有组织地开发监测与诊断技术。1971 年 MFPG 划归美国国家标准局(NBS)领导,下设四个小组:故障机理研究组、监测诊断和预测技术组、可靠性设计组、材料耐久性评价组。除 MFPG 外,美国机械工程师学会(ASME)领导下的美国锅炉压力容器检测师协会(NBBI)在应用声发射技术(AE)对静设备故障诊新方面也取得了重要成果。其他还有 Johns Mitchel 公司的超低温水泵和空压机监测技术,SPIRE 公司在军用机械与轴承方面的诊断技术等在国际上都处于领先地位。

在航空运输方面,美国在可靠性维修管理的基础上,大规模地对大型飞机进行状态监测,研制并应用了以计算机为基础的飞行器数据综合系统,采集、记录、分析处理大量飞行中的信息,判断飞机各部位的故障并能发出排除故障的指令。这些技术在 B747 和 DC9 等巨型客机上的成功应用,大大提高了飞行的安全性。目前,美国的军用飞机也都装备了功能强大的状态监测与故障诊断系统。

英国以 R. A. Collacott. 为首的机器保健中心于 20 世纪 60 年代末开始研究状态监测与故障诊断技术。1982 年曼彻斯特大学成立了沃福森工业维修公司(WLMU),主要从事状态监测与故障诊断的研究工作和教育培训工作。除此之外,在核电站、钢铁等行业也成立了相应的组织,开展这方面的研究工作。

设备状态监测与故障诊断技术在欧洲其他国家研究与应用的广泛性虽然不如英国和美国,但都分别在某一方面具有特色或占有领先地位,如瑞典 SPM 仪器公司的轴承监测技术,丹麦 B&K 公司的传感器制造技术等。

如果说英国、美国在军事、航空等方面的状态监测技术占有领先地位的话,那么日本则在民用工业,如钢铁、化工、铁路等行业发展得较快,占有明显优势。日本的做法是密切注视世界各国动向,积极引进和消化最新技术,努力发展自己的诊断技术,特别注意研制本国的诊断仪器。日本开展诊断技术研究工作主要有两个层面:一个层面是高等院校,比较有名的有东京大学、东京工业大学、京都大学、早稻田大学等,它们均发表了不少基础性的研究报告;另一个层面是一些企业,如三菱重工、东京芝浦电气、东京小野测器、国际机械振动公司等,它们的研究工作是在企业内部以生产为中心开展的,具有较强的应用性。

(2)我国设备状态监测与故障诊断技术的发展概况

我国对设备状态监测与故障诊断技术的认识和发展也经历了与国外同样的过程。1979

年以前,一些大专院校与科研单位结合教学和有关设备诊断技术的研究课题,逐渐开始进行机械设备状态监测与故障诊断技术的理论研究和小范围的工程实际应用研究,特别是随着30 万t 合成氮等一批大型石化装备的引进,某些装备的机组频繁发生事故,提高了对这项技术研究的重视程度。

1983 年,我国的设备状态监测与故障诊断技术从初步认识进入到初步实践阶段,以学习英、美、日等国的先进技术和经验为主,对一些故障机理、诊断方法及简易监测诊断仪器进行研究和研制。同时,利用一些国外监测诊断设备,在进行研究的同时直接应用于实际生产,取得了一些成就,为加快我国的设备状态监测与故障诊断技术开发研究工作争取了时间。

1983 年国家经济委员会颁布的《国营工业交通企业设备管理试行条例》,有力地推动了我国设备状态监测与故障诊断技术的开发研究工作,一些部委成立专门的研究机构,如化工部振动检测中心、中国石化总公司设备状态检测中心、冶金部设备诊断研究室等,与此同时,一些高等院校、科研单位也成立了专门的研究室或研究所。这些都为我国设备状态监测与故障诊断技术的开发、研究、发展奠定了良好的组织基础,使我国的设备状态监测与故障诊断工作开始走向深入研究和蓬勃发展阶段。

1982 年 12 月在天津成立了中国设备管理协会;1985 年 11 月在上海召开了设备诊断技术应用推广会议;1985 年 5 月在郑州成立了中国机械设备诊断技术学会;1986 年 6 月在沈阳召开了第一届中国机械设备诊断技术学会国际学术会议。这些组织致力于广泛交流我国在该领域内各方面的技术成果,深入探讨设备状态监测与故障诊断在国内外的发展动向,有力地推动了这一学科的发展,使其能更有效地为我国的国民经济建设服务。

目前我国的设备状态监测与故障诊断技术水平同发达国家的差距已大大缩短,在一些方面,如计算机监测与故障诊断的软件开发等,完全可以满足生产实际的需要,达到同期世界先进水平。

(3)设备状态监测与故障诊断技术的应用

设备状态监测与故障诊断技术在我国虽然起步较晚,历史不长,但发展很快,特别是近 20年来,在国内得到了前所未有的重视和发展,其应用领域也十分广泛。

1)石化行业

石化行业是我国开展设备状态监测与故障诊断工作最早的行业,也是应用最成功的行业之一。大、中型企业普遍采用了状态监测与故障诊断技术,监测和诊断技术水平普遍较高,大部分设备故障都能够得到预报和妥善处理,关键设备普遍达到连续运行 300 天以上的水平,平均大修周期为制造厂规定的 2 倍以上,检修时间和费用大大降低,经济效益非常明显。

2)水电、火电行业

水电、火电行业重点在大机组上开展设备状态监测与故障诊断工作,并充分组织和发挥大区供电局、电力科学研究院、电力研究所和热工所的作用,开展了许多设备状态监测与故障诊断技术的实验研究工作,其中大型发电机组状态监测与故障诊断技术、红外热成像技术、转子绕组匝间短路检测技术等应用效果良好,效益明显。

3)冶金行业

冶金行业在开展设备状态监测与故障诊断工作方面采取了积极稳妥的方式,以北京冶金设计研究所为基地,建立设备诊断研究室,并对外承担现场测试等服务。之后又确定了一批试点单位,引进了一批国外的振动脉冲分析仪器、红外热成像仪以及铁谱仪等,建立了振动、红外和铁谱等实验室。冶金行业重点对烧结风机、制氧站空压机及高炉风机等关键设备进行监测分析,成效显著。

4)航空领域

现代客机的发动机在飞行过程中需要监测的参数约有 40 个,全部信息都被送到诊断中心进行分析,然后作出决策。在涡轮喷气发动机发生故障之前,消除不安全因素,以保证安全飞行。

5)核反应堆

核反应堆是核电站的核心设备,为了防患于未然,我国已利用中子噪声频谱分析技术对核反应堆结构上的缺陷、安装配合不良以及堆芯部件的异常振动等进行监测和诊断,保证了核反应堆的正常运行及核电站设备的安全。

6)交通行业

铁路内燃机车、船舶发动机的性能和安全对社会安定具有重要影响,振动和噪声既污染环境又影响身体健康,目前应用频谱分析诊断发动机的振动源及噪声源,用铁谱技术分析诊断磨损部位和严重程度均已成功地用于生产实际,对于提高发动机的运行质量、提前发现故障起到了决定性的作用。

以上仅是故障诊断技术在几个方面应用的情况,此外,故障诊断技术在军舰发动机、汽车、纺织机械、矿山机械、机床及动力设备、齿轮和轴承、家用电器等方面都得到了广泛的应用。

11.4.3 信号的分类与描述

设备在运行过程中会产生各种表征其状态的物理现象,并引起相应参数的变化,这就为设备的观测、监视提供了可能性。通常将这些参数变换成容易测量、处理、记录和显示的物理量(如电压、电流等),将这些物理量统称为信号。对信号进行的分析、处理、变换、综合、识别,可以作为判断设备运行状态和诊断设备故障的依据,同时也可以预测设备的运行趋势。

信号的幅值不随时间变化时称为静态信号。实际上,幅值随时间变化很缓慢的信号也可以看作静态信号或准静态信号。

工程中所遇到的信号多为动态信号,其幅值随时间变化。动态信号分为可以用确定的时间函数来表达的确定性信号和不能用时间函数来描述的随机信号(非确定性信号)。

(1)信号的分类

1)按输入量性质分类

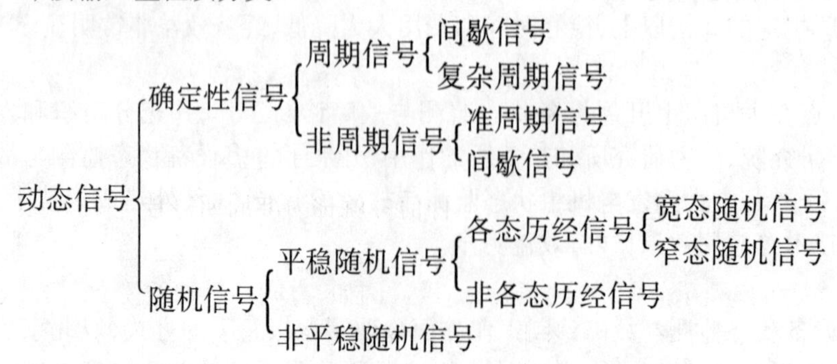

2)按工作原理分类

- 传感器
  - 电阻式
    - 变阻式传感器(用于测量直线位移、角位移等)
    - 电阻应变片式传感器(用于测量位移、力、扭矩、加速度等)
    - 固态压阻式传感器(用于测量压力、加速度等)
  - 电感式
    - 自感式(用于测量较大位移等)
    - 互感式(用于测量直线位移、转速、零件计数等)
  - 电容式
    - 极矩变化型(用于测量位移、速度、加速度等)
    - 面积变化型(用于测量较大直线位移、角位移等)
    - 介质变化型(用于测量液位等)
  - 压电式
    - 压电式加速度传感器
      - 电荷输出型(内置放大电路)
      - 电压输出型
    - 压电式速度传感器(内置积分、放大电路)
  - 磁电式
    - 动圈式(用于测量振动速度、位移、加速度等)
    - 磁阻式(用于测量转速等)
  - 光电式(用于测量转速等)
  - 热敏式(用于测量温度等)
  - 红外式(用于测量温度等)

在实际工程中,判断信号是确定性的还是非确定性的,通常以实验为依据,在一定误差范围之内,如果一个物理过程能够通过多次重复得到相同的结果,则可以认为这种信号是确定性的。如果一个物理过程不能通过重复实验得到相同的结果,或者不能预测其结果,则可以认为这种信号是非确定性信号,即随机信号。

(2)信号的描述

1)确定性信号

确定性信号是指能精确地用明确的数学关系式来描述的信号。

①周期信号

周期信号是按一定的周期不断重复的信号,它满足下列关系:

$$x(t) = x(t \pm nT)$$

式中,$x(t)$ 为时间 t 时刻的瞬时值;$n = 1,2,3,\cdots$;T 为周期。

周期信号可以分为简谐信号和复杂周期信号。

②非周期信号

不按一定周期重复的确定性信号称为非周期信号。非周期信号可以分为准周期信号和瞬态信号。

复杂周期信号是由两个或多个简单周期信号叠加而成的,而当信号的各谐波成分周期的最小公倍数(即合成后信号的周期)趋于无穷大时,这种信号就称为准周期信号。

2)随机信号

无法用确定的数学关系式表示的信号称为随机信号。例如,对同一事物的变化过程进行多次测量,所得的信号是不同的,其波形在无限长的时间内不会重复,这类信号就是随机信号。

随机信号尽管每次都不同,但可以研究其总体规律,即其平均性质。

3)信号的基本特征

直接观测或记录的信号一般是随时间变化的物理量,即以时间作为自变量,称为信号的时域描述。这种描述虽然比较直观,但仅从时域侧面揭示信号的幅值随时间变化的特征无法反映信号的频率结构,有一定的局限性。为了研究信号的频率结构和各频率成分上的幅值大小,常常需要将信号从时域转换到频域,如图 11.8 所示。

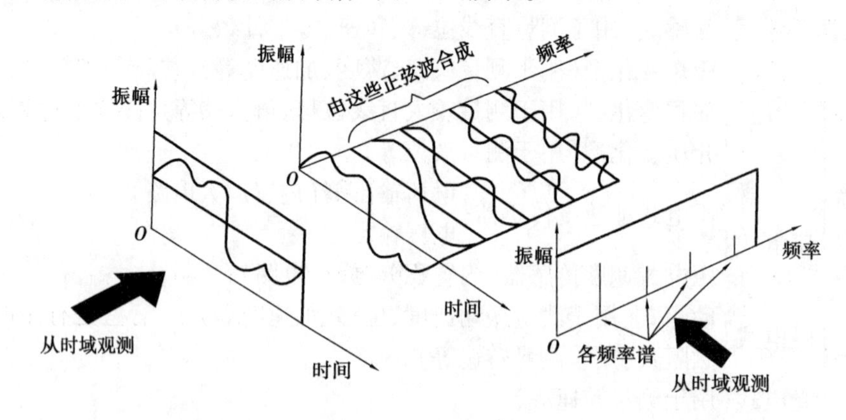

图 11.8　信号的时域描述和频域描述

此外,为了全面了解系统的状态,信号还可以在幅值域、倒频域等不同域里描述,得到不同的信息。

11.4.4　数据采集与数字信号处理

设备状态监测与故障诊断所用的各种物理量(振动、温度、压力、流量、噪声等),需要利用相应的传感器转换成电信号,以便处理。信号通常可分为模拟信号和数字信号两类。模拟信号是随时间连续变化的,通常从传感器获得的信号都是模拟信号。数字信号由离散的数字组成,定期的观察值成模拟信号经过模/数(A/D)转换后得到的一串数字就是数字信号。

信号的获得及处理过程如图 11.9 所示,通过在监测对象上安装传感器以获得模拟信号,经放大后可以有如下几种处理方式。

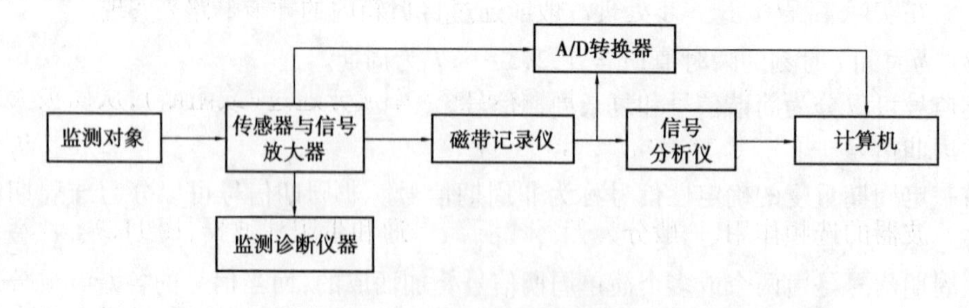

图 11.9　信号的使得及处理过程

①直接送到监测诊断仪器进行处理、显示及记录结果。

②通过 A/D 转换器采样,将得到的数字信号送到计算机分析处理(在线方式)。

③送至信号分析仪进行采样及数据处理,还可将处理结果通过接口送到计算机再作二次处理(在线方式)。

④利用磁带记录仪将信号录下,再经回放将信号送至信号分析仪处理成经过 A/D 转换器采样送到计算机进行处理(离线方式)。

早期的信号处理大多用模拟设备来完成。近十几年来,随着计算机和大规模集成技术的发展以及离散傅里叶变换的应用,为数字信号处理提供了强有力的手段和方法,使实时地进行频谱分析成为可能。同时,数字信息处理具有灵活性大、精度高、易于大规模集成和便于追溯、调用等优点,数字信号处理得到越来越广泛的应用。因此,数据采集和数字信号的处理已成为设备状态监测与故障诊断技术的重要组成部分。

(1)数据采集

由于数字信号处理的诸多优点,同时也是目前设备状态监测工作计算机化的发展趋势,所以监测参数的模拟信号通常都要转换成数字信号并送入计算机内,这个过程就是数据采集。

数据采集的过程主要包括信号处理和 A/D 转换采样。

1)信号预处理

如前所述,状态监测所检测到的信号主要是机器或零部件在运行中的各种信息,通过传感器将这些信息变换成电信号或其他物理信号。这些信息和信号中,有些是有用的,能反映设备故障部位的症状,而有些并不是诊断所需要的信号,因此,需要将这部分信号排除,也就是对信号进行预处理。

信号预处理是指在数字处理之前对信号用模拟方法进行的处理。对信号处理的目的是将信号变成适于数字处理的形式,以降低数字处理的难度。信号预处理使用包括以下几种设备、仪器或电路。

①解调器

在测试技术中,许多情况下需要对信号进行调制。例如,被测物理量经传感器变换为低频的微弱信号时,需要采用交流放大,这时需要调幅;电容、电感等传感器都采用了调频电路,这是将被测物理量转换为频率的变化;对于需要远距离传输的信号,也需要先进行调制处理。因此,在对上述信号进行 A/D 转换、数据采集之前,需要先进行解调处理,以得到信号的原貌。

②放大器(或衰减器)

对输入信号的幅值进行处理,将输入信号的幅值调整到与 A/D 转换器的动态范围相适应的大小。在实际工程中,这一步处理一般能通过接口箱内的插卡电路来实现。

③滤波器

滤波器是一种选频装置,可以使信号中特定的频率成分通过(或阻断),从而极大地衰减(或放大)其他频率成分。在测试装置中,利用滤波器的这种选频作用,可以滤除干扰噪声或进行频谱分析。

根据滤波器的选频作用,一般分为低通、高通、带通和带阻滤波器,图 11.10 表示了这四种滤波器的幅频特性。

图 11.10(a)表示低通滤波器,从 0 至频率 f_2,幅频特性平直。它可以使信号中低于 f_2 的频率成分几乎不受衰减地通过,而高于 f_2 的频率成分受到极大的衰减。

图 11.10(b)表示高通滤波器,与低通滤波相反,从频率 f_1 至 $+\infty$,其幅频特性平直。它使信号中高于 f_1 的频率成分几乎不受衰减地通过,而低于 f_1 的频率成分将受到极大的衰减。

图 11.10(c)表示带通滤波器,它的通带为 $f_1 \sim f_2$。它使信号中高于 f_1 而低于 f_2 的频率成分可以不受衰减地通过,而其他成分受到极大的衰减。

图 11.10(d)表示带阻滤波器,与带通滤波相反,通带频率在 $f_1 \sim f_2$。它使信号中高于 f_1

而低于f_2的频率成分受到极大的衰减,而其他频率成分几乎不受衰减地通过。

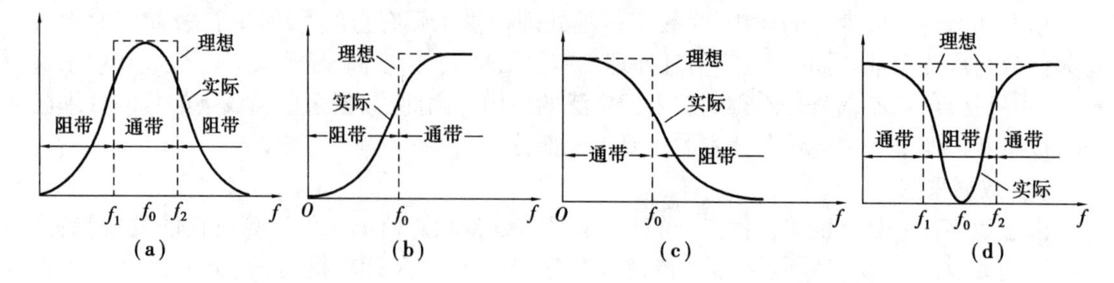

图 11.10　滤波器的幅频特性

上述四种滤波器中,在通带与阻带之间存在一个过渡带,在此带内,信号受到不同程度的衰减。这个过渡带是滤波器所不希望的,但也是不可避免的。

④隔直电路

由于很多信号中混有较大的直流成分,会造成信号超出 A/D 转换的动态范围,但对故障诊断又没有意义,因此,需要使用隔直电路滤掉被分析信号中的直流分量。

除解调器外,后三种设备或电路几乎是所有的数字信号处理系统中都有的,特别是放大(衰减)器和抗频混滤波器,是信号预处理的关键部分。

2)信号采集

信号采集是将预处理后的模拟信号交换为数字信号,并存入到指定的位置,其核心是A/D转换器。信号采集系统的性能指标(精度、采样速度等)主要由 A/D 转换器来决定。

围绕 A/D 转换器还有以下几部分电路或器件:

①采样保持电路

采样保持电路在 A/D 转换器之前,是为 A/D 转换期间保持输入信号不变而设置的。对于模拟输入信号变化率较大的信号通道,一般都需要采样保持电路,而对于直流或者低频信号通道则不需要。采样保持电路对系统精度起着决定性的影响。

②时基信号发生器

时基信号发生器可通过产生定时间间隔的脉冲信号来控制采样。

③触发系统

触发系统决定了采样的起始点,有了它才有可能捕捉到瞬时的脉冲输入信号或将采集的信号进行同步相加。

④控制器

控制器可对多通道数据采集进行控制,还可以控制 A/D 转换器的工作状态(同时采集或顺序采集等)。

(2)泄漏与窗函数

1)泄漏现象

信号的历程是无限的,然而当运用计算机对工程测试信号进行处理时,不可能对无限长的信号进行运算,而是取其有限的时间长度进行分析,这就需要对信号进行截断。截断相当于对无限长的信号加一个权函数,这个权函数在信号分析处理中称为谱窗(或窗函数)。

这里"窗"的含义是指透过窗口能够观测到整个全景的一部分,而其余则被遮蔽(视为零)。

如图 11.11 所示,余弦信号 $x(t)$ 在时域分布为无限长($-\infty$, $+\infty$),当用矩形窗函数

$w(t)$与其相乘时,得到截断信号 $XT(t)=x(t)w(t)$。

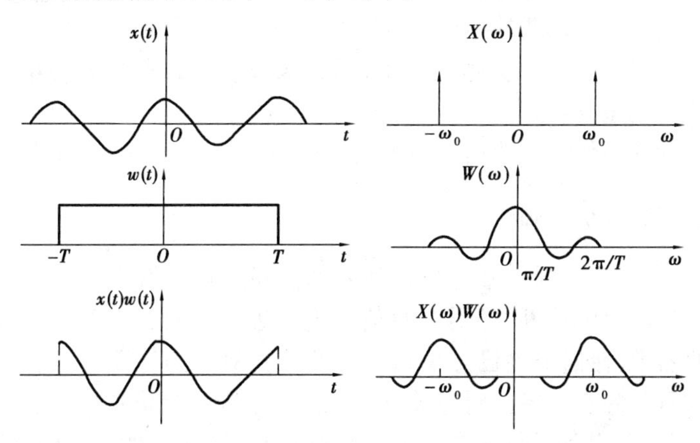

图 11.11　余弦信号的截断及能量泄漏现象

将截断信号的谱 $XT(t)$与原始信号的谱 $x(t)$相比较可知,它已不是原来的两条谱线,而是两段振荡的连续谱。这表明原来的信号被截断以后,其频谱发生了畸变,原来集中在响应处的能量被分散到两个较宽的频带中去了,这种现象称为泄漏。

信号截断以后产生的能量泄漏现象是必然的,因为窗函数 $w(t)$是一个频带无限的函数,所以即使原信号 $x(t)$是有限带信号,而在截断以后也必然成为无限带宽的函数,即信号在频域的能量与分布被扩展了。又从采样定理可知,无论采样频率多高,只要信号一经截断,就不可避免地引起混叠,因此,信号截断必然导致一些误差,这些是信号分析中不容忽视的问题。

如果增大截断长度 T,即矩形窗口加宽,则窗频 $w(t)$将被压缩变窄,泄漏误差将减小,当窗口宽度 T 趋于无穷大,即不截断时,就不存在泄漏误差。

泄漏与窗函数频谱的两侧旁瓣有关,如果使旁瓣的高度趋于零,而使能量相对集中在主瓣,就可以较为接近于真实的频谱,为此,在时域中可采用不同的窗函数来截断信号。

2)常用的窗函数

实际应用的窗函数,可分为以下主要类型:

①幂窗。采用时间变量某种幂次的函数,如矩形、三角形、梯形或其他时间 t 的幂次。

②三角函数窗。应用三角函数,即正弦或余弦函数等组合成复合函数,例如汉宁窗、海明窗等。

③指数窗。采用指数时间函数,如 e^{-at}式,例如高斯窗等。

3)离散傅里叶变换

离散傅里叶变换(Discrete Fourier Transfom)一词并非泛指对任意离散信号取傅里叶积分,而是为适应计算机作傅里叶变换运算而引出的一个专用名词,所以,有时称离散傅里叶变换是适用于计算机计算的傅里叶变换。这是因为对信号 $x(t)$进行傅里叶变换或逆傅里叶变换 OFT 运算时,无论在时域或在频域都需要进行包括$(-\infty,+\infty)$区间的积分运算,若要在计算机上实现这一运算,则必须做到:

①将连续信号(包括时域、频域)改造为离散数据;

②将计算范围收缩到一个有限区间;

③实现正、逆傅里叶变换运算。

在这种条件下所构成的变换对称为离散傅里叶变换对。其特点是,在时域和频域中都只取有限个离散数据，这些数据分别构成周期性的离散时间函数和频率函数。

关于离散傅里叶变换表达式的导出，有两种方法：

①从离散时间序列的Z变换基础上导出，即有限长序列的离散傅里叶变换，可解释为它的Z变换在单位圆上的采样。

②将离散傅里叶变换作为连续信号傅里叶变换的一种特殊情况来导出。

11.4.5 工程信号分析基础

在工程实际应用中，除了对信号进行各种处理，消除、减少噪声和干扰的影响外，为了更有效地进行状态识别与故障诊断，还需要对信号进行进一步的加工处理，提取其特征。经过多年的理论研究和实验验证，目前已经掌握了一些常见故障的特征，发现并确认了某些特征与设备的状态或某种故障有一定的对应关系。在故障诊断实际应用中，信号分析与处理的目的就是去伪存真，提取与设备运行状态有关的特征信息，通过各种分析处理手段使其凸显出来，从而提高状态识别与故障诊断的准确率。

信号分析与处理是在幅值、时间、频率等域进行的，它们是从不同的角度对信号进行观察和分析，丰富信号分析与处理的结果。

(1)信号的幅域分析

在信号的幅值上进行各种处理，即对信号的幅域进行统计分析称为幅域分析。常用的信号幅域参数包括均值、最大值、最小值、均方根值等。

在工程实际应用中，用加速度单位进行振动测量时，通常使用其最大峰值；用速度单位进行振动测量时，通常使用均方根值；而使用位移单位进行振动测量时，通常使用峰值或峰-峰值来表示。

这些常用的幅域参数计算简单，对设备状态识别与故障诊断有一定作用。实际上，各种幅域参数本质上是取决于随机信号的概率密度函数。

1)随机信号的幅值概率密度

随机信号的概率密度函数表示 $x(t)$ 幅值落在某一个指定范围内的概率大小。随机信号的幅值取值的概率是有一定规律的，即在对同一过程的多次观测结果中，信号中各幅值出现的频次将趋于确定的值。

在实际应用时，由于信号的均值反映其静态部分，对故障诊断意义不大，然而却对计算上述参数有很大影响。因此，在计算时应从原始数据中扣除其均值，即做零均值处理，以突出对故障诊断有用的动态信号部分。

2)无量纲幅域诊断参数

有量纲幅域诊断参数值虽然会随着故障的发展而上升，但也会因工作条件(如负载、转速、仪器灵敏度等)的改变而变化，故在实际中很难加以区分。通常希望幅域诊断参数对故障足够敏感，而对信号的幅值和频率的变化不敏感，即与机器的工作条件关系不大。为此，引入无量纲幅域参数，它们只取决于概率密度函数的形状。

(2)信号的时域分析

时域分析的主要特点是针对信号的时间顺序，即数据产生的先后顺序。而在幅域分析中，虽然各种幅域参数可用样本时间波形来计算，但忽略了时间顺序的影响，因而根据数据的任意排列方式所计算的结果都是一样的。在时域中提取信号特征的主要方法有相关分析和时序分析。

1)时域波形分析

常用工程信号都是时域波形的形式,时域波形有直观、易于理解等特点。由于是最原始的信号,所以包含的信息量大,但缺点是不太容易看出所包含信息与故障的联系。而对于某些故障信号,其波形具有明显的特征,这时可以利用时域波形作出初步判断。例如,对于旋转机械,其不平衡故障较严重时,信号中有明显的以旋转频率为特征的周期成分;而转轴不对中时,信号在一个周期内,旋转频率的2倍频成分明显加大,即一周波动两次。而当故障轻微或信号中混有较大干扰噪声时,载有故障信息的波形特征就会被淹没。为了提高信号的质量,往往要对信号进行预处理,消除或减少噪声及干扰。

2)相关系数

相关是指客观事物变化量之间的相依关系。以两个变量和之间的关系为例,如果它们都是确定性的变量,则为函数关系。如果它们都是随机变量,则为一种相关关系。将它们对应的变量对画在坐标平面上,若呈现某种散布式样,则表明所示随机变量和没有什么相关关系。

3)自相关分析

①自相关函数

对某个随机过程取得的随机数据,可以用自相关函数来描述一个时刻与另一个时刻数据间的依赖关系。这就相当于研究t时刻和$t+r$时刻的两个随机变量$x(t)$和$x(t+r)$之间的相关性。对这两个随机变量的乘积求均值,就得到相关函数$Rx(r)$。

②自相关函数的数学应用

在实际工作中,自相关函数和自相关系数的应用非常广泛,例如:

a.根据自相关图的形状来判断原始信号的性质。比如,周期信号的自相关函数仍为同周期的周期函数。

b.自相关函数可用于检测随机噪声中的确定性信号。因为周期信号或任何确定性数据,在所有时间上都有其自相关函数,而随机信号则不然。

c.自相关函数可以建立$x(t)$任何时刻值对未来时刻值的影响,并且可以通过傅里叶变换求得自功率谱密度函数。

③自相关函数的工程应用

不同信号具有不同的自相关函数,这是利用自相关函数进行故障诊断的依据。新设备或运行正常的设备,其振动信号的自相关函数往往与宽带随机噪声的自相关函数相近;而当有故障,特别是出现周期性冲击故障时,自相关函数就会出现较大峰值。

(3)信号的频域分析

频域分析是机械故障诊断中使用最广泛的信号处理方法之一。因为伴随着故障的发生、发展,往往会引起信号频率结构的变化。例如,滚动轴承滚道上的点蚀会引起周期性的冲击,在信号中就会有相应的频率成分出现;旋转机械在发生不平衡故障时,振动信号中就会有回转频率成分等。频域分析的手段是频谱分析。频谱分析的目的是将复杂的时间历程波形经傅里叶变换分解为若干简单的谐波分量来研究,以获得信号的频率结构以及各谐波的幅值和相位信息。

1)周期信号的幅位谱与相位谱

工程上任何复杂的周期信号都可以按傅里叶变换展开为各次谐波分量之和。

2)非周期信号的幅位谱密度与相位谐密度

非周期信号一般为时域有限信号,具有收敛可积条件,其能量为有限值。这种信号频域分析的数学手段是傅里叶变换。

3)旋转机械的振动特征与阶比谱分析

旋转机械的振动往往与转速有关,工作状态可以由与转速成正比的振动信号各阶频率分量之间的相关关系识别出来,从而来研究它们的变化特征和发展趋势,以便确定旋转机械的工作状态和故障情况。

阶比谱是一种研究旋转机械振动特征的,在快速傅叶变换分析技术基础上发展起来的信号分析技术,特点是充分利用转速信号,因为旋转机械的振动信号中多数离散频率分量与主旋转频率(基频)有关。若用转速信号作跟踪滤波和等角度采样触发,则可建立振动与转速的关系,排除了由转速波动所引起的谱线模和信号畸变,因而广泛应用于旋转机械的动态分析、工况监测与故障诊断。

(4)表达形式

上述各种谱图的表达形式及特点如下:

1)坐标的刻度

谱图的纵坐标和横坐标都可以用线性或对数来刻度。线性坐标的优点是符合习惯、直观,其缺点是当坐标值变化范围很大时,感兴趣的那部分往往很难表达清楚,这时用对数刻度就可以看得比较清楚。

2)坐标形式

直角坐标为谱图的最常用形式。由于谱函数是单值的,所以在直角坐标系中不会发生谱图图形的重叠,这方面表达得比较清楚;但幅值和相角无法在同一个谱图中表示,它们的对应关系不如极坐标表达得清楚。

(5)功率谱分析

在信号分析处理中,除了需要了解信号的幅值频谱外,还需要用具有均方值的频率分量,即用功率密度来描述信号的频率结构。功率谱分析是目前故障诊断中使用最多的分析方法之一,应用非常广泛和有效。功率谱密度包括自功率谱密度(简称“功率谱”)和互功率谱密度,也称交叉功率谱(简称“互谱”)。

从定义上来讲,自功率谱密度函数可由自相关函数的傅里叶变换来定义,也可以由 FFT 分析技术和模拟滤波的方法来定义。自功率谱函数曲线和频率轴所包围的面积就是信号的均方值,或者为信号的方差加上信号均值的平方。在正负频率轴上都有谱图,称为双边谱。这种定义给理论上的分析与运算带来方便,但是负频率在工程上无实际物理意义,自功率谱函数与自相关函数之间一 一对应,可以相互换算,知道其中一个就可以算出另一个。

1)自功率谱密度函数的数值分析

①直接傅里叶变换法

自功率谱密度函数的计算,目前采用较多的是通过对原始信号的有限傅里叶变换进行,主要原因是这种方法计算效率高,而且数据容量越大,其计算效率越高。

②自功率谱的应用

自功率分析可以用来描述信号的频率结构,能够将实测的复杂工程信号分解成简单的谐波分量来研究,因此,对机器设备的动态信号作自功率谱分析,可以了解机器设备各部门的工作状况。

2)互功率谱密度函数的应用

互功率谱度函数一般与互相关函数具有同样的效用,但它提供的结果是频率的函数不是时间的函数,这就大大拓展了其应用范围。例如:对转子系统:如果转子一端振动信号的某个异动频率带的幅值较高,而在互功率谱密度图上该频率处却并无明显峰值,则表明问题出在异常频带幅值较高的一端,而与转子的另一端关系不大。

(6)时间序列分析

1)基本概念

所谓时间序列,是指按照事件发生的前后顺序排列所得的一系列数。例如,某工件的尺寸、某地日气温的变化、机器的振动信号等,将它们各自按时间顺序排列起来就是时间序列。

在机械故障诊断的频域分析中,FFT是应用最为广泛和最为有效的方法,但也存在一些固有缺陷,如频率分辨率受到采样长度的限制和加窗处理产生的能量泄漏。虽然可以通过选择合适的窗函数减少泄漏,然而又导致谱分辨率和幅值精度降低。在短数据记录情况下,这些问题更为突出。

时间序列分析方法完全不同于传统的FFT谱分析方法,它不但能够用于处理传统谱分析中一些难以解决的短序列问题,而且还为信号处理技术在新领域的应用开辟了广阔的前景,扩大了信号处理的应用范围。

时间序列分析方法是根据所研究的系统(如一台待诊断的机床)的运行数据(振动、温度、压力、流量、噪声等)建立某种数学模型,用这个模型来分析数据的变化规律,进而研究产生这些数据的系统的状态和特性。

通常时间序列分方法(简称"时序法")研究的数据是随机性的,因此,时序法是数理统计的一个重要分支,并与系统辨识有着密切联系。

需要指出的是,尽管时序法得出的各特征函数有诸多优点,然而它的好坏取决于模型的阶数是否正确和模型参数估计的精度。不同阶的模型和不同的估值方法常导致特征函数差异很大,此外,目前建模所需的时间较长,这些都是应用时序法时要注意的。

2)时间序列分行在故障诊断中的实际应用

数据所包含的信息凝聚在模型参数中,这些参数反映了产生该数据的系统的特性或状态。一旦系统状态发生了变化(正常状态转为异常状态)、监测数据将随之变化,模型的阶数和参数也将随着变化。因此,除了格林函数、自回归谱外,参数本身也可以组成各种判别函数,用来判别待检状态属于何种基准状态,这就是用时序法进行故障诊断的依据。

(7)瞬态信号分析与处理

在旋转机械状态监测与故障诊断过程中,通常将启、停机过程的信号称为"瞬态信号"。相对于此,将机器正常运行时的信号称为"稳态信号",是一种特定场合下的习惯叫法。

在启、停机过程中,转子经历了各种转速,其振动信号是转子系统对转速变化的响应,是转子动态特性和故障征兆的反映,包含了平时难以获得的丰富信息。特别是通过临界转速时的振动、相位变化信息。因此,启、停机过程分析是转子检测的一项重要工作。

需要说明的是,为实现对机器启、停机信号的采集并为瞬态信号的分析提供条件,要求对信号进行同步整周期采集,这就需要引入键相位信号,以实现转速的测量和采集的触发。如果不能引入键相位信号,那么对瞬态信号的采集就不完整,分析的结果也就不完整,特别是相位谱,就没有明确的物理概念。

(8)全息谱分析法

多年来,现场设备故障诊断大多采用传统的谱分析方法,这除了习惯的原因外,主要是因为这种分析方法和故障机理的联系比较紧密,概念比较清晰,应用比较简便,成功事例也较多的缘故。但这种方法也有其缺点,因为故障与谱图并不存在一一对应关系,所以用这种方法确诊故障有时比较困难,主要原因是传统谱分析一次只对一个测点信号进行分析,与其他测点信号没有联系,无法描述设备振动的全貌。加之谱图分析通常只顾及了幅值(或功率)随频率分布方面的信息,信息量小,无法使不同类型故障显示出明确的特征。即使将各测点谱图放在一起综合考虑,也难以形成完整的概念。

全息谱在传统谱分析的基础上加入了被忽略的相应信息,谱的显示形式也由谱线变成了椭圆,除了大小外,椭圆还有偏心率、倾角、转向等特征,大大提高了故障识别能力。

(9)包络线分析

在实际工程中,有时检测得到的信号波形虽然比较复杂,但其包络线却有一定的规律或趋向,此时,利用包络线分析方法可以对信号高频成分的低频特征或低频率事件作更详细的分析。例如,有缺陷的齿轮在啮合中存在由低频、低振幅所激发的高频、高振幅共振,对此进行包络线分析,可以对缺陷作出恰当的判断。

由于包络线组成波形的频率、幅值及其单频相位角不同,所以其合成波形的包络线也不同。上下包络线之间的间距称为包络带宽,最大带宽等于两组成波振幅之和,最小带宽为两组成波振幅之差。

包络线带宽呈周期性变化,其变化频率称为拍频,记为f_6,即$1/T_6$拍的最大振幅处称为腹部,最小振幅处称为腰部。其中拍的腹部由两组成波的瞬间同相产生,腰部是由两组成波的瞬间反相产生。拍的腹部和腹部相邻波峰或波谷的距离决定于两组成波的频率关系。

11.4.6 设备状态监测常用传感器

传感器是一种转换装置,它的作用是借助检测元件将被测对象的力、位移、速度、加速度、温度、压力等参数转换为可以检测、传输、处理的信号(如电压信号、电流信号等)。因此,传感器也被称为变换器或检测器,在声学里也称换能器,测量振动的传感器又称拾振器。

现代测试技术中的传感器,已不再是传统概念上的独立的机械测量装置,而是整个测试或监测系统中的一个环节,与后续系统紧密关联。在整个监测系统中,传感器总是第一个环节,传感器的精度和可靠性直接影响着整个监测系统的工作情况。许多监测系统不能正常工作,其主要原因是传感器因选型不当导致输出失准,因此,深入研究传感器的原理、结构和安装,对设备状态监测与故障诊断工作有着非常重要的实际意义。

传感器的分类方法很多,目前常用的有两种:一种是按传感器输入量性质来划分,另一种是按传感器工作原理来划分。

传感器按输入量性质的不同可分为加速度、速度、位移、温度、压力传感器等;按工作原理的不同可分为电阻式、电感式、电容式、压电式、磁电式传感器等。

现在重点讨论在设备状态监测与故障诊断中使用最多的振动测量传感器,对温度、压力、电参数等传感器仅作简单介绍。

实际应用中传感器的主要分类如下:

(1)按输入量性质分类

按输入量性质分类的传感器如下:

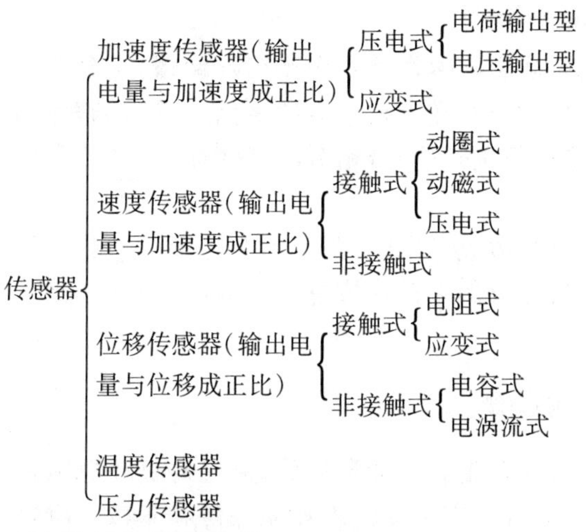

(2)按工作原理分类

按工作原理分类的传感器如下：

传感器
- 电阻式
  - 变阻式传感器(用于测量直线位移、角位移等)
  - 电阻应变片式传感器(用于测量位移、力、扭矩、加速度等)
  - 固态压阻式传感器(用于测量压力、加速度等)
- 电感式
  - 自感式(用于测量较大位移等)
  - 互感式(用于测量直线位移、转速、零件计数等)
- 电容式
  - 极矩变化型(用于测量位移、速度、加速度等)
  - 面积变化型(用于测量大直线位移、角位移等)
  - 介质变化型(用于测量液位等)
- 压电式
  - 压电式加速度传感器
    - 电荷输出型(内置放大电路)
    - 电压输出型
  - 压电式速度传感器(内置积分、放大电路)
- 磁电式
  - 动圈式(用于测量振动速度、位移、加速度等)
  - 磁阻式(用于测量转速等)
- 光电式(用于测量转速等)
- 热敏式(用于测量温度等)
- 红外式(用于测量温度等)

下面着重介绍压电式加速度传感器。

压电式加速度传感器又称压电加速度计,它是利用某些晶体材料的压电效应制成的,它的输出电量正比于被测物体的振动加速度值。

由于压电式加速度传感器具有体积小、重量轻、频率范围宽、灵敏度高、工作稳定可靠等优点,所以一直是振动测量中使用最多的传感器。特别是近年来与其配套的后续仪器(如电荷放大器、恒流源等)制造技术水平和性能日益提升,这种传感器的总体性能也不断提升,应用范围也越来越广泛。

压电效应和压电晶片:某些物质(如石英、铁酸钡等),当受到外力作用时,不仅几何尺寸发生变化,而且内部极化,表面上有电荷出现,形成电场。当外力去掉后,又恢复到原来状态,这种现象称为压电效应。

具有压电效应的材料称为压电材料,常见的压电材料有两类,即压电单晶体,如石英、酒石酸钾钠等;多晶压电陶瓷,如铁酸钡、醋铁酸铅等。

石英晶体结晶的形状为六角形晶柱,如果从晶体中切下一个平行六面体,这个晶片在正常状态下就不呈现电性。当施加外力时,其电荷分布在垂直于轴的平面上。沿轴方向加力,将产生纵向压电效应;沿斜轴加力,将产生横向压电效应;沿相对两平面加力,将产生切向压电效应。

在压电晶片的两个工作面上进行金属镀膜,形成金属膜,构成两个电极。当晶片受到外力作用时,在两个极板上积聚数量相等而极性相反的电荷形成电场。因此,压电传感器可以看作一个电荷发生器,也是一个电容器。

11.4.7 旋转机械的状态特征参量与振动测试

旋转机械在石油、化工、机械、冶金、电力等行业应用非常广泛,常见的旋转机械有鼓风机、压缩机、离心机、汽轮机、发电机、电动机、泵等。它们都是由转动部件和非转动部件构成的,转动部件包括转子及转子连接的联轴器、齿轮等,非转动部件包括各种轴承、轴承座、机壳以及基座等。旋转机械的状态特征参量以振动参数为主,同时兼顾温度、压力等工艺参数,以及电压、电流等电量参数。

旋转机械的振动测试有其特殊性:一是其振动一般呈现很强的周期性;二是对大型设备来讲,其振动测试的主要对象是转动部件,即转轴。旋转机械的状态检测主要是针对这些特点来进行的。

(1)旋转机械的状态特征参量

当设备发生异常或出现故障时,一般情况下其振动情况都会发生变化,如振动幅值、振动频率、振动相位、振动方向等。经过多年的研究,人们发现旋转机械的这一特征尤为明显,因此,与振动有关的参数被广泛地用作表征旋转机械的状态特征参量。

1)振幅

振幅是描述设备振动大小的一个重要参数。运行正常的设备,其振幅通常稳定在一个允许的范围内,如果振幅发生了变化,便意味着设备的状态有了改变。因此,对振幅的监测可以用来判断设备的运行状态。振幅可以分为位移振幅、速度振幅、加速度振幅。

需要说明的是,在不同的国家、不同的场合中振幅的含义不同。在旋转机械状态监测实际应用中,位移振幅通常用双振幅,即峰-峰值(P-P 值)来表示;速度振幅通常用单振幅有效值,即振动烈度来表示;加速度振幅通常用最大单峰值来表示。

另外,在设备状态监测与故障诊断中,经常用到通频振幅和基频振幅的概念。通频振幅是指同时受到几种不同频率的激励力作用的设备产生的振动信号,不经过滤波测得各种频率振动分量的叠加值。基频振幅多指在旋转机械额定转速频率下按正弦规律振动的幅值。

旋转机械的机壳振幅尽管能够表明一些机械故障,但由于机械结构、安装条件、运行条件以及转轴与机壳之间存在的机械阻尼,机壳振动的分布与转轴振动的分布是不同的,所以,机壳振动并不能直接反映转轴振动的实际情况。因此,在旋转机械的振动监测中,通常既要监测机壳振动,又要监测转轴振动,只有在转轴和机壳振动有相同的分布倾向且增减一致或成比例的情况下,才可以仅监测机壳振动或转轴振动。

2)振动频率

振动频率可分为基频(周期的倒数)和倍频(各次谐波频率),它是描述机器状态的另一个特征参量,也是测量和分析的主要参数。因为特定的振动频率往往对应一定的故障所以对振动频率的监测和分析在评定设备状态过程中是必不可少的。

在旋转机械中,振动频率多以转子转速的整数倍或分数倍形式出现,因此,振动频率除了可表示为每分钟的周期数(r/min)或每秒钟的周期数(Hz)外,还可以简单地表示为转速的整数倍或分数倍。

显然,这种表示方法是指机器振动频率与转子转速频率具有对应关系的情况,对于非同步振动,其频率则发生在上述谐波以外的频率上。

3)相位

许多设备故障单从幅值谱图上判断是不易区分的,这时需要对相位信息进行进一步的分析,以作出正确判断。

例如,对于转子临时弓形弯曲、转子缺损和滑动轴承故障,其频谱都以一倍频为主,不易区分。如果进一步对其相位进行监测分析,则可以比较容易地将它们区分开。转子临时弓形弯曲时,相位比较稳定地变化;转子缺损时,相位会发生突变,然后保持稳定;滑动轴承故障时,相位在一定范围内不稳定地变化。

由于转子各类故障给转子带来的直接结果是破坏了转子的对称性,使转子同一截面上水平和垂直方向的振动信号在时域上的相位差不再是90°,因此,可以通过同一截面上水平方向信号和垂直方向信号的相位差的不同特征来判断故障的类型。实际上,除了在同一截面不同方向上测量相位差外,还可通过不同测点的信号相位来判断故障的类型。

4)转速

旋转机械的转速变化与设备的运行状态有着非常密切的关系,它不仅表明了设备的负荷,而且当设备发生故障时通常转速也会有相应的变化。例如,当离心式压缩机组发生喘振时,转速会有大幅度的波动;当转子与静止件发生碰磨时,转速也会表现得不稳定。因此,转速通常是设备状态监测与故障诊断中比较重要的参数。

对于采用同步整周期采样的监测系统,对转速的监测还有另一方面的意义,即转子每转一周,对振动信号就要采集16、32、64或128个点,而一旦对转速的测量出现偏差,数据的采集便会受到影响,对状态的评判也就会出现偏差。

5)时域波形

时域波形实际上综合反映了振动信号的振幅、频率和相位。用时域波形来表示振动情况最简单、直观,并且通过对时域波形的观察,也可以判断出一些常见的故障。例如,不对中碰磨故障,其时域波形就有明显的特征。

6)轴心轨迹

轴心轨迹实际上是轴心上一点相对于轴承座的运动轨迹,它形象直观地反映了转子的实际运动情况。通过对轴心轨迹的观察,也可以判断出一些常见的故障。例如,油膜涡动、油膜振荡故障,其轴心轨迹反应就非常明显。

7)轴向位置(轴位移)

轴向位置是止推盘和止推轴承之间的相对位置。对于发电机组、离心式压缩机、蒸汽透平、鼓风机等设备,其轴向位置是最重要的监测参量之一。因为转子系统动、静件之间的轴向摩擦是旋转机械常见的故障之一,同时也是最严重的故障之一。对轴向位置监测是为了防止转子系统动、静件之间摩擦故障的发生。除此之外,当机器的负荷或机器的状态发生变化时(例如压缩机组喘振时),轴向位置会发生变化。因此,轴向位置的监测可以为判断设备的负荷状态和冲击状态提供必要的信息。

8)轴心位置

轴心位置是描述安装在轴承中的转轴平均位置的特征参量。大多数机器的转轴会在油压阻尼的作用下,在设计确定的位置浮动。但当轴瓦磨损或转轴受到某种内部或外部的预加负荷时,轴承内的轴颈便会出现偏心。

通常在机组启动时,也应重点对转轴的轴心位置进行监测。大型旋转机械转轴轴心位置一般是通过安装在轴承处的电涡流传感器来监测的,电涡流传感器输出的直流分量即表示轴心位置的变化情况。

9)差胀、机壳膨胀

对于大型旋转机械(如汽轮发电机组)其转子较长,在启动过程中转子受热快,沿轴向膨胀量比汽缸大,二者的热膨胀差称为"差胀"。当转子的热膨胀量大于汽缸的热膨胀量时,称为"正差胀";当汽缸的热膨胀量大于转子的热膨胀时,称为"负差胀"。正差胀多出现在机器启动过程,负差胀多出现在减负荷或停机过程,显然,过大的差胀是不允许的。因此,在运行过程中,尤其是在启动、停机过程中,应对差胀进行监测,以防止差胀值超过动、静件之间的间隙值而发生摩擦,造成事故。

对于大型汽轮发电机组,有时除了测量差胀外,还要进行机壳的膨胀测量,对机壳的膨胀测量有助于得到汽缸体与转子之间相对热膨胀的有关信息。通过比较缸体的热膨胀量和差胀量,便可以确定汽缸体与转子的热膨胀是否正常。缸体的膨胀量通常是以机座为参考系进行测量的。

10)慢旋偏心距(峰-峰偏心距)

慢旋偏心距也称峰-峰偏心距,它是指机器静止时的弯曲量。在大型汽轮发电机组和其他大型工业汽轮机中,由于轴系较长,所以经常需要测量峰-峰偏心距。如果峰-峰偏心距在允许的范围内,机器可以顺利启动,否则,残留的弯曲和相应不平衡量会引起密封件与转轴之间的摩擦。

当转轴启动时,慢旋偏心距可以用非接触式电锅流传感器测量信号中的交流信号峰-峰值来表示。为保证能够测得最大的弯曲偏差,传感器一般安装在远离轴承的位置。

11)温度、压力与流量等工艺参数

润滑油温度及介质温度、压力、流量等参数通常被称为工艺参数,这些参数都是非常有用的辅助诊断参数,因为这些参数的变化,通常是故障的征兆,是判断故障的主要敏感参数。例如,轴承润滑油的温度,油温改变会导致润滑油的动力黏度改变,将对转子振动产生影响。提高油温,动力黏度下降,对油膜稳定有好处;但是,随着动力黏度的下降,阻尼也随着下降,会加剧振动。当故障表现为油膜失稳时,提高油温、降低动力黏度是有好处的;当故障是由其他因素造成时,则降低油温、提高动力黏度,从而增大阻尼,可能有利于故障的消除。因此,应对油温进行监测,将其控制在适当的范围内。

在离心压缩机运行过程中,喘振故障是熟悉的也是最危险的故障之一。产生喘振的原因有多种,但主要原因是压缩机流量太小,使压缩机不能正常工作,气体打不出去,导致出口管网中的高压气体倒流到压缩机内。其最明显的特点是压缩机进、出口的流量和压力都出现大幅度的波动,此时对压力、流量的监测非常有助于判明故障原因。

对温度、压力与流量的监测有助于判断机器运行状态与机组运行状态，有助于对故障作出更准确的综合判断，及时排除故障。

12）电流、电压等电量参数

在由电动机驱动的鼓风机、压缩机、水泵等设备中，以及由汽轮机、水轮机驱动的发电机组中，对电流、电压等电量参数的监测非常重要。因为这些参数直接表征了设备的运行状态，同时对设备故障的诊断也非常有用。例如，当压缩机的转动部件与静止部件之间发生摩擦时，电流会发生变化；电动机、发电机发生断条、“扫膛”事故之前，电流的频谱会出现明显异常。

（2）旋转机械的振动检测

在旋转机械中，转子是设备的核心部件，机组能否正常运行主要取决于转子能否正常运转。当然，转子的运动与其他非转动件是有联系的，它通过轴承支承在机壳或基础上，构成转子-支承系统。在大多数情况下，支承的动力学特性在一定程度上会影响转子的振动。但从总体上来看，旋转机械的绝大多数机械故障都与转子及其组件（齿轮、轴承）直接相关，其他位置的故障则相对较少。

既然大多数振动故障都直接与转子的振动有关，那么对于大型旋转设备来说，可以主要从监测转子的振动来发现故障。因此，检测转子比测试轴承座或机壳的振动信息更为直接和有效。当发生故障时，转子振动的变化比轴承座要敏感，这是因为油膜轴承具有较大的轴承间隙，其中油膜的阻尼起到了抑制振动的作用。尤其是当支承系统的刚度较大（或者说机械阻抗较大）时，轴颈的振动有时甚至可以比轴承座的振动大几倍到十几倍。

对于滚动轴承而言，轴颈与轴承之间只有极小的间隙，因此，轴的相对振动量值较小，但当液动轴承出现严重磨损或损坏时，其振动值将明显增加。同样，齿轮本身出现故障时，轴系的振动反应比外壳和轴承座要明显得多。

在实际应用中，监测转子轴颈振动要比测量轴承座或外壳的振动更为困难，特别是如何合理地安装传感器。因为测量转子振动的非接触式电涡流传感器在安装时需要在设备外壳上开孔，并且传感器与轴颈之间不能有其他部件。在大型高速旋转设备上，传感器的安装位置常常是在设计制造时就考虑预留的，而对低速中、小设备来说，常常不具备这样的条件，在此情况下，可以选择在机壳或轴承座上安装传感器进行测试。

综上所述，在对旋转机械进行振动检测时，测量转子振动是首选，但在不具备条件时，也可以测量外壳或轴承座的振动情况。

复习思考题

11.1　数控机床的运行状态异常处理需要哪些基本条件？

11.2　数控装置运行状态异常处理的需按照哪些步骤？

11.3　数控装置运行状态诊断需采用哪些仪器仪表？

11.4　列举加工中心刀库及自动换刀装置的典型故障？

11.5　简述数控机床刀具夹紧的基本原理。

11.6　什么是设备状态监测与故障诊断技术？

11.7　简述设备状态监测与故障诊断的区别与联系。

11.8　简述压电式传感器的工作原理。

11.9　信号获得后的处理方式有哪些?

11.10　由某龙门数控铣削中心加工的零件,在检验中发现工件 y 轴方向的实际尺寸与程序编制的理论数据之间存在不规则的偏差。试对这一故障现象进行分析诊断。

第12章 设备维修管理

设备维修管理是企业管理中的一个重要组成部分。它的基本任务:最大限度地收集和利用设备的信息资源,有效地运筹维修系统中的人力、物力、资金、设备与技术,使维修工作取得最合理的质量与最佳的效益。维修管理的主要内容:维修信息管理,维修计划管理,维修技术、工艺、质量管理,维修备件管理与维修经济管理等。

现代企业中,管理离不开技术,而工程技术的应用也靠管理来保证。设备工程技术人员应该熟悉设备维修管理的内容与方法,将技术与管理有机地结合起来。为此,本章介绍设备维修管理的主要内容、方法与应用。

12.1 设备维修的信息管理

在企业设备维修活动中,经常需要作出各种技术、经济上的决策,决策的依据就是信息。没有系统、可靠的信息,就难以实施有效的管理。设备维修信息管理的任务:建立完整的信息系统,收集、储存与设备有关的各种信息,以及进行信息的加工处理、输出与反馈,为设备的经济、技术决策服务。

12.1.1 设备维修信息的分类

设备维修信息繁杂,一般可按以下几种方法分类:

(1)按设备前期与后期分类

这种分类法将设备信息分为前期与后期两大系统,然后再分为许多子系统,如图12.1所示。在子系统里,又包括了各类设备,最后具体到每一台设备。这种分类方法简单明了,便于信息的加工整理和查阅。

(2)按设备管理目标和考核指标分类

企业主管部门或投资方以及企业经营都需要了解和控制一些重要指标,如万元产值维修费、设备完好率、万元设备维修费等。为了便于统计分析,可以将设备信息分为投资规划信息、资产备件信息、技术状态信息、修理计划信息和人员信息等五大类。每一类下又细分为许多子项目和许多考核指标,检查分析非常方便。

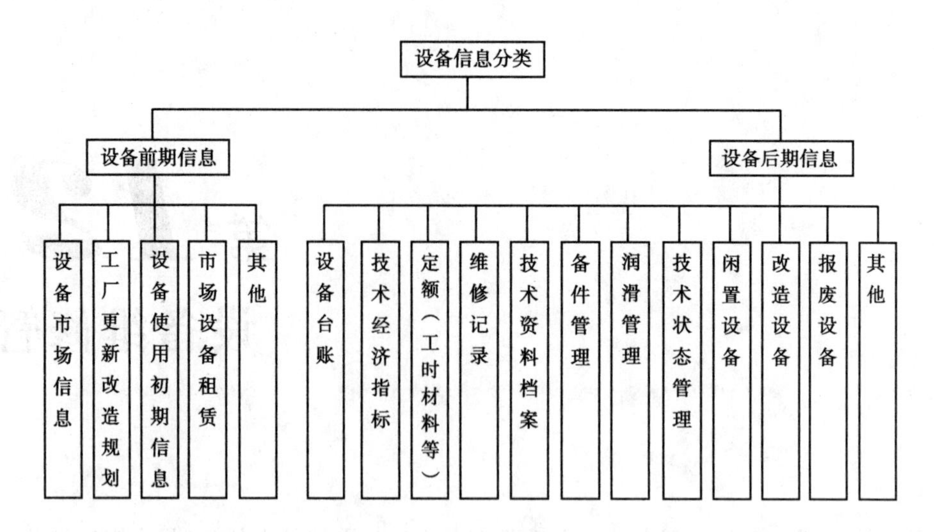

图 12.1　设备信息分类图

(3)从维修的角度分类

设备信息可以分为设备状态信息、设备保障信息、设备故障或事故信息、维修工作信息、维修物资信息、维修人员信息、维修费用信息和相关信息等。

信息分类的方法很多,各企业可根据自身的实际情况和计算机信息管理的要求,选定适当的分类方法。

12.1.2　计算机信息系统的概念

在现代企业中,计算机维修信息系统可以是企业管理系统中的一个子系统,也可以是一个独立的系统。

(1)维修信息的传输方式

设备维修信息通过网络传输,可以实现对设备的动态管理。例如,对重点设备,可在某些关键部位安装传感器,由车间计算机采集数据,并由网络传输到设备信息中心。信息中心对这些数据进行实时分析处理,一旦发现异常情况,立即报告并及时处理。这一过程就是设备的动态管理。

(2)维修信息的传输结构

设备维修信息系统及信息传输结构如图 12.2 所示。信息的传输往往是双向的,但不是简单的返回。信息返回时总是以更高级的形态表现出来。例如,维修工作所发生的一切费用,首先由财务部门掌握并进入财务管理系统,然后沿信息通道进入维修信息中心,结合其他信息进行计算分析,得出维修工作有关的技术经济指标和评价结论,形成指标数据文件并存档,信息中心向财务等部门反馈的就是加工后的新信息。

12.1.3　计算机信息系统的功能

设备维修计算机信息系统的功能与计算机硬、软件的配置有关。目前一些通用性较强的设备管理软件已纳入了系统软件。计算机信息系统在设备维修与管理中有如下功能:

(1)过程控制功能

这一功能可用于检测设备的工作状态和性能参数指标,如振动、噪声、温升、冷却状态、润滑状态以及环境因素等,提供指导维修工作的信息。

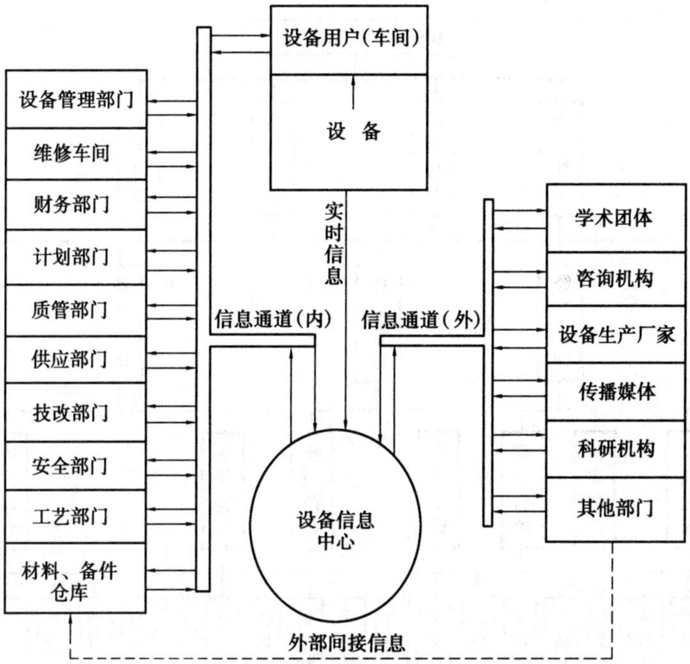

图12.2　设备维修信息系统及信息传输结构

(2)工程设计与计算功能

可以对各种设备和维修工艺装备进行力学分析和计算,可以进行计算机辅助设计和制图以及各种优化。

(3)信息处理功能

信息处理维修管理中的各种信息,包括以下内容:

①设备台账管理将企业所有设备的原始数据和资料储存在计算机中。可根据需要,按不同格式输出车间设备台账、不同型号设备清单。

②设备分类、排序、查询及检索将市场上的设备供应信息分类、排序存入系统,在企业更新、增置设备时提供信息。

③设备维修计划管理在确定设备维修计划时,可引用计算机系统中的设备档案信息、维修信息、诊断信息,结合实际情况,通过计算机编制年度、季度、月份设备维修计划。

④维修备件管理将企业设备维修备件的需求信息、库存信息、出入库信息,输入计算机系统,可随时索取库存情况和统计报表。当前库存量下降到警戒线时,可设置报警提示。

⑤计算机系统还具有对维修系统提供人事管理、经济管理、技术和工艺管理等方面的服务功能。

12.1.4　计算机信息系统在维修管理中的应用

(1)设备管理系统模型

图12.3是某企业设备管理系统模型,它反映了整个系统的逻辑功能,由系统模型可进一步确定各功能模块和子功能模块的基本内容与程序格式。由图12.3可以看出该系统将信息分为技术、经济、计划、备件和资料等五大类。每一类信息又细分两到三项。整个系统偏重于

管理功能。

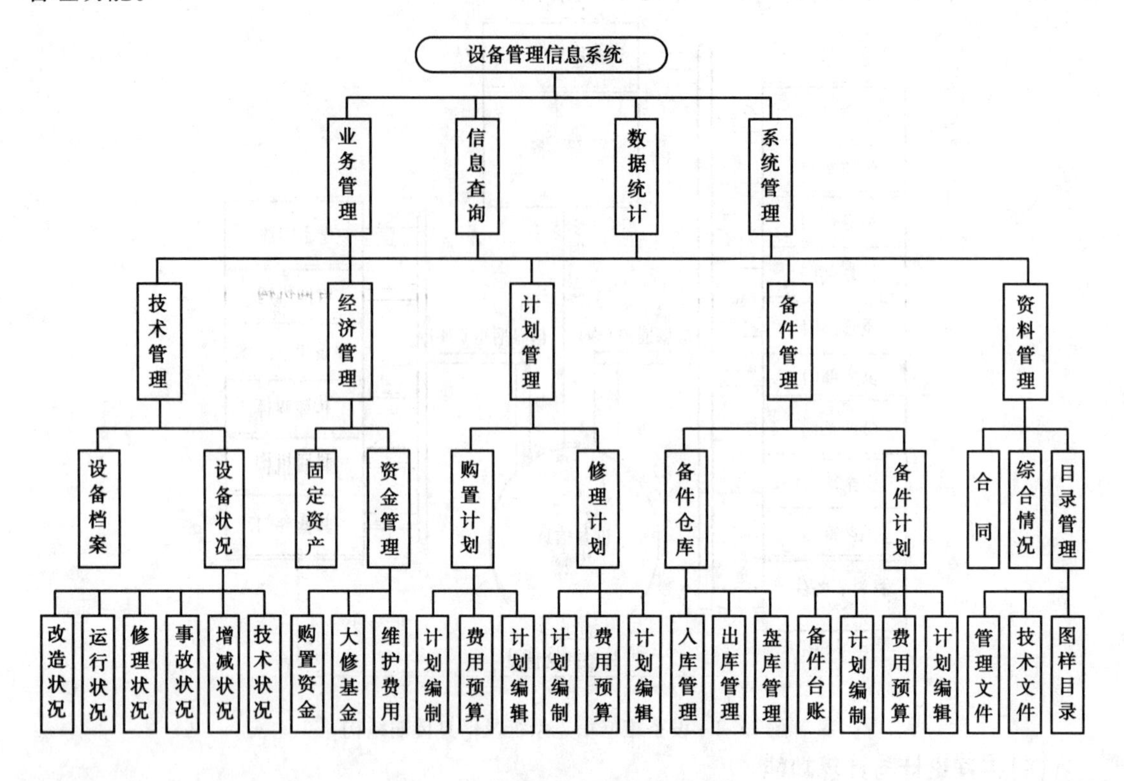

图 12.3　某企业设备信息管理系统

(2)计算机备件管理信息系统

1)建立计算机备件管理系统应注意的问题

①将备件管理信息系统视为设备综合信息系统的子系统之一,应考虑与设备资产管理、故障管理、维修管理信息系统的协调,具体程序中名称符号统一,数据共享等因素。

②应着眼于备件动态管理,备件明细表中所列项目应全面考虑动态管理的需要。如各类备件使用规律、经济合理的备件储备量研究、缩短备件资金周转的途径等。

2)建立计算机辅助备件管理信息系统的准备工作

①加强备件管理基础工作,建立备件“五定”管理,其内容为定储备品种和储备性质、定货源和功能模块控制流程图及订货周期、定最大和最小储备量、定订货时的库存量和订货量以及定储备资金限额和平均周转期。健全并编制备件管理的各种统计报表、卡片、单据等,以便收集各种信息数据并输入计算机。

②对所有备件进行编号,每种备件都有两个编号:流水编号和计算机识别号。备件的流水编号按备件入账的先后顺序进行编号,每种备件的流水编号是唯一的,一个流水编号代表一种备件。备件的计算机识别号中含有“使用部门信息”“所属设备信息”“备件图号或件号信息”等供计算机对备件进行统计、分类、汇总、排序使用。

③在领料单中增加一项备件流水编号,供领用时填写。

3)计算机辅助备件管理的主要功能

①备件管理信息的计算机查询、输出。

②调用备件管理数据库的数据,打印各项报表。

③计算备件消耗金额、平均储备金额、储备资金周转期以及旧账结算清理等。

12.2　设备维修的计划管理

企业的设备管理部门对设备进行有计划的、适当规模的维修。在执行具体的检修任务时,也需要合理组织,保证检修的进度、质量和效益。这种计划与组织工作称为维修计划管理,它包括两个主要内容:一是宏观的检修计划(含年度、季度及月份计划);二是微观的作业计划。它是指一个具体的作业过程,例如,一台机器的大修计划,其特点是与工艺技术的关系更密切。

12.2.1　设备修理工作定额

在确定企业设备整体修理计划时,要考虑到维修总工时不超过维修部门的承接能力,修理停机时间不影响企业生产计划,修理总费用不突破维修费用定额。因此,需要较准确地确定各类设备在大、中、小修等不同修理类别下的工时定额、停机时间定额、费用定额。为了确定这些定额,应该有一个可供参考的标准,这个标准就是设备修理复杂系数。

(1)设备修理复杂系数

设备修理复杂系数是用来衡量设备修理复杂程度和修理工作量大小,以及确定各项定额指标的一个重要参数。

1)机械设备修理复杂系数

机械设备修理复杂系数是以标准等级的机修钳工,彻底检修(即大修)一台标准机床CA6140车床所耗用劳动量的1/11作为一个机械修理复杂系数,即CA6140车床的修理复杂系数为11,其他各种设备的复杂系数根据大修劳动量与CA6140大修劳动量的1/11之比确定。

2)电器设备修理复杂系数

电器设备修理复杂系数是以标准等级电修钳工(即电工)彻底检修一台额定功率为0.6 kW的防护式异步鼠笼电动机所耗用劳动量的复杂程度,假定为一个电器修理复杂系数,其他电器修理复杂系数根据修理劳动量与其劳动量之比确定。部分机型的设备修理复杂系数可参考表12.1。

表12.1　部分机型修理复杂系数

设备名称	型　号	规　格	复杂系数	
			机　械	电　气
卧式车床	C6136A	$\phi360\times750$	7	4
卧式车床	CA6140	$\phi400\times1\ 000$	11	5.5
卡盘多刀车床	C7620	$\phi200\times500$	10	15
摇臂钻床	Z3035B	$\phi35$	9	7
卧式镗床	T611	$\phi110$	25	11
内圆磨床	M2110A	$\phi100\times130$	9	7.5

续表

设备名称	型　号	规　格	复杂系数	
			机　械	电　气
外圆磨床	M1432A	ϕ320 × 1 000	14	10
矩台平面磨床	M7120	ϕ200 × 600	10	8
滚齿机	Y3180	ϕ800 × M10	14	6
插齿机	Y5120A	ϕ200 × M4	13	5
卧式万能回转头铣床	XQ6135	350 × 1 600	14	8
开式双拉可倾压力机	J23-100	100 t	12	4

(2) 修理工时定额

修理工时定额是指完成设备修理工作所需要的标准工时数。一般是用一个修理复杂系数所需的劳动时间来表示。表 12.2 列出了计划预修制的修理工时定额参考数据。表内的定额是按标准等级技术水平工时计算的。如换算为其他等级的工种,则需乘以技术等级换算系数。

表 12.2　一个修理复杂系数的修理工时定额(计划预修制)

检修类别 / 定额/h / 设备类别	大　修					小　修				定期检查				精度检查		
	合计	钳工	机工	电工	其他	合计	钳工	机工	电工	合计	钳工	机工	电工	合计	钳工	电工
一般机床	76	40	20	12	4	13.5	9	3	1.5	2	1	0.5	0.5	1.5	1	0.5
大型机床	90	50	20	16	4	16.5	11	4	1.5	3	2	0.5	0.5	2.5	2	0.5
精密机床	119	65	30	20	4	19.5	13	5	1.5	4	3	0.5	0.5	3.5	3	0.5
锻压设备	95	45	30	10	10	14	10	3	1	2	1	0.5	0.5	—	—	—
起重设备	75	40	15	12	8	8	5	2	1	2	1	0.5	0.5	—	—	—
电气设备	36	2	4	30	—	7.5	—	0.5	7	1	—	—	—	—	—	—
动力设备	90	45	25	16	4	16.5	11	4	1.5	2	1	0.5	0.5	—	—	—
其他设备	80	40	25	10	5	9	5	3	1	1.5	1	0.5	—	—	—	—

12.2.2　维修计划编制

(1) 设备修理计划的类别

1) 按时间进度编制的计划

①年度修理计划包括一年中企业全部大、中小修计划和定期维护、更新设备安装计划。一般应在上年度末完成。

②季度修理计划

由年度修理计划分解得来,将年度计划更进一步细化,并根据实际情况对项目与进程安排作出适当的调整与补充。一般在上季度的最末一月制订。

③月份修理计划

月份计划比季度计划更具体、更细致,是执行修理计划的作业计划。对定期保养、定期检测及定期诊断等具体工作都要纳入月份计划,并根据上月定期检查发现的问题,在本月安排小修计划。

2)按修理类别编制的计划

按修理类别编制的计划通常为年度大修理计划和年度设备定期维护计划。设备大修计划主要供企业财务管理部门准备大修理资金和控制大修理费使用,有的企业也编制项修、小修、预防性试验和定期精度调整的分列计划。

(2)修理计划编制依据

1)编制修理计划的依据

①设备的技术状态

设备的技术状态是指设备的技术性能、负载能力、传动机构和运行安全等方面的实际状况。设备完好率、故障停机率和设备对均衡生产影响的程度等,是反映企业设备技术状况好坏的主要指标。设备技术状态的信息主要来自设备技术状态的普查、鉴定和原始资料。

企业设备普查一般在每年的第三季度进行,主要任务是摸清设备存在的问题,提出修整意见,填写设备技术状态普查表,以此作为编制计划的基础。

原始资料包括日常检查、定期检查、状态检测记录和维修记录等原始凭证及综合分析资料等。

对技术状态劣化需要修理的设备应列入年度修理计划的申请项目。

②生产工艺及产品质量对设备的要求

如果设备的实际技术状态不能满足产品工艺和质量的要求,应由工艺部门提出维修要求,安排计划修理。

③设备安全与环境保护的要求

设备的运行安全包括生产安全和环境安全。所谓“生产安全”,即在设备的使用过程中必须按照安全操作规程的制度与规范执行;所谓“环境安全”,即在设备运行中不宜给生产环境造成影响和破坏,否则应采取相应的环境保护措施。

④设备的修理周期与修理间隔期

一般设备在使用寿命期间都有一定的修理周期。企业应根据以往同类设备在相同使用条件下设备的使用和修理情况,制订安全可靠的修理周期。对于无据可依或无稳定修理周期的设备,应根据本企业的具体情况,因地制宜地制订此类设备的修理间隔期,并在具体执行中不断地修改和调整。

2)编制修理计划应考虑的问题

①生产急需的、影响产品质量的、关键工序的设备应重点安排。

②生产线上单一关键设备,应尽可能安排在节假日中检修,以缩短停歇时间。

③连续或周期性生产的设备(热力、动力设备)必须根据其特点适当安排,使设备修理与生产任务紧密结合。

④精密设备检修的特殊要求。

⑤应考虑修理工作量的平衡,使全年修理工作能均衡地进行。对应修设备按轻重缓急安

排计划。

⑥应考虑修前生产技术准备工作的工作量和时间进度。

⑦同类设备尽可能连续安排。

⑧综合考虑设备修理所需技术、物资、劳动力及资金来源的可能性。

(3)年度修理计划的编制

1)编制年度检修计划的五个环节

①切实掌握需维修设备的实际技术状态,分析其修理的难易程度。

②与生产部门商定重点设备可能交付的修理时间和停歇天数。

③预测修前技术、生产准备可能需要的时间。

④平衡维修劳动力。

⑤对以上各环节出现的矛盾提出解决措施。

2)计划编制的程序

一般在每年9月份编制下一年度设备修理计划,编制过程按以下四个程序进行:

①搜集资料。计划编制前,要做好资料搜集和分析工作。其主要包括两个方面:一是设备技术状态方面的资料,如原始资料、设备普查表和有关产品工艺要求、质量信息等,以确定修理类别;二是年度生产大纲、设备修理定额、有关设备的技术资料以及备件库存情况。

②编制草案。编制草案要充分考虑年度生产计划对设备的要求,做到维修计划与生产计划的协调安排,防止设备失修和维修过剩。考虑与前一年度修理计划的协调。在正式提出年度修理计划草案前,设备管理部门应在主管厂长的主持下,组织工艺、技术、使用以及生产等部门进行综合技术经济分析论证,力求达到合理。

③平衡审定。计划草案编制完成后,分发生产、计划、工艺、技术、财务以及使用部门讨论,提出项目的增减、修理停歇时间长短、停机交付日期、修理类别的变化等修改意见。经综合平衡,正式编出修理计划,送交主管领导批准。

修理计划按规定是填写维修计划表,内容包括设备的自然情况(使用单位、资产编号、名称、型号)、修理复杂系数、修理类别或内容、时间定额、停歇天数及计划进度以及承修单位等。还应编写维修计划说明书,提出计划重点、薄弱环节及注意解决的问题,并提出解决关键问题的初步措施和意见。

④下达执行。每年12月份以前,由企业生产计划部门下达下一年度设备修理计划,作为企业生产、经营计划的重要组成部分进行考核。

12.2.3 维修作业计划管理

在具体实施设备维修的某一项任务时,都需要编制作业计划。使用网络计划技术编制作业计划,能优化作业过程管理,充分利用各项资源,缩短维修工期,减少停机损失。它可用于大型复杂设备的大修、项目修理的作业计划编制,大型复杂设备的安装调整工程等。利用大修网络计划图计算最少维修工程时间的方法可参阅其他企业管理教材,这里不再介绍。

12.2.4 设备修理计划的实施

单台设备修理计划实施中有以下几个环节。

(1)交付修理

设备使用单位应按修理计划规定日期将设备交给修理单位。移交时,应认真交接并填写“设备交修单”一式两份,交接双方各执一份。

设备竣工验收后,双方按“设备交修单”清点设备及随机移交的附件、专用工具。

(2)修理施工

在修理过程中,一般应抓好以下几个环节。

1)解体检查

设备解体后,由主修技术员与维修人员配合及时检查部件的磨损、失效情况,特别要注意有无在修前未发现或未预测的问题,并尽快发出以下技术文件和图样:

①按检查结果确定的修换件明细表;

②修改、补充的材料明细表;

③修理技术任务书的局部修改与补充;

④尽快发出临时制造的配件图样。

计划调度人员会同修理组长,根据实际情况修改、调整修理作业计划,并张贴在施工现场,以便参修人员了解施工进度。

2)生产调度

修理组长必须每日了解各部件修理作业实际进度,并在作业计划上用红线作出标志。发现某项作业进度延迟,可根据网络计划上的时差调配力量,将进度赶上。

计划调度人员每日应检查作业计划的完成情况,特别要注意关键线路上的作业进度,与技术人员、维修人员、组长一起解决施工中出现的问题。还应重视各工种作业的衔接,做到不发生待工、待料和延误进度的现象。

3)工序质量检查

维修人员完成每道工序经自检合格后,须经质量检验员检验,确认合格后方可转入下道工序。重要工序检验合格应有标志。

4)临时配件制造进度

临时配件的制造进度往往是影响修理工作进度的主要原因。应对关键零配件逐件安排加工工序作业计划,采取措施,不误使用。

(3)竣工验收

设备大修完毕经修理单位试运转合格,按程序竣工验收。验收由设备管理部门代表主持,与质检、使用部门代表一起确认已完成修理任务书规定的修理内容,并达到质量标准及技术条件后,各方代表在“设备修理竣工报告单”上签字验收。

如验收中交接双方意见不一,应报请总工程师裁决。

12.3　维修技术、工艺、质量管理

设备维修技术、工艺管理是对维修系统与维修过程中一切技术与工艺活动所进行的科学管理。设备修理质量管理是指为了保证设备修理的质量,所进行的一系列系统管理。这三个方面的管理对顺利完成设备维修工作起着非常重要的作用。

12.3.1 维修技术基础工作管理

(1)维修技术资料的管理

设备维修技术资料主要来源于购置设备时随机提供的技术资料,使用中向设备制造厂、有关单位、科研书店等购置的资料,以及自行设计、测绘和编制的资料等。

1)管理内容

①规格标准。包括有关的国际标准、国家标准、部颁标准以及有关法令、规定等。

②图样资料。企业内机械、动力装备的说明书、部分设备制造图、维修装配图、备件图册以及有关技术资料。

③动力站房设备布置图及动力管线网图。

④工艺资料。包括修理工艺、零件修复工艺、关键件制造工艺、专用夹具图样等。

⑤修理质量标准和设备试验规程。

⑥一般技术资料。包括设备说明书、研究报告书、实验数据、计算书、成本分析、索赔报告书、一般技术资料、专利资料以及有关文献等。

⑦样本和图书。包括国内外样本、图书、刊物、电子出版物、光盘、软盘、照片和幻灯片等。

2)管理程序

维修技术资料主要供设备业务系统使用。一般应设立专门的资料室统一管理。管理程序应从收集、整理、评价、分类、编号、复制(描绘)、保管、检索和资料供应的全过程来考虑。

技术资料管理应有重点,对重点设备的说明书、独本说明书及有关装配图、电路图和其他重要资料应打上重点管理的标志。重点资料一般不外借。

为了编列和查询方便,需要建立资料的编码检索系统,并应用计算机进行管理。

(2)修理图册的编制

设备维修图册是设备维修专业技术资料的汇编,供维修人员分析、排除故障、制订修理方案、制造储备备件之用。

设备维修图册按设备型号分别编制。图册中应包括以下内容:

①特性与特征图。如外观示意图、吊装示意图、安装基础图、机械传动系统图、液压系统图、电气系统及线路图、滚动轴承位置图以及润滑系统图。

②装配图。包括组件、部件和整机装配图。生产厂家一般不会完整地提供这些图样,应尽力搜集或在设备维修时对关键部件或整机进行测绘。

③备件、易损件图样和明细表和外购件清单。

④其他内容。对动力设备,还应有竣工图、管道或线路网络图等。

(3)维修技术准备工作

设备维修前的技术准备工作也是一项重要的技术基础工作,主要包括修前技术状况调查和编制维修技术文件。

12.3.2 维修工艺的规范化工作

为保证维修质量、提高维修效率和防止资源浪费,有必要规范维修过程中的各类工艺秩序。

(1)修理工艺

1)典型修理工艺

典型修理工艺是指对某一类型设备和结构形式相同的零件通常出现的磨损情况编制的修理工艺,它具有普遍指导意义,但对某一具体设备缺乏针对性。

2)专用修理工艺

专用修理工艺是指企业对某一型号的设备,针对其实际磨损情况,为该设备某次修理而编制的修理工艺。它对以后的修理仍具有较大的参考价值,应根据实际磨损情况和技术进步对其作必要的修改和补充。

机械零件修理工艺一般包括的内容,已在本书第6章6.2节中作了介绍,在此不再赘述。

(2)工艺规范工作要点

1)拆卸工艺

机械设备维修时,首先在一定程度上拆卸解体,但每拆卸一次对机器的性能与精度总会有一定的损害。对精密设备的不良拆卸可能导致设备的报废。因此,对重点、精密设备应制订拆卸工艺规范。

①设备的拆卸应遵循的原则

a.拆卸之前应详细了解机械设备结构、性能和工作原理,仔细阅读装配图,弄清装配关系。

b.在不影响修换零部件的情况下,其他部分能够不拆、能够少拆,就少拆。

c.要根据设备的拆卸顺序,选择拆卸步骤。一般由整体到部件,由部件到零件,由外部到内部。

②设备拆卸的注意事项

a.拆卸前应做好准备工作,准备工作包括选择并清理好拆卸工作场地,保护好电气设备和易氧化或锈蚀的零部件,将设备中的油液放尽。

b.正确选择和使用拆卸工具,拆卸时尽量采用合适的专用工具,不能乱敲或猛击。须用锤子敲打拆卸零件时,应该用铜或硬木作衬垫。连接处在拆卸之前,最好用润滑油浸润,不易拆卸的配合件,可用煤油浸润或浸泡。

c.拆卸中安全第一,拆卸前应注意切断电源,清除机器设备内外的有毒、易燃等危险品,设置可靠地支承,选择合适的吊运设备和工具等。

d.拆卸服务于修理,不必或不允许拆卸的部件不要拆,配合较紧的部位应确定合理的拆卸方法和选择适当的工具,防止损伤重要表面。

e.保管好拆卸的零件,丝杠、轴类零件晾干后应涂防锈油,悬挂于架上,以免生锈、变形或意外碰伤。拆卸下来的零件,应按部件归类并放置整齐,对偶件应打印记并成对存放。对有特定位置要求的装配零件要作出标记,重要或精密的零件要单独存放。

f.拆卸还应服务于装配,当机器结构较复杂、图样资料又不全时,应一边拆,一边记录,并测绘草图,最后整理装配图。

2)零件的清洗工艺

零件拆卸后应立即清洗晾干,清洗时注意不要碰伤零件的加工表面。清洗工艺应确定清洗方法、清洗程序、清洗剂种类或配方、清洗参数和清洗质量等内容。

3)典型零件的修复工艺

在设备维修中,有些重要的零件需要修复,如床身、箱体、工作台、大型回转件等,为了保证修复质量和提高功效,应选择适当的修复方案并编制修理工艺规程。修理工艺规程常以工艺卡片的形式来表达。它比制造时的工艺过程卡片详细,但比工序卡片简单。

修理工艺卡片常包括以下内容:

①零件名称、图号、材料及性能,零件缺陷指示图及有关缺陷的说明。

②修复的工序与工步、每一工步操作要领及应达到的技术要求。

③修复过程中的工艺规范要求。

④修复时所用的设备、夹具、工具及量具等,以及修复后的检验内容。

对于重要、精密部件的修理也应制订详细、规范的修理工艺和调整方法,以确保修复质量。

4)修理装配工艺

修理装配工艺规程的主要内容包括修理装配的准备、修理部件装配和总装配顺序、修理装配方法和修理尺寸链分析、修理装配精度的调整与补偿方法和检验方法、修理装配的检查和试车。

(3)采用先进的修理工艺

在设备维修中应积极学习国内外先进的修理工艺和技术。应结合本企业的实际情况,采用比较成熟的新工艺、新材料,逐渐取代陈旧的工艺方法。制订关于学习研究、试验、使用先进修理工艺的制度和措施。不断提高企业设备维修技术与工艺水平。

12.3.3 设备修理的质量管理

为了保证设备的修理质量,应该对设备修理进行质量管理。

(1)设备修理质量管理的内容

①制订设备修理的质量标准。

②编制设备修理的工艺。

③设备修理质量的检验和评定工作。

④加强修理过程中质量管理。对关键工序建立质量控制点和开展群众性的质量管理小组活动,认真贯彻修理工艺方案。

⑤开展修后用户服务和质量信息反馈工作。

⑥加强技术培训工作,提高技术水平和管理水平。

(2)设备修理质量的检验

企业应设有设备修理质量的检验与鉴定的组织机构和人员。设备修理质量检验的主要内容是:

①外购备件、材料的入库检验。

②自制备件和修复零件的工序质量检验和终检。

③设备修理过程中的零部件和装配质量检验。

④修理后的外观、试车、精度及性能检验。

(3)设备修理的质量保证体系

设备维修的计划管理、备件管理、生产管理、技术管理、财务管理以及修理材料供应等是一个有机的整体,将各方面管理工作组织协调起来,建立健全管理制度、工作标准、工作流程、考核办法,形成设备修理质量保证体系,以保证设备修理质量并不断提高修理质量水平。

12.4　备件管理

12.4.1　概述

在设备维修工作中,用来更换磨损和老化旧件的零件称为配件。为了缩短修理停歇时间,在仓库内经常储备一定数量形状复杂、加工困难、生产(或订购)周期长的配件,这种配件称为备件。

备件管理是指备件的计划、生产、订货、供应以及储备的组织与管理。备件管理是维修活动的重要组成部分,只有科学合理地储备与供应备件,才能做好设备维修工作。如果备件储备过多,会造成积压,影响流动资金周转,增加维修成本。如果备件储备过少,就会影响备件的及时供应,妨碍设备的修理进度。因此,要做到合理储备备件。

(1)备件的范围与分类

1)备件的范围

①维修用的各种配套件,如滚动轴承、传动带、链条、液压元件和电气元件。

②设备说明书中所列的易损件。

③设备结构中传递主要载荷而自身又较薄弱的零件。

④因设备结构不良而产生不正常损坏或经常发生事故的零件。

⑤设备或备件本身因受热、受压、受冲击、受摩擦或受交变载荷而易损坏的一切零部件。

⑥保持设备精度的主要运动件。

⑦制造工序多、工艺复杂、加工困难、生产周期长及需要外协的复杂零件。

⑧特殊、稀有、精密设备的全部配件。

2)备件的分类

备件的分类方法很多,下面主要介绍五种常用的分类方法。

①按备件传递的能量分类,分为机械备件和电器配件。

②按备件的精度和制造工艺的复杂程度分类,分为关键件和一般件。

③按备件的来源分类,分为自制备件和外购备件。

④按零件使用特性(或在库时间)分类,分为常备件和非常备件。

⑤按备件的制造材料分类,分为金属件和非金属件。

(2)备件管理的工作内容

备件管理工作是以技术管理为基础,以经济效果为目标的管理。其内容按性质可划分如下。

1)备件的技术管理

备件技术管理的内容包括:对备件图样的搜集、积累、测绘、整理、复制、核对,备件图册编制,各类备件统计卡片和储备定额等技术资料的设计、编制及备件卡的编制工作。

2)备件的计划管理

备件的计划管理是指由提出外购、外协和自制计划开始,直至入库为止这一段时间的工作内容。可分为:

①年、季、月度自制备件计划。

②外购备件的年度及分批计划。

③铸、锻毛坯件的需要量申请、制造计划。

④备件零星采购和加工计划。

⑤备件的修复计划。

3)备件库存的控制

备件库存控制就是对备件进行计划控制,记录和分析(评价),要求备件系统提供迅速而有效的服务,包括库存量的研究与控制,以及最小储备量、订货点以及最大储备量的确定等。

4)备件的经济管理

备件的经济管理包括备件库存资金的核定、出入库账目管理、备件成本的审定、备件的耗用量、资金定额及周转率的统计分析与控制、备件消耗统计及备件各项经济指标的统计分析等。

5)备件库房管理

备件库房管理包括备件入库时的检查、清洗、涂油防锈、包装、登记入账以及上架存放,备件的收发,库房的清洁与安全,备件质量信息的收集,等等。

12.4.2 备件库存控制

企业为保证生产和设备维修,按照经济合理的原则,在搜集各类有关资料并经过计算和实际统计的基础上制订备件储备数量、库存资金和储备时间等的标准限额称储备定额。备件库存控制需要确定备件的储备定额。

(1)平均消耗的库存控制

1)库存模型

如果备件的消耗量比较均匀,可以建立平均消耗的库存控制模型。用 T_P 表示订货周期,即从发出订单到收货入库的时间间隔。$Q_{\min}$ 是最小库存量,或称安全库存量。其作用是防止备件消耗量突然增大或订货误期造成库缺。T_P 是订货点储备量,即当库存下降到 T_P 时,就要及时发出订单。

2)库存模型中储备定额的计算

①经济库存量

最经济的备件库存量,当实际库存量大于或小于 Q_a 时,总费用都会增加。计算公式为

$$Q_a = \sqrt{\frac{2Rk}{h}} \tag{12.1}$$

式中,R——单位时间平均消耗量,件/天;

k——单次订货费用(差旅运费等),元;

h——单位备件在单位时间的库存费,元/(件·天)。

②最小库存量 $Q_{\min}$

$$Q_{\min} = KRT_p \tag{12.2}$$

式中,K——保险系数,重点设备取1.4,一般设备取1.2。

③最大库存量 Q_{max}

$$Q_{max} = Q_{min} + Q_{a} \tag{12.3}$$

④订货点储备量 Q_{a}

$$Q_{p} = Q_{min} + RT_{p} \tag{12.4}$$

以上4个量称为三量一点,是备件库存控制与管理的要点。实际备件储备量会有变化,还需要对未来备件消耗量作出预测。

(2)控制库存的ABC分析法

维修备件种类繁多,各类备件的价格、需要量、库存量和库存时间有很大差异。对不同种类、不同特点的备件,应当采取不同的库存量控制方法。库存管理也要抓重点。ABC分析法将库存备件分为三类。

1)A类备件

A类备件是关键的少数备件,但重要程度高、采购和制造困难、价格高、储备期长。这类备件占全部备件品种的10%左右,但资金却占全部备件资金的80%左右。对A类备件要重点控制,利用储备理论确定储备量和订货时间,安全库存量要低,尽量缩短订货周期,增加采购次数,加速备件储备资金周转。库房管理中要详细做好备件的进出库记录,对存货量应作好统计分析和计算,认真做好备件的防腐、防锈保护工作。

2)B类备件

其品种比A类备件多,占全部品种的25%左右,占用的资金比A类少,一般占用备件全部资金的15%左右。B类备件的安全库存量较大,储备可适当控制,根据维修的需要,可适当延长订货周期、减少采购次数。

3)C类备件

其品种占全部品种的65%左右,占用资金仅占备件全部资金的5%左右。对C类备件,根据维修需要,储备量可大一些,订货周期可以长一些。

备件管理重点应放到A类和B类备件的管理上。

复习思考题

12.1　计算机信息系统在设备维修与管理中有哪些功能?

12.2　什么是设备修理复杂系数?什么是修理工时定额?各有哪些主要用途?

12.3　修理计划编制的依据是什么?

12.4　编制修理计划应考虑的问题有哪些?按怎样的程序编制?

12.5　设备维修计划的实施,应注意抓好哪些环节?

12.6　什么是网络计划技术?它的优点有哪些?

12.7　什么是设备维修的技术管理?其主要工作内容有哪几方面?

12.8　编制设备维修图册的目的是什么?图册中应包括哪些内容?

12.9　编写机械设备修理工艺应注意哪些事项?设备大修理工艺包括哪些内容?

12.10　设备修理质量管理和设备修理质量检验的内容有哪些?

12.11　备件及备件管理的含义是什么?备件管理的主要内容是什么?

12.12　备件的范围是什么？如何进行备件分类？

12.13　简述在备件管理中,怎样采用 ABC 管理法？

12.14　某工厂滚动轴承每天消耗两件,订货周期 T_p 为 30 天,一次订货费用为 300 元,一个轴承每天的库存费用为 0.05 元/(件·天)。试求三量一点。

参考文献

[1] 巫世晶. 设备管理工程[M]. 2 版. 北京:中国电力出版社,2013.
[2] 杨志明. 机器设备评估[M]. 北京:中国人民大学出版社,2002.
[3] 于艳芳,宋凤轩. 资产评估原理与实务[M]. 北京:人民邮电出版社,2012.
[4] 张琦. 现代机电设备维修质量管理概论[M]. 北京:清华大学出版社,2004.
[5] 李葆文. 现代设备资产管理[M]. 北京:机械工业出版社,2006.
[6] 钟复台. 企业招投标操作规范[M]. 北京:中国经济出版社,2003.
[7] 钟秉林,黄仁. 机械故障诊断学[M]. 3 版. 北京:机械工业出版社,2007.
[8] 廖伯瑜. 机械故障诊断基础[M]. 北京:冶金工业出版社,2003.
[9] 时献江,王桂荣. 机械故障诊断及典型案例解析[M]. 北京:化学工业出版社,2013.
[10] 王江萍. 机械设备故障诊断技术及应用[M]. 北京:石油工业出版社,2017.
[11] 钟秉林,黄仁. 机械故障诊断基础[M]. 北京:机械工业出版社,2002.
[12] 晏初宏. 机械设备修理工艺学[M]. 2 版. 北京:机械工业出版社,2013.
[13] 吴先文. 机电设备维修[M]. 2 版. 北京:机械工业出版社,2017.
[14] 李新和. 机械设备维修工程学[M]. 北京:机械工业出版社,2005.
[15] 李庆余,孟广耀,岳明君. 机械制造装备设计[M]. 4 版. 北京:机械工业出版社,2017.
[16] 常同立,佟志忠. 机械制造工艺学[M]. 北京:清华大学出版社,2018.
[17] 李新德. 液压系统故障诊断与维修技术手册[M]. 2 版. 北京:中国电力出版社,2013.
[18] 齐占伟. 电气控制及维修[M]. 北京:机械工业出版社,2005.
[19] 陈荣章,孔云英. 工厂电气故障与排除[M]. 北京:化学工业出版社,2000.
[20] 杨杰忠,邹火军. 常用机床电气检修[M]. 北京:清华大学出版社,2015.
[21] 孙汉卿,等. 数控机床维修技术[M]. 北京:机械工业出版社,2000.
[22] 宋家成. 数控机床电气维修技术[M]. 北京:中国电力出版社,2009.
[23] 沈兵. 数控机床与数控系统的维修技术实例[M]. 北京:机械工业出版社,2003.
[24] 王侃夫. 数控机床故障诊断与维护[M]. 北京:机械工业出版社,2000.
[25] 余仲裕. 数控机床维修[M]. 北京:机械工业出版社,2000.

[26] 沈庆根,郑水英. 设备故障诊断[M]. 北京:化学工业出版社,2007.
[27] 龚仲华. 数控机床故障诊断与维修 500 例[M]. 北京:机械工业出版社,2006.
[28] 盛兆顺,尹倚珍. 设备状态监测与故障技术及应用[M]. 北京:化学工业出版社,2003.
[29]《数控机床数控系统维修技术与实例》编委会. 数控机床数控系统维修技术与实例[M]. 北京:机械工业出版社,2002.
[30] 任建平. 现代数控机床故障诊断及维修[M]. 北京:国防工业出版社,2002.
[31] 杨中力. 数控机床故障诊断与维修[M]. 大连:大连理工大学出版社,2006.
[32] 赵长明. 数控加工工艺及设备[M]. 北京:高等教育出版社,2003.
[33] 夏庆观. 数控机床故障诊断与维修[M]. 北京:高等教育出版社,2011.
[34] 李宏胜. 机床数控技术及应用[M]. 北京:高等教育出版社,2001.
[35] 王爱玲. 现代数控机床[M]. 北京:国防工业出版社,2009.
[36] 严峻. 数控机床故障诊断与维修实例[M]. 北京:机械工业出版社,2011.
[37] 王侃夫. 数控机床故障诊断及维护[M]. 北京:机械工业出版社,2000.
[38] 徐小力. 机电设备监测与诊断现代技术[M]. 北京:中国宇航出版社,2003.
[39] 徐夏民,邵泽强. 数控原理与数控系统[M]. 2 版. 北京:北京理工大学出版社,2009.
[40] 吴国经. 数控机床故障诊断与维修[M]. 北京:电子工业出版社,2005.
[41] 陈则钧,龚雯. 机电设备故障诊断与维修技术[M]. 北京:高等教育出版社,2008.
[42] 王伟平. 机械设备维护与保养[M]. 北京:北京理工大学出版社,2010.
[43] 廖兆荣. 机床电气自动控制[M]. 2 版. 北京:化学工业出版社,2011.
[44] 施文康,余晓芬. 检测技术[M]. 北京:机械工业出版社,2005.
[45] 李长宏. 工厂设备精细化管理手册[M]. 2 版. 北京:人民邮电出版社,2014.